Handbuch

der

allgemeinen Pathologie

der Haussäugethiere.

Von

CHRISTIAN JOSEPH FUCHS,
Königl. Preuss. Departements-Thierarzte und Lehrer an der Königl. Thierarzneischule in Berlin.

Berlin,
Verlag von Veit und Comp.

1843.

Den

Cultoren der Veterinär-Medizin

widmet diese Schrift

als

ein schwaches Zeichen der Anerkennung ihrer Verdienste

ehrfurchtsvoll

der Verfasser.

Vorwort.

Seit einigen Jahren gehört es zu meiner Aufgabe, die allgemeine Pathologie der Haussäugethiere zu lehren. Bei diesem Unterricht gewann ich die Ueberzeugung, dass keines der vorhandenen Handbücher über jene Disciplin, obwohl sie zweckmässig für den Standpunkt sein mögen, den ihre Verfasser zu nehmen genöthigt waren — der Anforderung entspricht, welche der, in dem Unterricht der hiesigen Thierarzneischule herrschende Geist an eine Lehre stellt, die, nebst der Förderung positiver Kenntnisse, vorzugsweise die Aufgabe hat, der Veterinär-Medizin den Namen einer Wissenschaft zu vindiciren. Dieser Tendenz auch von meiner Seite zu entsprechen, sah ich mich also genöthigt, einen Leitfaden zu meinen Vorträgen auszuarbeiten. Solchen lege ich nunmehr der thierärztlichen Welt vor, mehr auf das Andringen meiner Zuhörer und die Ermunterung einiger Freunde, als aus freiem Entschluss, denn gern hätte ich meine Arbeit noch einige Jahre der Prüfung unterworfen. Diese Aeusserung gelte aber dem etwaigen Kritiker durchaus nicht als captatio benevolentiae; denn unsere Kritik — auf allen Gebieten der Kunst und Wissenschaft — ist hinlänglich corrumpirt, durch verwerfliche Rücksichten meistens geleitet; in meinem Interesse möge sie ihren Kredit nicht noch weiter herunterbringen. Wie sehr ich auch überzeugt bin, dass die allgemeine Pathologie überhaupt Das noch nicht ist, was sie sein sollte; so hoffe ich doch die Anerkennung zu finden, dass ich mich redlich bestrebt habe, der vorliegenden Schrift, nach dem Standpunkte der ihr zum Grunde liegenden Lehren und nach dem Grade meiner Fähigkeiten, die bestmögliche Fassung zu geben. Mit diesem Bestreben im Einklange, werde ich auch der grösseren Capacität, welche die Mängel dieser Schrift gründlich zeigt, oder durch eine selbstständige Arbeit zur Vervollkommnung der allgemeinen Pathologie beiträgt, freudig huldigen. Uebrigens ist es anerkannt, und liegt auch in der Natur der Sache, dass die allgemeine Pathologie von Zeit zu Zeit einer neuen, dem Standpunkte der physiologischen und pathologischen Lehren, so wie der ganzen Naturwissenschaft entsprechenden Bearbeitung bedarf.

Soviel zur Rechtfertigung für die Veröffentlichung vorliegender Schrift.

Was im Allgemeinen den Geist des Werkes betrifft, so ging ich von dem Gedanken aus, dass nicht der speculirenden Spinne, nicht der Stoff aufhäufenden Ameise, vielmehr der überall Stoff suchenden und veredlenden Biene zu folgen sei. Ueber die in dem Werke befolgte Eintheilung und die Vortragsweise habe ich mich in den Einleitungen zum I. und II. Theil aussprechen müssen; folgende Bemerkungen mögen hier am geeigneten Orte stehen. Die Hauptanforderungen, welche man an eine Theorie der Krankheit zu machen hat, dürften möglichste Naturgemässheit, Widerspruchslosigkeit und consequente Durchführung sein. Bei Berücksichtigung dieser drei Momente ist dann derjenigen Theorie der Krankheit am meisten zu huldigen, welche, unserem Standpunkte angemessen, die befriedigendsten Anschauungen und die meisten geistigen Anregungen gewährt. Das eben bietet, meiner innigsten Ueberzeugung nach, die naturhistorische Theorie, welche überdiess das Bestreben zeigt, sich frei von Einseitigkeiten zu halten, die zu allen Zeiten unerquickliche Früchte auf dem Gebiete der Medicin zu Tage gefördert. Aus diesen Gründen bin ich in der allgemeinen Naturlehre der Krankheit der naturhistorischen Schule gefolgt, welche Röschlaub gegründet zu haben scheint, später aber von Ringseis, Jahn, Eisenmann, Stark u. A. adoptirt und ausgebildet wurde. Am meisten hat sich unstreitig Stark um die Ausbildung der naturhistorischen Ansichten über die Krankheit verdient gemacht, wenigstens sind sie am ausführlichsten von ihm erörtert und angewandt worden, zuerst in seinen pathologischen Fragmenten (Weimar 1824) und später in seiner allgemeinen Pathologie (Leipzig 1838). Wenn ich diese Schriften vorzugsweise für die Theorie der Krankheit benutzt habe, so geschah es doch stets mit strenger Berücksichtigung des besonderen Zweckes und mit Ausschliessung Dessen, was der näheren Begründung ermangelt, oder was die über dieselben erschienenen critischen Beleuchtungen überzeugend als ungeeignet herausgestellt haben. Im Uebrigen bin ich überall den Fortschritten der Wissenschaft gefolgt, und namentlich habe ich Das zu benutzen mich bestrebt, was die allgemeine Anatomie (Mikroskopie), die pathologische Anatomie und die organische Chemie in ihrem jetzigen Aufschwunge Lehrreiches geboten haben. Vor dem Fehler: das Neue stets für gut und das Gute stets für neu zu halten, habe ich mich indess zu bewahren gesucht. Und so habe ich mich denn bemüht, die materiellen Thatsachen als Grundlage zu benutzen, ohne die höheren geistigen Resultate, welche aus dem Leben, als einem Ganzen fliessen, hintanzusetzen; um so eines Theils dem Vorwurf zu begegnen, den man der Physiologie macht: „sie sei nur heutigen Tages eine Mikrologie," und andern Theils den Irrthum zu vermeiden, der in anatomisch-pathologischen Ergebnissen etwas Anderes sieht, als das Product eines vitalen Prozesses. Namentlich habe ich mich gehütet, in die sanguinischen Hoffnungen Derer einzustimmen, welche nunmehr alles Heil von der organischen Chemie erwarten, nachdem sie neuerlichst durch die Bemühungen einiger Männer zu zeigen begonnen, welch' wesentlicher Nutzen von derselben zu erwarten steht. Wer die Geschichte der Medicin kennt, wird gegen alle, in der Zeit auftauchenden Extravaganzen einen Rückhalt bewahren. Ein Solcher kann in der Erscheinung eines „Lehrbuchs der practischen Heilkunde nach chemisch-rationellen Grundsätzen von Dr. Gottfried Christian Reich, Berlin (im Jahre 1842)" nichts Anderes, als ein Wahrzeichen für die kommenden Geschlechter sehen, dass der, in unseren Tagen überall nach Geltung strebende Radicalismus auch das medizinische Gebiet betrat. Und in so fern unsere Enkel das Lehrreiche, was in extremen Erscheinungen liegt, benutzen, dürfte die Ueberzeugung des Verfassers jenes Werkes: „mit demselben der Menschheit einen wesentlichen Dienst geleistet zu haben" sich realisiren.

Vom Inhalte zu der Form der vorliegenden Schrift mich wendend, habe ich nur noch anzuknüpfen, dass die Darstellung in derselben keine andere sein konnte, als eine, dem eigensten Wesen der allgemeinen Pathologie entsprechende, eine wissenschaftliche. Nichtsdestoweniger habe ich mich aus gewissen Rücksichten der Popularität befleissigt, ohne mich dem Vorwurf der Trivialität blosszustellen; und überall galt es mir zur Regel, nichts mehr zu sagen, als auch von einem gut vorbereiteten Schüler begriffen werden kann. Opferte ich auch dieser Rücksicht manchen Gedanken und manche weitere Ausführung, so wird Diess dem Buche eher zum Lobe als zum Tadel gereichen, wenn man mir nicht zum Vorwurf machen kann, dass ich dadurch zugleich die Tendenz der Wissenschaftlichkeit geopfert. Dieser vor Allem muss jede bessere Kraft geweiht sein! — Wenn nun auch feststeht, dass die Materie einer Disciplin, die Fassung eines Leitfadens derselben und die Fähigkeit ihres Lehrers die Früchte bedingen; so kann doch eben so wenig in Abrede gestellt werden, dass der, einer Disciplin im Studienplan angewiesene Ort wesentlich zu deren Erfolg beiträgt. Soll ins Besondere die allgemeine Pathologie den grösstmöglichen Nutzen stiften, so muss, wie sich Diess von selbst versteht, die Physiologie mit allen ihren Vorbereitungslehren ihr vorangehen; dasselbe möchte ich aber auch von der speziellen Pathologie und von der pathologischen Anatomie fordern; da die allgemeine Pathologie ja nur etwas Abstrahirtes aus der speziellen ist, und sie sich überdiess so häufig zur Erläuterung ihrer Lehren der Anführung der Krankheitsformen und ihrer Producte bedienen muss. Wie also die Physiologie des gesunden Lebens die Kenntniss der Thiere, ihrer Lebensweise und ihrem anatomischen Baue nach, voraussetzt, ebenso die allgemeine Pathologie (Physiologie des kranken Lebens) die verschiedenen Arten der Krankheiten, deren Gesetze sie ausspricht, und somit vorzugsweise deren Kenntniss zu einer wissenschaftlichen macht. Die spezielle Pathologie braucht indess eine Menge Kunstausdrücke, deren Bekanntschaft sie aus der allgemeinen Pathologie voraussetzt. Es müsste daher jedenfalls eine etymologische Erklärung der nothwendigsten technischen Ausdrücke in genauer Bestimmung der damit zu verbindenden Begriffe, gleichfalls als eine wissenschaftliche pathologische Terminologie, der speziellen Pathologie vorausgeschickt werden; dieser aber eine wahre Physiologie des kranken Lebens folgen. Dann hätte man weniger zu befürchten, dass diese Lehre nicht verstanden werde; der Lehrer wäre nicht so sehr genöthigt, wie ehedem, auf Kosten der wissenschaftlichen Begründung seiner Disciplin, sich der Fassungskraft seiner Zuhörer zu accomodiren. An den mir bekannten Thierarzneischulen wird diese Ansicht thatsächlich nicht getheilt, an der hiesigen jedoch in so fern, als später Repetitorien über die allgemeine Pathologie Statt finden; ob meine Ansicht aber der vollständigen Anerkennung würdig zu halten sei, muss der besseren Einsicht und einem höheren Ermessen anheimgegeben werden. Inzwischen möchte das vorliegende Handbuch mit angemessener Handhabung der Einschränkung oder Erweiterung von Seite des Lehrers einem jeden Bedürfnisse entsprechen.

Berlin im März 1843.

Der Verfasser.

Uebersicht des Inhalts.

Erster Theil.

Allgemeine Naturlehre der Krankheit.

Vierter Abschnitt.

Von den Erscheinungen der Krankheit.

*) Beim Druck hat sich in der Folge der Capitel der Irrthum eingeschlichen, dass das „vierte“ übergangen ist.

D r i t t e r A b s c h n i t t.
Anomalien im Bewegungsleben.

V i e r t e r A b s c h n i t t.
Anomalien im Empfindungsleben.

F ü n f t e r A b s c h n i t t.
Von den Abweichungen in den Seelenverrichtungen.

S e c h s t e r A b s c h n i t t.
Von den Abweichungen der gesammten animalen Sphäre des Organismus.

Einleitung

in

die allgemeine Pathologie.

Einleitung.

§. 1.

Die Medizin überhaupt ist ein Zweig der gesammten Naturwissenschaft und findet ihre Thätigkeit auf dem Gebiete der organischen Welt. Der Zweck der Medizin ist: die organisirten Wesen gesund zu erhalten, und wenn sie krank geworden sind, dieselben in den gesunden Zustand zurückzuführen; zu welchem letztern Zwecke eine Kenntniss der Krankheiten dem Heilungsgeschäfte vorangehen muss. Kürzer ausgedrückt, ist Medizin die Wissenschaft des Lebens und die Art und Weise, dessen Heil zu erhalten und wiederherzustellen.

Zusatz. Nach einer andern Ansicht ist die Aufgabe der Medizin überhaupt, als Wissenschaft und als Kunst, nicht blos Verhütung möglicher und Heilung wirklicher Krankheiten, sondern auch Mitwirkung zur Veredlung der organischen Schöpfung (Cosmetik im höheren Sinne).

§. 2.

So wie sich die organische Welt in zwei grosse Abtheilungen bringen lässt, in das Reich der Pflanzen und in das der Thiere (regnum vegetabile et animale), so trennt sich auch die Medizin nach zwei

Seiten: in die Medizin der Pflanzen und in eine solche der Thiere (medicina plantarum, phytomedicina, phytoiatria) und in eine solche der Thiere (medicina animalium, zoomedicina, zooiatria).

§. 3.

Diejenige Medizin, welche die Thierwelt zum Gegenstande der Betrachtung hat, zerfällt wiederum, je nachdem sie sich mit dem Menschen oder mit den übrigen Thieren beschäftigt, in die Medizin des Menschen, d. i. die eigentliche Medizin (medicina st. s. d., med. hominum, anthropomedicina, anthropoiatria) und in die Medizin der Thiere insbesondere (Med. animalium, zoomedicina st. s. d.).

§. 4.

Das Reich der Thiere, selbst mit Ausschluss des Menschen, ist aber so gross und deren Leiden so mannigfaltig, dass das Leben und die Fassungskraft eines Menschen nicht hinreichen würde, eine genügende Kenntniss derselben zu erlangen. Für unsern Zweck genügt es, nur einige Thiere der Forschung zu unterwerfen, und zwar vorzugsweise die Haussäugethiere. So bildet sich die eigentliche Veterinär-Medizin (med. animalium domesticorum, med. vel ars veterinaria, ktenoiatria).

§. 5.

Derjenige nun, welcher es in der Kenntniss der Medicin der Haussäugethiere und deren Anwendung bis zu einem gewissen Grade gebracht hat, ist ein Hausthierarzt, Veterinär (medicus animalium domesticorum, ktenoiatricus, veterinarius), und, insofern er sich nur mit einzelnen Thieren beschäftigt, ein Pferdearzt (hippiatricus), Rindvieharzt (buiatricus), Hundearzt (cynoiatricus) u. s. w.

§. 6.

Man kann die Veterinär-Medicin von zwei Seiten betrachten, von der wissenschaftlichen und von der empirischen, oder von der theoretischen und von der practischen.

Zusatz 1. Wissenschaft ist die Erkenntniss von Etwas nach Gründen und im Zusammenhange, und ist als solche das Product des vollkommensten Gebrauchs der menschlichen Erkenntnisskraft. Empirie ist Erfahrung; rohe Empirie eine oberflächliche und blos sinnliche, rationelle Empirie aber eine, von Verstandeskräften gehörig geleitete Erfahrung. Theorie ist Erklärungsversuch; Praxis ist Handeln. Die wahre Thierheilkunde und der wahre Thierarzt sind im Besitze der rationellen Empirie, im gleichmässigen Besitze der Wissenschaft und Empirie, der Theorie und Praxis, der Kunde und der Kunst.

Zusatz 2. Man hat es in Frage gestellt: ob denn die Thierheilkunde denjenigen Grad von Wahrheit und Zuverlässigkeit besitze, dass man ihr das Leben der Thiere unbedingt anvertrauen dürfe. Im Verlaufe der Zeiten hat sich die Thierheilkunde als Nutzen bringend, als nothwendig herausgestellt; sie wird stets vom Bedürfnisse dringend gefordert. Auch ist es ein Leichtes, sowohl Beispiele von innern Krankheiten, noch mehr aber von chirurgischen Fällen anzuführen, in denen das heilsame Wirken des Thierarztes auf der Hand liegt; und wer wollte läugnen, dass die Diätetik und die Prophylaxis nicht ihren überaus grossen Nuzzen haben! Wenn aber die Zwecke nicht immer erreicht wurden, obgleich die Krankheiten sowohl, als auch die Constitution der Thiere die Möglichkeit dazu boten: so dürfte die Schuld mehr auf die Thierärzte, wie sie in jenen Fällen waren, und auf die Besitzer der kranken Thiere fallen. Denn nicht immer halten sich die Thierärzte an die wahre Thierheilkunde, und die Besitzer kranker Thiere an den wahren Thierarzt. Die Thierheilkunde ist indess noch einer grossen Vervollkommnung fähig, und fordert sich eine solche in manchen Zweigen dringend. Die Zeit wird sie gewähren.

§. 7.

So wie die Medizin nur ein Zweig der gesammten Naturwissenschaft ist, so ist die Krankheitslehre (pathologia) nur ein Theil der Medicin, aber gerade der wichtigere. Die Pathologie kann nicht verstanden werden, wenn die ihr zum Grunde liegenden Zweige der Medizin vernachlässigt worden sind. Da die Pathologie sich mit dem krankhaften Zustande des thierischen Organismus befasst, so setzt sie zunächst die Kenntniss des gesunden Zustandes desselben, die Physiologie, voraus.

Zusatz. Aus dem, im §. 1 ausgesprochenen Zwecke der Medizin überhaupt folgt, dass die Physiologie, Pathologie, Diätetik und Therapeutik die Hauptdisciplinen derselben sind, denen alle anderen zwar untergeordnet werden müssen, aber zum Verständniss jener nicht minder nothwendig sind.

§. 8.

Zweck der Pathologie ist: Erklärung der krankhaften Zustände, im Zusammenhange mit ihren Erscheinungen und Ursachen. Sie ist in sofern eine allgemeine (pathologia generalis), als sie Aufschluss über die krankhaften Zustände im Organismus giebt, die wir nur selten in der Natur als für sich bestehend wahrnehmen, die aber, mit andern vereint, die Formen und Arten der einzelnen Krankheiten bilden, welche letztere Gegenstand der speciellen Pathologie (path. specialis) sind.

Zusatz. Die allgemeine Pathologie wird auch Theorie der Krankheit genannt. Und in sofern unter Krankheit nur ein besonderer Lebenszustand verstanden wird, und dieser Gegenstand der allgemeinen Physiologie ist, kann sie auch als Physiologie oder Naturlehre der Krankheit betrachtet werden; in Rücksicht aber, dass in der allgemeinen Pathologie die krankhaften Erscheinungen auf ihre Ursachen zurückgeführt, die Krankheitsformen in ihre Elemente zerlegt werden, kommt ihr auch die Benennung Elementar- oder Prinzipien-Lehre zu.

§. 9.

Obgleich die allgemeine Pathologie vorzugsweise speculativer Natur ist, so hat sie doch die Empirie zur Grundlage, nämlich die specielle Pathologie, weil sie erst durch Abstraction von den concreten Krankheitsfällen zur Feststellung der allgemeinen Gesetze des kranken Lebens gelangt. Wir erkennen die Krankheiten nur aus Erscheinungen. Daher muss die Sinnes-Wahrnehmung als die Hauptstütze der Pathologie betrachtet werden, doch so, dass sie vom Verstande gehörig geleitet wird, oder mit andern Worten, dass eine Scheidung des Wesentlichen vom Unwesentlichen in den Erscheinungen, und eine Einsicht in ihren Zusammenhang und in ihr ursächliches Verhältniss dabei festgehalten wird. So beschaffen, ist die Sinnes-Anschauung (Empirie) eine rationelle und schliesst nothwendig die Theorie in sich. Näher betrachtet, sind die Mittel, um zur möglichst vollständigen empirischen Kenntniss zu gelangen: Beobachtungen, Erfahrungen und Versuche.

Zusatz. Wahrnehmung kann als blosse Auffassung einzelner Erscheinungen angesehen werden, oder als ein niederer Grad der Beobachtung. Unter Beobachtung verstehen wir dagegen jede, durch unsere Sinneswerkzeuge vermittelte und durch Aufmerksamkeit unterstützte Thätigkeit, die zur Vorstellung von irgend einem Gegenstande hinführt, durch welche wir sowohl die einzelnen Erscheinungen an ihm, als auch seinen gesammten Zustand und die Ursachen desselben erkennen. Erfahrung dürfte demnach eine Sammlung von Urtheilen zu nennen sein, die aus mehren und wiederholten Beobachtungen und durch Vergleichung derselben unter sich abgezogen worden sind. Versuch endlich ist jede durch wissenschaftliche Ansichten geleitete Veränderung, die man mit irgend einem Gegenstande vornimmt, um zu sehen, wie er sich unter andern Umständen verhalte; oder er ist als die Stellung einer Frage zu betrachten, worauf wir in dem Ergebniss die Antwort erwarten. Es gehört sehr viel zu guten thierärztlichen Beobachtungen, Erfahrungen und Versuchen. Sind die Beobachtungen falsch, so kann die aus ihnen abgeleitete Erfahrung nicht richtig sein. Bei den Beobachtungen hat man vorzugsweise Dreierlei zu berücksichtigen, ihr Object und Subject, und die Verhältnisse, unter denen die Beobachtungen gemacht werden. Beim Object kommt es vorzugsweise darauf an, dass es sich in einem, für die Beobachtung günstigen Zustande befindet; beim Subject aber sind gesunde Sinne, Ruhe, Nüchternheit, Vorurtheils-Freiheit, Kenntniss des Objects, ein gewisser Grad wissenschaftlicher Bildung überhaupt und Uebung nothwendige Requisite. Mehrere Beobachtungen können, einzeln betrachtet richtig sein, die aus ihnen abgeleitete Erfahrung aber falsch. Zum Ausspruch einer wahren Erfahrung gehört ein gewandtes Abstractions- und ein richtiges Urtheils-Vermögen. Zu wissenschaftlichen Versuchen wird am meisten erfordert eine allseitige und tiefe wissenschaftliche Bildung und ausserdem alle Erfordernisse der Beobachtungen und Erfahrungen.

§. 10.

Der Werth der allgemeinen Pathologie kann begreiflicher Weise nicht darin bestehen, dass sie die Krankheitsformen, die Unterscheidung ihrer Gattungen und Arten unmittelbar kennen lehrt; als Fundamentallehre aber, welche die Elemente der Krankheiten und ihre Gesetze zum Gegenstande ihrer Betrachtung hat, trägt sie zu jener Kenntniss Vieles bei.

Man weiss, dass sich dem Thierarzte nicht immer bestimmte Krankheitsformen in der Beobachtung darbieten, und wo Dies der Fall, würde er sich, ohne Kenntniss der allgemeinen Pathologie, in Verlegenheit sehen; er wird keine Einsicht in den Zusammenhang der Erscheinungen und in ihr ursächliches Verhältniss, mithin auch keine klare Vorstellung von dem Krankheitsbilde gewinnen und kein rationelles Heilverfahren einschlagen können. In der Natur der Sache liegt es auch, wie wir Dies später näher erörtern werden, dass niemals die Leiden zweier verschiedener Thiere, oder auch die, in ein und demselben zu verschiedenen Zeiten auftretenden sich vollkommen gleichen können. Hieraus folgt, dass es, streng genommen, keine spezielle Pathologie geben kann; dass sie vielmehr, wie sie jetzt besteht, als ein künstliches Gebäude betrachtet werden muss, welches sich von der Natur mehr oder weniger entfernt. Auch folgt aus dem Vorstehenden, dass sich keine bestimmt vorgezeichnete Richtschnur für die Behandlung spezieller Fälle geben lässt. Aus allem Diesen wird man ersehen, dass die genaue Kenntniss der allgemeinen Pathologie es nur allein ist, welche den Thierarzt in den Stand setzt, nach Gründen und mit Bewusstsein zu handeln. Ohne grüudliche Kenntniss der allgemeinen Pathologie kann sonach der Thierarzt nicht auf den Namen eines rationellen Anspruch machen; er muss sich vielmehr mit dem eines blossen Empirikers begnügen, der nach den Namen der Krankheiten und nach den, gegen solche angepriesenen Mitteln hascht. Es ist eher möglich, ein rationeller Thierarzt ohne Kenntniss der speziellen Pathologie, als ohne Kenntniss der allgemeinen Pathologie zu sein; und vielleicht wird dereinst, wenn die Medizin überhaupt einen hohen Grad der Läuterung erlangt hat, von jener ganz abstrahirt, wenigstens von der Art, wie sie jetzt betrieben wird.

Zusatz 1. Ausser dem eben gedachten, hat die allgemeine Pathologie noch den, freilich aber nur untergeordneten Nutzen, dass sie sachgemässe Erklärungen von Namen giebt, welche in der speziellen Pathologie gebräuchlich sind. Ohne Kenntniss des Begriffs, welchen die technischen Ausdrücke in sich schliessen, wird ihre Anwendung nicht allein erschwert und oft irrig, sondern man ist auch ausser Stande, eine pathologische Relation richtig zu verstehen. Das Studium der Etymologie, welche sich mit der Abstammung der Wörter beschäftigt und somit die Wurzeln und die Zusammensetzung dieser kennen lehrt, erleichtert das Verständniss der Kunstausdrücke sehr; nicht minder auch die Synonymik, welche die verschiedenen Wörter betrachtet, die zur Bezeichnung eines und desselben Gegenstandes gebräuchlich sind.

Zusatz 2. Ein anderer Nutzen, den das gründliche und fleissige Studium der allgemeinen Pathologie gewährt, und der als ein wichtiger erkannt werden muss, besteht in der Ausbildung der geistigen Kräfte überhaupt, in der Förderung einer allgemeinen, wissenschaftlichen Bildung und in der Geschicklichkeit zum Theoretisiren über medizinische Gegenstände. Der, durch das Studium der allgemeinen Pathologie gebildete Thierarzt, wird eine geistige Umsicht gewonnen haben, die ihn nicht leicht vor einem Problem aus dem Gebiete der Medizin zurückschrecken lässt; er wird mit gebildeten Aerzten in einen nützlichen und angenehmen Verkehr treten, und sich überhaupt in der Gesellschaft eine angemessene Geltung verschaffen können. Die Geschicklichkeit zum Theoretisiren ist aber dem Thierarzte von besonderem und unmittelbarem Nutzen. Wie weit man auch den Streit über Theorie und Praxis getrieben haben mag, wie sehr auch sogenannte practische Leute bemüht sein mögen, die Theorie als einen nutzlosen Ballast aus der Medizin zu entfernen, so ist Das doch niemals gelungen, und wird auch ein solches Bemühen stets fruchtlos bleiben. Ein angesehener Arzt sagte: „Thun und Denken, Praxis und Theorie sind unzertrennlich. Was Athmen dem Leibe, ist Denken dem Geiste. Jeder ärztliche Künstler und Handwerker theoretisirt, d. i. denkt mehr oder weniger über die Entstehung und Fortbildung der Krankheit und ihr Verhältniss zu den Arzneien. Die Gegner der Theorie sind nie ohne Theorie; sie sind meist nur Gegner von Theorien, welche ihnen nicht leicht zugänglich sind, sie theoretisiren auf ihre einseitig materielle Weise. Das in jeder Zeit unabweisliche Bedürfniss der Theorie ist noch mächtiger und unabweislicher in unserer, der Zeit der in unzähligen Entdeckungen zu umfassenderen Bewusstsein gelangenden Menschheit. Wo es keinen positiven Codex, wie in der Jurisprudenz giebt, da ist eine, nach richtigen Grundsätzen handelnde Theorie noch viel nöthiger." — Es kann also nicht die Frage sein: ob wir eine Theorie haben sollen; sondern ob wir im Besitze der wahren, d. h. einer solchen sind, die sich eben so wenig von der Erfahrung, als von der vernünftigen Einsicht entfernt.

§. 11.

Die allgemeine Pathologie hat keine besondere Geschichte; die Geschichte der ganzen Medicin ist auch die der allgemeinen Pathologie. Die Jünger der Medicin machten zuerst Beobachtungen einzelner Krankheitsfälle, von denen dann das mehren Gemeinschaftliche als Krankheitsform, und vom Speziellen zum Allgemeinen vorschreitend, das den Krankheiten Gemeinsame abstrahirt wurde. Wie früh dieses Bemühen auch begann, so bildete sich doch erst spät die allgemeine Pathologie zu einer selbstständigen Doctrin aus; und der Gegenwart und Zukunft ist es vorbehalten, derselben eine möglichst befriedigende und systematische Gestalt zu geben. In der Thierheilkunde, der jüngern Schwester der Medizin, konnte man begreiflicherweise erst in der neuern Zeit anfangen, eine allgegemeine Pathologie aufzustellen; und wundern darf man sich nicht, wenn sie in jener noch nicht die wissenschaftliche Gestalt erlangt hat, wie in dieser. Was bis jetzt in der allgemeinen Pathologie von den Thierärzten geleistet worden ist, dürfen wir indess nicht zu gering achten. Das Bestreben zum Bessern ist überall sichtbar. Benutzen wir, was die Theorie der Krankheit anbelangt, die Forschungen der Menschenärzte, weichen wir in den empirischen Grundlagen nicht von der thierärztlichen Erfahrung ab, arbeiten wir uns gegenseitig in die Hand: so werden wir dem Ziele der Vollkommenheit immer näher rücken, obgleich wir es nie erreichen können. Von einer allgemeinen thierärztlichen Pathologie dürfen wir aber billig fordern, dass sie die zeitige Entwickelung der Thierheilkunde repräsentirt, und Anregung zu ihrer ferneren Ausbildung giebt.

§. 12.

Zu einem Abriss der Geschichte der Medizin überhaupt und der Thierheilkunde insbesondere wäre hier der passende Ort. Aber soll das Studium der Geschichte in dieser Rücksicht fruchtbar sein, so muss es mit Zeit und Aufwand von Kräften betrieben werden. Indess wird sich im Verlaufe des fernern Vortrags Gelegenheit finden, manches Geschichtliche in Rücksicht pathologischer Ansichten einzuflechten. So darf am rechten Orte auch die rechte Wirkung davon erwartet werden. Das Hauptresultat des Studiums der medicinischen Geschichte ist der Gewinn der Vorsicht, dass wir nicht in die Irrthümer unserer Vorfahren fallen, und uns das, was sich im Laufe der Zeiten bewährt hat, aneignen.

§. 13.

Kenntniss der, auf die allgemeine Pathologie sich beziehenden Schriften und ein verständiger Gebrauch derselben sind ausser den in §. 9 angegebenen Mitteln die Bedingungen zum Fortschritt in dieser Lehre. Schriften über Lehren, welche nur theilweise die Grundlage der allgemeinen Pathologie bilden helfen, wie die allgemeine und pathologische Anatomie, Zoochemie, Physiologie, Diätetik, Pharmacodynamik u. s. w. berühre ich hier nicht; sie sind aus andern Quellen hinreichend bekannt. Nur diejenigen mögen hier angeführt werden, welche sich mit der allgemeinen Pathologie ausschliesslich befassen, oder doch mit ihr in einem nähern Zusammenhange stehen, und unter diesen endlich nur solche, welche vorzugsweise empfehlenswerth erscheinen.

Falke, Handbuch der Physiologie mit Berücksichtigung der Pathologie; für Thierärzte. Nürnberg 1829.

Hering, Physiologie mit steter Berücksichtigung der Pathologie. Stuttgart 1832.

Mundigl, Comparative physiologische und nosologische Ansichten von den Krankheiten des Menschen und der vorzüglichen Hausthiere. München 1818.

Allgemeine nosologische Grundlinien oder Grundzüge des kranken Lebens unserer Hausthiere, für Menschenärzte und Thierärzte. München 1822.

Strauss, Die Heilkraft der Natur, ihre Erkenntniss im Allgemeinen und in Beziehung auf die Grundsätze der Zoochirurgie insbesondere dargestellt. Wien 1829.

Waldinger, Allgemeine Pathologie der Hausthiere. Wien 1812.

Veith, Grundriss der allgemeinen Pathologie und Therapie I. Bd. (unvollendet). Neue Auflage. Wien und Triest 1816.

Schwab, Entwurf einer allgemeinen Pathologie der Hausthiere München 1823.

Prinz, Allgemeine Krankheits- und Heilungslehre der Hausthiere. Dresden 1830.

Delafond, Traité de pathologie et de thérapeutiqes générales vétérinaires. Paris 1838.

Rainard, Traité de pathologie et de thérapeutiques générales vétérinaires. Paris 1839.

Rychnee, Naturgeschichte des krankhaften Zustandes der Hausthiere. Bern 1840.

Vix, Lehrbuch der allgemeinen Pathologie für Thierärzte. Leipzig 1840.

Buchmüller, Allgemeine Pathologie und Therapie der Hausthiere. Wien 1840.

Zusatz. Die Schriften über allgemeine Veterinärpathologie, welche ausschliesslich und umfassend über diese Lehre handeln, sind nicht zahlreich. Ueber die verschiedenen Abtheilungen derselben sind noch keine besondere Werke erschienen; es dürften aber selbstständige Bearbeitungen über Pathogenie, Aetiologie, Nosologie und Symptomatologie um so mehr von Werth sein, wenn sie von, in jeder Beziehung fähigen Thierärzten unternommen würden. Denjenigen, welche einen tiefen Blick in die allgemeine Pathologie werfen wollen, dürfen zu einem comparativen Studium die bessern Schriften der Menschenärzte nicht fremd bleiben. Folgende mögen angeführt werden:

Bartels, Pathogenetische Physiologie u. s. w. Cassel und Marburg 1829.

Henle, Pathologische Untersuchungen. Berlin 1839.

Hartmann, Theorie der Krankheit, oder allgemeine Pathologie Wien 1823.

Stark, Allgemeine Naturlehre der Krankheit, oder allgemeine Pathologie. Leipzig 1838.

§. 14.

Die Eintheilung der allgemeinen Pathologie ist auf verschiedene Weise versucht worden. Der ältern und gangbarsten Eintheilung liegt die Beleuchtung eines dreifachen Gegenstandes zum Grunde: 1) das Wesen der Krankheit und dessen Verschiedenheit; 2) die Entstehung derselben aus bestimmten Verhältnissen des thierischen Organismus und 3) die Wirkungen oder Folgen der Krankheit. Hierauf stütztsich die Eintheilung der allgemeinen Pathologie: in die allgemeine Krankheits-Darstellung (nosologia generalis) die man auch wohl die Lehre von den wesentlichen und zufälligen Unterschieden der Krankheit nennt; 2) in die Lehre von der Entstehung der Krankheit aus bestimmten ursächlichen Verhältnissen (pathogenia und aetiologia); und 3) in die Lehre von den Zufällen, Erscheinungen oder Symptomen (phaenomenologia v. symptomatologia). Andere halten es für am angemessensten, mit der Aetiologie in der allgemeinen Pathologie zu beginnen, da Dieses in sofern der natürliche Gang sei, als die Krankheit zunächst durch ihre ursächlichen Momente eingeleitet werde. Jene Eintheilung gewährt eine leichte Uebersicht und ist darum für den Anfänger fasslich, und die letztere Ansicht hat einen empirischen Grund; beide aber scheinen den physiologischen und wissenschaftlichen Anforderungen nicht genügend zu entsprechen. In dieser Rücksicht dürfte es daher für den Vortrag der allgemeinen Pathologie angemessen sein, Denjenigen zu folgen, welche vom Standpunkte des Allgemeinen ausgehen, allmählig zum Besondern herabsteigen und auf diese Weise eine Brücke zur speziellen Krankheitslehre bauen. Demnach wird folgende Eintheilung in vorliegender Schrift adoptirt, nach welcher in dem ersten Theile die Krankheit von ihrer allgemeinsten Seite betrachtet und zu zeigen versucht wird, was sie an sich ist, wodurch und auf welche Weise sie zu Stande kommt, und wie sie sich zu erkennen giebt. Dieser erste Theil zerfällt in drei Abschnitte: 1) in die Natur- und Wesenlehre der Krankheit (ontologia); 2) in die Lehre von ihrer Entstehung und ihren Ursachen (pathogenia und aetiologia); und 3) in die Lehre von den Erscheinungen (symptomatologia aut phaenomenologia). Diesem Theile schliessen sich noch zwei Abschnitte an, worin der ideale Standpunkt zwar verlassen und die Krankheit unter Beziehungen der Wirklichkeit, der zeitlichen und räumlichen Verhältnisse, d. h. ihres Verlaufs und ihrer Ausbreitung, immer aber noch im Sinne der Allgemeinheit betrachtet wird. Der zweite Theil befolgt den, in der Physiologie üblichen Gang und erläutert die einzelnen Lebensverrichtungen ins Besondere von der Seite ihrer allgemeinen Abweichung.

Zusatz. Einige Schriftsteller, welche in der allgemeinen Pathologie ausführlich von der Congestion, von der Entzündung und vom Fieber, ja sogar von den verschiedenen Arten des letzteren handeln, sind offenbar zu weit gegangen, indem sie die Grenzen der Allgemeinheit überschritten. Mehr dürfte der Versuch derjenigen zu billigen sein, welche am Schlusse der allgemeinen Pathologie dieselbe mit der speziellen in der Art verknüpfen, dass sie den Begriff der Krankheitsform entwickeln und zeigen, wie diese aus den Elementen im Allgemeinen zu Stande kommt. Dieses Schwanken in der Grenzbestimmung der allgemeinen Pathologie möchte durch die, auch bereits versuchte Bildung einer besonderen Uebergangslehre von der allgemeinen zur speziellen Pathologie zu beseitigen sein; indem die Lehre von der Bildung der Krankheitsformen und einer solchen von den Grundformen der Krankheiten, wie der Congestion, der Entzündung und des Fiebers zu einem Ganzen verknüpft und derselben eine allgemeine Betrachtung über das pathologische Verhalten der verschiedenen organischen Systeme angereiht würde. Beim Vorhandensein einer solchen, dem Standpunkte der Wissenschaft entsprechenden Lehre, dürfte man sich in der speziellen Pathologie auf eine kurze aber bestimmte Zeichnung der Krankheits-Gattungen und Arten zu beschränken haben, und nicht ferner veranlasst sein, derselben durch allgemeine, sich hundertfach wiederholende Erklärungen eine Ausdehnung zu geben, wodurch die Uebersicht und Auffassung des Stoffs für den Anfänger so sehr erschwert wird.

Erster Theil

der

allgemeinen Pathologie.

Allgemeine Naturlehre der Krankheit.

Erster Abschnitt.

Von der Krankheit im Allgemeinen.

Erstes Capitel.

Definition der Krankheit.

§. 1.

Krankheit (morbus) ist ein Lebensprozess; es kann daher keine Krankheit ohne Leben gedacht werden. Die allgemeinen Merkmale des Lebens kommen auch der Krankheit zu. Das thierische Leben tritt als ein Organismus in die Erscheinung, d. h. als ein, aus verschiedenartigen Theilen zu einem Ganzen verbundener Körper, der eine eigenthümliche, bestimmte Gestalt und chemische Zusammensetzung hat, der Selbstthätigkeit durch Bildung, Bewegung und Empfindung offenbart. Krankheit sowohl, als Gesundheit sind Zustände des Lebens, aber insofern von einander verschieden, als der kranke Organismus im Allgemeinen eine, vom normalen Dasein abweichende Gestaltung, Mischung und Verrichtung, mithin veränderte Lebensäusserungen zeigt.

§. 2.

Zur richtigen Beurtheilung des krankhaften Zustandes muss noch in Betracht kommen: 1) ob die Veränderung der Lebensäusserungen vom inneren Grunde des Lebens selbst ausgeht; 2) ob die innere Störung, welche die veränderte Lebensäusserung bedingt, eine unwillkürliche ist; 3) ob die innere Störung auch einen gewissen Bestand hat.

Zusatz. Krankheit ist ein activer Zustand, und daher von einem blos passiven wohl zu unterscheiden, wie er durch äussere Hemmungen (z. B. durch Aufhebung der willkürlichen Bewegung beim Fesseln) bewirkt werden kann. Die Empfindung von Kälte und Hitze, die Erscheinung des Frostschauders und des Schweisses, ein beschleunigtes Athmen und ein frequenter Puls können von äusseren Bedingungen abhängig sein, und so diese aufhören, verschwinden auch jene.

Durch Willkür können bei den Thieren Erscheinungen bewirkt werden, die auch der Krankheit zukommen, aber vorübergehend und nicht in einem dauernden, inneren Lebenszustande begründet sind.

Selbst auf einem inneren Zustande beruhende, veränderte Lebenserscheinungen dürften nur dann als Krankheit betrachtet werden, wenn sie einigermaassen Bestand gewinnen. Ein flüchtiger Schmerz, ein Frostschauder sind daher nicht immer als Krankheit zu betrachten, obgleich sie von einem inneren Zustande bedingt sein können. Dagegen ist wiederum zu merken, dass eine blos äussere Störung durch ihre Andauer zur inneren und wirklichen Krankheit werden kann.

§. 3.

Der Begriff der Krankheit dürfte, näher bestimmt, also lauten: Krankheit ist als ein Prozess im Organismus zu betrachten, durch welchen die dynamische und materielle Seite desselben auf eine innere, unwillkürliche und einigermaassen andauernde Weise regelwidrig verändert und gestört erscheint.

Zusatz. Nach einer andern, aber ziemlich gleichbedeutenden Erklärung ist Krankheit als ein, unter einer fremdartigen Form sich gestaltender Lebensprozess zu betrachten, welcher entweder blos mit seinem individuellen oder auch mit seinem generischen Lebenstypus nicht übereinstimmt, d. h. als ein Lebenszustand, der die Erhaltung des Individuums und seiner Gattung beschränkt und gefährdet.

§. 4.

Unpässlichkeit, Kränklichkeit wird als eine Schwankung, als ein Mittelzustand zwischen dem normalen und offenbar abnormen Lebenszustande erklärt, der noch keine eigenthümliche Gestalt oder Form zeigt. Hierher ist das Hinneigen zu einer Krankheit (opportunitas ad morbum) und die Genesung (convalescentia) zu zählen. Die Unpässlichkeit gehört aber meist in das Reich des Subjectiven, und kann daher ihre objective Annahme bei den Hausthieren Einwendungen erleiden.

Zweites Capitel.

Natur der Krankheit.

§. 5.

Krankheit ist nicht als ein blosser Mangel der Gesundheit, als ein negativer Zustand zu betrachten, sondern als ein positiver, eigenthümlicher Lebensprozess, der sich in einem Organismus unter einer, von der vorhandenen verschiedenen Form ausbildet. Eben so wenig darf Krankheit als immer und nothwendig der Gesundheit entgegengesetzt, oder als ein unnatürlicher oder widernatürlicher Lebenszustand betrachtet werden; sie ist vielmehr ein Lebensprozess, der sich in einem andern entwickelt, und sich durch seine Form von diesem unterscheidet. Der Unterschied zwischen Krankheit und Gesundheit beruht daher nur auf der Form, der Art der Erscheinung, nicht auf dem Wesen, dem inneren Grunde. Jene folgt, wie diese, denselben Lebensgesetzen, woraus sich der gleiche Werth der Physiologie, wie für das gesunde, so für das kranke Leben erklärt, und woraus zu entnehmen, dass die Pathologie eben so fruchtbringend für die Physiologie werden könne, als diese es für jene ist. — Da die Krankheit also nicht wesentlich vom gesunden Leben verschieden ist, so kommt ihr auch das wesentlichste Kennzeichen des Lebens überhaupt, nämlich das Vermögen der Selbsterhaltung und eine gewisse Selbstständigkeit zu; auch besitzt sie ein eigenes Regenerations-Vermögen; bei vielen Krankheiten sogar nehmen wir, ausser dem Selbsterhaltungs-Vermögen, auch, dem gesunden Leben analog, die Erhaltung der Gattung wahr.

Zusatz. Die Selbsterhaltung und Selbstständigkeit der Krankheit wird eines Theils aus dem Kampf der letzteren gegen das gesunde Leben und anderen Theils aus der individuellen, aus Elementen bestehenden und zu einem Ganzen verbundenen Form erklärt, unter der sie auftritt. Ihr Regenerations-Vermögen erläutern die wiederanwachsenden Polypen, Balggeschwülste, Hautausschläge u. dgl.; das analoge Leben für die Gattung aber die, sich über das Individuum hinaus verbreitenden Contagien.

§. 6.

So wie das Leben überhaupt, so kann auch die Krankheit sich weder allein durch Kraft, noch allein durch Materie äussern. Krankheiten der blossen Kräfte oder der blossen Materie giebt es nicht; wohl aber kann in denselben, wie auch im gesunden Leben, bald das Kraft-, bald das materielle Verhältniss überwiegen, wie in sogenannten dynamischen und organischen Krankheiten. Eben so wenig kann es auch ausschliessliche Krankheiten der flüssigen oder der festen Theile geben, da sie als Substrat des Lebens einen gleichen Werth haben und bei der Bildung des Organismus sich gegenseitig bedingen und voraussetzen.

Zusatz. Die dynamische, humoral- und solidar-pathologischen Ansichten ergeben sich, dem Gesagten zufolge, als einseitig. Die Worte Hauff's: es kann weder eine Solidar-, noch eine Humoral-Pathologie geben, sondern nur eine Pathologie, welche den Organismus als Ganzes, wie er leibt und lebt, als aus festen und flüssigen Theilen Bestehendes betrachtet und nicht beide Theile in systematischer Starrheit auf unnatürliche Weise auseinander hält, — leuchten als unumstössliche Wahrheit ein.

§. 7.

Die Krankheit kann nicht als etwas absolut Einfaches, sondern sie muss als eine Verbindung verschiedener Thätigkeiten und ihrer Organe, der materiellen Substrate, angesehen werden. Das Leben überhaupt erscheint in der Wirklichkeit nie als eine einfache Function, sondern als ein Verein solcher und ihrer Werkzeuge. Die verschiedenen organischen Functionen sind aber zu einem gemeinschaftlichen, die Individualität begründenden, auf die Selbsterhaltung und die Erhaltung der Gattung gerichteten Zweck verbunden. Die Krankheit ist aber nichts Anderes als Leben, mithin gilt das Gesagte auch für sie.

Zusatz. Dieser §. erklärt auch zum Theil den §. 5 und der §. 5 diesen.

§. 8.

Abweichung des Bildungsprozesses ist als der nächste Grund jeder Krankheit zu betrachten. In dieser Abweichung findet die Entstehung und die Fortdauer einer jeden Krankheit ihre Begründung, und ihr Ende kann sie erst dann erreichen, wenn der Bildungsprozess zur Normalität zurückgekehrt ist. Um den Beweis für das Gesagte zu führen, dürfen wir die Uebereinstimmung des gesunden und kranken Lebens in Bezug auf ihr Grundverhältniss nicht aus dem Auge verlieren; denn nach §. 5 ist ja Krankheit nicht wesentlich, sondern nur der Form nach vom Leben überhaupt verschieden. Nun wissen wir aber, dass bei der Entwickelung eines jeden thierischen Organismus die Bildungsthätigkeit zuerst, und dann später die Bewegungs- und Empfindungsthätigkeit in die Erscheinung tritt: mithin muss es sich auch so in der Krankheit verhalten.

Zusatz. Das hier Gesagte kann als eine Bestätigung des im §. 6 ausgesprochenen Satzes angesehen werden, dass jede Krankheit nicht blos auf einer dynamischen, sondern auch auf einer materiellen Veränderung beruhe.

Dass in den Krankheiten die abweichende Bildungsthätigkeit nicht immer augenscheinlich ist, kann ihrer Annahme vernünftigerweise nicht entgegen sein.

§. 9.

Auch in der Art der Entstehung, des Verlaufs und des Endes ist eine Aehnlichkeit zwischen der Krankheit und dem normalen Leben zu bemerken. Letzteres entsteht bekanntlich durch Zeugung. Nehmen wir nun zweierlei Arten derselben, nämlich die freiwillige und die Geschlechtszeugung (generatio primaria und secundaria) an, so hat die gemeinste Entstehung der Krankheiten, durch die Einwirkung der äusseren Schädlichkeit auf die Anlage, Aehnlichkeit mit der erstern, die Fortpflanzung der Contagien aber mit der andern. Das normale Leben hat eine gesetzmässige Dauer; es zeigt während derselben einmal auftretende und auch wiederkehrende Veränderungen, und stirbt endlich auf natürliche oder auf gewaltsame Weise. Dasselbe bemerken wir in den Krankheiten, wenn wir ihre Dauer, ihren Verlauf und ihr Ende betrachten. Wir sehen, dass die erstere an eine gewisse Zeit gebunden ist, dass während der zweiten Erscheinungen, entweder nur ein Mal auftreten oder wiederkehren, und dass das Letztere auf natürliche Weise durch Selbstbeendigung des Krankheitsprozesses oder durch gewaltsame, vermittelst ärztlicher Eingriffe, stattfinden kann.

Zusatz. Der Umstand, dass die Krankheit alle wesentlichen Erscheinungen des Lebens überhaupt an sich trägt, jedoch immer ein anderes, der Form nach, ihr ungleichartiges Leben zu ihrer Verwirklichung voraussetzt, hat die Veranlassung zur Vergleichung derselben mit den Parasiten (Schmarotzern) gegeben. In der That ist auch eine Aehnlichkeit zwischen ihnen nicht zu verkennen. Nehmen wir die Krankheit einmal als ein parasitisches Leben an, so muss auch nothwendig eingeräumt werden, dass es keine allgemeine, sondern nur örtliche Krankheiten geben könne; denn der Parasit bleibt immer etwas Verschiedenes von dem Boden, worauf er lebt.

Zusatz 2. Es ist natürlich, dass die gleichzeitige Anwesenheit ungleichartiger Lebensprozesse innerhalb eines und desselben Organismus seine ursprüngliche Lebenseinheit aufheben muss. Hierdurch entsteht in dem Kranken ein Gefühl der Entzweiung mit sich selbst, oder mit andern Worten ein Unbehagen (Uebelbefinden), was die kranken Menschen durch den Ausdruck der Sprache zu erkennen geben und bei den Thieren analog angenommen werden darf (vgl. §. 4).

§. 10.

Insofern Krankheit als ein, in einem anderen Organismus herrschender selbstständiger Lebensprozess zu betrachten ist, kann sie in Bezug auf diesen als eine relativ-äussere Schädlichkeit betrachtet werden, welche sich irgend eines Organes oder Systemes bemächtigt, sich sodann, vermöge der sympathischen Verbindung, in der alle Körpertheile stehen, ausbreitet, und hierdurch die Freiheit der Lebensverrichtungen auf eine mannigfache Weise beschränkt. Das gesunde Leben, welches auf Selbsterhaltung gerichtet ist, kann sich bei jenem Vorgange nicht leidend verhalten; es kämpft vielmehr gegen die Krankheit an. Bei einem solchen, von beiden Seiten oft mit gleicher Hartnäckigkeit geführten Kampfe, handelt es sich um die Existenz des einen oder des andern, der Krankheit oder der Gesundheit.

Zusatz 1. Von Seiten des Organismus wird das Mittel, wodurch jener Kampf geführt wird: Heilkraft der Natur (vis medicatrix naturae) genannt; sie ist also nichts Anderes, als das Selbsterhaltungs-Bestreben, die Lebenskraft.

Zusatz 2. Man hat den Krankheitsprozess selbst als eine blosse Reaction angesehen, was aber falsch zu sein scheint. Die Hauptgründe gegen eine solche Annahme sind folgende: 1) Eine solche Reaction ist zweckmässig, Krankheit aber, mindestens in Bezug auf die Individuen, welche mit ihr behaftet sind, unzweckmässig. Wäre Krankheit blos Reaction, so könnte sie nicht auf Beschränkung und Vernichtung des individuellen Lebens gerichtet sein, wie es doch der Fall ist. 2) Die Krankheit könnte nur so lange dauern, als der Einfluss des schädlichen Reizes; denn mit dem Aufhören desselben müsste auch die Reaction wegfallen, wie es doch die Erfahrung nicht lehrt. 3) Die Heftigkeit der Krankheit würde ein Zeichen kräftiger Reaction sein, also Bürgschaft für den glücklichen Ausgang leisten, was aber bekanntlich nicht der Fall ist. 4) Die Reaction in contagiösen Krankheiten würde den Reiz, welchen sie erzeugte, nämlich das Contagium, in der Bekämpfung reproduciren, was ein Widerspruch in sich selbst wäre.

Drittes Capitel.

Verhältniss der Kankheit zur Aussenwelt.

§. 11.

Der gesunde Organismus besitzt keine absolute Unabhängigkeit und Selbstständigkeit; er enthält nicht alle Bedingungen seines Daseins vollständig in sich, sondern er bedarf hierzu des Aeusseren. Wir bemerken eine doppelte Weise, wie das Aeussere jene Bedingungen erfüllt, welche dem Bedürfnisse des Reizes und der Nahrung, der Gewährung von Kraft und Masse entsprechen. Nicht immer aber stehen die Aussendinge in einer solchen freundschaftlichen Beziehung zum Organismus; sie können vielmehr auch unzweckmässige Veränderungen in demselben einleiten, ja sogar ihn vernichten; sie wirken als Schädlichkeit, als Gift.

Zusatz. Das Gesagte lässt sich auch so ausdrücken: Das Verhältniss der Aussendinge zum Organismus ist entweder homolog (gleichartig) oder heterolog (ungleichartig), Das Homologe hat die Bedeutung der Nahrungsmittel, das Heterologe aber, nach Verschiedenheit des Grades, die Bedeutung des Reizes, der Schädlichkeit oder des Giftes.

§. 12.

Wie im gesunden Leben, so muss auch in der Krankheit (die ja nichts Anderes, als ein Lebensprozess unter abweichender Form ist) ein ähnliches Verhältniss der Wechselwirkung mit den Aussendingen stattfinden. Die Krankheit wird das, auf sie einfliessende Homologe sich anzueignen, das ihr Heterologe aber von sich abzuwehren streben. Wir können also die Aussendinge in Bezug auf die Krankheit ebenfalls in diätetische, der Krankheit günstige, und in schädliche, die Krankheit beschränkende eintheilen.

Zusatz. Abgesehen von den, eigenthümliche Bedingungen zu ihrer Existenz erheischenden Individualitäten, sind die allgemeinsten Bedingungen, ohne welche überhaupt kein Leben entstehen und bestehen kann, wie Luft, Licht, Wärme und Feuchtigkeit, auch diejenigen, ohne welche keine Krank heit existiren kann. Als diätetische Einflüsse für die Krankheit sind diejenigen zu betrachten, welche sie hervorbrachten oder unterhalten, als schädliche aber, welche sie beschränken. Hieraus ist zu entnehmen, dass häufig Das, was der Gesundheit schädlich, der Krankheit günstig ist, und umgekehrt.

Viertes Capitel.

Wesen der Krankheit.

§. 13.

Da die Krankheit nur eine besondere Form des Lebens überhaupt ist, so muss in dem innersten Wesen beider eine Uebereinstimmung obwalten. Der Umstand, dass man es in Untersuchungen über die nächste Ursache, den zureichenden Grund des Lebens, von den ältesten Zeiten an bis heute nicht zu einem befriedigenden Resultate gebracht hat, lässt die lebenden Forscher meist von diesem Punkte absehen; und sie begnügen sich mit der Angabe, dass der innerste Grund des Lebens eine Kraft sei, welche man nur aus ihren Erscheinungen kenne, während wenige andere ermuntern, sich nicht von dem Popanz der Lebenskraft abschrecken zu lassen, vielmehr den Urquell der organischen Erscheinungen aufzusuchen. In wie weit Dies auch immer möglich sein mag, so scheint der empirische Weg der Forschung doch nur der geeignete zu sein, da dem aprioristischen die reale Basis mangelt.

§. 14.

Wir beschränken uns hier darauf, die Hauptansichten über das Wesen des Lebens, wie sie sich aus den zahlreichen Meinungen, welche sich geltend zu machen bestrebten, zusammen fassen lassen, nebst den erforderlichen Erläuterungen (nach Stark's allgem. Pathol.) aufzustellen:

1) Das Leben ist ein Erregungsprocess; sein Prinzip Erregbarkeit.

2) Das Leben ist ein Selbstentwickelungsprozess; sein Prinzip Bildungskraft.

3) Das Leben besteht in Selbstbewegung; sein Prinzip ist Contraction und Expansion.

4) Leben ist polare Spannung; sein Prinzip Polarität.

§. 15.

In Rücksicht der ersten Ansicht versteht man unter Erregbarkeit das Vermögen eines Körpers, durch äussere Einflüsse (Reize), zur Selbstthätigkeit bestimmt zu werden. Das Einwirken der Reize nennt man Reizung; den dadurch veranlassten Selbstthätigkeitsact: Erregung.

Das Leben selbst, in sofern es aus einer ununterbrochenen Reihe solcher Thätigkeitsacte angesehen wird, ist Erregungsprocess. Gesundheit wird demnach als ein Zustand erklärt, worin ein gehöriges Verhältniss der Erregbarkeit und der Reize besteht, und als ein solcher Grad der Erregung, sowohl des ganzen Organismus, als jedes einzelnen Organs, bei welchem der Zweck der individuellen Selbsterhaltung am vollkommensten erreicht wird. Krankheit dagegen ist ein, diesem Zweck widersprechender, allgemeiner und besonderer, durch ein Missverhältniss der Reize zur Erregbarkeit hervorgebrachter Erregungsgrad. Die Erregung kann im Allgemeinen auf eine dreifach verschiedene Weise abnorm werden. Sie ist 1) zu stark und zwar entweder a) vom Uebermaass der Reize (Sthenie), oder b) von übermässig angehäufter Erregbarkeit (Hypersthenie); 2) zu schwach, entweder a) wegen Mangels an Reizen (directe Asthenie) oder b) wegen erschöpfter Erregbarkeit (indirecte Asthenie); 3) der Erregungszustand einzelner Organe zu einander steht im Missverhältniss.

§. 16.

Nach der zweiten Ansicht wird Selbstentwikkelung als das Hervorbringen einer stetigen Reihe von nicht wiederkehrenden Veränderungen während des Lebens eines Individuums durch eigene Thätigkeit desselben in gesetzmässiger Aufeinanderfolge und in bestimmten Zeiträumen betrachtet. Gesundheit wird hiernach erklärt als eine, mit dem Entwickelungsgang, welchen der Gattungscharacter vorschreibt, übereinstimmende Entwikkelung eines Individuums, Krankheit dagegen als eine, vom Gattungscharacter abweichende Entwickelung, welche entweder durch Hemmung, Beschleunigung oder Ausweichung in einen, der Gattung fremden Gang gelangt.

§. 17.

Die dritte Ansicht stützt sich darauf, dass eine jede Kraft nur als Bewegung thätig erscheint; das Leben aber setzt Selbstthätigkeit voraus, es muss sich daher auch durch Selbstbewegung äussern. Ein, durch eigene, nicht durch fremde Kraft bewegter und bewegender Körper wäre demnach ein lebendiger. Eine solche Bewegung ist aber nur durch Raumveränderung möglich, und diese blos als Vergrösserung (durch Expansion) oder als Verkleinerung (durch Contraction) denkbar. Sind aber diese beiden Kräfte, folgert man weiter, die wesentlichen Bedingungen des grossen Naturlebens, so müssen sie auch die eines jeden Einzellebens sein. Dieser Ansicht zufolge beruht die Gesundheit eines lebenden Körpers auf einem bestimmten Gleichgewicht beider Factoren, der Expansion und Contraction. Krankheit dagegen wird erklärt als das einseitige Hervortreten der einen oder der andern der genannten Kräfte, oder als ein unverhältnissmässiges Wechselwirken beider Momente, oder endlich auch als das Thätigwerden eines von beiden zu einer ungesetzmässigen Zeit in einer normwidrigen Richtung.

§. 18.

Der vierten Ansicht zufolge besteht Polarität in einem Sichthätigäussern durch Hervortreten zweier, sich gegenseitig bedingenden, in ihren Wirkungen entgegengesetzten, durch ihre Vereinigung sich ausgleichenden und dann ein Ganzes bildenden Kräfte. Pole sind die sich gegenseitig hervorrufenden und bedingenden Gegensätze in einer und derselben Einheit. Spannung wird das, in einer solchen Entgegensetzung sich äussernde Wechselwirken; Polarisiren das Entzweien der Urkraft in ihre Gegensätze, oder das Stören des Gleichgewichts der ruhenden Pole und Hervorrufen derselben zur Thätigkeit genannt. Man denkt sich, dass den Thätigkeitsäusserungen der gesammten Natur eine Urpolarität zum Grunde liege, die in verschiedenen Formen erscheint, als Magnetismus, Electrismus und Chemismus. Besteht demnach das Leben in einer ununterbrochenen Reihe, sich selbst hervorrufender und wieder ausgleichender Spannungsacte; ist es ein, durch eigene Kraft sich in sich selbst und mit der Aussenwelt in Spannung erhaltender Vorgang: so würde Gesundheit dasjenige innere und äussere normale Spannungsverhältniss eines lebenden Körpers sein, bei welchem dessen Selbsterhaltung unter einer, seinem Gattungscharacter angemessenen Form besteht; und Krankheit eine, der individuellen Selbsterhaltung widerstreitende und unter einer, von dem Gattungscharacter abweichenden Form auftretende Veränderung des Spannungsverhältnisses, sowohl der einzelnen Organe unter sich, als dieser mit der Aussenwelt genannt werden können.

§. 19.

Alle jene Ansichten von der Grundursache des Lebens trifft der Vorwurf der Einseitigkeit, indem sie entweder ausschliesslich die dynamischen oder die materiellen Verhältnisse desselben berücksichtigen; mindestens haben diese beiden nicht einen gleichen Antheil an demselben. Man hat daher ein anderes Grundprinzip des Lebens (sowohl des gesunden, als des kranken) ausfindig zu machen gesucht, und dasselbe in der Vereinigung aller vorhergehenden zu finden geglaubt. Wir sehen, dass Erregung, Bewegung und Bildung stets gleichzeitig in organischen Körpern erscheinen; es wird daher ihre Gleichheit und ihre Abhängigkeit von einer und derselben Grundursache vermuthet. Diese Grundursache glaubte man in die Polarität setzen zu müssen, und versuchte demnach, die Erscheinungen der Erregung, Selbstbewegung und Selbstbildung sämmtlich auf die Gesetze der Polarität zurückzuführen.

Was es aber auch mit der Grundursache des Lebens für eine Bewandtniss haben mag, so scheint deren Bezeichnung doch nur dem Verstande und dem wissenschaftlichen Drange in soweit zu genügen, als sie mehr oder minder befriedigende Vorstellungsweisen über den Lebensvorgang zulässt. In das innere Wesen der Dinge dringt unsere Befangenheit nie.

Zusatz. Im Vorstehenden ist vom Wesen gehandelt worden, wie es der Krankheit überhaupt, ohne Rücksicht auf ihre Form zukommen dürfte. Wenn man aber vom Wesen einer concreten Krankheit redet, so versteht man darunter in der Regel nicht den letzten Grund des abnormen Lebensprozesses, sondern den näher liegenden, in soweit er die bestimmte Krankheitsform (z. B. eine Entzündung, einen Krampf) bedingt. Thun wir einen Blick in die Geschichte der Medizin, so werden wir bemerken, dass die Ansichten über das Wesen der Krankheiten, wie sie im Verlaufe der Zeiten aufgetaucht sind, meist auf der einseitigen Auffassung spezieller Fälle und blosser Beachtung irgend eines hervorstechenden Symptoms oder der Krankheitsursachen beruhen, ohne dass man sich in der Abstraction bis zur Auffindung des wahren Grundes versuchte. So hat man in den Krankheiten irgend etwas Reizendes, zum Theil ponderabeles, zum Theil imponderabeles, oder eine Modifification irgend einer Seite des Lebens angenommen. Bald sah man in den Krankheiten Schärfen, Säuren oder Alkali als Feindliches, bald einen Mangel oder ein Uebermaass von Sauerstoff oder Wasserstoff; bald nahm man Vermehrung, Verminderung oder Veränderung der Kräfte oder Säfte, des Zusammenhanges organischer Theile, oder der Thätigkeit der Nerven und Gefässe, oder endlich Vermehrung, Verminderung oder Alienation irgend einer Richtung des Lebens, der Sensibilität, Irritabilität, Reproduction u. dgl. m. an. Man sieht leicht ein, dass Vieles von Dem in den Krankheiten, und zwar selbst zugleich, vorhanden sein könne; aber eben so leicht wird man einsehen, dass das Eine oder das Andere nicht den zureichenden Grund der Krankheit in sich enthalten werde. —

Fünftes Capitel.

Zweck der Krankheit.

§. 20.

Von vorn herein scheint die Frage: ob man der Krankheit eine Zweckmässigkeit zugestehen könne? — zu den müssigen zu gehören, insofern, als sie sich leicht dadurch verneinen lässt, dass ja eben die Krankheit das Leben beschränkt und gefährdet. In Rücksicht auf die Individuen muss die Krankheit, des eben angeführten Grundes wegen, allerdings als etwas Unzweckmässiges angesehen werden, es sei denn, dass man Denjenigen beistimmen wolle, welche sie als das Resultat einer, aus dem Selbsterhaltungsbestreben fliessende Reaction zur Abwehr äusserer Schädlichkeiten und zur Wiedererlangung der Gesundheit ansehen. Dieser Zweck wird aber eben durch die Lebensgefährdung sehr schlecht erfüllt, mithin kann er auch nicht in der Krankheit liegen (vgl. §. 10. Zus. 2.). Aber mit einer solchen Verneinung kann man sich unmöglich begnügen, wenn man bedenkt, dass die Krankheit ein Naturvorgang ist, und dass Naturvorgängen überhaupt irgend eine Zweckmässigkeit fur den Gesammtorganismus der Schöpfung zugestanden werden müsse. Von dieser Seite aus scheint die Krankheit vorzugsweise für das Gattungsleben eine Zweckmässigkeit zu haben, indem sich die Gattung in ihrer Fortentwickeluug nur durch Aufopferung der Individuen erhalten kann.

§. 21.

Wenn behauptet wird, dass die Krankheit zunächst ihren Zweck in sich selbst trage, insofern sie sich als selbstständiges Wesen, ja oft mit einer grossen Hartnäckigkeit gegen die Heilbestrebungen des Organismus und gegen therapeutische Eingriffe behaupte: so scheint eine solche Ansicht, als auf einseitigem, allzu egoistischem Grunde beruhend, verwerflich. Stellen wir uns aber auf einen höheren Standpunkt und nehmen an, dass die Krankheiten, gleich den Parasiten, Gliederungen im Gesammtorganismus der Natur darstellen, welchen dieselben Bedingungen der Existenz zum Grunde liegen, wie allen Organismen: so werden wir erstaunen, zu bemerken, wie die Allmacht alle Räume mit Schöpfungen erfüllte; wir werden zur Ueberzeugung gelangen, dass in der Gesammtnatur kein Unterschied zwischen krankem und gesundem Leben besteht, dass Krankheit einzelner Glieder für das Ganze der Schöpfung Normalität ist.

Zweiter Abschnitt.

Von der Entstehung der Krankheit.

Erstes Capitel.

Vorgang der Krankheits-Entstehung.

§. 22.

Die Lehre von der Krankheits-Entstehung (pathogenia) hat die allgemeinsten Bedingungen, unter welchen sich die Krankheit entwickelt, zum Gegenstande der Betrachtung. Die Lehre von den Krankheits-Ursachen (aetiologia), welche in folgendem Abschnitte näher abgehandelt werden wird, ist mit jener zwar verwandt, aber dadurch hinreichend unterschieden, dass sie vorzugsweise diejenigen Verhältnisse erörtert, welche den zureichenden Grund zur Entstehung der Krankheit abgeben.

Zusatz. Die Pathogenie sowohl, als auch die Aetiologie sind nicht nur von wissenschaftlichem Interesse, sondern auch von practischem Nutzen; denn die Verhütung und Heilung einer Krankheit setzt die Kenntniss von deren Entstehungsweise und Ursachen voraus. Obgleich mit dem Aufheben der Ursachen nicht immer ein Aufheben der Krankheit verbunden ist, so macht doch das Fortbestehen der Ursachen die Heilung der Krankheit in der Regel unmöglich. Deshalb sollte der Satz: „cessante causa, cessat effectus“ in

Bezug auf die Krankheit eigentlich heissen: „permanente causa permanet effectus“, insofern keinesweges das Hinwegräumen der veranlassenden Ursachen einen, in der Entwickelung begriffenen Krankheitsprocess immer hindert, sich zu vollführen. Die Aetiologie hat, ausser dem angedeuteten, auch noch den besondern Nutzen, dass sie die Kenntniss der Heilmittel fördert. Diese können aus verschiedenem Gesichtspunkte betrachtet werden: als den Krankheitsursachen entgegengesetze Potenzen, oder als solche, welche in ihrer Wirkungsweise mit dem Krankheitsprozesse Aehnlichkeit haben, oder endlich als solche, welche mit den Krankheitsursachen identisch sind. Die Allopathie, Homöopathie und Isopathie finden hierin ihre Unterscheidung.

Einige Pathologen befassen die Pathogenie und Aetiologie unter der gemeinschaftlichen Benennung der letzteren; und andere verstehen unter der ersteren vorzugsweise die Lehre von der Bildung der Krankheitsformen aus ihren Elementen. Die oben gemachte Unterscheidung beider Lehren scheint jedoch die richtigere zu sein.

§. 23.

Der Organismus trägt nicht den hinreichenden Grund seines Bestehens in sich allein, vielmehr enthält die Aussenwelt einen Theil der Lebensbedingungen. In diesem abhängigen Verhältnisse des Organismus von der äusseren Natur ist die Möglichkeit der Krankheits-Entstehung vorzugsweise begründet; weil eben die Aussendinge einer Abänderung unterworfen sein können, welche der Gesundheit zuwider läuft. Die Möglichkeit der Krankheits-Entstehung beruht also auf einer dopelten Bedingung, auf der Aussenwelt und auf dem Organismus selbst. Jene nennt man die äussere Bedingung, Schädlichkeit oder krankmachende Potenz (potentia nocens), diese die innere Bedingung oder Krankheitsanlage (dispositio, seminia morborum) Der hinreichende Grund zur Entstehung einer Krankheit geht erst aus der Vereinigung der äusseren und inneren Bedingung hervor. Daher dürfen wir auch eben dieser Vereinigung nur vorzugsweise die Benennung: Krankheitsursache (causa morbi) beilegen, wogegen jene Bedingungen, einzeln genommen, als: ursächliche Momente zu bezeichnen sind. Der Begriff von äusserer Schädlichkeit sowohl, als auch von Krankheits-Anlage ist kein absoluter. Das Verhältniss, in welchem sich beide zu einander befinden, verleiht ihnen erst ihren Werth; denn man weiss, dass die äusseren Potenzen auf verschiedene Individuen oder auf ein und dasselbe Thier in verschiedenen Zeiten auf andere Art einwirken können. Daher können die äusseren Potenzen bald als diätetische, bald als schädliche, bald als prophylactische oder curative betrachtet werden. Zur Entstehung einer wirklichen Krankheit scheint es nothwendig zu sein, dass die äussere Schädlichkeit mit der Anlage in einem verwandschaftlichen Verhältnisse stehe. Je stärker übrigens (beim Vorhandensein jener Verwandtschaft) das eine der ursächlichen Momente thätig ist, um so weniger braucht es das andnre zu sein, um eine Krankheit zu Stande zu bringen. Das lehrt nicht allein die Erfahrung, sondern kann auch a priori als richtig angenommen werden.

Zusatz. Die Krankheitsursachen haben nach ihrem Verhältnisse zu einander und nach ihrer Wichtigkeit verschiedene Benennungen erhalten, als: äussere und innere Ursache (causa externa et interna); offenbare und verborgene Ursache (causa evidens et occulta); entfernte und nächste Ursache (causa remota et proxima); einfache und zusammengesetzte Ursache (causa simplex et composita). Indem eine sonst nahe liegende Erklärung dieser Benennungen hier nicht gegeben, vielmehr dem mündlichen Vortrage überlassen wird, dürfte indess noch bemerkt werden, dass der Begriff der nächsten Ursache gleichbedeutend ist mit dem der zureichenden oder enthaltenden Ursache (causa sufficiens vel continens).

§. 24.

Aus der im vorigen Paragraph bezeichneten Abhängigkeit des lebenden Organismus von der Aussenwelt lässt sich entnehmen, dass zwischen jenem und dieser ein Kampf besteht, der in fortdauernde Gesundheit oder in Krankheit ausschlägt, je nachdem der Sieg auf Seite des Selbsterhaltungs-Bestrebens des Organismus oder der schädlichen Einflüsse fällt. Gesundheit wird bewirkt, wenn sich der Organismus einen angemessenen Theil des Aeusseren als Nahrungsmittel und als Reiz aneignet durch entsprechende Aufnahme, Umwandlung und Einverleibung; dagegen kommt Krankheit oder gar der Tod zu Stande, wenn der Organismus von der äusseren Natur in Folge eines Mangels oder Uebermasses an Nahrungsmitteln, oder in Folge einer, dem Grade und der Art nach fehlerhaften Erregung überwältigt wird. Es ist anzunehmen, dass der erste Anstoss zur Erkrankung nicht vom Organismus, sondern von den Aussendingen ausgeht, indem jenem das Bestreben der Selbsterhaltung innewohnt. Die Art und Weise, wie die innere Veränderung, welche wir Krankheit nennen, zu Stande kommt, lässt sich nicht mit Bestimmtheit angeben. Doch wissen wir, dass auf jede schädliche Einwirkung von Seiten des Organismus eine Rückwirkung erfolgt, welche Erhaltung der Normalität bezweckt. Diese Reaction besteht eben sowohl in einer Erhöhung seiner Lebens-, ins Besondere seiner reproductiven Thätigkeit, als auch in Veränderung seiner Beschaffenheit. Wenn nun die, durch den schädlichen Einfluss veranlasste Einwirkung und die hierdurch in dem Organismus hervorgerufene Rückwirkung sich völlig ausgleichen, so besteht die Gesundheit fort; wenn dagegen die, durch das Selbsterhaltungs-Bestreben bedingte Aufregung in einem stärkeren Maasse gegeben ist, als der schädliche Einfluss es erfordert, oder selbst noch fortdauert, nachdem dieser beseitigt, so ist Krankheit gegeben.

§. 25.

Gelegenheitsursache und Anlage bringen durch ihr Zusammenwirken in einem Organismus eine innere Veränderung hervor, welche erst den zureichenden Grnnd der Krankheit enthält, also die wahre Ursache derselben ist. Daher nennt man sie auch, obwohl uneigentlich, nächste Ursache der Krankheit, wogegen sie nur schlechthin als Ursache der Krankheit anzusehen ist (vgl. §. 23). Die Krankheitsursache fällt als solche zwar mit der Krankheit selbst zusammen, ist aber doch von ihr, wenigstens im Begriffe, zu unterscheiden; denn ein Anderes ist die Wirkung und ein Anderes ihre Ursache.

Zweites Capitel.

Von den Autuahmsorganen der Krankheit.

§. 26.

Die Wechselwirkung des Organismus mit der äussern Natur besteht in seiner ganzen inneren und äusseren Oberflache, und zwar theils auf materielle, theils auf dynamische Weise. Eine jede Krankheit wird vorzugsweise durch ein Aeusseres angeregt (vgl. vorherg. Cap.). Diejenigen Stellen des Organismus, an welchen die Krankheit erregende Schädlichkeit mit diesem in Berührung kommt, werden Aufnahmsorgane, Vorhallen oder Zugänge der Krankheit (atria morborum) genannt. Als solche Aufnahmsorgane sind die allgemeine Decke, die ganze Schleimhaut-Ausbreitung, die Sinnesorgane, so wie das ganze Empfindungs-Nervensystem zu betrachten. Je mehr ein Theil durch seine Lage, durch die Grösse seiner Oberfläche, durch seinen porösen Bau, durch die Zahl der aufsaugenden Gefässe den materiellen, oder durch seinen Nervenreichthum und seine Reizempfänglichkeit den dynamischen Verkehr, oder endlich durch die eigenthümliche Art der Verrichtung beiderlei Wechselwirkungen mit der Aussenwelt begünstigt, um so mehr eignet er sich zu einem Zugang für die Schädlichkeiten.

§. 27.

Es ist von Wichtigkeit, den Ort, wo die Krankheit entsteht, und die Art und Weise, wie sie entsteht, zu kennen, indem eben durch diese Kenntniss die Möglichkeit gegeben wird, 1) den Krankheiten vorzubeugen, durch Verhinderung des Zusammentreffens der Schädlichkeit mit der Anlage; 2) die Krankheiten bei ihrem Entstehen durch Anwendung entsprechender Mittel auf das Aufnahmsorgan zu unterdrücken.

§. 28.

Das Nervensystem, mit Ausschluss der ganglіösen Abtheilung desselben, kann als der Vermittler für die Einwirkung der ausserhalb des Organismus befindlichen Schädlichkeiten (mithin der absolut äusseren) angesehen werden. In sofern die Einwirkung, wenigstens scheinbar, ohne unmittelbare Berührung der Schädlichkeit mit den Nerven zu Stande kommt, wird sie eine dynamische genannt. Die dem Nervensystem beiwohnende, eigenthümliche Art von Receptivität macht es vorzugsweise geeignet zum Aufnahmsorgan von Schädlichkeiten aus der Klasse der Sinnesreize und anderer imponderabler Potenzen, wie des Magnetismus und der Electricität. Das Ganglien-Nervensystem vermittelt vorzugsweise die Einwirkung der von dem Organismus eingeschlossenen (also der relativ-äusseren) Schädlichkeiten.

§. 29.

Die allgemeine Decke und die Schleimhautgebilde zeichnen sich als Aufnahmsorgane für die materiellen Schädlichkeiten, sie mögen auf eine mechanische oder chemische Weise einwirken, aus. Die Einwirkungen gedachter Art kommen in den genannten Organen auf verschiedene Weise zu Stande, entweder durch blosse Berührung (Contact) oder durch wirklichen materiellen Uebergang in die organische Masse. Die letztere Art wird vermittelt durch Durchdringung (penetratio), Durchschwitzung (endosmosis) und durch Aufsaugung der Gefässe (resorptio).

Die Haut insbesondere hat die Bestimmung, mit der Aussenwelt in eine dauernde, innige und ausgebreitete Berührung zu treten. Dieser Umstand und die, in ihr vorhandenen zahlreichen Nerven und Sauggefässe, machen sie als Aufnahmsorgan für gewisse Arten von Schädlichkeiten, namentlich für die atmosphärischen, so wie für den Temperaturwechsel, für Contagien und Miasmen sehr geschickt. Die Oberhaut, und ins Besondere bei den Thieren die Deckhaare mässigen indess jene Empfänglichkeit bedeutend.

Der Nahrungsschlauch vom Maule bis zum After hat die Bestimmung, mit einem grossen Theile der zur Erhaltung des Lebens unentbehrlichen Einflüsse, nämlich der Nahrungsmittel, in Berührung zu treten. Hierdurch ist die Gelegenheit zur häufigen Einwirkung von Schädlichkeiten gegeben, welche hier überdiess noch durch zwei Umstände vorzugsweise befördert wird: 1) dadurch, dass die Stoffe in mehr oder weniger flüssiger Form mit der innern Fläche des Nahrungskanals in Berührung treten, was eine gewisse Raschheit und Ausbreitung der Einwirkung zur Folge hat, welche durch die dünne Schleimlage nur wenig beschränkt werden kann; 2) dadurch, dass der gedachte Apparat einen grossen Reichthum an Nerven und resorbirenden Gefässen besitzt, wodurch die Fortleitung der Schädlichkeit ins Innere des Organismus begünstigt wird. Trotz dieser äusserst günstigen Verhältnisse für die Einwirkung von Schädlichkeiten ist indess nicht zu verkennen, dass dem Nahrungsschlauch in seiner Assimilationskraft auch ein Schutz geboten ist, und es scheint, dass diese Kraft keines der bekannten Contagien auf jenem Wege in Wirksamkeit treten lässt.

Die Luftwege, von den äusseren Nasenöffnungen und Gesichtshöhlen an bis zur äussersten Verzweigung der sie auskleidenden Schleimhaut in der Lungensubstanz bilden ein nicht minder wichtiges Aufnahmsorgan für Schädlichkeiten. Hierzu werden sie vorzugsweise befähigt einestheils durch die zarte und poröse, die Penetration sehr begünstigende Structur der Schleimhaut, welche überdiess noch mit vielen Sauggefässen versehen ist, anderntheils dadurch, dass die hier in den Körper tretenden Stoffe fast unmittelbar mit dem edelsten Safte, dem Blute, in Berührung treten, demselben beigemischt werden, und sonach mit allen Theilen des Körpers in baldige Berührung kommen.

Die Harn- und Geschlechtswerkzeuge können nur als untergeordnete Aufnahmsorgane für Schädlichkeiten betrachtet werden, indem sie entweder überhaupt nicht in innige Wechselwirkung mit der Aussenwelt treten, oder es geschieht Dies doch nur in einem gewissen Zeitabschnitte des Lebens, oder endlich nur periodenweise. Der Reichthum an Nerven und Gefässen in den Geschlechtstheilen begünstigt zwar die Empfänglichkeit für äussere Schädlichkeiten, namentlich zur Zeit der gesteigerten Actionen, wenn sie für das Geschlechtsleben thätig sind; die mehr versteckte Lage jener Organe indess, so wie ihre Schleim- und Talgabsonderung gewähren einen bedeutenden Schutz,

Zusaz. Ausser den genannten können aber auch noch andere Organe in Folge von Verletzungen mit der Aussenwelt in Berührung treten und auf diese Weise Krankheitsatrien abgeben. Auch ist zu bedenken, dass die Aufnahmsfähigkeit aller regelmässigen Atrien bald erhöht, bald vermindert sein könne. Ersteres findet bei dem Hautorgan, z. B. beim Verlust der Epidermis und zur Zeit des Haarwechsels, Letzteres aber bei borkigen Hautausschlägen Statt.

§. 30.

Bei der Einwirkung der Schädlichkeit entsteht entweder der Krankheitsprozess unmittelbar an der berührten Stelle im Aufnahmsorgan, oder es bildet bloss den Leiter und vermittelt dann die Wirkung der Schädlichkeit in dem, mit der entsprechenden Anlage versehenen Organ. Die Krankheit kann nicht als das unmittelbare Product der äussern Schädlichkeit mit der Anlage angesehen werden. sie ist vielmehr ein neuentstandener Lebensprozess, wozu der

Anlage durch die schädliche Potenz der erste Anstoss gegeben ward. Hieraus erklärt sich die Thatsache, dass die Fortwirkung der äusseren Ursache zur Unterhaltung einer Krankheit nicht nothwendig ist, und dass hinwiederum der offenbare Ausbruch der Krankheit nicht immer sogleich nach der Einwirkung der äussern Schädlichkeit erfolgt, wie es die Contagien durch ihre latente Periode so klar beweisen. Für die Praxis ist die Beachtung des Umstandes nicht ohne Wichtigkeit, dass in dem Aufnahmsorgan, wenn es auch nur den Durchgangspunkt für die äussere Schädlichkeit darstellt, doch in der Regel eine Reaction gegen diese erfolgt, welche irrthümlich zuweilen für die wahre Krankheit gehalten wird.

Drittes Capitel.

Wesen der Krankheits-Entstehung.

§. 31.

Wenn die Untersuchung über den Vorgang der Krankheits-Entstehung rücksichtlich ihrer äusseren und inneren Bedingungen, wozu im Vorhergehenden die Anleitung gegeben wurde, einen Gewinn für die Praxis verspricht, so hat dagegen die Erforschrung des Wesens der Krankheits-Entstehung nur ein allgemeines, wissenschaftliches Interesse, insofern sie die physiologische Einsicht in die Natur des Krankheitsprozesses fördern hilft. — Es ist bereits früher angemerkt worden, dass die Krankheit als Lebensprozess auch alle wesentlichen Eigenschaften desselben besitzen müsse. In einigen Punkten ist die Analogie zwischen beiden schon nachgewiesen worden. Hier dürfte nun der

Ort sein, näher anzudeuten, welche Aehnlichkeit zwischen der Entstehung der Krankheit und der Zeugung der Organismen besteht.

§. 32.

Im weitesten Sinne besteht das Wesen der Zeugung — man mag die generatio aequivoca oder die generatio sexualis vor Augen haben — in der Hervorrufung eines Lebensprozesses in einem, mit der lebensfähigen Anlage versehenen Substrate durch ein, ausserhalb desselben befindliches, belebendes Moment. Die erstere Bedingung ist die weibliche, die andere die männliche. Dieselben Bedingungen können wir im Krankheitsprozess bemerken. Soll sich ein solcher in einem Individuum entwickeln, so ist dazu die Anlage, das innere Moment zur Erkrankung, und eine Schädlichkeit, welche jenem den Anstoss zur Krankheits-Entwickelung giebt, das äussere Moment, vonnöthen (vgl. §. 9). Die Anlage, als die entwickelungsfähige Grundlage, ist analog dem empfangenden, weiblichen Moment in der Zeugung; die Schädlichkeit aber hat eine ähnliche Bedeutung, wie das befruchtende, männliche Moment. Die Aehnlichkeit der Entstehung nicht ansteckender Krankheiten mit der generatio originaria und die der ansteckenden mit der generatio sexualis ist leicht aufzufinden. Aus allem Diesem geht hervor, dass man das Wesen der Krankheits-Entsehung als auf Zeugung beruhend betrachten kann.

Dritter Abschnitt.

Von den ursächlichen Momenten der Krankheit.

Erstes Capitel.

Begriff und Eintheilung der Krankheitsursachen überhaupt.

§. 33.

Unter ursächlichen Bedingungen, Momenten oder Potenzen der Krankheit, oder schlechtweg, Krankheitsursachen hat man alles Das zu verstehen, was näher oder entfernter zur Entwickelung einer Krankheit beiträgt. Die Lehre, welche von den Krankheitsursachen und ihren Wirkungen im thierischen Organismus handelt, heisst: Aetiologie (aetiologia). Aus dem Umstande, dass eine Wirkung ohne Beseitigung ihrer Ursache nicht aufgehoben werden kann, leuchtet die Wichtigkeit dieser Lehre für den practischen Thierarzt ein, wenn er die Absicht hat, eine Krankheit zu bekämpfen (vgl. 22 und Zusatz).

§. 34.

Die Eintheilung der ursächlichen Momente der Krankheit gründet sich darauf, dass sie entweder im thierischen Organismus selbst liegen, oder in Aussenverhältnissen. Das im thierischen Organismus selbst begründete Moment zur Krankheit, welches in einer Empfänglichkeit für die Einwirkung des äusseren Moments besteht, nennt man Krankheitsanlage (dispositio ad morbum, v. causa interna morbi). Das ursprünglich ausserhalb des Organismus liegende Krankheits-Moment nennt man auch Gelegenheitsursache (causa occasionalis), veranlassende oder erregende Ursache (causa incitans). (Vgl. §. 23 und Zusatz.)

§. 35.

Wenn die Krankheitsanlage eine vorzügliche Geneigtheit zum Erkranken bietet, oder wenn sie so stark ist, dass sie nur eines geringfügigen äusseren Moments bedarf, um zur wirklichen Krankheit entwickelt zu werden, so nennt man sie offenbare oder vorherrschende Anlage (praedispositio, vel dispositio praedisponens). Der thierische Organismus aber geräth nicht von selbst in diese Praedisposition, sondern durch längeres Einwirken einzelner oder mehrerer äusserer Momente, welche letztere man dann in dieser Rücksicht vorbereitende Ursachen (causae praeparantes) nennt.

Zusatz. Einige Pathologen nennen überhaupt diejenige Ursache eine vorherrschende, welche bei der Krankheitsentstehung als die überwiegende zu betrachten ist, sie mag die äussere oder die innere sein. In der Regel werden die „causae praeparantes“ causae praeparandae genannt; was aber insofern irrthümlich geschieht, als sie sich als solche nicht passiv, sondern activ verhalten.

§. 36.

Das äussere Krankheits-Moment liegt entweder ursprünglich durchaus ausserhalb der Grenzen des Organismus, und berührt nur die Organisation tiefer während der Einwirkung, oder es liegt bereits innerhalb der Grenzen desselben. Daher die Unterscheidung zwischen absolut- und relativ-äusserer Krankheitsursache.

Zusatz. Die relativ-äussere Krankheitsursache wird von Einigen innere Schädlichkeit genannt; wogegen Andere zwischen beiden hinwiederum den Unterschied in der Art feststellen, dass man unter ersterer eine solche zu verstehen hat, welche sich zwar im Innern des Organismus befindet, ohne jedoch einen nothwendigen Theil desselben auszumachen, wie z. B. Eingeweidewürmer, Darmsteine u. dgl. Diese begreifen dann unter der innern Schädlichkeit eine solche, welche sich auf einen integrirenden Theil der Organisation oder auf eine Function desselben bezieht, wie z. B. irgend eine thierische Flüssigkeit, Bewegung u. s. w.

Zweites Capitel.

Von der Krankheits-Anlage im Allgemeinen.

§. 37.

Wie bereits angedeutet, ist Krankheits-Anlage die Fähigkeit eines thierischen Organismus, abnorme Lebensprozesse, d. i. Kankheiten, in sich zu entwickeln. Dem ganzen Organismus kommt Krankheits-Anlage zu, da ein jeder Theil desselben erkranken kann. Die Anlage ist zunächst im Bildungsleben zu suchen, weil damit überhaupt jede organische Entwickelung beginnt. Man unterscheidet die grössere oder geringere Geneigtheit von der Möglichkeit auf eine bestimmte, mehr oder weniger vielfache Weise zu erkranken, oder die quantitative Krankheits-Anlage von der qualitativen.

§. 38.

Die quantitative Anlage eines Organismus hängt von seinem ganzen Wesen mithin von seiner Constitution, von dem Grade der Lebensthätigkeit und davon ab, ob schon in irgend einem Organ eine Disharmonie besteht. Die qualitative Anlage aber beruht auf Verhältnissen der Gattungen, Individuen und Organe. Alle Gattungen zusammengenommen, welchen unsere Hausthiere angehören, können gewiss auf eine vielfachere Weise erkranken, als eine einzelne, weil einer jeden eine besondere Organisation zukommt, die sie für eine bestimmte Zahl von Krankheiten disponirt. Für die einzelnen Individuen einer gewissen Gattung beschränkt sich die qualitative Anlage noch mehr; doch erleiden bei ihnen die Krankheiten mannigfache Modificationen, wozu die besonderen Verhältnisse der Constitution, des Temperaments, des Geschlechts, des Alters u. s. w. die Veranlassung geben.

§. 39.

Fragen wir nach den Quellen der Krankheits-Anlagen, so sind sie, ausser der allgemeinsten Anlage zu erkranken, welche einem jeden Thiere schon bei seiner Entstehung eingepflanzt wird, entweder in der Abstammung, oder in der Erwerbung nach der Geburt zu suchen. Bei der Zeugung wird nicht blos der Gattungscharacter von einem Individuum auf das andere fortgepflanzt, sondern auch eigenthümliche, aus der besondern Constitution hervorgehende Eigenschaften. Hierauf beruhen die angestammten Krankheits-Anlagen (dispositiones ingenitae), welche man den erworbenen (dispositiones acquisitae) entgegengestellt. Bei den ersteren ist ein dreifacher Unterschied zulässig. Wenn sich die Krankheits-Anlage durch mehre Generationen auf ein Individuum fortpflanzt, so wird sie erbliche Anlage (dispositio hereditaria); wenn sie aber bei der Zeugung allein von beiden älterlichen Thieren, ohne von diesen selbst ererbt zu sein, auf das Junge übertragen wurde, so wird sie angezeugte Anlage (dispositio congenita), und wenn sie endlich dem jungen Thiere blos von der Mutter während der Trächtigkeit oder Geburt mitgetheilt wurde, so wird sie angeborene Anlage (dispositio connata) genannt. Was die Entstehung der erworbenen Krankheits-Anlage betrifft, so wird sie durch allmäligen und anhaltenden Einfluss äusserer Schädlichkeiten her vorgebracht, die zwar noch keine offenbare Krankheit erzeugen, weil sie hierzu weder die erforderliche Stärke hatten, noch die entsprechende Anlage bisher vorhanden war, aber doch ein solches Verhältniss im Organismus veranlassen, welches, wenn nun eine entsprechende Schädlichkeit mit angemessener Stärke einwirkt, die Entstehung der Krankheit begünstigt. Hierher sind die allmäligen Umänderungen zu zählen, welche die Thiere in ihrer Organisation durch die Lebensweise, klimatische, epizootische und andere Einflüsse erleiden.

Drittes Capitel.

Von der Gattungs-Anlage.

§. 40.

Diejenigen Thiere, welche wir in der allgemeinen Pathologie besonders in Betracht ziehen, sind:

das Pferd mit Einschluss des Esels und der, von beiden erzeugten Bastarde, des Maulthieres und des Maulesels; ferner das Rind, das Schaf, die Ziege, der Hund und die Katze. Diese Thiere gehören verschiedenen Gattungen an, deren jede sich durch eine eigenthümliche Organisation, daher durch eigenthümliche oder doch modificirte Verrichtungen auszeichnet. Es leuchtet ein, dass, wenn bei verschiedenen Thieren das normale Leben Verschiedenheiten darbietet, Dies nicht minder auch in den Krankheiten der Fall sein müsse. Hieraus erklärt sich leicht, warum die Erfahrung bei den verschiedenen Thiergattungen nicht allein Modificationen der Krankheiten, sondern auch eigenthümliche Formen derselben nachweist. Ausser solchen, aus dem eigenthümlichen Bau der Organe, oder dem Fehlen des einen oder des anderen hervorgehenden eigenthümlichen Functionen, sehen wir in den verschiedenen Thiergattungen den Lebensausdruck nach den drei Hauptseiten: der Reproductivität, Irritabilität und Sensibilität verschieden entfaltet, und dieselben in einem verschiedenen Verhältnisse zu einander stehen. Daher kommt es denn auch, dass sich die Krankheiten bei den verschiedenen Thiergattungen im Allgemeinen mit einem hervorstechenden Ausdrucke der einen oder der andern der gedachten Seiten darbieten.

§. 41.

Bei dem Pferde steht das vegetative (reproductive) Leben mit dem höhern thierischen (animalen, d. i. dem Sensibilitäts- und Irritabilitäts-) Leben zwar in gewissem Einklange; indess zeigt sich doch bei ihm die erstere Seite, da es auf den Genuss von ziemlich derben Pflanzen mit edleren Bestandtheilen angewiesen ist, kräftig entwickelt, so wie bei ihm das Irritabilitäts-Leben offenbar auf einer höhern Stufe der Entwickelung als beim Rinde steht. Das giebt sich durch ein kräftiges Respirations- und Circulations-Geschäft, so wie durch eine höhere Ausbildung des Blutes und durch energische Muskelactionen zu erkennen. Demnach zeigen sich auch bei Pferden, neben nicht seltenen Störungen der Assimilation und Reproduction, häufig Leiden der Respirations-Organe und solche, die eine höhere Vitalität des arteriellen Systems, und eine höhere Plasticität des Blutes bekunden, durch Hervortreten synochöser Entzündungen ebensowohl, als durch krampfhafte Muskelleiden. Der grösseren Verletzbarkeit der Schleimhaut und der allgemeinen Decke durch Unterdrückung der Transpiration ist es auch zuzuschreiben, dass dieses Thier so häufig von katarrhalischen und rheumatischen Affectionen heimgesucht wird; wovon namentlich die ersteren sich leicht mit lymphatischen Zuständen compliciren; ohne dass man bis jetzt im Stande wäre, hierfür den hinreichenden Grund im anatomischen Bau und in der Verrichtung des Lymphgefässsystems nachzuweisen. Der eigenthümliche Bau des Verdauungs-Apparats beim Pferde, namentlich die überwiegende Entwickelung des Dickdarms über den Dünndarm, und daher das gegebene längere Verweilen der Contenta in ersterem, dürften, nebst der gesteigerten Reizbarkeit, die so häufige Veranlassung zu Colikzufällen, theils durch Anschoppungen im Darmkanal, theils sympathisch und antagonistisch durch Störung der Hautfunction geben. Der Huf des Pferdes endlich, ein sehr blutreicher und empfindlicher Theil, welcher mit einem festen, wenig nachgiebigen Hornschuh eng umschlossen ist, macht diesen zu Leiden entzündlicher Art sehr geneigt.

§. 42.

Bei den Wiederkäuern, dem Rinde, Schafe und der Ziege, ist insofern eine Uebereinstimmung ihrer Gattungs-Anlage zu bemerken, als sie in dem besonderen Bau der Verdauungs-Werkzeuge begründet ist; sonst aber bieten sie manche Verschiedenheiten nach dem Verhältnisse der gedachten drei Lebensseiten und nach anderen, in der Organisation bestehenden Eigenthümlichkeiten dar. Bei dem Rinde und dem Schafe waltet offenbar das reproductive Leben über die Irritabilität und Sensibilität vor, und sehen wir daher auch Leiden jener Seite als die überwiegenden hervortreten. Die Blutbereitung nebst der arteriellen und Respirations-Thätigkeit stehen bei diesen Thieren nicht auf der Höhe, wie beim Pferde; daher auch reine, active Entzündungen bei jenen viel seltener sind, als bei diesem. Auch gehen alle Lebensverrichtungen beim Rinde und Schafe nicht mit der Lebhaftigkeit und Kraft vor sich, wie beim Pferde. Ebenso scheint bei ihnen das sympathische und antagonistische Verhältniss der Organe auf einer tieferen Stufe zu stehen; denn wir sehen, dass bei denselben die Krankheiten nicht die Intensität, die Raschheit und Grösse der Ausbreitung über den ganzen Organismus gewinnen, und sich auch nicht so deutlich auf dem Wege der Crisis entscheiden, wie beim Pferde. Hingegen bemerken wir, dass Krankheiten, die in Entmischung der Blutmasse beruhen (wie Milzbrand, wozu Rinder und Schafe eine ausgezeichnete und leicht zu erklärende Anlage haben), eine rasche Entwickelung bei ihnen nehmen. Wenn auch die Ziege im Allgemeinen in den gedachten Rücksichten dem Rinde und dem Schafe gleich zu stellen ist, so sehen wir doch, sowohl bei ihr, als auch beim Schafe, wieder besondere Verschiedenheiten hervortreten. Das Schaf, ausgezeichnet durch physische Schwäche und durch die eigenthümliche Organisation der bewollten Haut, hat eine vorzügliche Anlage zu verminösen und hydropischen Cachexien, so wie zu mancherlei Hautleiden. Obgleich in dieser Beziehung die Ziege dem Schafe zwar nahe steht, so treten doch bei ihr, da schon ihr normales Leben durch höhere Sensibilitäts- und Irritabilitäts-Actionen ausgezeichnet ist, häufiger nervöse und spastische Complicationen in den Krankheiten hervor, als beim Schafe.

§. 43.

Das Schwein, als Omnivor, hält zwar so ziemlich die Mitte zwischen den Herbivoren und Carnivoren in allen organischen Verhältnissen; es ist jedoch ein Ueberwiegen der reproductiven Thätigkeit über die irritabile und sensibile auch bei ihm zu bemerken. Namentlich erreicht bei demselben das Zellgewebe, bestimmt zur Aufnahme des, auf einer niederen Stufe der Animalisation stehenden Fettes, eine grosse Ausdehnung. Wenn nun hieraus die mancherlei Reproductions-Krankheiten bei diesen Thieren zu erklären sind, so muss darin auch gleicherweise der Grund gesucht werden, warum es eine so ausgezeichnete Anlage zu der, im Zellgewebe wurzelnden verminösen Cachexie hat. Beim Schwein sehen wir auch häufig Leiden der oberen Partie des Halses unter der Form der Bräune hervortreten, was in der Kürze desselben; in der Enge der Luftwege und in dem eigenthümlichen Bau des Kehlkopfes begründet sein mag. Das in Rede stehende Thier ist übrigens, sowohl rücksichtlich des gesunden, als auch des kranken Lebens bis jetzt nicht so genau gekannt, wie die übrigen Hausthiere. Die Krankheits-Anlagen desselben können daher auch nur wenig aufgeklärt sein.

§. 44.

Beim Hunde und der Katze haben das sensibele und irritabele Leben das Uebergewicht über das reproductive. Nervenleiden mancher Art und Krämpfe sind daher bei diesen Thieren sehr häufig; auch ziehen die entzündlichen und fieberhaften Leiden bei denselben das Nervensystem sehr leicht in Mitleidenschaft. Das eigenthümliche Seelen-, Sinnes- und Geschlechtsleben, namentlich des Hundes, macht ihn ferner für Leiden in diesen Sphären vorzugsweise empfänglich.

Zusatz. Dass in den Raçen und Familien der Hausthiere der Grund zu Modificationen der Gattungs-Anlage liegen müsse, und dass auch solche bei ihnen durch gewisse zeitliche und räumliche Verhältnisse, wie durch den Einfluss der Jahreszeiten, des geographischen und physikalischen Climas hervorgebracht werden können, ist leicht zu begreifen. Wir übergehen aber eine nähere Erörterung dieser Verhältnisse hier, da sie bei der folgenden Betrachtung der individuellen Anlage mit eingeschlossen sein dürften.

Viertes Capitel.

Von der individuellen Anlage.

§. 45.

Mit der Annahme der individuellen Krankheits-Anlage ist die Möglichkeit einer gewissen Verschiedenheit der Krankheits-Anlage bei den Individuen einer Gattung gesetzt. In der That ist auch eine solche, auf der besonderen Artung der Individuen beruhende Verschiedenheit zu bemerken, wodurch eben sowohl Modificationen in den normalen, als auch in den abnormen Lebensäusserungen bedingt werden. Die besondere Artung der Individuen aber beruht hauptsächlich auf bestimmten Verhältnissen der Constitution, des Geschlechts, der Lebensweise, Gewohnheit und Entwickelung.

Zusatz. Die Individuen einer Thiergattung treten allerdings nicht so auffallend aus dem Gattungsleben heraus, wie die Menschen; woher denn auch die individuelle Krankheits-Anlage bei jenen weniger ausgeprägt erscheint, als bei diesen; doch ist sie immer noch deutlich genug bei ihnen zu bemerken, und daher ihre besondere Betrachtung gerechtfertigt. Im Allgemeinen kann man annehmen, dass, auf je niedrigerer Stufe der Organisation die Thiere stehen, auch der individuelle Character bei ihnen um so weniger ausgebildet ist. Hieraus dürfte es zu erklären sein, warum bei Thieren häufiger seuchenartige Krankheiten auftreten, als bei den Menschen, und warum unter den Hausthieren bei den Wiederkäuern häufiger epizootische Krankheiten vorkommen, als bei den Pferden, bei diesen häufiger, als bei den Schweinen, und bei diesen endlich wieder häufiger, als bei Hunden und Katzen.

§. 46.

Unter Constitution, Leibesbeschaffenheit (constitutio) begreifen wir ein, vorzugsweise auf die physische Seite des Lebens sich beziehendes Verhältniss, eine eigenthümliche Körperbeschaffenheit mit der daraus hervorgehenden eigenthümlichen Lebensthätigkeit. Der Begriff vom Habitus ist zwar mit dem vorhergehenden verwandt, der Unterschied besteht jedoch darin, dass man bei letzterem mehr die Gestaltung des Körpers und das Verhältniss seiner einzelnen Theile zu einander ins Auge fasst. Der Begriff von der Constitution schliesst also den vom Habitus in sich. Man unterscheidet in quantitativer Hinsicht eine starke und eine schwache Constitution. In qualitativer Beziehung liessen sich wohl eine vasculöse (eine arterielle, venöse und lymphatische) eine nervöse, seröse und pituitöse Constitution angeben; aber es dürfte zur Zeit noch an sicheren Bestimmungsgründen dafür in Bezug auf die Hausthiere fehlen. Deshalb wird eine nähere Betrachtung solcher Zustände hier übergangen. Die starke Constitution wird an einer grösseren Festigkeit der fest-weichen Körpertheile, an einem robusten, gedrungenen Körperbau, so wie an einer grossen Lebensenergie erkannt, wogegen die schwache auf entgegengesetzten Verhältnissen beruht. Die grössere Energie der starken Constitution leistet der Einwirkung schädlicher Einflüsse einen stärkeren Widerstand; sie erkrankt daher weniger leicht, als die schwache, aber in der Regel heftiger, weil eben, um Erkrankung hervorzurufen, ein grösseres Maass von Schädlichkeiten einwirken muss. An der Intensität der Krankheiten in den starken Constitutionen haben indess die kräftigen Reactionen einen nicht geringen Antheil, welche auf der andern Seite eine erfolgreiche Naturhülfe versprechen. Bei der starken Constitution sind Entzündungen und Fieber synochösen Characters mit deutlichen critischen Erscheinungen häufiger, als bei den schwachen, wogegen bei dieser meist Leiden torpiden Characters vorkommen, gegen welche die Bemühungen der Natur öfter fruchtlos sind.

Zusatz 1. In der Menschenheilkunde nimmt man selbst noch eine Verschiedenheit der Anlage bei den individuellen Constitutionen in den verschiedenen Körperstellen an. So hält man z. B. die oberen, vorderen und rechten Körpertheile für mehr entwickelt, energischer und daher mehr zu Entzündungen geneigt, als die entgegengesetzten. Ob man bei den Hausthieren Aehnliches annehmen darf, kann, wegen Mangels specieller Erfahrungen, noch nicht entschieden werden. Es scheint jedoch, dass bei diesen Brustentzündungen häufiger an der rechten, als an der linken Seite vorkommen. Ein solches Verhältniss nennt man symmetrische Anlage; eigentlicher dürfte sie aber als asymmetrische zu bezeichnen sein.

Zusatz. 2. Man spricht zwar häufig in der Thierheilkunde vom Temperamente der Thiere als Anlage-Moment, namentlich in Bezug auf Pferde, und versteht daruntet eine eigenthümliche psychische und organische Lebensstimmung. Solche Temperamente können allerdings als vorhanden bei den Thieren gedacht werden; sie aber nach der alten Galenischen Eintheilung in ein sanguinisches, cholerisches, melancholisches und phlegmatisches zu unterscheiden, dürfte um so schwerer fallen, als sie nie rein, vielmehr immer mit einer gewissen Mischung auftreten, und als der psychische Ausdruck, der beim Menschen einen Haupt-Bestimmungsgrund für das Temperament abgiebt, bei den Thieren mehr zurücktritt. Da aber das Temperament von der Constitution bei den Thieren abhängig ist, so können wir uns mit der Bestimmung der letzteren, wie bereits geschehen, rücksichtlich der hieraus fliessenden Anlage-Verhältnisse begnügen.

§. 47.

Die Geschlechts-Verschiedenheit der Thiere bietet manche Anlage-Verhältnisse dar, welche sowohl in der Verschiedenheit der Organe und ihrer Verrichtungen, als in der ganzen Beschaffenheit des Körpers begründet sind. Bei dem männlichen Thiere überwiegt offenbar das animale Leben das vegetative; wogegen das letztere bei dem weiblichen, seiner Bestimmung angemessen, die Oberhand gewinnt. Auch bemerken wir bei jenen einen strafferen Faserbau und eine grössere Energie, als bei diesen. Hierdurch werden bei männlichen und weiblichen Thiere im Allgemeinen solche Anlage-Verhältnisse begründet, wie sie oben durch die starke und schwache Constitution bezeichnet worden sind; während bei den weiblichen Thieren, wegen der vorherrschenden reproductiven Thätigkeit, noch ein grösseres Hinneigen zu Krankheiten in dieser Sphäre, oder ein kräftiges Mitwirken derselben zur Beseitigung von Anomalieen überhaupt hinzukommt. In der Verschiedenheit des anatomischen Baues und der physiologischen Verrichtung der männlichen und weiblichen Geschlechtstheile ist die Verschiedenheit der Anlage zu gewissen Erkrankungen dieser Theile begründet. Abgesehen von den örtlichen Leiden der Geschlechtstheile und von den allgemeinen, durch Nichtbefriedigung oder Ausschweifung des Geschlechtstriebes hervorgehenden Erkrankungen, welche beiden Geschlechtern in verschiedenen Graden und Formen eigen sind, bemerken wir ins Besondere beim weiblichen Thiere in der Trächtigkeit, Geburt, im Säugen und Milchen Anlage-Verhältnisse, welche bei männlichen Thieren aus leicht begreiflichen Gründen nicht vorkommen können. Durch die Castration, sowohl der männlichen, als weiblichen Thiere, erhält ihre ganze Organisation eine abweichende Beschaffenheit. Während durch jene Operation die Anlagen getilgt werden, welche in der periodischen Verrichtung des Geschlechtslebens begründet sind, erlangen castrirte männliche Thiere eine Constitution, wie sie beim weiblichen schon als eine schwache ausgedrückt ist, und nur durch Castration bei den letzteren erhöht wird; bei beiden aber steigert sich die reproductive Thätigkeit in Erzeugung einer, auf einer niedrigen Stufe der Animalisation stehenden Masse.

§. 48.

Die Veränderungen, welche durch die **Entwikkelung** eines thierischen Organismus hervorgerufen werden, haben einen bedeutenden Einfluss auf seine Anlage-Verhältnisse. Da jene Veränderungen nur einmal während des Lebens stattfinden, so werden dadurch gewisse Abschnitte desselben gebildet, welche man **Altersperioden** nennt. In diesen Perioden zeigt der Organismus eine eigenthümliche Beschaffenheit, aus welcher man die **Altersanlage** ableitet, die auch wohl **vorübergehende Anlage** (dispositio transitoria) genannt wird, eben weil sie keinen Bestand hat. Dass eine solche Annahme begründet ist, ersehen wir im Allgemeinen daraus, dass die Reizempfänglichkeit und das Wirkungsvermögen nicht in jedem Alter in einem gleichen Verhältnisse zu einander stehen, und dass es dieselbe Bewandtniss mit den drei Hauptseiten des Lebens, der Bildung, Bewegung und Empfindung hat; ferner endlich daraus, dass in einem Alter gewisse Organe oder Verrichtungen dieser, obgleich sie vorhanden sind, fehlen, in einem anderen aber hervortreten. Folgendes können wir für die Lebens-Entwickelung als gesetzlich gelten lassen: a) In dem ersten Abschnitte des Lebens geht das Individuum der ihm zugemessenen Vollkommenheit entgegen, indem sein Körper an Materie und Kraft zunimmt; in dem zweiten Abschnitte bleibt der Organismus scheinbar auf einer gleichen Stufe der Ausbildung stehen, und im dritten endlich macht er wieder Rückschritte. Da die Lebensenergie von der Ausbildung des Organismus abhängig ist, so muss diese auch während seiner Aus- und Rückbildung geringer sein, als auf der Höhe des Lebens. Die Lebensenergie verhält sich aber umgekehrt zur Krankheitsanlage: daher ist diese im jugendlichen und höheren Alter am grössten. b) Während der Entwikkelung ist die grössere Geneigtheit zu erkranken dann vorhanden, wenn durch die Metamorphose eben eine Veränderung bewirkt wird oder bewirkt worden ist. Dies scheint darin seinen Grund zu haben, dass die Bildungsthätigkeit bei einem solchen Acte zu sehr in Anspruch genommen wird, um im vollen Maasse für die Selbsterhaltung des Organismus und daher für die Abwehr schädlicher Einflüsse thätig sein zu können. c) Eine jede organische Entwickelung ist nothwendig mit entsprechender Erhöhung der Bildungsthätigkeit verbunden. Zu den in der Ausbildung begriffenen Organen findet eine vermehrte Blutzufuhr Statt und ihre Sensibilität ist erhöht. Daher besitzen sie auch eine ausgezeichnete Anlage zu Congestionen und Entzündungen. Bei den in der Rückbildung begriffenen Organen bemerken wir aber die entgegengesetzten Verhältnisse. Zur näheren Betrachtung der aus den Entwickelungs-Veränderungen des Organismus hervorgehenden Anlage-Verhältnisse unterscheiden wir vier Altersperioden desselben:

1) Das Fötusalter. In diesem Alter, in welchem das junge Thier noch nicht zur Selbstständigkeit gelangt, vielmehr noch absolut abhängig vom Mutterthiere ist, bemerken wir die Bildungsthätigkeit in Hervorbringung neuer, oder in weiterer Ausbildung schon vorhandener Organe bei Weitem prädominirend über die anderen Seiten des Lebens. Daher besitzt dieses Alter eine überwiegende Anlage zu Bildungsfehlern, welche sich durch Hervortreten von Missbildungen zu erkennen giebt.

2) Das jugendliche Alter. Dieses beginnt mit der Geburt, also mit der Selbstständigkeit, mit der vollständigen Individualisirung des Thieres. In dieser Periode hat dasselbe bereits alle Organe, welche zu

seiner Selbstständigkeit erforderlich sind, auch solche schon, welche der Erhaltung der Gattung dienen. Beide Arten von Organen schreiten aber noch in der Entwickelung fort; und die letzteren treten erst später in Function. Die auf Bildung gerichtete Thätigkeit ist in diesem Alter ebenfalls noch vorherrschend über die anderen; auch übersteigt die Reizempfänglichkeit das Wirkungsvermögen. Hierdurch wird nun eine überwiegende Anlage zu Bildungs-Krankheiten und ein leichtes Erkranken überhaupt bedingt, und spricht sich die, diesem Alter eigene Anlage durch Störungen in der Verdauung, Blutbereitung und Ernährung, so wie durch Erzeugung von Eingeweidewürmern aus. Die flüssigen Theile stehen in einem grösseren Verhältnisse zu den festen in dem in Rede stehenden Alter, als in einem späteren; jedenfalls aber haben die festen noch nicht den Grad des Zusammenhanges erreicht, wie später. Dadurch wird die besondere Anlage zu Fehlern der Säfte und zu Trennungen des Zusammenhanges begründet. Der in diesem Alter vorkommende Wechsel der Zähne endlich, die weitere Ausbildung der Athmungs- und Geschlechtswerkzeuge, so wie das Hervortreten der Function in den letzteren, begründet eine vorzügliche Anlage zu Krankheiten dieser Theile selbst oder zu consensuellen Leiden.

3) Das reife Lebensalter, oder das Alter der vollendeten Entwickelung. In diesem hat der Organismus die Höhe seiner ihm zugemessenen Ausbildung erreicht, und giebt sich dieselbe durch die grösstmöglichste Lebensenergie zu erkennen. Die Reizempfänglichkeit steht mit dem Wirkungsvermögen in einem guten Verhältnisse; keine der Lebensseiten, weder die Bildungs-, noch die Bewegungs-, noch die Empfindungs-Thätigkeit kann als vorherrschend

betrachtet werden. Daher werden äussere Schädlichkeiten leichter ohne übele Folgen ertragen, und müssen sie, um Erkrankung hervorzubringen, mit einer bedeutenden In- und Extensität einwirken. Die Reactionen sind in der Regel stürmischer, und sonach der Krankheitsausdruck heftiger und die Crisen ausgezeichneter. Wegen der grössern Energie in allen Verrichtungen sind diesem Alter wahre Entzündungen vorzugsweise eigen, und wegen der nun zur Blüthe gelangten Geschlechts-Function bemerken wir mancherlei Leiden der ihr dienenden Organe, oder solche, welche aus unordentlicher Befriedigung des Geschlechtstriebes entstehen.

4) Das höhere Lebensalter. Hierin macht die organische Materie sowohl, als auch die Energie in allen Verrichtungen Rückschritte. In den bekannten drei Lebensseiten bemerkt man gleichermaassen ein Sinken, so dass dadurch Anlagen zu Krankheiten erzeugt werden. welche sich analog verhalten. Die diesem Alter eigenen, anomalen Zustände bestehen daher hauptsächlich in Abnahme der Sinnes-, Bewegungs- und Empfindungs-Thätigkeit überhaupt, Vermehrung der Festigkeit in den Gebilden, mangelhafte Verdauung und Ernährung, zu welchen letzteren Zuständen die Anlage insbesondere noch dadurch gesteigert wird, dass die Mastications-Werkzeuge mangelhaft werden.

Zusatz. Aus vorstehendem §. wird sich zur Genüge entnehmen lassen, was wir unter Entwickelungs-Krankheit, Evolutions-Krankheit (morbus evolutionis) zu verstehen haben. Diese Benennung scheint von den Thierärzten zuweilen gebraucht zu werden, ohne dass damit ein deutlicher und richtiger Begriff verknüpft wird. Jedenfalls hat man sich zu hüten, nicht in den Fehler zu verfallen, die Entwikkelungs-Krankheit als einen. die organische Metamorphose bedingenden Prozess zu betrachten. Eine solche Annahme würde dem eigensten Begriffe der Krankheit, als eines, für das individuelle und Gattungsleben unzweckmässigen Lebensvorganges widersprechen Die Entwickelungs-Krankheiten finden also nur in der Metamorphose ihre Prädisposition; sie sind als Folgen und nicht als Mittel derselben zu betrachten.

§. 49.

In der Lebensart, Gewohnheit und Benuzzung der Thiere sind mancherlei Anlage-Verhältnisse begründet. Es ist begreiflich, dass die Thiere, welchen es vergönnt ist, ein, ihrer Natur angemessenes, freies Leben zu führen, am wenigsten Anlage zu Krankheiten besitzen werden, wie wir Dies denn auch bei Thieren, welche sich im wilden oder halbwilden Zustande befinden, sehen. Unsere Hausthiere aber leben meist in gezwungenen Verhältnissen, die ihnen von den Menschen aufgedrungen sind, damit sie die, von ihnen geforderten Zwecke erfüllen. In einem solchen, von der Natur mehr oder weniger abweichenden, domesticirten Zustande, in welchem die Thiere nur theilweise ihrem Instincte gemäss leben können, ist eine ergiebige Quelle zu Krankheits-Anlagen in der eigenthümlichen Lebensart, Gewohn-Aeit und Benutzung gegeben. Der thierische Organismus vermag zwar, vermöge seiner, auf Selbstständigkeit gerichteten Lebenskraft, sich gegen eine Menge schädlicher Einflüsse zu behaupten, oder sich dieselben so anzueignen, dass sie ihm zur Gewohnheit, zur zweiten Natur werden (consuetudo est altera natura); doch bedingt eben die Gewohnheit, die nur als ein höchst relativer Gesundheitszustand betrachtet werden kann, eine gewisse Körperstimmung. Diese giebt dann den Grund zu Krankheiten, wenn die Einflüsse, an welche die Thiere sich zwar gewöhnt haben, entweder plötzlich auf sie mit einem Uebermaass einwirken, oder wenn sie plötzlich ihrer Gewohnheit entzogen werden. In letzterem Falle kann selbst durch das ungewohnte Einwirken naturgemässer Einflüsse Krankheit erzeugt werden, Wir sehen im Allgemeinen, dass die Leichtigkeit, sich an abweichende Einflüsse zu gewöhnen, mit der Vollkommenheit der Organismen wächst; dass die Menschen in dieser Beziehung schmiegsamer sind, als Thiere, diese hinwiederum mehr als Pflanzen, welche Erscheinung von dem stärkeren Selbsterhaltungs-Vermögen der vollkommeneren Organismen abgeleitet werden zu müssen scheint. Bei den Hausthieren ist der gedachte Unterschied ebenfalls zu bemerken: die höher organisirten Fleischfresser gewöhnen sich offenbar besser, als die Pflanzenfresser. Für ökonomische Zwecke ist es von Wichtigkeit, zu wissen, dass die Gewöhnung eines Thieres um so leichter stattfindet, je weniger es schon Gewohnheiten besitzt. Hieraus und aus der grösseren Schmiegsamkeit des jugendlichen Alters ist es zu erklären, warum junge Thiere sich besser gewöhnen als alte.

Fünftes Capitel.

Von der speziellen Krankheits-Anlage.

§. 50.

Der Organismus besteht aus Werkzeugen, deren jedes, wegen der eigenthümlichen Organisation, auch zu besondern Erkrankungen fähig ist. Im Allgemeinen darf man feststellen, dass, aus je vielfacheren Theilen ein Organ zusammengesetzt ist, es auch eine um so vielfachere Möglichkeit zu erkranken besitzt, und so umgekehrt. Jedoch nicht allein die Zusammensetzung der Organe, sondern auch ihre Form, Lage, Cohärenz u. s. w. geben die Disposition zu besonderen Krankheiten ab.

Zusatz. Um diesen §. gehörig zu würdigen, denke man z. B. an das Auge. Es besteht aus mehren Elementar-Gebilden, und besitzt auch bekanntlich eine vielfache Möglichkeit zu erkranken. Andererseits wird ein Organ, das keine Schleimhaut in seiner Zusammensetzung hat, auch keine Disposition zu Catarrh haben können; oder ferner, ein Organ, das kein Muskelgewebe besitzt, kann auch nicht in Krämpfe verfallen. Solche Organe, welche an Blutgefässen und Nerven reich, gerathen leichter und heftiger in Entzündung, als solche, welche arm an jenen Elementartheilen sind; wo diese aber ganz fehlen, wie in hornigen Gebilden, kann natürlich auch keine Entzündung entstehen. Um das in Bezug auf die Form der Organe u. dgl. Gesagte zu verstehen, bedenke man, dass nur hohle Organe zu Erweiterungen und Verengerungen, dass Eingeweide, welche unmittelbar mit natürlichen Oeffnungen communiciren, nur zu Vorfällen, und dass endlich Organe von grösserem oder geringerem Zusammenhang, auch mehr oder weniger zu Trennungen desselben disponiren.

§. 51.

Der Grad der Krankheits-Anlage der Organe hängt auch noch von folgenden Umständen ab:

1) Je häufiger und inniger ein Organ, seiner Bestimmung zufolge, mit äusseren Einflüssen in Wechselwirkung tritt, desto eher kann es erkranken. Haut, Lunge und Darmkanal erkranken leichter, als Nieren, Leber u. s. w.

2) Ein Organ, das von der Natur nur für eine geringe Zahl von Einflüssen bestimmt

ist, erkrankt eher, als ein anderes, bei dem Dies nicht der Fall ist. Die Lunge, welche nur für den Reiz der atmosphärischen Luft bestimmt ist, erkrankt leichter, als die Haut, welche vielerlei Einflüssen unterworfen ist.

3) Je inniger und vielfacher das sympathische und antagonistische Verhältniss eines Organes ist, um so eher wird es von einem ursprünglich leidenden mitergriffen. Hirn und Magen besitzen eine ausgebreitetere Sympathie, als Knochen, Sehnen, Muskeln u. s. w.; daher auch bei jenen eine grössere Möglichkeit zu erkranken, als bei diesen.

4) Je länger die Dauer der Function eines Organs ist, um so länger ist auch die Disposition zu erkranken in demselben. Lunge, Haut und Darmkanal, welche, unter anderen, während des ganzen individuellen Lebens in Function sind, können öfterern Erkrankungen ausgesetzt sein, als die Geschlechtstheile, deren Function nur während einer gewissen Zeit besteht.

Sechstes Capitel.

Von den Gelegenheits-Ursachen im Allgemeinen.

§. 52.

Unter Gelegenheits-Ursache der Krankheit (causa occasionalis) hat man eine (relativ- oder absolut-) äussere Schädlichkeit (ein äusseres ursächliches Moment, eine äussere Potenz) zu verstehen, welche, unter Mitwirkung der entsprechenden Anlage im Stande ist, Krankheit hervorzubringen. Bei dem Einflusse einer schädlichen Potenz auf den thierischen Organismus ist im Allgemeinen dreierlei zu bemerken: 1) die Einwirkung derselben; 2) die Rückwirkung von Seite des Organismus, und 3) das Resultat dieser beiden: die Wirkung. Die Einwirkung ist verschieden nach der Beschaffenheit der äusseren Potenz; entweder ist sie mechanisch, wenn sie die Form, chemisch, wenn sie die Mischung, oder dynamisch, wenn sie vorzugsweise das Kraftverhältniss des Organismus abändert. Die Rückwirkung hat ihre Quelle in dem Selbsterhaltungs-Bestreben des Organismus und besteht vorzugsweise in einer, durch die schädliche Potenz hervorgerufenen erhöhten Lebensthätigkeit. Die Wirkung, als das Ergebniss der Ein- und Rückwirkung, muss demnach auch nothwendig von der Beschaffenheit dieser beiden abhängig sein; sie zeigt mancherlei Verschiedenheiten, welche theils durch die Stärke, Dauer und den Wechsel der Einflüsse, theils durch die eigenthümliche Beschaffenheit der Anlage hervorgerufen werden.

§. 53.

Die äusseren Schädlichkeiten sind in folgende unterschieden worden: 1) in quantitative, wenn sie ihrer Grösse, in qualitative, wenn sie ihrer eigenthümlichen Beschaffenheit nach dem Organismus nachtheilig sind; 2) in positive, wenn sie durch wirklichen Einfluss, in negative, wenn sie durch Entziehung Nachtheil hervorbringen; 3) in potenzirende, wenn sie die Lebensthätigkeit wirklich und dauernd erhöhen, wie Dies in der Regel durch Reizmittel geschieht; in depotenzirende, wenn durch sie die vorübergehend erhöhte Lebensthätigkeit bald vermindert wird, wie es die narkotischen Mittel zu thun pflegen; 4) in örtliche, wenn sie nur in einem Theile, in allgemeine, wenn sie im ganzen Organismus eine schädliche Wirkung hervorbringen, was sich indess hauptsächlich nur auf die erste Einwirkung beziehen kann, da die örtliche Wirkung in der Regel eine allgemeine, und diese insgemein eine mehr oder weniger ausgezeichnete örtliche zur Folge hat; 5) in fixe und flüchtige, je nachdem die Wirkung eine mehr oder weniger lange Dauer hat. Die im Vorstehenden auf die Schädlichkeiten bezogene Eintheilung lässt sich auch in Bezug auf die durch sie im Organismus hervorgebrachten Wirkungen anwenden. So unterscheidet man dann in Ansehung der letzteren ferner noch eine idiopathische, wenn sie im Orte der Einwirkung, eine sympathische, wenn sie in einem, von diesem entfernten Theile zu Stande kommt. In letzterem Falle unterscheidet man die consensuelle von der antagonistischen Wirkung dadurch, dass die erstere der ursprünglichen Wirkung gleichartig, die andere aber dieser entgegengesetzt ist.

Zusatz 1. Die spezifische Wirkung im Gegensatz der allgemeinen ist gleich der örtlichen zu achten, nur mit dem Unterschiede, dass die spezifische Wirkung nicht allein eine örtliche, sondern auch eine bestimmt beschaffene ist. Die Contagien z. B. bringen, ausser der allgemeinen, meist auch eine örtliche Veränderung spezifischer Art im Organismus zu Stande.

Zusatz 2. Wissenschaftlicher und zugleich von grösserem practischem Nutzen dürfte es allerdings sein, wenn die äusseren Einflüsse, bei ihrer speziellen Betrachtung als Schädlichkeiten, nach Verschiedenheit der, durch dieselben im Organismus bedingten Wirkungen eingetheilt werden könnten. Da die letzteren aber, aus leicht begreiflichen Gründen, niemals im Voraus, und sogar nur selten nach ihrem wirklichen Erfolge mit Sicherheit zu bestimmen sind, so sind wir genöthigt, die schädlichen Einflüsse nach, von ihnen selbst entnommenen Merkmalen einzutheilen.

Erste Classe der Gelegenheits-Ursachen.

Dynamische Schädlichkeiten.

Siebentes Capitel.

Vom Einfluss der Weltkörper.

§. 54.

Es erleidet keinen Zweifel, dass die Weltkörper unter sich in einem dynamischen Abhängigkeits-Verhältnisse stehen, und dass hieraus nur die Ordnung des Universums hervorgehen könne. Wenn ein solcher Einfluss aber zwischen den Weltkörpern unter sich besteht, — welchen wir zunächst von unserem Sonnensystem einzusehen vermögen, — so dürfte schon ohne thatsächlichen Nachweis angenommen werden können, dass jener Einfluss sich auch auf die, an unsere Erde gefesselten Organismen, mithin auch auf unsere Hausthiere geltend machen müsse. Gewisse Einflüsse unserer Erde auf die organische Welt, welche in der Schwerkraft, in der physikalischen und chemischen Beschaffenheit derselben begründet sind, werden allgemein anerkannt; aber man vermuthet noch einen anderen Einfluss derselben. Diesen setzt man in die sogenannten tellurischen Prozesse, welche im Schoosse der Erde vorgehen, ohne jedoch einen andern bestimmten Nachweis für ihre Schädlichkeit liefern zu können, als dass solche Prozesse wirklich bestehen. Der Einfluss geheimer tellurischer Kräfte, wie des

Magnetismus und solcher, welche aus grossen Erzlagern hervorgehen, hat man in Bezug auf den Menschen thatsächlich nachzuweisen sich bestrebt; aber rücksichtlich unserer Hausthiere fehlen Beobachtungen für diesen Fall. Wenn man daher von tellurischen Einflüssen in der Veterinär-Pathologie redet, so sind solche mehr für eine Ahnung, als für eine Thatsache zu halten.

§. 55.

Der Einfluss des Mondes auf unsere Erde wird zunächst aus der grossen Erscheinung der Ebbe und Fluth erkannt. Er ist auf die Vegetation, so wie auf das gesunde und kranke Leben des Menschen bereits vielfach nachgewiesen worden. Wenn wir aber in der Thierheilkunde von lunarischen Einflüssen reden, so gehören auch diese zur Zeit mehr zu den, auf Analogie beruhenden Annahmen, als zu den thatsächlichen Erweisen. (Vgl. Zusatz zu folg. §.)

§. 56.

Anders verhält es sich mit der Sonne. Ohne sie kann kein Leben entstehen und mit Dauer bestehen, Alles Leben erheischt Licht, Wärme, Luft und Feuchtigkeit, freilich in Rücksicht der verschiedenen Organismen in verschiedenem Grade und Verhältnisse. Diese Potenzen aber und eine andere, die Electricität, wovon die Nothwendigkeit für das Leben weniger eingesehen wird, sind vom dynamischen Verkehr der Sonne und der Erde abhängig. Es reducirt sich mithin der Einfluss dieses Gestirnes (den man den siderischen nennt) auf das kranke Leben der Hausthiere auf ein gewisses Verhältniss jener angeführten Potenzen. Das macht eine besondere Betrachtung derselben erforderlich.

Zusatz 1. Aus dem bisher Gesagten wird sich zur Genüge ergeben, was von dem geheimnissvollen, namentlich in der Seuchen-Aetiologie vielfach gebrauchten und missbrauchten Ausdruck: „cosmisch-tellurischer Einfluss“ zu halten ist, der in vielen Fällen, wenn auch nicht als eine Hinterthür, doch als eine erhabene Pforte für den Rückzug unserer Unkenntniss erachtet werden muss.

Zusatz 2. Wenn der Einfluss der Sonne vorzugsweise und mit Recht auf das höhere thierische Leben bezogen wird, so ist man dagegen geneigt, dem Monde einen besondern Einfluss auf das bildende Leben zuzugestehen. Rychner bemerkt in dieser Beziehung: „Jedenfalls werden die Plastizitätsacte in zunehmendem Monde bedeutender. Balggeschwülste entstehen und wachsen schneller, und die Wirkung des Mondes auf die Tuberkulose und überhaupt auf die vegetative Seite des Thierlebens ist unverkennbar. Nach meinen und Anderer Beobachtungen treten die meisten Erkrankungsfälle in der Lungenseuche der Rinder um die Zeit des Vollmondes ein. Es stehen freilich die Beobachtungen ohne therapeutischen Werth und nackt da; allein sie gehören nichtsdestoweniger zur Geschichte der kranken Thiernatur.“

Achtes Capitel.

Vom Lichte.

§. 57.

Das Licht hat einen grossen Einfluss auf die organischen Wesen. Wem sollte der belebende Einfluss desselben auf die Pflanzenwelt unbekannt sein? — Die Pflanzen, stets Licht suchend, wachsen demselben entgegen; sie gedeihen darin kräftig und prangen mit den üppigsten und mannigfaltigsten Farben, während es eine Entbindung von Sauerstoff aus denselben bewirkt. Dagegen verkümmern die Pflanzen beim Lichtmangel, unter Entwickelung einer oft wuchernden, aber wenig ausgebildeten Materie, sie werden bleich und der Kohlenstoff häuft sich in ihnen an. Ein ähnlicher Einfluss des Lichtes ist in Rücksicht der Thiere zu bemerken. Es hat bei diesen offenbar eine nähere Beziehung zum höheren animalen Leben, das durch dasselbe nach allen Seiten gesteigert wird; wogegen Entziehung des Lichts ein Sinken jenes Lebens, und ein Vorwalten des vegetativen bewirkt. Das Licht kann in quantitativer Beziehung als zu starkes Licht und als Lichtmangel schädlich auf die Hausthiere einwirken. Dass seine qualitativen Modificationen, wie das verschieden gebrochene und reflectirte Licht und die Farben nachtheilig für jene Thiere werden können, ist zwar vermuthet aber noch nicht thatsächlich festgestellt worden.

§. 58.

Zu starkes und zu anhaltend wirkendes Licht erhöht die animalen Functionen zu sehr, indem es als ein übermässiger Reiz wirkt, theils einen sthenischen, theils einen indirect asthenischen Zustand, und zwar durch Consumirung der Reizbarkeit hervorruft. Wir sehen daher, dass zu starker Lichteinfluss — wobei aber die mitwirkende Wärme nicht in geringen Anschlag zu bringen ist — Congestionen nach dem Kopfe, nach der Haut, und Entzündungen in diesen Theilen hervorzubringen vermag, namentlich bei Schafen und Pferden. So sehen wir denn auch, dass die letzteren, wenn sie am Koller leiden, oder nur eine vorherrschende Anlage zu dieser Krankheit besitzen, dieselbe unter zu starker Einwirkung jener Potenz entweder sich entwickelt, oder bis zur Raserei gesteigert wird. Wenn fast senkrecht auf die Köpfe der Thiere einfallende Sonnenstrahlen jene Zustände hervorbringen, so wird die primäre Wirkung Sonnenstich (insolatio) genannt.

§. 59.

Lichtmangel bewirkt, wie gesagt, ein Sinken des Empfindungs- und Bewegungs-Lebens. Die Thiere werden in anhaltender Dunkelheit schlaff, träge und stupid. Das rein vegetative Leben gewinnt aber in einem solchen Verhältnisse bis zu einem gewissen Grade die Oberhand, während der gebildete Stoff durch übermässige Fettansammlung, durch eine schwammige und lockere Textur überhaupt nur eine geringe Ausbildung zeigt, und eben hierdurch eine vorherrschende Anlage zu hydropischen Zuständen abgiebt.

§. 60.

Eine spezifische Beziehung hat das Licht zum Sehorgan. Eine zu starke Einwirkung jenes auf dieses bringt örtliche und consensuelle krankhafte Erscheinungen zu Stande, und zwar um so eher, als die Reizbarkeit im Sehnerv durch frühere Entziehung des Lichts angehäuft, oder durch krankhafte Zustände gesteigert ist. Auf diese Weise treten primär z. B. Congestion und Entzündung der Augen oder Lähmung der Sehnerven ein, consensuell aber Steigerung von Allgemeinleiden, wie beim Starrkrampf und der Tollwuth.

Neuntes Capitel.
Von der Temperatur.

§. 61.

Die Quellen der Wärme auf unserem Planeten sind sehr verschieden; die ergiebigste aber besteht unstreitig in dem Wechselverhältnisse desselben mit der Sonne. Der Grad der empfindbaren Wärme eines Körpers wird dessen Temperatur genannt. Dem Begriffe von Temperatur sind demnach die von Wärme und Kälte untergeordnet; er ist ein relativer und kann die Temperatur eines Körpers nur durch Vergleich mit einem andern als warme oder kalte bezeichnet werden. Kälte ist sonach, der durchgreifenden Annahme zufolge, nichts Positives, vielmehr etwas Negatives, d. i. ein geringerer Grad der Wärme. Obgleich die thierischen Organismen die Quelle einer gewissen Temperatur in sich selbst tragen, so bedürfen sie nichtsdestoweniger der äusseren Temperatureinflüsse zu ihrer Entwickelung und zu ihrem Fortbestehen. In dieser Abhängigkeit eben beruhen die möglichen Nachtheile der äusseren Temperatur für das thierische Leben, in welcher Beziehung die beiden Extreme jener, als Frost und Hitze, gleich tödtlich für dieses, durch den Erfrierungs- und Hitzetod, werden können. Es ist indess schwierig, die Wirkung der verschiedenen Grade der Temperatur auf den thierischen Körper zu bestimmen, da bei derselben die Träger der Wärme und Kälte in Betracht gezogen werden müssen. Uebrigens sind die Wirkungen der Temperatur von der Zeit und dem Orte der Wärme- oder Kälte-Einwirkung und von dem Verhältniss, welches zwischen der äusseren Temperatur und der des thierischen Organismus gerade besteht, abhängig. Auch ist bei der Bestimmung des schädlichen Einflusses der Temperatur wohl zu bedenken, welchen Antheil andere, gleichzeitig einwirkende Schädlichkeiten dabei haben können. Dennoch darf im Allgemeinen eine gewisse Temperatur nicht als eine absolute, vielmehr nur als eine relative Schädlichkeit betrachtet werden.

§. 62.

Was nun ins Besondere den schädlichen Einfluss der Wärme betrifft, so ist zunächst zu bemerken: dass ein, im Verhältniss zum individuellen thierischen Organismus zu hoher Wärmegrad den Lebensprozess beschleunigt, indem er ein Ueberwiegen der Expansion über die Contraction bewirkt. Die Folgen hiervon sind zunächst: Steigerung der Empfindlichkeit, Ausdehnung der Säftemasse und Beschleunigung des Blutlaufs (welche erstere sich vorzugsweise durch einen vollen und weichern, letztere durch einen raschen Puls zu erkennen giebt), ferner: stärkere Anfüllung der Capillargefässe mit Blut, daher vermehrter Lebensturgor, gesteigerte Ausdünstung, sogar in Form des Schweisses, und verminderter Zusammenhang der festen Theile. Alle diese Erscheinungen werden bei längerer Dauer der Einwirkung der Wärme oder Hitze so sehr gesteigert, dass sie endlich Kraftlosigkeit, sowohl in den willkürlichen, als auch unwillkürlichen Bewegungen, Verminderung der Empfindlichkeit, profuse Schweisse, Neigung zur Zersetzung oder wirkliche Auflösung zur Folge haben. Heisse Luft kann zunächst auf die Athmungsorgane und auf die äussere Haut nachtheilig einwirken. Zur Unterhaltung eines, in jeder Beziehung wohlthätigen Athmens ist eine mässig warme Luft erforderlich; ist sie aber zu warm, so schwächt sie, wie aus Obigem hervorgeht, das Contractions-Vermögen des Lungewebes und der zum Athmen dienenden Muskeln. Auch ist eine solche Luft weniger geeignet, den Umwandlungs-Prozess des Blutes in den Lungen gehörig zu bethätigen, weil eine heisse Luft, wegen ihrer grösseren Ausdehnung, absolut ärmer an Sauerstoff ist, als kalte; obgleich das relative Verhältniss dieses zum Stickstoff sich stets gleich bleibt. Aus dieser nachtheiligen Wirkung erklären sich nun leicht das schnellere Athmen in heisser Luft, die geringere Ausbildung des Blutes, die Neigung zur Zersetzung desselben u. s. w. — Die, durch den Einfluss heisser Luft auf die Haut hervorgerufene Wirkung besteht ebenfalls zunächst in Vermehrung der Expansion in derselben, daher vermehrte Ausdehnung der Blutgefässe und des Blutes selbst, Vermehrung der Ausdünstung und endlich die Neigung zur Colliquation. Hierbei ist das antagonistische Verhältniss nicht zu übersehen, in welchem die Haut mit anderen Secretionsorganen steht: Wird die Thätigkeit der Haut in Form vermehrter Ausdünstung gesteigert, so wird die Secretion in anderen Organen vermindert, z. B. im Magen, im Darmkanal und in den Nieren. Es ist eine Thatsache, dass die Gallenabsonderung, bei Einwirkung hoher Wärmegrade von einer gewissen Dauer, vermehrt und fehlerhaft wird, und dadurch die Veranlassung zu biliösen Zuständen hervortritt. Eine Erklärung hierüber dürfte sich leicht aus dem Umstande ergeben, dass die Leber zugleich die Function der Ausscheidung für den Kohlenstoff des Blutes hat, die, wie aus Obigem erhellet, bei jenem Verhältnisse nicht in dem erforderlichen Maasse durch die Lungen stattfinden wird, und daher die Leber in dieser Beziehung in vicarirende Thätigkeit tritt.

Aus den vorstehenden Angaben über die Wirkungen der grossen, an atmosphärische Luft gebundenen Wärme wird sich auch leicht ihre Wirkung ermessen lassen, wenn sie an anderen Vehikeln, wie an Dünsten, tropfbaren Flüssigkeiten, oder an mehr oder weniger festen Körper haftet. Die Modification der Einwirkung, welche durch solche Körper hervorgebracht wird, kann aus der eigenthümlichen Natur der letzteren leicht beurtheilt werden. Es darf daher füglich unterlassen werden, auf eine Schilderung der Nachtheile heisser Dünste für Lunge und Haut, zu warmer Tränke für Magen und Darmkanal, zu warmer Bäder und Umschläge für die Applicationsstellen und ihrer weiteren Folgen näher einzugehen. Auch wird sich der Nachtheil, welchen zu warme Bedeckung der Thiere hat, leicht ergeben; eine solche wirkt nicht allein als directe Schädlichkeit, sondern auch als vorbereitende Ursache für die Erkältung.

§. 63.

Die Kälte bringt im Allgemeinen der Wärme entgegengesetzte Wirkungen im thierischen Organismus hervor; sie sind indess verschieden nach dem Grade der Kälte, nach der Dauer ihres Einflusses, nach ihrem Vehikel und nach der Constitution der Thiere. Wenn der thierische Organismus mit einem Träger der Kälte in Berührung kommt, so wird jenem so lange Wärme entzogen, bis sich ein gewisses Gleichgewicht zwischen beiden hergestellt hat. Es bleibt indess nicht bei diesem rein physikalischen Acte, sondern es wird auch ein organischer hervorgerufen. Der Organismus verhält sich beim Einflusse der Kälte nicht ganz passiv, vielmehr reagirt er gegen dieselbe, wovon Erhöhung der Lebenswärme die Folge ist. Demnach kann es geschehen, dass selbst eine heftige, aber vorübergehende Kälte, oder auch eine mässige und anhaltende, reizend, d. h. die Lebensthätigkeit erhöhend wirkt. Eine dauernde und heftige Kälte aber stimmt jedesmal die Lebensthätigkeit so sehr herab, dass sie endlich ganz darniederliegt. Wenn die Wärme die Expansion der betroffenen Stellen des Organismus vermehrt, so bedingt dagegen die Kälte ein relatives Ueberwiegen der Contraction. Die unmittelbaren und hervorstechendsten Folgen hiervon sind: Zurücktreten des Blutes aus den Capillargefässen, daher Blässe und Abnahme der Lebensschwellung. Hierauf erfolgt von Seite der Lebensthätigkeit, unter den oben angegebenen Bedingungen rücksichtlich der Dauer und Intensität der Kälte, eine Rückwirkung, welche sich durch Erhöhung der Wärme an den, von der Kälte betroffenen Körperstellen, durch Wiedereintreten der Röthe und der Lebensschwellung zu erkennen giebt. Wie bei der Wärme, so hängt auch die Wirkung der Kälte hauptsächlich von der Art und Beschaffenheit der betroffenen Körpertheile und von dem Medium ab, durch welches die Kälte einwirkt. Die bei der Wärme in dieser Rücksicht gegebenen Andeutungen finden auch hier ihre beziehungsweise Anwendung. Wenn aber die Wärme und Kälte schon an und für sich als Schädlichkeiten betrachtet werden müssen, so ist dies noch in einem höheren Grade bei plötzlichen Uebergängen aus dem Einflusse der einen in die andere der Fall; wobei, wie leicht einzusehen, die Einwirkung der einen Potenz die Empfänglichkeit für die andere sehr steigern muss.

Zehntes Capitel.

Von der Electrizität.

§. 64.

Die cosmische Electrizität kommt, wie die vorhergehenden Potenzen, vorzugsweise vermittelst der atmosphärischen Luft zur Einwirkung auf den thierischen Organismus. Wir lassen uns hier auf die Hypothesen ihrer Entstehung, ob sie aus dem polarisirenden Einfluss des Sonnenlichtes auf die Erdoberfläche, oder aus der, durch den Umschwung der Erde veranlassten Reibung dieser mit der atmosphärischen Luft hervorgeht, als ausser den Grenzen unserer Aufgabe liegend, nicht näher ein. Bemerkenswerth dürfte es indess sein, dass die atmosphärische Electrizität in der Regel die positive, obwohl nicht selten auch die negative ist. Die Stärke und Art der Luftelectrizität dürften vom Klima (sowohl vom geographischen, als physikalischen), von den Jahres- und Tageszeiten, so wie von den bekannten meteorischen Prozessen abhängig sein. Bis jetzt aber wissen wir weder über die Bildungsgesetze der atmosphärischen Electrizität etwas Gewisses, noch etwas Befriedigendes in Bezug auf ihre Wirkungsweise auf den thierischen Organismus. Was in letzterer Rücksicht aus Beobachtungen der atmosphärischen und aus Versuchen mit der künstlichen (sowohl der Reibungs-, als der galvanischen) Electrizität angegeben werden kann, ist etwa Folgendes: Sie befördert im Allgemeinen die Lebens-, ins Besondere die Bildungsthätigkeit; erhöht die gesunkene Muskelreizbarkeit, beschleunigt den Blutumlauf und befördert die Se- und Excretionen.

§. 65.

Zu starke und zu schwache electrische Einflüsse können gleich nachtheilige Wirkungen in dem thierischen Organismus hervorbringen. Das Vorkommen allerlei nervöser Zufälle beim Menschen kurz vor einem Gewitter, wobei den auf der Erde befindlichen Körpern Electrizität entzogen oder auch im Uebermaasse zugeführt wird, ist allgemein bekannt; aber auch bei Thieren haben wir unter einem solchen Verhältnisse nicht selten Gelegenheit, Erscheinungen zu bemerken, welche auf Angst und Ermattung hindeuten. Auch beobachten wir, dass bei gewitterschwangerer Luft kranke Thiere häufiger hinsterben, oder sonst gesunde von höchst gefährlichen Krankheiten, wie vom Milzbrande, befallen werden. Die zu starke Einwirkung der Electricität ins Besondere, z. B. der electrische Funke, bewirkt an den berührten Körperstellen Erscheinungen der Congestion oder selbst der Entzündung. Auch ist es ja allbekannt, dass die stärksten Grade derselben, die Blitze, den Tod der grösseren landwirthschaftlichen Hausthiere hervorbringen können. Der Tod ist als Folge einer Nervenlahmung zu betrachten, wenn die Thiere unmittelbar vom Blitze getroffen werden. Die nähere Beziehung der Electricität zum Nervensystem kann in einem solchen Falle aus dem Umstande gefolgert werden, dass der Blitz vorzugsweise die nervenreichsten Körperstellen trifft. Nicht immer aber sind die, durch den Blitz umgekommenen Thiere unmittelbar von demselben getroffen worden; vielmehr dürfte der Tod in einem solchen Falle häufig durch Erstickung, in Folge der, bei Entladung des Blitzes stattfindenden Zusammendrückung und darauf folgenden Ausdehnung, so wie der theilweisen Zersetzung der Luft zu Stande kommen. Da nun aus dem bisher Gesagten die dynamischen Wirkungen der Electrizität hinreichend erkannt werden, und ihre mechanischen noch ins Besondere aus der oftmals eintretenden Aufhebung des Zusammenhanges der Körpertheile durch den Blitzestod hervorgehen, so bliebe nur noch übrig, Einiges über ihre chemische Wirkung anzuführen. Es ist durch Versuche ermittelt, dass electrisirtes Blut schwärzer, und dass ein solches durch Einfluss der Luft nicht wieder geröthet wird; auch ist es Thatsache, dass das Blut der vom Blitze getödteten Thiere nicht geronnen ist und durchgängig eine venöse Beschaffenheit hat. Fügt man endlich hinzu, dass solche Thierleichen schnell in Fäulniss übergehen, so wird aus allem Diesen eine veränderte Mischung des Blutes, mithin die chemische Wirkung der Electrizität aufs klarste hervorgehen. Vergleichen wir die letztgedachten Erscheinungen mit denjenigen des Milzbrandes, so können wir uns, wegen ihrer grossen Aehnlichkeit, der Annahme kaum erwehren, dass die Electrizität als Ursache genannter Krankheit eine grosse Rolle spielt.

Zusatz 1. Ob bei den Thieren die Wirkung der positiven Electrizität von der der negativen verschieden ist, darüber wissen wir zur Zeit nur wenig; auch werden wir wahrscheinlich niemals etwas Bedeutendes hierüber erfahren; da die Erscheinungen, welche beim Menschen durch die entgegengesetzten Pole hervorgerufen werden, meist subjective, mithin auf dem Gefühle beruhende sind. Nur soviel ist uns schon seit langer Zeit bekannt, dass durch den Einfluss der positiven Electricität solche organisch-chemische Veränderungen in den thierischen Gebilden vorgehen, welche in einer Verdichtung des Gewebes und der Flüssigkeit, und in einer Verminderung der Aufsaugungsthätigkeit bestehen; wogegen durch die Einwirkung der negativen Electricität ein umgekehrtes Verhältniss zu Stande kommt. Man hat daher schon oftmals die verschiedenen electrischen Pole zu therapeutischen Zwecken in Vorschlag gebracht, und namentlich dieselben in der neuesten Zeit versuchsweise zur Erzeugung und Entfernung des grauen Staars bei Thieren, aber mit zweifelhaftem Erfolge, angewandt.

Zusatz 2. Die schon früher von Thierärzten ausgesprochene Ansicht, dass ein abweichendes electrisches Verhältniss in der Atmosphäre ein ätiologisches Moment bei der Erzeugung des Milzbrandes abgebe (der der Verf., abgesehen von der im vorstehenden §. enthaltenen wissenschaftlichen Deduction auch nach seiner Erfahrung beistimmt), ist zuerst von Dressler in seiner Abhandlung: Ueber die Ursachen der Anthrax-Krankheiten (Gurlt's und Hertwig's Magazin 1837, II. Heft) näher begründet worden. Eine weitere Begründung findet diese Annahme in der überraschenden Aehnlichkeit des Milzbrandes mit der Cholera, während beim Herrschen dieser Epidemie an einigen Orten ein Vorstechen der negativen Electrizität der Luft nachgewiesen wurde, vgl. Buzorini's jüngst (1841) erschienene Schrift über Luftelectrizität, Erdmagnetismus und Krankheits-Constitution, welche auch den Thierärzten, zum Behufe der Aufklärung über ätiologische Verhältnisse, sehr empfehlenswerth sein dürfte.

Eilftes Capitel.

Von der Atmosphäre

§. 66.

Die gasige Flüssigkeit, welche unsere Erde bis auf eine nicht genau zu bestimmende Höhe umgiebt, und deren Dichtigkeit mit der Entfernung von dieser abnimmt, nennen wir atmosphärische Luft; denjenigen Theil derselben aber, welcher sich bis auf eine gewisse Höhe unmittelbar an der Erde befindet, und in welchem die bekannten meteorischen

Prozesse, wie Regen, Wind, Gewitter u. s. w. zu Stande kommen: Dunstkreis. In diesem sind die organischen Geschöpfe zu leben bestimmt; sie nehmen Stoffe aus ihm auf und setzen solche an ihn ab. Die atmosphärische Luft wirkt auf den Thierkörper zunächst durch die Lunge, die Haut und durch den Darmkanal, unmittelbar auf beiden ersteren Wegen und mittelbar auf letzterem durch Nahrungsmittel und Getränke. Da ohne atmosphärische Luft Organismen weder entstehen, noch bestehen können, so ergiebt sich hieraus, dass sie ein vorzügliches Belebungs- und Erhaltungsmittel für dieselben ist. Nur dann wird die Luft zu einer höchst gefährlichen Schädlichkeit, wenn ihr normales Verhältniss abgeändert ist. Eine genaue physikalische und chemische Kenntniss der atmosphärischen Luft muss nothwendig vorausgehen, um ihre Wirkungen auf den thierischen Organismus in ein gehöriges Licht zu setzen. Wir müssen uns hier auf Weniges in dieser Beziehung und in einer andern, aber höchst bemerkenswerthen, welche sogleich berührt werden soll, beschränken. Wir haben es nämlich zuvörderst zu bewundern, wie die Luft ein eigenthümliches, selbstständiges Leben, und so zu sagen ein organisches Selbsterhaltungs- und Assimilations-Vermögen besitzt. Ihre Hauptbestandtheile, Sauerstoff und Stickstoff, werden meist in ganz gleichen relativen Verhältnissen gefunden. Die Kohlensäure, ein beständiger Gemengtheil derselben, macht auch nur geringe Abweichungen, so dass die grosse Masse des heterogenen und fortwährenden Zuflusses, welcher aus der Zerstörung organischer und unorganischer Körper hervorgeht, doch keine auffallende allgemeine Veränderungen in derselben bewirkt; nur sind solche an gewissen Orten unter besonderen Verhältnissen nachweisbar. Anderntheils aber kann das organische Leben der Atmosphäre dadurch erwiesen werden, dass ein abgeschlossener, ausser Zusammenhang mit dem Ganzen sich befindender Theil der Luft in sich abstirbt und schädliche Eigenschaften erlangt.

Zusatz. Bei den abweichenden Ansichten der Physiker, von denen einige die atmosphärische Luft für eine chemische Zusammensetzung aus 20 Theilen Sauerstoff und 80 Theilen Stickstoff, andere dieselbe für eine constante Mischung von 21 Theilen Sauerstoff und 79 Theilen Stickstoff halten, und noch andere eine, nach der verschiedenen Höhe sich ändernde Zusammensetzung annehmen, hielten Dumas und Bousingault neue Experimente für nöthig. Sie haben solche wiederholt nach einem eigenthümlichen Verfahren mit grösstmöglicher Genauigkeit angestellt, und die gewonnenen Resultate der Akademie der Wissenschaften in Paris, in ihrer Sitzung vom 7. Juni 1841 mitgetheilt. Sie sind übereinstimmend mit der von den französischen Physikern angenommenen Zusammensetzung der Luft, die sich auf die, vor 35 Jahren angestellten eudiometrischen Untersuchungen von Al. v. Humboldt und Gay-Lussac gründet. In 100 Gewichtstheilen Luft befanden sich nach dem Mittel von 6 Beobachtungen 23,01 Sauerstoff und 76,99 Stickstoff, mithin war das Verhältniss beider Stoffe zu einander fast genau wie 23 : 77. Die Dichtigkeit des Sauerstofls war nach dem Mittel von 3 Beobachtungen 1,1057, die des Stickstoffs 0,972; woraus sich für 100 Volumtheile Luft das Volumen des Sauerstoffs = 20,80 und das des Stickstoffs = 79,22 ergab. Bei den, während des Regens angestellten Versuchen hat man nur höchst unbedeutende Veränderungen gefunden; die Quantität des Sauerstoffes variirte nicht um $\frac{1}{1000}$ Theil. Aus der Vergleichung mit früheren Beobachtungen von Dalton, Gay-Lussac u. A. ergab sich ferner, dass die Zusammensetzung der Luft in allen Höhen dieselbe bleibt, so wie sie sich auch seit 40 Jahren nicht merklich verändert hat. — Ausser den gedachten, in ihrem gegenseitigen Verhältnisse sich gleichbleibenden Bestandtheilen, hat die Luft aber auch noch andere nicht minder constante, aber doch an Menge etwas veränderliche, wie Kohlensäure und Wassergas. Der Gehalt der Luft an ersterer schwankt zwischen 0,0003 und 1 pr. C., der des letzteren kann ungefähr bis zu 1 pr. C. betragen. Höchst selten erreicht die atmosphärische Luft das hier angegebene Maximum von 1 pr. C. an Kohlensäure. Nach einer, von Leblanc in der Akademie in Paris am 6. Juni 1842 gelesenen Abhandlung war Dies in einem grossen Hörsaale der Sarbonne der Fall. Liebig hat in der neuesten Zeit noch einen steten Gehalt an Ammoniak in der Luft nachgewiesen, der von der Fäulniss thierischer Körper herrühren und bei der Ernährung der Pflanzen eine wichtige Rolle spielen soll.

§. 67.

Die atmosphärische Luft kann durch verschiedene Umstände schädlich wirken: durch Druck und Bewegung, dann in Verbindung mit andern Potenzen, mit Licht, Wärme, Kälte und Electricität, und dadurch, dass in ihr Stoffe vorkommen, welche nicht zu ihrer normalen Zusammensetzung gehören.

Zunächst wollen wir erörtern, was unter Constitution der Atmosphäre (constitutio atmosphaerica) zu verstehen ist. Es ist erfahrungsmässig, dass eine heitere, trockene, kalte Luft, welche eine grosse (durch den höheren Stand des Barometers nachweisbare) Dichtigkeit und Spannung besitzt, in Verbindung mit Nord- und Ostwind anders auf den thierischen Organismus wirkt, als eine sehr feuchte und warme (durch den niederen Barometerstand nachweisbare) geringere Dichtigkeit und Spannung besizzende Luft in Verbindung mit Süd- und Westwinden. Von diesen beiden ist in der Wirkung wieder verschieden eine, in der zuletzt beschriebenen Art beschaffene Luft, wenn sie, anstatt warm, kalt und mit Nebel, Regen, Schnee u. dgl. begleitet ist. Solche an sich und auch in ihrer Wirkung abweichende Zustände der Luft werden nun als eigenthümliche Constitutionen derselben bezeichnet. Die erstgedachte hat die Eigenthümlichkeit, dass sie überhaupt die Energie des Lebens erhöht, vorzüglich die Blutbildung; sie giebt aber auch leicht Veranlassung zu Congestionen, vorzugsweise nach den Lungen, wo sie nicht selten bis zur Entzündung gesteigert wird. Demnach begründet eine solche Luftbeschaffenheit die sogenannte entzündliche Krankheits-Constitution, entzündliche oder sthenische epizootische Constitution, entzündlicher oder sthenischer Krankheits-Genius (constitutio epizootica inflammatoria vel sthenica; genius morbosus inflammatorius vel sthenicus). Die zweite der oben gedachten Luftconstitutionen wirkt überhaupt schwächend auf die Lebensenergie, befördert Leiden des Verdauungs-Apparates, vorzugsweise des ihm angehörigen Pfortadersystems durch Hervorrufung einer höheren Venosität des Blutes in demselben. Da nun überdiess noch solche Leiden gern den nervösen Character annehmen, so findet man in der sie bedingenden Luftconstitution die Begründung für die Annahme einer asthenischen, gastrischen, biliösen und nervösen Krankheits-Constitution (constitutio epizootica asthenica, gastrica, biliosa et nervosa etc.) Die dritte Luftconstitution endlich bringt, ihrer eigenthümlichen Beschaffenheit zufolge, leicht Erkältungen und hierdurch, auf antagonistischem Wege, Leiden der fibrösen, serösen und der Schleimhäute zu Stande und begründet sonach die katarrhalische und rheumatische Krankheits-Constitution (constitutio epizootica catarrhalica et rheumatica).

Zusatz. Die hier berührten bilden die Haupt-Constitutionen der Atmosphäre. Es ist begreiflich, dass sie mannigfaltigen Modificationen unterworfen sein können, und diesen entsprechend auch Modificationen in den, durch sie bedingten Krankheits-Constitutionen erzeugen müssen. Will man aber in der Beurtheilung der Wirkung der gerade obwaltenden Luft-Constitution nicht irre gehen, oder sie allseitig gehörig würdigen, so muss sie stets mit Rücksicht auf die vorhergegangene betrachtet werden, da diese als vorbereitende wirkt.

§. 68.

Der Druck der Atmosphäre kann wenigstens nicht so häufig als eine so ausgezeichnete Schädlichkeit für die Hausthiere nachgewiesen werden, wie für den Menschen. Nichtsdestoweniger besteht sie als solche, und kann auch in einzelnen Fällen thatsächlich nachgewiesen werden. Obgleich die Luft ein sehr leichter Körper ist, so hat sie doch ihre Schwere, welche mit der Höhe ihrer Säule wächst, die 40—45 geographische Meilen (die ungefähre Höhe des Luftkreises) betragen kann. Der Druck der Luft, welcher auf die Körper der Thiere stattfindet, ist enorm, so hat man z. B. denselben, welcher auf ein Pferd wirkt, wenn ein solches 50□' Oberfläche hat und sich auf einer Höhe von 200' über der Meeresfläche befindet, auf 107150 Pfund berechnet. Dieser ungeheure Druck kann nur dadurch ertragen werden, dass vom Innern des Körpers aus ein entsprechender Gegendruck geleistet wird, der vorzugsweise in der Ausdehnungsfähigkeit der flüssigen Theile zu beruhen scheint. Ein zu starker Luftdruck, wie er bei hohem Barometerstande in tiefen Thälern oder in der Nähe des Meeres stattfindet, treibt das Blut nach den inneren Organen. Die Folgen davon sind: Beschränkung der, dann mehr in Form von Schweiss eintretenden Hautausdünstung; ferner: erschwertes Athmen, Muskelschwäche und Schwindel. Bei starkem Luftdruck athmen dämpfige Pferde weit schwerer und mit genesenden Lungenentzündungen geht es sehr langsam vorwärts (Rychner). Ein zu schwacher Luftdruck, wie er sich bei tiefem Barometerstande auf Höhen äussert, befördert die Expansion der flüssigen Theile, namentlich des Blutes zu sehr, daher Andrang desselben nach den äusseren Theilen, nach Haut und Lungen. Die Folgen hiervon sind: vermehrte Lebensschwellung, erhöhte (gasförmige) Hautausdünstung und sogar Durchtreten des Blutes durch die Lungenschleimhaut und die Conjunctiva der Augen; ferner: erschwertes Athmen und unvollkommene Blutbildung. Nur selten befinden sich unsere Hausthiere, wie bereits angedeutet, in solchen Verhältnissen, wo jene Erscheinungen vorkommen; selbst auf den Alpenweiden kommen die des verminderten Luftdrucks nicht häufig vor, was Rychner der dort vorhandenen reineren Luft vorzugsweise zuschreibt. Die Macht der Gewohnheit scheint indess hier mit in Betracht kommen zu müssen. v. Humboldt bemerkt (Ans. d. Natur, S. 161), dass auf der 2897 Toisen (ein franz. Längenmaass = 6′, ein Klafter) über dem Meere gelegenen Gebirgsebene des Antisana (in Südamerika) die verwilderten Stiere Blut aus der Nase und dem Maule verlieren, wenn sie mit Hunden gehetzt werden. Diese Erscheinung kommt indess auch bei uns unter gewöhnlichem Luftdruck bei gehetzten Thieren vor, womit aber ihr leichteres Eintreten auf jener Höhe keinesweges abgeleugnet werden soll. — Um die Wirkungen des Luftdrucks gehörig zu beurtheilen, ist es nothwendig, auch auf gleichzeitig stattfindende andere Verhältnisse der

Atmosphäre, wie auf Temperatur, Electrizität, Feuchtigkeit und Sauerstoffmenge mit Rücksicht zu nehmen.

Zusatz. Hieran schliesst sich die Schädlichkeit, welche der Luftmangel haben kann. Da atmosphärische Luft eine nothwendige Lebensbedingung ist, so muss Mangel derselben das Leben aufheben. Luftmangel kann entweder durch ein mechanisches Hinderniss in den Luftwegen bei allerlei krankhaften Zuständen derselben oder bei Erdrosselung (strangulatio) oder auch durch gänzliche Entziehung der Luft vermittelst eines andern Mediums, wie beim Ertrinken (submersio), Verschütten mit Erde u. dgl. stattfinden. Alle diese Veranlassungen bedingen die Erstickung (suffocatio), deren nähere Betrachtung der speziellen Pathologie anheimfällt.

§. 69.

Winde werden die Ortsbewegungen der atmosphärischen Luft genannt, wenn sie einen gewissen Grad der Geschwindigkeit erreichen. Sie scheinen für die Erhaltung der guten Beschaffenheit der Luft selbst, mithin auch für die, in ihr lebenden Geschöpfe nothwendig zu sein; denn wir sehen an solchen Orten, wo die Luft weniger gewechselt wird, häufiger Krankheiten unter den Thieren entstehen, als da, wo das Entgegengesetzte der Fall ist. Indess kann die Luft in den verschiedenen Graden ihrer Bewegungs-Geschwindigkeit, vom gewöhnlichen Wind bis zum Sturm und Orkan, auch schädlich wirken. Es ist aber wohl zu merken, dass es der vermehrte Stoss und Druck nicht allein sind, welche hierbei in Betracht kommen; vielmehr ist auch die Richtung des Windes nach den Himmelsgegenden, seine Temperatur, sein Feuchtigkeitsgrad u. dgl. dabei zu berücksichtigen. Das rein mechanische Verhältniss eines starken Windes bewirkt, wie der starke Luftdruck überhaupt, Anhäufung des Blutes in inneren Theilen. Das Uebrige ergiebt sich aus den vorhergehenden §§., und namentlich aus dem, welcher über die Luftconstitutionen handelt. Inwiefern die eigenthümlichen Arten von Winden, welche in verschiedenen Gegenden vorkommen, auf unsere Hausthiere schädlich wirken können, ist, so viel ich weiss, noch nicht gehörig festgestellt. Als Winde solcher Art dürfen hierher gezählt werden: 1) die Passatwinde, welche besonders zwischen den Wendekreisen in gewissen Jahreszeiten nach einerlei Richtung wehen; 2) der Sirocco oder Scirocco, ein sehr heisser und trockener Südwind in Italien; 3) der Samum, auch Samiël oder Chamsin genannt, ein zum Ersticken heisser, für Menschen oft tödtlicher Wind, der im südlichen Asien und in Afrika vorkommt; 4) der Hamattan, ein auf Guinea vom December bis Februar drei bis viermal vorkommender, ausserordentlich trockener Wind. — Dass endlich die Zugluft als eine, nur einzelne Körperstellen treffende Luftströmung, durch rasche Entziehung der Wärme an diesen, in Folge beschleunigter Verdunstung der Hautfeuchtigkeit, sehr nachtheilig durch Hervorrufung entzündlicher, rheumatischer und katarrhalischer Affectionen werden könne, und zwar um so eher, als die Hautthätigkeit früher gesteigert war, ist hinreichend bekannt.

§. 70.

Der Schall, welcher in eigenthümlichen, durch Erschütterung elastischer Körper hervorgerufenen Schwingungen der Luft besteht, ist hinsichtlich der Quantität und Qualität seiner Wirkung auf die Thiere noch fast gar nicht physiologisch erforscht. Wir können von den nachtheiligen Wirkungen des Schalles nur anführen, dass Thiere durch plötzlichen und starken Schall wohl erschreckt werden, und dass namentlich Hunde durch manche Töne und Tonreihen in Angst gerathen, und dies durch Geheul und Gebell zu erkennen geben; als krankmachende Potenz sind aber solche Vorgänge nicht weiter bekannt, wenn man von mechanischen Verletzungen absieht, welche sich in Schreck und Angst gerathene Thiere durch Sprünge u. dgl. zuziehen können.

Nicht anders ist es auch mit der Beschaffenheit der Luft, in welcher sie sich als mit bestimmten Gerüchen versehen darstellt. Der Geruchsinn ist den Thieren für die Wahl der Nahrungsmittel und der zu athmenden Luft, so wie für andere individuelle und Gattungszwecke gegeben. Inwiefern aber bestimmte Gerüche für sie nachtheilig werden können, wissen wir nicht. Da indess die Nase als Wächter über die Respirations-Organe gesetzt zu sein scheint, so thun wir wenigstens wohl, von den Thieren nicht das Athmen derjenigen Luft zu verlangen, welche wir fliehen.

Zusatz. Die Luft kann übrigens auch durch allerlei chemische Beimengungen eine mehr oder minder grosse Schädlichkeit erlangen, so durch irrespirable Gasarten beim Verbrennen, oder da, wo solche aus der Erde steigen, bei chemischen Fabriken u. s. w.; oder durch Suspension von giftigen Metalloxyden bei metallurgischen Prozessen u. s. w. Es würde zu weit führen, wenn wir uns hier auf diesen Gegenstand näher einlassen wollten, der überdiess als bekannt aus der Chemie und Materia medica vorausgesetzt werden muss.

Zwölftes Capitel.

Von der Witterung.

§. 71.

Witterung nennen wir den veränderlichen, von cosmisch-tellurischen Prozessen abhängigen Zustand der Atmosphäre in Bezug auf ihren Druck, ihre Elasticität, Bewegung, Temperatur, Feuchtigkeit, Trockenheit und Electrizität, mit Rücksicht auf die, diese Verhältnisse begleitenden Meteore, wie Nebel, Thau, Regen, Reif, Hagel, Schnee und Gewitter. Die Witterung kann ausserordentlich viele Combinationen dieser Verhältnisse darstellen; ihre möglichen Schädlichkeiten können aber aus dem bereits speziell abgehandelten oder aus den nächstfolgenden §§. leicht abgeleitet werden. Es ist indess hierbei zu berücksichtigen, dass wohl keinerlei Witterung an und für sich als absolut schädlich für unsere Hausthiere betrachtet werden kann; dass sie vielmehr erst dann zur Schädlichkeit erhoben wird, wenn sie mit dem Klima, der Jahreszeit oder der Localität nicht übereinstimmt, oder wenn sie durch zu lange Dauer, noch mehr aber, wenn sie durch schnelle Uebergänge aus einem Extrem in das andere sich auszeichnet. Im letzteren Falle ist dann die vorausgegangene Witterung als vorbereitende Ursache für die Wirkung der Nachfolgenden zu betrachten.

Zusatz. Die Begriffe von Witterung und Luftconstitution haben viel Uebereinstimmendes. Der Unterschied zwischen beiden kann aber dahin festgestellt werden, dass die Luftconstitution (ein mehr dauerndes Verhältniss) als aus wechselnden Witterungs-Momenten zusammengesetzt betrachtet werden kann.

Dreizehntes Capitel.

Von den Jahres- und Tageszeiten.

§. 72.

Es wird als bekannt vorausgesetzt, dass die Jahreszeiten durch die jährlich einmal erfolgende Bewegung der Erde um die Sonne in elliptischer Bahn, und dass die Tageszeiten durch die täglich einmal erfolgende Drehung der Erde um ihre Achse entstehen. Hierdurch wird die verschiedene Entfernung der Erde zur Sonne, ihre Stellung zu einander bedingt, und eben dadurch der zeitlich und räumlich verschiedene Einfluss der letzteren auf die erstere möglich gemacht. Der Erfolg hiervon ist eine längere oder kürzere, eine mehr oder minder intensive Einwirkung des Sonnenlichts und das Hervortreten solcher Abweichungen in den atmosphärischen Zuständen, wie wir sie bereits in den vorigen §§. kennen gelernt haben. Wir bemerken, dass mit dem periodischen Steigen und Fallen des Sonneneinflusses eine entsprechende Veränderung in dem Entwickelungsgange der Organismen stattfindet, so dass täglich am Morgen und jährlich im Frühjahr die Energie des Lebens wächst, dass sie am Mittage und im Sommer die grösstmögliche Höhe erreicht, im Herbste und am Abend wieder sinkt, und so in der Nacht und im Winter eine entsprechende Tiefe erreicht. Ausser jener Schwankung in der Lebensenergie überhaupt, haben wir aber noch ins Besondere bei den Thieren auf eine in den einzelnen Functionen bemerkbare, mit den Tages- und Jahreszeiten zusammenhängende Steigerung und Verminderung Rücksicht zu nehmen, da diese in ätiologischer Beziehung von noch grösserer Wichtigkeit zu sein scheinen, als jene. Hierüber enthält der folgende §. das Nähere.

§. 73.

Am Morgen, auffallender aber im Frühjahr, erlangt die Lbeensthätigkeit, vorzugsweise aber die Bildungsthätigkeit eine extensivere Richtung, als in den vorhergegangenen Zeiten zu bemerken war. Im Frühjahr wird die Bildung des Blutes auffallend vermehrt, obgleich die Ausbildung desselben nicht die Höhe zu erreichen scheint, wie im Winter. In demselben giebt sich ferner eine grössere Bewegung und ein grösserer Andrang nach den peripherischen Körpertheilen zu erkennen. Dies gilt nicht allein von der allgemeinen Decke, sondern auch von der inneren Körperoberfläche, von der ganzen Schleimhautausbreitung, worin ebenfalls höhere Actionen zu bemerken sind. Die im Frühjahr stattfindenden häufigeren Erkältungen sind aber nicht allein in der gesteigerten Hautthätigkeit, und daher in der grösseren Verletzbarkeit derselben zu suchen, sondern auch in dem häufigeren Temperaturwechsel jener Zeit. Aus allem Diesen erklärt sich nun leicht, warum wir im Frühjahr Congestionen, katarrhalische und rheumatische Leiden vorherrschen sehen. Ob auch solche Krankheitszustände bei unseren Hausthieren, wie beim Menschen, häufiger Morgens eintreten, darüber fehlen sichere vergleichende Beobachtungen. Vom Morgen bis zum Mittag, vorzugsweise aber bemerklich vom Frühjahr bis zum Sommer, gewinnen die animalen Verrichtungen (Sensibilität und Irritabilität) an Stärke, so dass diese endlich die vegetativen zu überwiegen scheinen. Wegen der gleichzeitig stattfindenden grösseren Wärme im Sommer und am Mittage ist die Transpiration der Haut verstärkt, und hierdurch werden die übrigen Secrete auf antagonistische Weise vermindert, oder doch concentrirter. Wegen der grösseren Verdünnung der Luft ferner in diesen Zeiten, und daher eintretenden Verminderung der Sauerstoffmenge in Bezug auf ein bestimmtes Raummass der Atmosphäre, geht die Umwandlung des Blutes nicht mit der früheren Stärke vor sich; es wird reicher an Kohlenstoff. Die Leber, welche theilweise als ein Excretions-Organ für den Kohlenstoff zu betrachten ist, tritt in vicarirende Thätigkeit für die Lungen. Diesen Angaben zufolge erklärt sich das Vorherrschen des biliösen Krankheits-Characters, verbunden mit Unordnungen in der irritabelen und sensibelen Sphäre während des Sommers, und das Hervortreten gewisser Leidensformen, wie Starrkrampf, Hirnentzündung, Nervenfieber, Milzbrand, Koller, Tollwuth u. dgl. — Gegen Abend, vorzugsweise aber im Herbste, tritt wieder Abnahme in der Lebensenergie ein. Wenn im Frühjahr die Zeugungsthätigkeit aufs Höchste steigt, so sinkt sie im Herbste auf den tiefsten Punkt. Auch im übrigen animalen Leben ist eine Abnahme zu bemerken, während sich das vegetative wieder hervorthut; namentlich bethätigen sich wieder die Actionen der Schleim- und serösen Häute. Es liefert uns Dies ein Verständniss, warum wir im Herbste ähnliche Leiden, wie im Frühjahr, am häufigsten herrschen sehen, die nach Einwirkung der dort angegebenen Schädlichkeiten um so leichter entstehen, als die Empfindlichkeit der Haut während des Sommers gesteigert wurde. Im Winter, noch mehr aber in der Nacht, bemerken wir ein Sinken der Lebensenergie auf ihren relativ tiefsten Grad, so aber, dass das vegetative Leben das animale bedeutend überwiegt. Die Verdauung und Blutbildung sind namentlich im Winter sehr energisch, und der Stoffansatz, unter übrigens günstigen Verhältnissen, bedeutend. Die höhere Thätigkeit in den Respirations-Organen während des Winters wird vorzugsweise · durch die, dem organischen Tonus günstige Kälte und durch den Sauerstoffreichthum der übrigens auch reineren Luft bedingt. Hieraus ergiebt sich, warum wir im Winter als reine Entzündungen ausgesprochene Krankheiten der vegetativen Organe, vorzugsweise der Lungen, häufiger sehen, als in irgend einer anderen Jahreszeit.

Zusatz. Um den Einfluss der Jahreszeiten auf die Hausthiere allseitig und gründlich würdigen zu können, haben wir zu beachten, welchen Einfluss dieselben auf die organische Welt überhaupt, namentlich auf die, den grössten Theil der Nahrungsmittel bietende Pflanzenwelt haben. Dann müssen wir die herrschenden Witterungsverhältnisse und den Eindruck berücksichtigen, welchen die vorhergegangenen Jahreszeiten und Witterungen auf die thierische Organisation gemacht haben; denn durch dieses Alles können unendlich viele Modificationen und Combinationen in den bezeichneten, einer jeden Jahreszeit eigenthümlichen Krankheiten bedingt werden.

Vierzehntes Capitel.

Vom Klima.

§. 72.

Man hat das geographische Klima vom physischen zu unterscheiden. Jenes wird bedingt durch die Stellung der Erde zur Sonne, also durch die geographische Breite; dieses aber durch die, einem jeden Landstriche eigenthümliche Beschaffenheit der

Erdoberfläche, wie durch Gebirge, Thäler und Ebenen, durch die Vertheilung des Wassers und Landes; ferner dadurch, ob die Dammerde oder irgend eine Steinart, wie Sand, Kalk, Thon u. dgl. vorherrschend ist; endlich durch den Stand der Vegetation, durch die mehr oder minder grosse Ausbreitung der Wälder und der ihnen eigenen Holzarten; also durch den Standpunkt der Bodenkultur überhaupt. Es ist einleuchtend, dass bei Beurtheilung der Klimate der Einfluss beachtet werden müsse, den die geographischen und physischen Klimate auf einander haben. Auf jeder Halbkugel unserer Erde, der südlichen und nördlichen, nehmen wir drei verschiedene geographische Klimate (Zonen oder Erdgürtel) an: ein heisses oder Tropenklima, ein kaltes oder Polarklima und ein gemässigtes. Das Erstere erstreckt sich zu beiden Seiten des Aequators bis auf $23\frac{1}{2}^0$ südlich und nördlich, und wird hier durch die Wendekreise des Steinbocks und des Krebses begrenzt. Die kalten Klimate liegen um die Pole herum und erstrecken sich ebenfalls bis auf $23\frac{1}{2}^0$ Breite, und werden durch den südlichen und nördlichen Polarkreis begrenzt. Die gemässigten Klimate endlich liegen zwischen diesen beiden, ein jedes mit einer Ausbreitung von 43^0; sie werden also von den beiderseitigen Wende- und Polarkreisen eingeschlossen.

§. 73.

Der verschiedene Licht- und Wärme-Einfluss und die hiervon abhängigen anderweitigen meteorischen Zustände der geographischen Klimate lassen, in ihrer Wirkung auf die organischen Wesen, eine grosse Aehnlichkeit mit den Jahreszeiten nicht verkennen. So entspricht in dieser Beziehung das Tropenklima dem Sommer, das Polarklima dem Winter, und das gemässigte, in sofern es an das Tropen- oder Polarklima grenzt, dem Frühling und dem Herbst. Es dürfte daher überflüssig erscheinen, etwas Besonderes über ihren Einfluss zu sagen, da der Unterschied nur grösstentheils im Grade liegen kann. Das aber sind wir hinzuzufügen gedrungen, dass die Einflüsse des Tropenklimas und der Polarzonen auf unsere Hausthiere ausser unserer näheren Erfahrung liegen. Es ist einleuchtend, dass auch die physischen Klimate einen grossen Einfluss auf das organische Leben, ins Besondere auf unsere Hausthiere, sowohl in Rücksicht der relativen Gesundheit, als Krankheit haben müsse. Wie schwierig es aber auch sein mag, die, aus den Klimaten hervorgehenden Wirkungen auf die Hausthiere im Voraus zu bestimmen, so glauben wir doch ihre Folgen in der Regel ziemlich leicht auf die Ursachen zurückführen zu können. Man darf blos an die verschiedenen Raçen der Hausthiere, oder an die, unter ihnen vorkommenden Krankheiten, welche gewissen Gegenden eigenthümlich sind, oder hier und dort häufiger oder seltener, in einem mehr oder weniger ausgebreiteten Grade vorkommen, denken, um die Bedeutung der Klimate in jener Rücksicht einzusehen. Das mehr oder minder gute Klima wird durch die mehr oder minder günstigen Wirkungen bestimmt, welche dieselben auf die Hausthiere haben; und es ist erklärlich, dass diese eher ohne Nachtheil aus einem schlechten in ein gutes, als umgekehrt versetzt werden können. Niemals aber dürfte ein greller klimatischer Wechsel ohne Eingriffe in ihre Organisation sein, und ist hiernach die mehr oder minder grosse Schwierigkeit der Acclimatisirung, d. i. das Anschmiegen des Organismus an die neuen Verhältnisse zu bemessen.

Funfzehntes Capitel.

Vom Miasma.

§. 74.

Der Begriff von Miasma wird in den ärztlichen Schriften sehr verschieden angegeben, wovon Unklarheit und Verwirrung die nothwendige und nachtheilige Folge ist. Es wird daher nicht am unrechten Orte sein, wenn ich versuche, hier eine genauere Bestimmung der miasmatischen Luft, besonders zur Unterscheidung von anderen schädlichen Zuständen der Atmosphäre zu geben.

Ausser den im eilften Capitel betrachteten Zuständen der atmosphärischen Luft konnen in derselben noch manche andere vorkommen, durch welche sie in gewissem Betracht als organisch-dynamische Schädlichkeit wirkt. Wir wissen, dass, wenn atmosphärische Luft lange in einem gewissen Raum abgesperrt, ruhend und dem Einflusse des Lichts entzogen bleibt, sie dann eine Beschaffenheit annimmt, welche für Menschen und Thiere lebensgefährlich ist. So verhält es sich z. B. in Schachten, verschütteten Brunnen und in lange verschlossenen, finsteren, gewölbten Kellern und Ställen. Aber wir wissen nicht mit Bestimmtheit, in welcher Art die Luft eine Umwandlung erlitt, wodurch sie zu einer so ausgezeichneten Schädlichkeit in solchen Fällen erhoben werden konnte. Am nahesten liegt es allerdings, das Vorhandensein unathembarer Gasarten in derselben anzunehmen, deren Anwesenheit man der Ausströmung aus der Erde oder dem Verbrauche des Sauerstoffs und daher einem überwiegenden Verhältniss des Stickstoffs zu jenem, oder irgend einem anderen chemischen Prozesse zuschreiben mag. Dieser

Annahme stehen aber die Berichte der Chemiker entgegen, welche wenigstens nicht in jedem Falle das Dasein irrespirabeler Gasarten in einer solchen stokkigen Luft aufgefunden haben wollen. Wo aber auch dergleichen nachgewiesen wurden, da waren sie doch nicht immer in einem, ihrer Lebensgefährlichkeit entsprechenden Maasse vorhanden. Dieser Umstand ist es eben, welcher die Ansicht hervorgerufen und befestigt hat, das die Luft ihr eigenes organisches Leben besitze, das nur in seiner Normalität erhalten werden könne, wenn sie im Zusammenhange und in Wechselwirkung mit dem grossen Ganzen der Atmosphäre unter dem Einflusse cosmischtellurischer Potenzen bleibe. Wie dem aber auch immer sein möge, eine so entstandene und so geartete Luftbeschaffenheit wird als mephitische bezeichnet.

§. 75.

Organische Körper, sowohl vegetabilische als animalische, sowohl lebende als todte, sind im Stande, die Luft in einer Art umzuwandeln, oder derselben Stoffe zuzuführen, wodurch sie zu einer Schädlichkeit für Menschen und Thiere wird.

Der Einfluss, welchen die Vegetation auf die Atmosphäre ausübt, ist im Allgemeinen bekannt. Grosse Wälder bewirken einen abweichenden Temperatur- und Feuchtigkeitsgrad derselben; in der Nähe der Laubholzwaldungen namentlich ist sie feuchter und kühler. Der Einfluss der Waldmassen kann daher, und weil sie die Anziehungspunkte für Gewitter- und Regenwolken überhaupt sind, selbst die klimatische Witterungs-Beschaffenheit einer Gegend mitbedingen. Ausser dem gedachten Einflusse kann aber eine üppige und ausgebreitete Vegetation die atmosphärische Luft, mindestens örtlich und zeitlich in der Art verändern, dass sie bald mehr, bald weniger respirabele oder irrespirabele Gasarten enthält. Die Pflanzen, wie man weiss, hauchen am Tage und unter dem Einflusse des Lichts Sauerstoffgas, in der Nacht aber Kohlensäure und Wasserstoffgas aus. In dieser Beziehung kann daher die Luft den, während der Nacht im Freien und namentlich in der Nähe der Wälder bleibenden Thieren schädlich werden. Diese Schädlichkeit ist aber nicht bedeutend, dabei vorübergeheud und als ein bestimmtes chemisches Verhältniss der Luft nachweisbar; die Bezeichnung einer solchen Luft als eine mephitische oder miasmatische dürfte also in keiner Rücksicht gerechtfertigt erscheinen.

§. 76.

Mehr als die entwickeltste Vegetation im Freien, mehr selbst als es in abgeschlossenen Räumen wachsende Pflanzen zu thun vermögen, sind lebende Thiere im Stande, namentlich in abgeschlossenen Räumen, eine Luftverderbniss zu bewirken. Durch den Athmungsprozess der Thiere wird der Sauerstoff der Luft consumirt. Hierdurch erlangt der Stickstoff-Gehalt derselben ein relatives Uebergewicht; ausserdem erhält die Luft aber noch ein Uebermass von Kohlensäure, Wasserdunst und Ammonium theils durch die Excretionen der Lungen und Haut, theils durch die Fäulniss der Excremente. Eine solche Luft bewirkt jedenfalls Beängstigung, Athembeschwerden und vermehrte Hautausdünstung, zumal, wenn sie einen höheren Temperaturgrad besitzt. Bei derartigen geringeren Nachtheilen verbleibt es aber nicht immer. Durch die längere Dauer ihrer Einwirkung oder dann, wenn neben den bezeichneten, noch andere, nicht näher bekannte Veränderungen in ihr vorgehen, kann sie zu einer höchst gefährlichen Schädlichkeit werden, selbst zu Krankheiten Veranlassung geben; wobei sie sich entweder selbst wie ein Contagium verhält oder doch zum Träger eines solchen wird (man denke z. B. an den Stalltyphus). Der Umstand, dass die Gefährlichkeit einer solchen Luft nicht füglich allein aus der bezeichneten chemischen Umwandlung erklärt werden könne, hat zu der Annahme geleitet, dass sie ausserdem noch einen nicht näher gekannten thierischen Stoff enthalte. Trotz Dem aber, dass dieser Stoff — dessen Vorhandensein zwar, den gemachten Ermittelungen zufolge, nicht abgeläugnet werden kann — nicht näher gekannt ist, hat man nicht unterlassen, ihn mit dem (wie mir däucht sehr unpassenden) Namen „Zoogen" belegt. Wenn eine in Rede stehende Luft sich wie eine contagiöse verhält, so bezeichnet man die, durch sie bewirkte Anregung zur Krankheit als Thierdunst-Infection. Wie aus nachstehendem §. und aus nachfolgendem Kapitel erhellen wird, hat eine solche Luftverderbniss gleichviel Aehnlichkeit mit einer miasmatischen, wie mit einer contagiösen Luft. Man geht daher nicht irre, wenn man sie unter entsprechenden Verhältnissen als solche betrachtet; im Allgemeinen aber dürfte sie als eine thierdunstige passend zu bezeichnen sein.

§. 77.

Vegetabilische und animalische, in fauler Gährung begriffene Theile ändern die Beschaffenheit der atmosphärischen Luft dadurch um, dass ihr in Folge jenes Prozesses Gase zugeführt werden, welche ihrer Normalität überhaupt nicht, oder doch nicht in dem vorhandenen Maasse zukommen. Als solche, von Vegetabilien herrührende Gase sind vorzugsweise zu betrachten: kohlensaures, Kohlen- und Phosphor-Wasserstoff-Gas; von Thieren aber: Ammonium, Kohlensäure, Schwefel-, Phosphor- und Kohlen-Wasserstoff-Gas. Eine solche Luft wirkt allen Erfahrungen zufolge, sehr nachtheilig auf die Gesundheit der Thiere, namentlich dann, wenn sie sich ruhend verhält und wenn die genannten Gase in derselben in einem überwiegenden Verhältnisse zu der atmosphärischen Luft stehen. Die Nachtheile aber sind häufig der Art, dass sie nicht ausschliesslich auf das chemische Verhältniss bezogen werden können. Deshalb stellte man ebensowohl bei der, durch Fäulniss verunreinigten Luft, wie auch bei der thierdunstigen die Annahme von der gleichzeitigen Anwesenheit einer nicht weiter gekannten, höchst schädlichen organischen Materie in derselben auf. Zu dieser Annahme glaubt man um so mehr Berechtigung zu haben, als die Chemie bis jetzt nur selten im Stande gewesen ist, die oben bezeichneten, durch die Fäulniss organischer Körper hervorgegangenen Gasarten in einer gewissen Höhe oder Entfernung von dem Orte ihrer Entstehung nachzuweisen, obgleich man Grund hat, anzunehmen, dass die, durch Fäulniss veränderte Luft, durch den Wind in weitere Strecken getragen, auch hier noch schädlich wirken müsse. In sofern man also in einer gewissen Entfernung von der Quelle der Fäulniss dieselben Krankheiten entstehen sieht, wie hier, ohne dass andere zureichende Ursachen aufgefunden werden können, und ohne dass die Gegenwart der genannten Gasarten nachzuweisen ist, findet jene Annahme vom Vorhandensein einer Materie, wofür wir kein Reagens kennen, Berechtigung. Es unterstützt dieselbe auch der Umstand, dass nicht allemal eine durch Fäulniss verunreinigte Luft als eine ausgezeichnete Schädlichkeit wirkt, welches im entgegengesetzten Falle natürlich auf ein, nur unter gewissen Bedingungen in derselben sich entwickelndes, spezifisch-schädliches Agens leitet. Eine Luft, wie sie hier geschildert, und als aus einer bestimmten Quelle entstanden bezeichnet worden ist, nennen wir eine **miasmatische**, oder schlechtweg ein **Miasma**. Man thut aber wohl, mit dieser Bezeichnung auch die der Quelle der schädlichen Luft zu verbinden, mithin nach Umständen **Sumpf-**, **Kloaken-**, **Leichen**-Miasma u. s, w. zu sagen. Wenn endlich noch angeführt wird, dass Miasmen so spezieller Art, namentlich das Sumpfmiasma, häufig als ein ursächliches Moment von Epizootien wie des Milzbrandes, der Lungenseuche und der Influenz in den thierärztlichen Schriften ohne hinreichende Begründung angegeben werden, so geschieht Dies in der Absicht, die Thierärzte, namentlich die jüngeren, zu einem sorgfältigeren Studium der Aetiologie, überhaupt zur sorgfältigsten und gewissenhaften Erforschung der Ursachen in den speziellen Fällen anzuregen, und sie aufzufordern, solche nicht anders, als mit den nöthigen Gründen unterstützt anzugeben, damit endlich eine grössere Klarheit in dies wichtige, das Heil unseres Wirkens vorzugsweise fördernde, zur Zeit aber noch sehr unerfreuliche Gebiet unseres Wissens oder vielmehr unseres Nichtwissens komme.

§. 78.

Ausser dem eben gedachten, auf eine bestimmte Quelle zurückführbaren Verderbniss der Luft, hat man noch eine, nicht weiter bestimmte Constitution derselben als eine miasmatische bezeichnet, und welche man als ein Moment epizootischer Krankheiten, wie der Catarrhe, der Maul- und Klauenseuche betrachtet. Das oft sehr verbreitete und fast gleichzeitige Auftreten solcher Krankheiten rechtfertigt die Annahme, dass die Atmosphäre mindestens einen Theil ihrer Ursache in sich enthalte, und dürfte demnach auch die Bezeichnung derselben als miasmatisch zu billigen sein. Um jedoch ein solches weit verbreitetes Miasma von den, im vorigen §. gedachten zu unterscheiden, können wir es entweder schlechtweg als solches, oder als cosmisch-tellurisches Miasma bezeichnen, womit im letzteren Falle zugleich angedeutet wäre, dass seine Entstehung nicht auf einen nachweisbaren Prozess der Fäulniss, sondern auf einen andern, nicht weiter gekannten, zu beziehen sei; denn dass man eine solche miasmatische Luft nicht von den gewöhnlichen Veränderungen und Verhältnissen der Atmosphäre, wie von einer Verschiedenheit in der Strömung, Spannung, Temperatur, Feuchtigkeit und Electrizität derselben herleiten könne, geht wohl eines Theils daraus hervor, dass die Heftigkeit epizootischer Krankheiten nicht mit jenen Veränderungen in Einklang gebracht werden kann, anderen Theils aber daraus, dass trotz der auffallendsten und oft eintretenden atmosphärischen Veränderungen in gedachten Rücksichten doch die epizootischen Krankheiten überhaupt nur selten sind. Erwägt man übrigens noch die Wanderungen, welche die Epizootien, mithin auch ihre Ursachen, innerhalb bestimmter Grenzen unternehmen; ferner die oft erprobte Wirkung chemischer Agentien, wie Räucherungen gegen die Krankheitsursache, so scheinen die physikalischen Erklärungen der Atmosphäre noch weniger auszureichen, vielmehr auch hier die Annahme einer beigemischten, die Luft vergiftenden Materie, die sich transportiren, abscheiden und zerstören lässt, zu begründen. Henle, welcher diese Ansicht (in seinen pathologischen Untersuchungen) anführt und dieselbe vorzugsweise zn vertheidigen strebt, fügt derselben noch hinzu: „So entstand das Miasma, d. h. das Verunreinigende als ein Begriff, und wenig mehr als ein Begriff ist es bis auf unsere Tage geblieben; denn noch hat es sich durch keine Hülfsmittel unseren Sinnen wahrnehmbar darstellen lassen; auch weiss man nicht, in welches der Naturreiche, ja ob es überhaupt in eins derselben gehört. Und man dürfte eben von diesem Wesen nichts weiter aussagen, ohne die empirische Basis gänzlich aufzugeben, wenn es nicht in gewissen Eigenschaften und Wirkungen übereinkäme, und sich dadurch identisch zeigte mit anderen Krankheits-erzeugenden Potenzen, die allerdings an palpabele Stoffe gebunden, der sinnlichen Betrachtung zugänglich, zum Theil auch schon sinnlich nachgewiesen sind: ich meine die Contagien“. Henle hält demnach und anderen in seiner Schrift enthaltenen Erörterungen zufolge, das, von uns sogenannte cosmisch-tellurische Miasma, namentlich das der miasmatisch-contagiösen Krankheiten für identisch mit dem sich in der Folge in denselben nachweisbaren Contagium. Wir glauben, dass er in dieser Beziehung weniger von der Wahrheit entfernt ist, als diejenigen, welche das Heil unserer Wissenschaft in der Enthaltung von aller Induction suchen, und damit einem, höchstens ihrem leiblichen Wohl förderlichen, sonst aber sehr unerfreulichen geistigen Indifferentismus fröhnen.

Zusatz. Die Art und Weise wie durch die Einwirkung der Miasmen Krankheit zu Stande kommt, hat viel Aehnlichkeit mit der contagiösen Wirkung. Daher haben sich über beide Vorgänge gleiche Ansichten geltend gemacht, worüber im folgenden Capitel eine nähere Angabe enthalten ist

Sechzehntes Capitel.

Vom Contagium.

§. 79.

Contagium (Ansteckungsstoff) ist ein, im Verlaufe eines Krankheitsprozesses ausgeschiedener (oder, wenn man lieber will, ein in der Krankheit erzeugter) Stoff, der, auf gesunde, mit der Empfänglichkeit dafür versehene Thiere übertragen, im Stande ist, dieselbe Krankheit hervorzubringen, der es entweder seine ursprüngliche Entstehung oder seine Vermehrung verdankt. Diejenige Krankheit, welche ein Contagium abscheidet, nennt man contagiöse oder ansteckende, so wie die Erzeugung einer Krankheit durch ein Contagium Ansteckung (infectio), sie mag auf zufällige oder absichtliche Weise (durch Impfung, inoculatio) zu Stande kommen.

Zusatz. Aehnlichkeit haben die Contagien mit den Giften, sowohl anorganischen, als organischen (pflanzlichen und thierischen); noch grösser aber ist ihre Aehnlichkeit mit den Miasmen, welche Krankheiten erzeugen, die ein Contagium produziren können (miasmatisch-contagiöse Krankheiten). Der Unterschied aber besteht für den ersteren Fall darin, dass die Gifte zwar, wie die Contagien, in kleiner Menge und oft viel gefährlichere Krankheiten hervorrufen, als die Contagien; aber sie sind weder ursprünglich das Product einer Krankheit, noch werden sie in einer solchen, welche sie bewirkten, reproducirt. Der Unterschied zwischen Miasma der oben gedachten Art und Contagium besteht darin, dass jene zwar Krankheiten erzeugen, welche sich durch Ansteckung fortpflanzen, aber man kann wenigstens nicht nachweisen, dass sie ihren Ursprung in einem Krankheitsprozess hatten. Die Gleichheit solcher Miasmen mit den Contagien, in Bezug auf den Erfolg, zwingt fast zu der Annahme, dass sie auch in ihrem Wesen identisch sind;

und leitet zu der Ansicht, dass das Miasma doch möglichen Falls in einem (wenn auch nicht nachweisbaren) Krankheitsprozess seinen Ursprung habe und in der Luft vervielfältigt worden sein könne. Diese letztere Hypothese muss nothwendig zur Begründung einer solchen Annahme hinzutreten, weil sonst die grosse Ausbreitung der miasmatisch-contagiösen Krankheiten unerklärt bleibt.

§. 80.

Die Contagien werden eingetheilt in flüchtige und fixe. Die ersteren haften an der atmosphärischen Luft und sind nicht weiter sinnlich wahrnehmbar. In der Natur dieses Mediums liegt es aber, dass die, in ihm befindlichen Contagien sich sehr vertheilen und mithin auch von ausgebreitetem Einflusse sein können. Die fixen Contagien dagegen sind ursprünglich an einen palbabeln, sinnlich wahrnehmbaren thierischen Stoff gebunden, und können nur durch unmittelbare Uebertragung dieses Stoffs eine Infection bewirken. Einige Krankheiten bringen ein bloss fixes Contagium hervor, andere ein fixes und flüchtiges zugleich, aber keine erzeugt ein bloss flüchtiges.

§. 81.

Der tropfbar flüssige oder feste Stoff, an welchem das Contagium gebunden erscheint, ist das Vehikel desselben. Als solches sind thierische Flüssigkeiten, wie Blut, Schleim, Eiter, oder festere Theile, wie Lungensubstanz, Fleisch u. dgl. zu betrachten. Dass diese Theile der Ansteckungsstoff nicht an und für sich selbst sind, geht daraus hervor, dass gewisse Contagien, ausser an solche Stoffe gebunden, auch in der Luft suspendirt vorkommen. Was man also fixes oder flüchtiges Contagium nennt, sind beziehungsweise Verbindungen der Contagien mit fixen oder flüchtigen (gasigen) Stoffen.

§. 82.

Von den Vehikeln der Contagien sind die Träger derselben zu unterscheiden. Letztere sind nicht von den kranken Thieren herrührende, ursprünglich belebte, mit ihnen im Zusammenhang gewesene Dinge, sondern solche, der Aussenwelt angehörige, an welchen das flüchtige oder das fixe Contagium haftet. Als die besten Träger dieser Art sind feine, poröse Stoffe pflanzlichen oder thierischen Ursprungs erkannt worden, z. B. Wolle, Haare, Federn, Häute, Baumwolle, Leinwand u. dgl. Man nennt sie auch Leiter (Conductoren) der Contagien. Als schlechte oder Nichtleiter (Isolatoren) der Contagien kennt man dichte, glatte, fettige Körper, z. B. Glas, Metalle, Oel, Harz, Firniss u. dgl. Das hier von den Trägern Gesagte gilt vorzugsweise in Bezug auf die flüchtigen Contagien; denn dass der schlechteste Nichtleiter für ein flüchtiges Contagium, Träger eines fixen sein kann, wenn ein solches an ihm haftet, leuchtet ein. Auch lebende Thiere können insofern als Träger des Ansteckungsstoffes betrachtet werden, als sie, obgleich sie selbst gesund sind, die Verbreitung contagiöser Krankheiten vermitteln.

Zusatz. Das, was im vorigen §. als Vehikel der Contagien bezeichnet wurde, wird auch wohl von Anderen Träger, und dieser daher Zwischenträger genannt.

§. 83.

Wenn die Contagien mit einem für sie empfänglichen Körper in Berührung gerathen, so kommt in demselben erst nach einer mehr oder weniger langen Zeit eine offenbare Krankheit zu Stande. Die Zeit, in welcher das Contagium scheinbar ohne Wirkung bleibt, wird die latente oder Incubations-Periode (stadium latentis contagii, incubationis, vel delitescentiae) genannt. Eine andere Eigenthümlichkeit, welche man bei den flüchtigen Contagien bemerkt hat, ist, dass sie in einer gewissen Entfernung von ihrem Entstehungsorte ihre Kraft verlieren. Daher hat man die Distanzen zu bestimmen versucht, in welcher sie ihre Wirkung behalten. Dieses geometrische Verhältniss ist aber noch wenig ermittelt; eine Erklärung desselben dürfte aber in der mehr oder weniger grossen Verdünnung der Contagien zu suchen sein. Eine Folgerung, welche sich hieran knüpft, ist die, dass die Contagien nur in einer bestimmten Menge wirksam sein können, und dass sie wirklich etwas Stoffiges ausmachen, woher denn auch Wasser und Luft in gewisser Menge als natürliche und zuverlässige Desinfectoren wirken; und wäre es wirklich traurig, wenn sich Dies nicht so verhielt. Das Fortbestehen der Contagien müsste die unausbleibliche Folge davon sein.

§. 84.

Die Wirkung der Contagien besteht im Allgemeinen in Hervorrufung eines krankhaften Bildungsprozesses, der sich durch Steigerung der Lebensthätigkeit, entweder örtlich durch Entzündung in verschiedener Form und verschiedenem Character und selbst ganz spezifischer Art, oder auch zugleich allgemein, durch Fieber, zu erkennen giebt. Ins Besondere aber besteht die Wirkung der Contagien, wie es in dem, von ihnen aufgestellten Begriffe liegt, in Hervorrufung gleicher Krankheiten, durch welche sie erzeugt und reproducirt wurden, und sind solche bekanntlich an und für sich nicht allein mehr oder weniger lebensgefährlich für die Individuen, sondern wegen ihrer oft grossen Ausbreitung sehr bedeutsam.

Das Wesen oder der innere Grund der contagiösen Wirkung hat, wie die Betrachtung alles Wesens, zu sehr verschiedenen Ansichten geleitet. Stark (allg. Pathol.) sagt in dieser Beziehung: Man sah den Vorgang der Ansteckung bald an als eine Einsaugung des Ansteckungsstoffes und dadurch hervorgebrachte Mischungsveränderung im Organismus; bald als eine Assimilation desselben von Seite des angesteckten Organismus und Wiederablagerung desselben auf das Hautorgan oder andere Theile; bald hielt man sie für eine blosse Reizung; bald betrachtete man sie als eine Gährung und Keimung, als einen galvanischen, als einen electrischen Act, oder als eine Uebersiedelung nicht bloss infusorieller, sondern selbst vollkommenerer Thierchen (Krätzmilben. — Contagia animata). Alle diese Meinungen tragen den Stempel ihrer Zeit an sich und enthalten einen Theil der Wahrheit, ohne sie doch ganz zu erfassen. Auch das, von Harvey und Bach zuerst aufgestellte, in der jetzigen Zeit mit dem allgemeinsten Beifall aufgenommene, und auch mit unserer Ansicht vom Krankheitsprozess am meisten im Einklang stehende Theorem: „die Ansteckung sei ein polarer, der gleichartigen Zeugung gleicher Vorgang, wobei die Contagien eine dem männlichen Samen gleiche (ähnliche) Wirkung besitzen,“ erläutert zwar, aber erhellet nicht das Dunkel, was jenen so räthselhaften Prozess deckt; denn die Zeugung ist bis jetzt noch selbst das grösste Räthsel der Physiologie.

§. 85.

Ehe wir hoffen dürfen, eine Einsicht in das Wesen der contagiösen Wirkung zu erlangen muss uns erst das Wesen der Contagien selbst. Das, was sie eigentlich sind, oder woraus sie bestehen näher bekannt werden. In der neuern Zeit machen sich vorzugsweise zwei Ansichten in dieser Beziehung geltend, eine organische und eine chemische, von deren ersterer Henle, und von der anderen Liebig als die Repräsentanten und geschicktesten Verfechter betrachtet werden dürfen. Der Erstere sagt (in seinen pathologischen Untersuchungen): man hat Gründe, zu glauben, dass die Materie der Contagien nicht nur eine organische, sondern auch eine belebte, und zwar mit individuellem Leben begabte sei, die zu dem kranken Körper im Verhältniss eines parasitischen Organismus steht. Der Hauptgrund ist der, dass wir die Fähigkeit, sich durch Assimilation fremder Stoffe zu vermehren, nur an lebendigen organischen Wesen kennen. Keine todte chemische Substanz vermehrt sich auf Kosten einer anderen; sie geht immer nur, mit dieser zusammengebracht, Verbindungen ein, aus denen sich die ursprünglichen Qualitäten der auf einander wirkenden Stoffe wieder ausscheiden. Henle hat diese Ansicht in einer ausführlichen Abhandlung (l. c.) auf der empirischen Grundlage in einer Weise begründet, dass wir ihm unsern Beifall nicht versagen können; indess hat Liebig (organische Chemie) auch die seinige in einer Art motivirt, dass wir wieder schwankend werden. Wir wollen der Unpartheilichkeit und des bessern Verständnisses wegen die Hauptansicht Liebig's und einen Theil ihrer Begründung in folgendem Zusatz anführen.

Zusatz 1. Man hat bei microscopischen Untersuchungen in bösartigem, faulendem Eiter, in Kuhpockenlymphe etc, eigenthümliche, den Blutkügelchen ähnliche Bildungen beob achtet; ihr Vorhandensein gab der Meinung Gewicht, dass die Ansteckung von der Entwickelung eines krankhaften organischen Lebens ausgehe. Man hat in diesen Formen den lebendigen Samen der Krankheit gesehen. Diese Ansicht ist keiner Discussion fähig; sie hat die Naturforscher, welche die Erklärungen von Erscheinungen in Formen zu suchen gewohnt sind, dahin geführt, die Hefe, die sich in der Biergährung bildet, ebenfalls als belebt zu betrachten, für Pflanzen oder Thiere, die sich von dem Zucker nähren und Alkohol und Kohlensäure als Excremente wieder von sich geben. Wunderbar und auffallend würde es vielleicht erscheinen, wenn in den Zersetzungsprozessen der Fäulniss und Gährung aus organischen Materien und Theilen von Organen sich Stoffe von krystallinischer Natur bildeten, die eine geometrische Gestalt besitzen. Wir wissen im Gegentheil, dass der völligen Auflösung in unorganische Verbindungen eine Reihe von Metamorphosen vorhergeht, in welchen sie erst nach und nach ihre Formen aufgeben.

Unter den Contagien giebt es mehrere, die sich durch Luft fortpflanzen: da wäre man also gezwungen, einem Gase, einem luftförmigen Körper Leben zuzuschreiben. Alles, was man als Beweise für ein organisches Leben in den Contagien betrachtet, sind Vorstellungen und Bilder, welche die Erscheinungen versinnlichen, ohne sie zu erklären. Diese Bilder, mit denen man sich in allen Wissenschaften so gern und leicht befriedigt, sie sind die Feinde aller Naturforschung, sie sind der fata morgana ähnlich, die uns die täuschendste Kunde von Seen, von fruchtbaren Gefilden und Früchten giebt, aber uns verschmachten lässt, wenn wir sie am nöthigsten haben.

Es ist gewiss, dass die Wirkungsweise der Contagien auf einer eigenthümlichen Thätigkeit beruht, abhängig von chemischen Kräften, welche in keiner Beziehung stehen zu der Lebenskraft; eine Thätigkeit, welche durch chemische Actionen aufgehoben wird, die sich überall äussert, wo sie keinen Widerstand zu überwinden hat; sie giebt sich der Beobachtung durch eine zusammenhängende Reihe von Veränderungen, von Metamorphosen zu erkennen, die sich auf alle Materien, welche fähig sind, eine ähnliche Verwandlung zu erfahren, überträgt. Eine, im Zustande der Zersezzung begriffene, thierische Substanz, oder eine in Folge eines Krankheitsprozesses im lebenden Körper, aus seinen Bestandtheilen erzeugte Materie überträgt ihren Zustand allen Theilen eines lebenden Individuums, welche fähig sind, eine ähnliche Metamorphose einzugehen, wenn sich ihrer Action in diesen Theilen keine Ursache entgegensetzt, die sie aufhebt und vernichtet. Es entsteht Krankheit durch Ansteckung. Die in der entstandenen Krankheit hervorgerufene Metamorphose nimmt eine Reihe von Formen an. — Betrachten wir, um zu einer klaren Anschauung zu gelangen, die Veränderungen, welche ein bei Weitem einfacherer Körper, der Zucker, durch die Einwirkung ähnlicher Ursachen zu erleiden fähig ist, so wissen wir, dass faulendes Blut, oder eine in Metamorphose begriffene Hefe eine Umsetzung der Elemente des Zuckers in Alkohol und Kohlensäure bewirken. Ein in Zersetzung begriffenes Stück Lab veranlasst eine andere Lagerung der Elemente des Zuckers, ohne dass ein Element hinzutritt oder hinweggenommen wird. Es war der unmittelbare Contact der sich zerlegenden Substanz, welche die Form- und Beschaffenheits-Aenderung der Zuckertheilchen bedingte; entfernen wir sie, so hört damit die Zersetzung des Zuckers auf; ist ihre Metamorphose vollendet, und sind noch Zuckertheile übrig, so bleiben diese unzersetzt. Bei keiner der erwähnten Zersetzungsweisen hat sich der Erreger reproducirt: es fehlten unter den Elementen des Zuckers die Bedingungen seiner Wiedererzeugung. Aehnlich wie Hefe, faulendes Fleisch, in Zersetzung begriffener Labmagen den Zucker zur Zerlegung brachten, ohne sich selbt wiederzuerzeugen, bringen Miasmen und gewisse Ansteckungstoffe Krankheiten im Organismus hervor, in denen sich der Zustand der Zersetzung, in welchem sie sich befinden, auf gewisse Theile des Organismus überträgt, ohne dass sie in dem Acte der Zersetzung in ihrer eigenthümlichen Form und Beschaffenheit wieder gebildet werden. Die Krankheit selbst ist in diesem Falle nicht ansteckend. — Wenn wir aber Hefe nicht zu reinem Zuckerwasser, sondern zu Bierwürze bringen, welche Zucker und Kleber enthält, so wissen wir, dass der Act der Zersetzung des Zukkers eine Form- und Beschaffenheits-Aenderung des Klebers bedingt, der Kleber selbst geht einer ersten Metamorphose entgegen. So lange noch gährender Zucker vorhanden ist, wird Kleber in verändertem Zustande, er wird als Hefe abgeschieden, welche wieder fähig ist, frisches Zuckerwasser oder Bierwürze in Gährung zu versetzen. Ist der Zucker verschwunden und noch Kleber vorhanden, so bleibt dieser Kleber, er geht nicht in Hefe über. Die Reproduction des Erregers ist hier abhängig: 1) von dem Vorhandensein derjenigen Materie, aus der er ursprünglich entstanden ist; 2) von der Gegenwart einer zweiten Materie, welche fähig ist, durch Berührung mit dem Erreger in Zersetzung übergeführt zu werden. — Wenn wir der Reproduction der Contagien in ansteckenden Krankheiten den nämlichen Ausdruck unterlegen, so ist vollkommen gewiss, dass sie ohne Ausnahme aus dem Blute entspringen, dass also im Blute derjenige Bestandtheil sich vorfindet, durch dessen Zersetzung der Erreger gebildet werden kann. Es muss ferner, wenn Ansteckung erfolgt, vorausgesetzt werden, dass das Blut einen zweiten Bestandtheil enthält, welcher fähig ist, durch den Erreger in Zersetzung übergeführt zu werden. Erst in Folge der Umwandlung dieses zweiten Körpers kann der ursprüngliche Erreger wieder gebildet werden. Empfänglichkeit für Ansteckung setzt mithin die Gegenwart einer gewissen Quantität dieses zweiten Körpers im Blute voraus; mit seiner Masse steigt die Empfänglichkeit, die Stärke der Krankheit, und mit seiner Abnahme, mit seinem Verschwinden ändert sich ihr Verlauf. (Liebig l. c. p. 326 ff.)

Zusatz 2. Der Gegenstand vorstehenden Capitels ist eben so wichtig in practischer, als interessant in wissenschaftlicher Beziehung. In einem Handbuche vorliegender Art, dem ein gewisser Raum zugemessen ist, darf einzelnen Theilen auf Kosten anderer keine grosse Ausdehnung vergönnt werden; daher haben wir uns auf das Nothwendigste zum Verständniss beschränkt, indem die weitere Ausführung einer allgemeinen Lehre der Seuchen und anstekkenden Krankheiten anheimgegeben wird.

Siebzehntes Capitel.

Von der Krankheit als Schädlichkeit.

§. 86.

Die in einem Individuum bereits vorhandene Krankheit kann zu einer zweiten, von ihr verschiedenen die Veranlassung geben. Hierbei treten beide Krankheiten beziehungsweise in das Verhältniss der relativ-äusseren Schädlichkeit und in das der Wirkung. Hierauf beruht der Unterschied, welcher zwischen idiopathischer, primärer oder ursprünglicher (morbus idiopathicus, primarius vel protopathicus) und deuteropathischer, secundärer oder abgeleiteter Krankheit (m. deuteropathicus, secundarius v. sympathicus) gemacht wird. Die idiopathische Krankheit ist demnach eine solche, welche unmittelbar durch das Zusammenwirken einer Schädlichkeit mit der Anlage in einem früher gesunden Thiere entsteht, und mithin keinen anderen Krankheitszustand voraussetzt; wogegen die deuteropathische Krankheit eine schon vorhandene zur Gelegenheitsursache hat. Hierbei ist wieder ein zweifaches Verhältniss möglich; entweder schwindet die idiopathische Krankheit, während die deuteropathische selbstständig fortdauert, oder sie bestehen beide nebeneinander. In diesem Falle, worin eine Krankheits-Complication gegeben ist, wird dann auch wohl die secundäre Krankheit als: symptomatische (m. symptomaticus) bezeichnet. (Der Starrkrampf, welcher nach geheilter oder noch vorhandener Verwundung entsteht, giebt für beide Fälle ein Beispiel.)

§. 87.

Der Grund davon, warum eine Krankheit zur Ursache einer zweiten in einem und demselben Thiere werden kann, ist in einigen Fällen aus dem unmittelbaren Zusammenhange der organischen Gebilde abzuleiten. Wir dürfen nur an die katarrhalische Entzündung der Nasenschleimhaut denken, der gewöhnlich ein gleicher Zustand der Conjunctiva der Augen folgt, um hierfür ein Beispiel zu haben; denn in diesem Falle ist der organische Zusammenhang durch den Thränenkanal gegeben. Sehen wir aber beide Theile entzündet, so folgt daraus noch keineswegs, dass hierbei jenes Verhältniss der Ursache und Wirkung nothwendig stattfinden müsse. Es mag sogar häufiger vorkommen, dass sie gleichzeitig afficirt werden, weil die Schädlichkeit und die Anlage gewöhnlich nicht so beschränkt auf eine Abtheilung eines Gebildes wirken. Auch beruht der Grund der Entststehung einer deuteropathischen Krankheit oft auf der sympathischen Verbindung, in welcher die Organe mit einander stehen, und kommt auf diesem Wege die secundäre Krankheit bald auf consensuelle, bald auf antagonistische Weise zu Stande. So bewirkt Entzündung des einen Auges die des anderen, Magenleiden solche des Gehirns (Magenkoller) auf consensuelle, dagegen Lungenkrankheiten solche der Leber, Hautkrankheiten solche der Nieren und des Schleimhautgebildes überhaupt, auf antagonostische Weise.

§. 88

Selbst ein Symptom kann Veranlassung zu einer secundaren Krankheit geben Niederwerfen z B ist Symptom der Kolik, wodurch Knochenbrüche, Zerreissungen der Eingeweide u. dgl. entstehen können; Husten ist Symptom von einem unmittelbaren oder reflectirten Reizungszustande in den Luftwegen, ein heftiger Husten aber kann Blutflüsse, Hernien u. dgl. zur Folge haben. Nicht minder können Krankheitsproducte, wie Eiter, Steine aller Art, welche letztere in der Regel aus einer Diathesis calculosa hervorgehen, neue Krankheitszustände hervorrufen. Steine können, wie man weiss, Kanäle verstopfen, zur Entzündung und Zerreissung der Eingeweide Veranlassung geben. Ja sogar die Heilbestrebungen des Organismus, welche doch auf Wiederherstellung der Normalität gerichtet sind, können Veranlassung zu neuen Leiden dadurch abgeben, wenn sie unordentlich wirken; eine mässige Diarrhöe beim Saburral-Zustande ist heilsam, eine übermässige aber kann den Tod durch Erschöpfung herbeiführen. Eigentlich bestehen alle Heilbestrebnngen schon von vorn-herein in abnormen Thätigkeiten, in einem Kampfe der einen gegen die andern. Alle Welt wird z. B. die, um Tuberkeln in den Lungen entstandene Entzündung des Parenchyms dieses Organs als heilsam betrachten, insofern sie auf Erzeugung einer, den Tuberkel abschliessenden Hülle gerichtet ist; nichtsdestoweniger ist eine solche Entzündung eine neue Krankheit, die in ihrem maasslosen Fortschreiten den Tod beschleunigen kann.

§. 89.

Endlich kann auch der Verlauf einer Krankheit auf zufällige Weise, oder durch verkehrte oder absichtliche Behandlung in einer Art gestört werden, dass sie sich durch Umwandlung zu einer neuen gestaltet. Umwandlung der Krankheit überhaupt wird

Metaschematismus genannt. Man unterscheidet die Umwandlung im Wesen von einer solchen in der Form. Die Erstere wird als Diadoche bezeichnet, und besteht, der gangbaren Annahme zufolge darin, dass die Verrichtungen des bisher krank gewesenen Organs zwar fortwährend und gleichartig gestört bleiben, dass aber der Zustand der Kräfte und der Materie ein anderer in demselben geworden ist; so z. B. wenn eine synochöse Entzündung in eine torpide übergeht. Man wird einsehen, dass aber die Erklärung und das Beispiel nicht ganz auf den Terminus passt, denn eine Entzündung bleibt wesentlich eine Entzündung, sie mag eine synochöse oder eine torpide sein. In gewisser Beziehung möchte der Uebergang des Krampfes in Lähmung ein geeigneteres Beispiel abgeben, hierbei ist aber auch die Form des Krankheitszustandes eine andere. Es ist oft schwer, geeignete Beispiele zu finden, weil die freie Natur sich der zwangvollen, künstlichen Eintheilung nicht immer fügen will. Am wenigsten glauben wir indess irre zu gehen, wenn wir die Diadoche als eine Character-Umwandlung bezeichnen. Die Umwandlung in der Form einer Krankheit wird Metaptosis genannt; sie findet z. B. Statt, wenn auf das Verschwinden des Rotzes Zufälle des Hautwurmes auftreten; denn beide Krankheiten sind als von gleicher Wesenheit zu betrachten. Als eine besondere Art des Metaschematismus ist die Metastase (Metastasis) zu betrachten, bei welcher die Umwandlung in der Form einer Versetzung und Uebertragung auf andere Körpertheile mit gleichzeitigem Verschwinden des primären Leidens zu Stande kommt.

Achtzehntes Capitel.

Vom Schlafen und Wachen.

§. 90.

Im wachen Zustande der Thiere tritt das Leben nach allen Seiten hin in die Erscheinung; im Schlafe aber nicht. Die thierischen Verrichtungen (die willkürliche Bewegung, die Sinnes- und Seelenverrichtungen) ruhen im Schlafe; die vegetativen dauern fort. Schlafen und Wachen bestehen also in einem periodischen Zurück- oder Hervortreten der einen oder der anderen Lebensseite. Bei allen unseren Hausthieren macht die Natur die Forderung des Schlafes geltend, bei der einen Gattung mehr. bei der andern weniger. Ersteres ist bei Hunden, Katzen und Schweinen, Letzteres bei Pferden und Wiederkäuern der Fall; und zwar beim Rindvieh in einem Grade, dass man einen wirklichen Schlaf desselben in Zweifel gezogen hat. Eine Erklärung für die Erscheinung der verschiedenen Dauer und Intensität des Schlafes bei unsern Hausthieren wird sich aus der folgenden Herausstellung der Nothwendigkeit des Schlafes überhaupt ergeben. Das rein thierische Leben steht zu dem vegetativen in einem gewissen Gegensatz; während des Wachens wird jenes in vermehrten Anspruch genommen, die ihm dienenden Organe werden in anhaltende, oft angestrengte Thätigkeit versetzt. In ihnen geht daher während des Wachens der Stoffwechsel nicht gehörig von Statten. d. h. es wird zwar viel Stoff verbraucht, aber es erfolgt kein entsprechender Wieder ersatz, der erst während des Schlafes vollständig eintritt. Thiere also. welche wenig und leise schlafen, haben ein weniger ausgebildetes und ein weniger in Anspruch genommenes Sensibilitäts- und Irritabilitäts-Leben, und dass Dies bei Pflanzenfressern im Vergleich zu Fleisch- und Allesfressern der Fall ist, weiss man.

§. 91.

Wachen und Schlafen im Uebermaaas können Nachtheile bewirken. Die Bestimmung der angemessenen Dauer dieser Zustände hängt so sehr von der Individualität und der Gebrauchsweise der Thiere ab, dass sich nichts Bestimmtes in dieser Beziehung angeben lässt. Im Allgemeinen aber lässt sich mit Rücksicht hierauf angeben, dass zu lange dauerndes Wachen eine zu grosse Ermüdung bewirkt, die Reproduction hindert, und daher Abmagerung und Schwinden der Kräfte, namentlich bei den, im Dienste angestrengten Thieren zur Folge hat. Uebermässiger Schlaf dagegen begünstigt die Bildungsthätigkeit auf Kosten der rein thierischen Verrichtungen zu sehr; daher Stumpfheit der Sinne, Dummheit, Trägheit, venöse Blutbeschaffenheit und üppige Fetterzeugung.

Neunzehntes Capitel.

Von den Sinnesverrichtungen.

§. 92.

Alle Sinnesorgane, die der Mensch hat, sind auch den Thieren eigen, und sie stellen die Aufnahmsorgane für die Seelennahrung durch Empfangen von sinnlichen Eindrucken und Hinterlassung von Spuren in der Seele dar. Der Mensch aber kann einen höhern geistigen, oft maasslosen Gebrauch von seinen Sinnen machen, welcher nicht selten Anomalien im Seelenleben zur Folge hat, die wir bei den Thieren nachzuweisen nicht im Stande sind. Auch können bei letzteren Störungen in den Körperverrichtungen und das Schwinden des einen oder des andern Sinnes, nicht so leicht und so oft auf eine einseitige und übermässige Anstrengung derselben zurückgeführt werden, wie bei jenen, deren Beruf einen solchen naturwidrigen Sinnesgebrauch nicht selten erheischt. Wir könnten allenfalls im Allgemeinen von einem übermässigen oder mangelhaften Gebrauch der Augen bei den Thieren reden; genau betrachtet handelt es sich aber hierbei mehr von dem grösseren oder geringeren Einflusse des Lichtes auf jene Organe, als von einer wirklichen Anstrengung derselben, worüber das Capitel vom Lichte das Nöthige enthält. Bei Jagdhunden könnten wir auch ins Besondere noch anführen, wie die Erfahrung dafür zu sprechen scheine, dass sie, ihrer Bestimmung lebend, früher das Seh-, Gehör- und Geruchsvermögen einbüssen, als andere Hunde; aber es dürfte nicht leicht zu ermitteln sein, wie viel hierbei auf Rechnung einer wirklichen Anstrengung jener Vermögen, und wie viel auf ihre höhere Ausbildung, daher auch grössere Verletzbarkeit und früheres Sinken zu sezzen ist.

Zwanzigstes Capitel.

Von den Seelenvermögen.

§. 93.

Es kann nicht geläugnet werden, dass die Thiere eine Seele haben, die bei den verschiedenen Gattungen einen verschiedenen Grad der Entwickelung in Rücksicht der ihr zukommenden Vermögen der Erkenntniss, des Gefühls und der Begehrung zeigt. Nur sind diese Vermögen bei den Thieren nicht in dem Grade ausgebildet, wie beim Menschen, dem überdiess noch eine Seite des Seelenlebens, nämlich die Vernunft zukommt, vermittelst deren er über Gegenstände nachdenkt, welche nicht in das Reich der Sinnlichkeit gehören. Bei den Thieren sind wir ausser Stande, das Vorhandenesin einer solchen zu erweisen.

§. 94.

Nehmen wir nun auf die angenommenen, einzelnen Glieder jener Seelenvermögen, wie auf die zum Erkenntnissvermögen gehörige Urtheils-, Gedächtniss uud Einbildungskraft, ferner auf die der Gefühlsseite anheimfallenden Leidenschaften, wie Zorn, Freude, Traurigkeit, Furcht, Schreck, Sehnsucht und Heimweh, so wie auf den vom Begehrungsvermögen abhängigen Willen Rücksicht; knüpfen wir eine Untersuchung darüber an, inwiefern jene einzelnen Glieder zu psychisch-dynamischen Schädlichkeiten bei den Thieren werden können: so wird sich ergeben, dass wir den höher stehenden Gliedern nur eine sehr beschränkte Wichtigkeit in jener Beziehung beilegen dürfen; da die Thiere von ihnen nur einen sehr niedrigen, und wohl niemals einen einseitigen, die Harmonie der Seele störenden Gebrauch machen, und daher auch die nachtheiligen Einflüsse solcher auf die körperliche Seite schwer nachzuweisen sein möchte. Anders verhält es sich mit den gedachten Gemüthsregungen, die als niedere Seelenthätigkeiten bei den Thieren oft stark hervortreten, und offenbar auf die ganze organische Oekonomie einen um so grösseren Einfluss haben, als die geringe Entwickelung der höheren Seelenkräfte keinen regierenden Zügel für die niederen gewährt.

§. 95.

Von den höheren Seelenkräften kann allenfalls nur dem, im Begehrungs-Vermögen wurzelnden Willen hier eine kurze Betrachtung gewidmet werden. Diese Seelenthätigkeit zeigt sich bei den Thieren zuweilen zu sehr gesteigert oder vermindert. Letzteres giebt sich als Unlust in Befriedigung thierischer Triebe, im höheren Grade als Blödsinnigkeit zu erkennen. Der krankhaft gesteigerte Wille äussert sich durch stürmische, widersetzliche Handlungen; bei Pferden namentlich in Form des Eigenwillens, als sogenannte Stätigkeit. Obgleich beide Arten der hier gedachten abnormen Willenszustände an und für sich schon als Krankheit betrachtet werden dürfen, so können sie doch wiederum Veranlassung zu anderweitigen Anomalien geben; daher ihre Andeutung hierorts gerechtfertigt erscheint. Es sind einmal höchst lästige Seelenzustände für den Gebrauch der Thiere, selbst gefahrvoll für ihre Führer; anderen Theils aber können sie die Veranlassung zu mechanischen Verletzungen der Thiere selbst, zum Verfallen in Tobsucht und in Dummkoller abgegeben.

§. 96.

Wir können die Gemüthsregungen zum Zwecke der Betrachtung eintheilen in: reizende oder aufregende, und in: niederschlagende oder unterdrückende. Zu den ersten zählen wir die Freude und den Zorn; zu den letzteren die Traurigkeit, die Furcht, den Schreck, das Heimweh und die Sehnsucht. Die Folgen zu sehr gesteigerter Gemüthsregungen geben sich allemal zuerst und hervorstechend im Nervensystem durch Aufregung oder Abspannung zu erkennen; dann in der Bewegung des Blutes, welche beschleunigt und nach der Peripherie des Körpers gerichtet ist; bei den aufregenden; dagegen ist sie verlangsamt und den centralen Theilen zugekehrt bei den deprimirenden Affecten; bei beiden aber ist bald eine erhöhte, bald eine verminderte, an Lähmung grenzende Wirkung in den Muskeln zu bemerken. Als mehr secundäre Erscheinungen bleiben dann endlich auch Anomalien in der Se- und Excretions-, so wie in der Ernährungs-Thätigkeit nicht aus.

§. 97.

Wir können zwar nicht wissen, welcher Vorgang in der Seele der Thiere zur Entstehung und Aeusserung der Affecte Veranlassung giebt; indess glauben wir nicht irre zu gehen, wenn wir in Folgendem die bei der Entstehung der Affecte des Menschen erkannten veranlassenden Momente, auch als solche in Bezug auf die Thiere annehmen. Wir betrachten hier zunächst die aufregenden Affecte. Die Freude, welche durch die Vorstellung des erlangten Guten und durch das damit verbundene Lustgefühl hervorgerufen wird, äussern die Thiere in allerhand lustigen, munteren Geberden: so z. B. drükken sie ihre Freude über die gewonnene Freiheit durch Springen aus; Hunde eine solche über das Wiedersehen ihnen angenehmer Personen durch das freundlichste, einschmeichelndste Benehmen, indem sie selbst die Lippen zum Lächeln verziehen, und ihre Augen sich durch häufigere Thränen anfeuchten. Wir wissen nur mit Bestimmtheit, dass die übermässige Freude bei den Thieren durch ihre Sprünge Veranlassung zu mechanischen Verletzungen geben kann; denn die Folgen der übermässigen Freude, wie sie beim Menschen zuweilen bemerkt werden und einer grösseren Erregung des Blutgefässsystems zuzuschreiben sind, wie Congestionen, Blutungen und Entzündungen, sind bei den Thieren nicht empirisch nachgewiesen. Es ist zwar oftmals bemerkt worden, dass Thiere, namentlich Rinder, wenn sie zur Zeit einer Milzbrandepizootie aus den Ställen in Freiheit versetzt wurden, nach einigen munteren Sprüngen plötzlich am Milzbrande erkrankt sind. Hier findet aber wahrscheinlich nur eine blosse Aufeinanderfolge von Erscheinungen Statt, die in keinem Verhältnisse der Ursache und Wirkung zu einander stehen; jedenfalls dürfte die durch das Springen hervorgerufene Alteration im Blutsystem nur ein beschleunigendes Moment für den Ausbruch jener Krankheit abgeben.

Der Zorn, ein heftiger Aufruhr des Gemüths, wird durch die unangenehme Vorstellung eines feindseligen Gegenstandes bewirkt, und giebt sich durch ein lebhaftes Bestreben kund, denselben zu überwältigen. Die vom Zorn ergriffenen Thiere zeigen einen drohenden, feurigen Blick, Zähneknirschen, abgeänderte Stimme, heftige Bewegungen, grosse Neigung zum Beissen, Stossen, Schlagen und zum Zerstören. Zunächst veranlasst der Zorn eine gewaltige Aufregung im Gefäss- und Nervensystem, dann auch eine Veränderung in den Absonderungen, namentlich des Speichels und der Galle. Abgesehen davon, dass Hunde durch wiederholte Zornanfälle in Tollwuth gerathen zu können scheinen, so will man selbst bemerkt haben, dass Menschen in Folge des Bisses zorniger Hunde und Katzen, obgleich diese gesund blieben, in Wasserscheu verfallen sind. Sogar erzählt der Thierarzt Kliem einen Fall (Veterinär-Bericht der Königl. Regierung in Posen pro II. Quartal 1841), wo eine aufs äusserste gereizte, in einer Falle eingeklemmte Ratte einen Jagdhund in die Nase biss, welcher hierauf nach vier Tagen in die offenbare Tollwuth verfiel. Dieses Ereigniss ist sehr bemerkenswerth, überhaupt die giftige Veränderung des Speichels beim Zorn. Ob aber die Milch säugender und vom Zorn ergriffener Thiere die giftige Beschaffenheit für die Säuglinge erlangen kann, wie es beim Weibe der Fall ist, darüber sind mir keine überzeugenden Thatsachen bekannt. Hering indess führt an (Spez. Path. II. Th. S. 512), dass die Milch derjenigen Thiere, welche durch heftige Leidenschaften erregt worden, den saugenden Jungen nachtheilig werde. Auch bemerkt Hering, dass man das Herz bei, vom heftigen Zorn ergriffenen Pferden habe zerreissen sehen. — Der Neid kann als eine Gemüthsbewegung betrachtet werden, die mit dem Zorn zwar verwandt ist, aber nicht die stürmischen Bewegungen desselben veranlasst. Er giebt sich bei den Thieren, besonders häufig bei den, in Gesellschaft lebenden Pferden als Futterneid zu erkennen, indem das eine das andere in beständiger Gemüthsunruhe abwehrt. Die erkennbaren Folgen davon sind zuweilen mangelhafte Ernährung.

Von den niederdrückenden Leidenschaften betrachten wir zunächst:

Die Traurigkeit. Sie entsteht aus der Vorstellung eines Uebels, welches zu besiegen die Seele zu schwach ist; sie hat beständige Beunruhigung, ein schmerzhaftes Gefühl und gelähmte Willensäusserung zur Folge. Thiere, welche durch rohe Behandlung in Traurigkeit verfallen, verlieren die Kräfte, werden mager, und bei milchenden Thieren vergeht die Milch. Von allen Hausthieren giebt sich der Hund am meisten der Traurigkeit hin, namentlich über den Verlust geliebter Personen. Wem sollten die Fälle unbekannt sein, wo Hunde auf dem Grabe ihres Herrn oder ihrer Gebieterin ihre trauernde Hundeseele aushauchten! —

Furcht und Schreck sind verwandte Gemüthsbewegungen; sie entstehen durch ein vorgestelltes Uebel, mit dem Bestreben, sich demselben zu entziehen. Der Schreck unterscheidet sich von der Furcht nur dadurch, dass er rascher und mit grösserer Heftigkeit eintritt. Die Thiere geben Furcht und Schreck durch Zittern, Kälte der Haut, ängstlichen Blick und Verkriechen an abgesonderte, dunkle Orte zu erkennen. Sie werden meist durch harte Behandlung erzeugt; bei Hunden werden durch dieselben zuweilen Durchfälle erregt; auch sind sie vielleicht nicht selten die Veranlassung zum Ausbruch der Tollwuth. Debeaux erzählt einen Fall, wo bei einem schwarzen Schweine die Borsten, Haut und Klauen, als wahrscheinliche Folge der Furcht bleich wurden. (Conf. Gurlt, Lehrb. der pathol. Anatomie 1831. I. Th. p. 80.)

Heimweh und Sehnsucht werden nicht selten bei den Thieren bemerkt und geben sich durch Gemüthsunruhe zu erkennen, die durch das Verlangen der Wiedervereinigung mit dem entfremdeten Gegenstande erzeugt wird, es sei der gewohnte Aufenthaltsort, geliebte Personen, die Gesellschaft anderer Thiere, oder, wie es häufig bei Mutterthieren der Fall ist, das entwendete Junge. Alle Thiere magern bei diesen Gemüthsbewegungen ab; milchende Thiere büssen an Milch ein, uud Hunde will man durch dieselben ebenfalls sogar in Tollwuth verfallen gesehen haben. Thierarzt Fass erzählt einen Fall (Gurlt und Hertwig, Magazin f. Thierheilkunde, VII. Jahrg., II. Hft.), wo eine Kuh in Folge der Sehnsucht (er nennt es Bangen) nach einer Ferse, welche an ihrer Seite gestorben war, Symptome der Raserei zeigte, welche sich nach Wiedervereinigung mit anderen Thieren verlor.

Zusatz. Die höheren Leidenschaften, wie Liebe, Scham und Reue dürfen wir kaum bei den Thieren annehmen; allenfalls nur eine Analogon derselben bei Hunden. Wir wollen die Wonne und den Schmerz, den jene Affecte erregen, dem Menschen als ein ewiges, unveräusserliches Erbtheil vindiciren — eine Wonne, in der er sich als glücklicher Bewohner paradisischer Gefilde träumt; ein Schmerz, der der Ueberzeugung innerer Werthlosigkeit gleichkommt.

Als der niedrigste Ausdruck des Gefühllebens kann der **Instinkt** betrachtet werden, durch welchen die Thiere Handlungen zu erkennen geben, die sich auf Selbsterhaltung und Erhaltung der Gattung beziehen. Dieses Naturgefühl ist gewiss bei den Hausthieren, welche sich durch die Domestication unter die verschiedenartigsten, naturwidrigen Einflüsse schmiegen mussten, nicht mehr im früheren Grade vorhanden. Pflanzenfresser dürften daher nicht immer im Stande sein, giftige Pflanzen zu unterscheiden; auch dürfte den gezähmten Thieren manche Selbsthülfe zur Beseitigung kaum eingetretener Krankheiten in einem Grade verloren gegangen sein, dass dadurch einem wachsenden Heere von Leiden die Bahn gebrochen ist.

Zweite Classe.

Chemische Schädlichkeiten.

Einundzwanzigstes Capitel.

Von den chemischen Schädlichkeiten überhaupt.

§. 98.

Wenn wir unter Mischung den eigenthümlichen, auf die Qualität der Materie sich beziehenden Zustand eines Körpers zu verstehen haben: so begreifen wir unter chemischen Schädlichkeiten solche Potenzen, welche vorzugsweise durch die Natur ihrer Bestandtheile die Mischung des thierischen Körpers abändern können. Man muss sich aber nicht vorstellen, dass die in der Classe der chemischen Schädlichkeiten aufgeführten Potenzen nur allein chemisch, d. h. die Mischung ändernd wirken. Dies findet eben so wenig Statt, wie eine blosse Abänderung des Kraftverhältnisses des Organismus durch die bereits abgehandelten dynamischen Schädlichkeiten, und wie eine blosse Verletzung der Form durch die später zu betrachtenden mechanischen Schädlichkeiten. Es ist vielmehr zu bedenken, dass die Schädlichkeiten dieser drei Classen zwar vorzugsweise die Richtung ihrer bezüglichen Wirkungen verfolgen, daneben aber auch die anderen nicht verkennen lassen; denn im Organismus besteht keine Trennung der Verhältnisse, er stellt vielmehr eine Vereinigung der dynamischen, chemischen und mechanischen dar. Auch muss man sich ja nicht vorstellen, dass die chemischen Kräfte im Inneren des Organismus so walten, wie in der anorganischen Natur, sie erscheinen in demselben vielmehr unter dem Einflusse einer höheren Kraft, der Lebenskraft, als eigenthümliche; wir können sie daher als organich-chemische bezeichnen.

Zusatz 1. Dem Vorstehenden zufolge können also im Inneren des Organismus keine rein-chemische, vielmehr nur mehr oder weniger annähernd, anorganisch-chemische Wirkungen zu Stande kommen; mit ersteren müsste nothwendig die Vernichtung der organischen Kräfte (der Lebenskraft) Hand in Hand gehen. An der Grenze des Organismus aber, wo der Einfluss der Lebenskraft weniger bedeutend ist, z. B. an der äusseren Haut und im Verdauungskanal treten nicht selten Wirkungen hervor, welche als überwiegend anorganisch-chemische bezeichnet werden können. Dies findet unter andern Statt bei der Bindung und Decomposition verschluckter, im Magen und Darmkanal befindlicher Gifte durch Antidote, bei der Neutralisation von Säuren in denselben Organen, bei der Veränderung in faulige Zersetzung übergegangener Secrete in Geschwüren durch Chlor.

Zusatz 2. Die chemischen Schädlichkeiten könnten wir, wie alle andere, in absolut- und in relativ-äussere eintheilen. Eine solche Eintheilung ist aber in diesem Werke nicht besonders hervorgehoben, weil sich bei der Betrachtung der Schädlichkeiten von selbst ergiebt, in welche dieser Abtheilungen sie gehören. Was die schädliche Wirkung verschiedener Gasarten betrifft, so abstrahiren wir hier, der Kürze wegen, um so lieber von einem Vortrage derselben, als die Hausthiere solchen Schädlichkeiten nur sehr selten ausgesetzt sind, und als das, in dieser Beziehung zu wissen Nothwendige aus dem Studium der Chemie und Materia medica vorausgesetzt werden darf.

Zweiundzwanzigstes Capitel.

Von den Nahrungsmitteln.

§. 99.

Unter Nahrungsmittel versteht man alles Das, was in den Nahrungsschlauch gebracht, von demselben umgewandelt und in einen solchen Zustand versetzt wird, dass es von dem Körper assimilirt werden kann, und somit Ersatz für die verloren gegangenen Stoffe bietet. In wie weit die auf die Lunge und die Haut wirkende atmosphärische Luft oder einer ihrer Bestandtheile, und in wie weit das Wasser (das hauptsächlichste Getränk der Thiere) als Nahrungsmittel zu betrachten sind, ist nicht bestimmt. Wir lassen diese letzteren Potenzen daher hier ausser Betracht, indem wir uns zu den eigentlichen Futterstoffen oder den Nahrungsmitteln im engeren Sinne wenden.

§. 100.

Die Nahrungsmittel wirken vorerst als Reize, die Verdauungsthätigkeit hervorrufend, damit jene durch diese die, zu ihrer Assimilation nöthige Umwandlung erleiden. Die ursprüngliche Wirkung der Nahrungsmittel ist daher als eine örtliche zu bezeichnen. Weiter aber kommen die verähnlichten Nahrungsmittel in die Säftemasse, durch diese mit dem kleinsten, wirklich lebenden Punkte des thierischen Organismus in innige Berührung und bieten daher auch eine allgemeine Wirkung. Hieraus lässt sich entnehmen, dass die Nahrungsmittel im Allgemeinen dadurch schädlich werden können, dass sie eine zu starke oder zu schwache Erregung bewirken, und dadurch, dass sie wegen ihrer Menge und Beschaffenheit nicht gehörig assimilirt, d. h. in, dem Körper angemessene Stoffe umgewandelt werden. Man hat also die Quantität und Qualität der Nahrungsmittel gleich sehr zu berücksichtigen.

§. 101.

Die für die Individuen einer jeden Thiergattung ins Besondere erforderliche, dem Bedürfnisse des Organismus entsprechende Menge der Nahrungsmittel ist nicht absolut festzustellen; da die nicht immer genau zu beurtheilende Beschaffenheit der Individuen und die Beschaffenheit der Nahrungsmittel selbst, so wie noch andere Verhältnisse dabei erwogen werden müssen. Was zunächst die Individuen anbetrifft, so ist leicht zu begreifen, dass Constitution, Geschlecht, Alter, Gebrauchs- und Lebensweise, Gewohnheit und Gesundheit in jener Rücksicht massgebend sind: magere, sonst gesunde und junge, im Gebrauche angestrengte Thiere, ferner: männliche Zuchtthiere zur Zeit der Begattung, weibliche während der Trächtigkeit und des Milchens bedürfen gewiss mehr Nahrungsmittel, als solche, welche sich in entgegengesetzten Verhältnissen befinden. Die Beschaffenheit des Futters anlangend, wird sich im Allgemeinen annehmen lassen, dass von solchen Futterstoffen, welche eine grosse Menge ernährender Bestandtheile enthalten, und überdiess noch schwer zu verdauen sind, ein kleineres Quantum erforderlich ist, als von solchen, wobei es sich umgekehrt verhält. Andere Umstände, welche auf die Bestimmung der Menge der Nahrungsmittel von Einfluss sind, können im Klima, in der Jahreszeit und in der Witterung begründet sein. Ohne nähere Auseinandersetzung wird man wissen, dass ein kaltes Klima, der Winter, eine trockene, reine Luft mehr Nahrungsmittel erforderlich machen, als die entgegengesetzten Verhältnisse.

§. 102.

In zwei Rücksichten besonders kann eine zu grosse Menge des Futters als Schädlichkeit wirken. Die Menge ist entweder der Verdauungskraft angemessen oder nicht. Im ersteren Falle erfolgt zunächst eine übermässige Ausdehnung des Verdauungsapparates, hierdurch Beschränkung der Brusthöhle und somit des Athmens; dann Vollsaftigkeit und ein zu starker Ansatz einer minder ausgebildeten thierischen Materie, nämlich des Fettes. Ein solcher Zustand wird durch die Mastung hervorgerufen, ist hierfür zwar erwünscht, und wird daher die Verdauungsthätigkeit nicht selten durch Reizmittel, wie Kochsalz u. dgl. angeregt; für das Individuum geht daraus nur ein höchst relativer Gesundheitszustand hervor, der leicht in offenbare Krankheit ausschlagen kann. Im anderen Falle, wenn die Vedauungskraft der Menge des Futters nicht gewachsen ist, wird dasselbe nicht gehörig verdaut, es verweilt länger im Magen und Darmkanal, wodurch Gelegenheit zur Entwickelung von Gasarten und Säuren gegeben ist, was die weitere Veranlassung zum Rülpsen, Erbrechen und zum gastrischen Fieber werden kann. Wird endlich in beiden Fällen eine zu grosse Menge Futters schnell und auf einmal verzehrt, so ist eine förmliche Ueberladung des Magens unausbleiblich, welche, ausser den vorhergenannten noch die Folgen haben kann, dass Lähmung oder Zerreissung jenes Organs, Kolik, Darmentzündung u. dgl. entstehen.

Eine, unter dem Bedürfniss des Individuums bleibende Futtermenge kann nicht minder schädlich werden, wobei die Dauer und der Grad in Berücksichtigung kommen. Eine zu geringe Menge Futters bewirkt zunächst Zusamenziehung des Magens und des Darmkanals, Steigerung der Sensibilität in diesen Organen; dann Anhäufung von Galle, Magen- und Darmsaft in denselben, welche eine Schärfe annehmen; ferner Armuth an Blut und Mangel an plastischen Bestandtheilen in demselben; hiernach als nothwendige Folge Abnahme der Ernährung und namentlich gänzliches Schwinden des Fettes. Andere bemerkbare Erscheinungen, welche mit jenen Folgen im Zusammenhange stehen, sind: Abnahme der Körperwärme, so wie der Ab- und Aussonderungen, Schwäche in den Bewegungen u. s. w. — Bei grosser und dauernder Entziehung des Futters muss endlich der Hungertod eintreten.

Zusatz. Man war vielfach bestrebt, durch Versuche zu ermitteln, wie lange Thiere das Fasten ertragen können. Die hiernach bis jetzt gewonnenen Resultate sind etwa folgende: Je jünger die Thiere sind, um so schneller sterben sie den Hungertod; fleischfressende Thiere können länger hungern, als pflanzenfressende; fette Thiere länger als magere, weil jene eben am Fette einen grösseren Vorrath an Ersatzmitteln haben. Man führt eine Beobachtung auf (Mantell in Transact. of the Linean. Soc. Vol. XI. p. 419), welche beweisen soll, wie lange eine gewisse Menge des Fettes vor dem Hungertode schützen könne. Ein, in seinem Stalle durch einen Bergsturz verschüttetes Schwein blieb 160 Tage lang ohne Nahrung. Es war, als es verschüttet wurde, fett und wog ungefähr 160 Pfund. Nach seiner Ausgrabung war es sehr matt, mager und hatte nur noch 40 Pfund Gewicht. Die Sache klingt etwas fabelhaft, verhält sie sich aber wirklich so, wie angegeben, dann dürfte der Mangel an Bewegung des Thiers und die Entziehung eines verzehrenden Lufteinflusses sie erklären helfen. Wie dem aber auch immer sein möge, man wird leicht einsehen, dass eine absolute Zeitbestimmung, wie lange das Fasten von unsern Hausthieren ertragen werden kann, nicht möglich ist. Die Beschaffenheit der Thiere und andere Verhältnisse kommen dabei in Betracht. Nach den Ermittelungen lebten Pferde 18—27 Tage ohne Nahrung, und Hunde nach Redi 25—36 Tage. Bemerkenswerth ist es, dass Thiere mit fieberhaften Krankheiten länger ohne Nahrung auszudauern scheinen, als gesunde.

§. 103.

Bei Beurtheilung der Beschaffenheit des Futters hat man auf die Art und Zusammensetzung seiner ernährenden und erregenden Bestandtheile, so wie auf die Verdaulichkeit des Futters eine gleiche Rücksicht zu nehmen. Die Nahrungsmittel, bestimmt dem Organismus den Verlust an Stoff und Kraft wiederzuersetzen, müssen Bestandtheile enthalten, welche ihm ähnlich (homolog, indifferent) sind, damit sie gehörig verdaut und assimilirt werden können. Solche Nahrungsmittel kann nur das organische Reich liefern. Mit der Indifferenz der Nahrungsmittel darf es hingegen nicht zu weit gehen, sie müssen vielmehr eine gewisse Menge der, die Verdauungs- und Assimilations-Thätigkeit unterhaltenden, erregenden Bestandtheile besitzen; wogegen diese nicht in dem Maasse und in der Qualität vorhanden sein dürfen, dass sie dadurch eine spezifische Wirkung hervorrufen und das Nahrungsmittel zum Arzneimittel stempeln. Endlich haben Versuche und vielfache Erfahrungen gelehrt, dass einfache Stoffe, wenn sie auch als die ernährenden in den Futterstoffen anerkannt werden müssen, nicht geeignet sind, das Leben auf die Dauer zu erhalten. Es müssen daher Futterstoffe verwandt werden, worin jene in einer gewissen Mannigfaltigkeit der Zusammensetzung vorkommen;

und selbst hat sich ein Wechsel mit solchen Futterstoffen als vortheilhaft erwiesen.

Zusatz. Es sind vielfache Versuche angestellt worden, welche beweisen, dass das Leben der Thiere sowohl beim ausschliesslichen Genusse stickstofffreier (sonst ernährender) Stoffe, wie des Gummi, Stärkemehls, Zuckers, Olivenöls, der Butter u. s. w.; als auch bei solchem stickstoffreicher Stoffe, wie des Käses, harter Eier — nicht bestehen kann. Im zweiten Theile dieses Werkes, wo über die Ernährung gehandelt wird, werden wir auf diesen Punkt zurückkommen. Es wird dort zu zeigen versucht, welche Stoffe nach den neuesten Forschungen als die ernährenden betrachtet werden können, und in welchem Verhältnisse sie bei der Ernährung pflanzen- und fleischfressender Thiere stehen. Hier mag nur darauf aufmerksam gemacht werden, wie Prout (Chemistry, Meteorol. and the funct. of. digestion, London 1834) gezeigt hat, dass sämmtliche Nahrungsmittel sich in drei Klassen bringen lassen: in zuckerhaltige, ölige und eiweisshaltige. Die ersteren stammen vorzüglich aus dem Pflanzenreiche, und besteht der Zucker fast ganz aus Kohlenstoff und Sauerstoff mit einer geringen Menge Wasserstoff; die Oele und Fette sind reich an Kohlenstoff und Wasserstoff, aber ärmer an Sauerstoff, als der Zucker; das Eiweiss aber enthält ausser den drei in den beiden genannten Klassen vorkommenden Stoffen, auch noch eine beträchtliche Menge Stickstoff. Die Hauptbestandtheile der Milch aber — Milchzucker, Butter, Käsestoff — entsprechen gerade den drei Klassen, in welche alle Nahrungsmittel gebracht werden können. Die Milch enthält überdiess noch verschiedene Salze der Alkalien und Erden, und weiss man, dass sie unter allen Umständen geeignet ist, der Ernährung allein vorzustehen. Die Milch giebt uns also in ihren Bestandtheilen einen Fingerzeig, welche nähere und entferntere Bestandtheile, und in welcher Mischung die Nahrungsmittel dieselben haben müssen, wenn sie als solche dienen sollen (Vgl. R. Wagner's Physiologie S. 287).

Um einen Beleg für die, im vorstehenden §. hingestellte Behauptung zu geben, dass selbst ein Wechsel von, sonst für sehr ernährend gepriesenen Futterstoffen nothwendig sei, wird angemerkt, dass nach den Versuchen Viborg's und nach den Beobachtungen Lund's Pferde bei blossem Haferfutter nicht lange leben konnten; Hering sagt (in seiner Physiologie), dass Wiederkäuer noch weniger dazu geeignet sein würden. Wir stimmen ihm hierin bei, und fügen noch eine andere allbekannte Erfahrung hinzu, dass man zwar durch Fütterung mit blossen Kartoffeln Pferde am Leben erhalten kann, dass aber dieses Leben ein langsames Verhungern ist; es wächst ihnen weder Masse noch Kraft zu, sie unterliegen einer jeden Anstrengung. (Vgl. Liebig, Organische Chemie, S. 77.)

§. 104.

Im Zustande der freien Natur waren und sind unsere Hausthiere auf einen gewissen Kreis von Nahrungsmitteln hingewiesen; in der Domestication aber haben sie sich an die mannigfaltigsten Dinge gewöhnen müssen. Wir haben die Schmiegsamkeit der thierischen Natur in dieser Beziehung zu bewundern, welche indess ihre Grenzen hat. Und wie die Organisation der Thiere durch die Zähmung eine Aenderung erlitten hat, die zwar noch innerhalb der Grenzen der relativen Gesundheit liegt, so bleiben auch auffallende fehlerhafte Beschaffenheiten der Futterstoffe nicht ohne störenden Einfluss auf ihre Gesundheit. So kann, in Betreff der oben angedeuteten allgemeinen Erfordernisse einer guten Beschaffenheit der Nahrungsmittel, eine zu grosse Nahrhaftigkeit mit gleichzeitiger, leichter Verdaulichkeit derselben, ahnliche Nachtheile hervorbringen, wie sie bereits für eine zu grosse Menge des Futters bei ungeschwächter Verdauungskraft bezeichnet worden sind; wogegen eine zu geringe Nahrhaftigkeit im Allgemeinen die Folgen einer zu geringen Menge der Futterstoffe hat. Schwer verdauliche Nahrungsmittel erzeugen ähnliche Wirkungen, wie die Ueberfüllung, wogegen zu leicht verdauliche, wegen zu geringen Anspruchs der organischen Reaction, zunächst eine Schwäche im Digestions-Apparate und dann auch wohl allgemeine Schwäche bedingen. Die allzugrosse Indifferenz der Nahrungsmittel, oder, mit anderen Worten, die zu wenig reizende Beschaffenheit derselben, wie z. B. der Genuss vieler schleimiger und mehliger Futterstoffe, bewirkt ebenfalls zunächst eine zu geringe Reaction im Verdauungsapparate, und die weiteren Folgen machen sich als Indigestion, Verschleimung, fehlerhafte Chylus- und Blutbereitung, durch Wurmerzeugung, mangelhafte Ernährung u. dgl. bemerkbar. Zu reizende Futterstoffe dagegen, wie der anhaltende Genuss gewürzhaften Heues, des weissen Klees und anderer, die sich durch Gehalt eines bitteren, salzigen, herben oder aromatischen Stoffes auszeichnen, steigern die Verdauungsthätigkeit und den Lebensprozess überhaupt zu sehr, wovon Vollblütigkeit, Congestionen und Entzündungen die Folgen sein können. Welche Nachtheile endlich eine zu geringe Mannigfaltigkeit der ernährenden Stoffe in den Futtermitteln, und eine zu geringe Abwechselung mit den Futterstoffen selbst haben könne, ist bereits angedeutet worden.

Zusatz. Wir könnten hier noch die schädliche Wirkung besprechen, welche die näheren Bestandtheile der Nahrungsmittel ins Besondere, wie Schleim, Kleber, Stärke, Oel, Fett, Käsestoff u. dgl. im thierischen Organismus hervorzubringen vermögen. Da diese Kenntniss aber, wenigstens zum Theil, aus der Materia medica vorausgesetzt werden muss, und da jene näheren Bestandtheile der Futterstoffe auch niemals zum ausschliesslichen Genuss für die Thiere verwandt werden, so dürfen wir uns füglich hier auf die allgemeinen, im Zusatz zu §. 103. gemachten Bemerkungen beziehen. Auch unterlassen wir es, die grosse Zahl der Futtermittel einzeln, rücksichtlich ihrer möglichen Schädlichkeiten zu betrachten, und müssen ein solches Geschäft vielmehr in das Gebiet der Diätetik verweisen, wo sich bei der Hervorhebung der ökonomischen Vortheile der einzelnen Futtermittel, ihre Nachtheile wie von selbst ergeben.

§. 105.

Indess wollen wir in Kürze noch einige Schädlichkeiten der Nahrungsmittel besprechen, wie sie durch mehr zufällige Verhältnisse, z. B. durch Witterung, Bodenbeschaffenheit, Einsammlung, Aufbewahrung, Zubereitung, Beimengung fremdartiger Bestandtheile u. s. w. veranlasst werden. Auf feuchten, sumpfigen oder an schattigen Stellen gewachsene, bei kalter, regnigter Witterung gereifte, getrocknete und eingeerntete, und daher der Schimmelbildung unterworfene Futtergewächse, ferner solche, welche durch Frost gelitten haben, oder an feuchten Orten, dicht aufgeschüttet, aufbewahrt werden, und daher der Erhitzung und faulen Gährung unterworfen sind, schaden den Thieren auf mannigfache Weise. Indigestionen, Luftentwickelung und gastrische Fieber sind meistens die nächsten Wirkungen davon. Die, vermittelst Salz, Oelkuchen u. dgl. eingemachten frischen Vegetabilien gerathen durch diese Operation in eine weinige Gährung, ebenso die trockenen Futterarten, welche man durch Befeuchtung der Selbsterhitzung unterwirft. Sie schaden zwar, wenn sie gehörig bereitet und erhalten und in mässiger Menge verfüttert werden, der Gesundheit der Thiere nicht, können jedoch entgegengesetzten Falles die bereits angeführten Nachtheile eines zu reizenden und verdorbenen Futters zur Folge haben. Durch Krankheiten, mit denen die wachsenden Vegetabilien befallen werden, wie Mehl-

und Honigthau, Mutterkorn, Keimtod, Brand und Rost können ebenfalls Nachtheile deim Vieh hervorgebracht werden, jedoch sind solche noch nicht gehörig gewürdigt und festgestellt, obgleich man sie unter den Ursachen vieler Seuchen aufgeführt findet. Ebenso verhält es sich mit der Beimengung der Trespe (Bromus multiflorus), des Schwindelhafers (Bromus secalinus), des Taumellolchs (Lolium temulentum) und anderer verdächtigen Gewächse, auf deren Genuss man beim Menschen betäubende Wirkungen gesehen haben will. Welche Nachtheile andere, als giftig anerkannte Pflanzen oder Theile derselben, wie Wasserschierling, Bucheckernkuchen für die Thiere überhaupt oder einzelne Gattungen derselben hervorbringen, ist bekannt, und darf hier in Bezug des Näheren auf die Diätetik von Kuers und die Arzneimittellehre von Hertwig verwiesen werden. Auch hat man beobachtet, dass schimmliges Brod den Pferden nachtheilig werden kann. Ferner können Beimengungen von mineralischen Stoffen zu den Futtermitteln, wie Sand, allerlei Staub, Schlamm, Erze von Blei, Kupfer, Zink u. dgl. dieselben zu Schädlichkeiten erheben, welche, der Natur der Stoffe zufolge, theils mechanisch, theils specifisch wirken können. Nicht minder kann eine schlechte Beschaffenheit der Kauwerkzeuge, wodurch das Futter nicht gehörig zerkleinert und eingespeichelt wird, und mithin schlecht vorbereitet in den Magen gelangt; ferner eine zu grosse Kälte oder Hitze des Futters (wie letzteres beim Brühfutter nicht selten vorkommt) dasselbe als Schädlichkeit herausstellen; deren Solgen sich von selbst aus dem, bereits in anderen §§. Abgehandelten ergeben.

Zusätze. Die Nachtheile, welche schimmlige Futterstoffe hervorbringen, hat man dem Schimmel selbst zugeschrieben: namentlich haben Numan, Marchand und C. Sprengel diese Ansicht ausgesprochen und vertheidigt. Wie viel aber bei den Nachtheilen der so verdorbenen Futterstoffe auf Rechnung des Schimmels selbst, und wieviel auf ihre innere Entartung zu setzen ist, weiss man bisher nicht mit Gewissheit. An multrigem Hafer sieht man ebenfalls eine microscopische Pilzart, und ist die spezifische Wirkung eines solchen auf die Nieren in Hervorbringung der Harnruhr bei Pferden bekannt. Man hat nach dem Genusse schimmligen Brodes Magen- und Darmentzündung und den Tod erfolgen sehen; ich selbst sah bei zwei Pferden im mittleren Alter nach einer starken Gabe eines solchen Brodes Symptome von Schwindel auftreten, welche nach Anwendung ausleerender Mittel schwanden. (Vgl. Kuers Diätetik. Berlin 1839. I. Bd. S. 66 ff.; ferner Sproegel, Experimenta circa varia venena etc. Göttingen 1753; Gohier, Observations et experiences sur le pain moisi et sur quelques poisons min. et végét. Paris et Lyon 1807.

Eine weitere schädliche Beschaffenheit konnen die Futterstoffe durch die auf ihnen lebenden Thiere selbst oder durch ihre Excremente u. dgl. erlangen. Hierher gehören Raupen, Blattläuse, Spinnen, Heuschrecken und andere. (Vgl. Kuers l. c. S. 65.)

Die schädliche Wirkung des Taumellolchs besteht nach Rivière (Histoire de la soc. des scienc. de Montpellier. Lyon 1766) in einem scharfen Harze, welches das Mehl der Samen bis zu $\frac{6}{10}$ enthalte. Der Taumellolch wird namentlich als Ursache des Schwindels bei Schweinen aufgeführt. Indess hat Spinola (die Krankheiten der Schweine. Berlin 1842) den Samen desselben, aufgebrühet, dem Schweinefutter in solchen Quantitäten zugesetzt, wie möglicherweise die Schweine nur Gelegenheit finden können, ihn zu verzehren, ohne die Zufälle des Schwindels eintreten zu sehen. Nur in einem Falle schien ihm ein $\frac{1}{2}$ Jahr altes Schwein nach dem Genusse $\frac{1}{2}$ Metze jenes reifen Samens (auf den Tag) etwas träger geworden zu sein, während wieder ein Schwein in einem anderen Falle nach 1 Metze ganz wohl und munter blieb. Spinola hält es übrigens für wahrscheinlich, dass dem unreifen Samen eine grössere Schädlichkeit beiwohne, als dem reifen, und dass hierbei ein ähnliches Verhältniss obwalte, wie bei den Mohnköpfen. Auch in den, von Nestler in einem bedeutenden Umfange und zu wiederholten Malen angestellten Versuchen bei Pferden und Kühen (Oekon. Neuigk. und Verh. No. 58. 1838) hat sich ein Hafer, welcher zum grossen Theile aus Taumellolchsamen bestand, als unschädlich erwiesen (Vgl. Kuers l. c. S. 229.

Man weiss, dass der Buchweizen im frischen und blühenden Zustande bei Schweinen, Schafen und Ziegen, seltener bei Pferden und Rindvieh, und zwar nur bei weissen oder weissgefleckten, unter Mitwirkung des Sonnenlichts einen entzündlichen Zustand der weissen Hautstellen und den Schwindel erregt. Diese Sonderbarkeit ist noch nicht aufgeklärt. Spinola (l. c.) stellt die Vermuthung auf, dass die Färbung der Haut und die, mit dieser (wahrscheinlich) correspondirende grössere oder geringere Pigmentbildung im Auge die Ursache vom Schwindel ist, so dass von dem Sehorgane und dem, mit dem Sehnerven zunächst verbundenen Gehirntheil jene Erscheinung ausgehe.

Das Mutterkorn, Vogel- oder Hahnensporn (Secale cornutum) besteht in dunkelgefärbten, gekrümmten, länglichen Körperchen, welche aus den Aehren des Roggens und anderer Gräser hervorwachsen. Man unterscheidet zwei Varietäten: eine schwarzbraune, welche als die schädlichere, und eine violette, welche als die gutartigere bezeichnet wird. Die Ansichten über das Wesen des Mutterkorns selbst sind verschieden. Einige halten es für einen Pilz, Andere nehmen an, dass sich nur mikroskopische Pilze an demselben bilden; wieder Andere halten es für eine, durch den Stich von Insecten, oder durch Boden- und atmosphärische Verhältnisse hervorgebrachte Krankheit. Die letztere Ansicht halte ich für die wahrscheinlichere, obgleich sich am Mutterkorn auch mikroskopische Pilze vorfinden, wie ich mich selbst überzeugt habe. Für den wirksamen und schädlichen Bestandtheil des Mutterkorns giebt Wiggers (dissert. inaug. inquis. in secale cornut. etc. 1832) das Ergotin aus.

Die spezifische Wirkung des Mutterkorns in Betreff der Steigerung des Contractions-Vermögens des Uterus ist bekannt. Tessier (Mém. sur les observ. faites en Salogne 1777) musste einem Schweine während 66 Tagen 22 Pfd. Mutterkorn (bei übrigens hinreichendem Futter) verabreichen, bevor es starb. Dagegen zeigen die Versuche von anderen, wie Palerne, Read und Lorinser, dass das Mutterkorn ähnlich den scharf-narkotischen Giften wirkt; sie sahen darnach Durchfall, Erbrechen, Entzündung des Darmkanals und der Haut, erweiterte Pupille und Schwäche in den Muskeln entstehen. Besonders nachtheilig soll nach Roulin das Mutterkorn des Mais (de l'ergot de mais etc. in den Ann. des scienc. nat. T. XIX.) den Hausthieren sein. (Vgl. auch Arch. f. Schw. Thierärzte Bd. X. H. 4.)

Vom Mehlthau (Albigo) unterscheidet man zwei Arten; die eine soll in einem kleinen Schwamm (Sclerotium Pers. Erysiphe Link) und die andere aus Hautpartikeln der Blattläuse bestehen, welche vom Abhäuten dieser Insecten herrühren. Der Mehlthau, so wie auch der Honigthau (wovon unten die Rede sein wird) sind häufig als Ursache der Kolik, Diarrhöe der Lungenseuche, des Milzbrandes u. dgl. beschuldigt worden; wie viel aber Wahres daran ist, weiss man nicht zuverlässig. Einhof, Rabe und Leitner halten ihn für schädlich (Hermbstädt's Agriculturchemie Bd. III. Hft. II. und Bd. V. Hft. I.); auch Niemann (in den Anmerk. der Schrift Gasparin's üb. die ansteckenden Krankh. d. Schafe).

Der Honigthau (Melligo, vel Albigo mellea) besteht aus einem schleimigen, süssschmeckenden Stoffe, der die Gewächse als eine Schmiere überzieht. Man sieht ihn entweder für ein Secret der Blattläuse an, oder für ein solches der Pflanzen selbst, erzeugt durch den Einfluss einer eigenthümlichen Witterung, wenn z. B. Staubregen mit Sonnenschein wechselt. Liebig (organische Chemie in ihrer Anwendung auf die Agricultur und Physiol. Braunschweig 1840. S. 118) vertheidigt die chemische Ansicht über die Entstehung des Honigthaues. Nach ihm beruht die Entstehung desselben überhaupt auf einem Missverhältniss stickstofffreier und stickstoffhaltiger Nahrungsstoffe in den Pflanzen. Näher betrachtet soll der Honigthau ein Zuckersaft sein, der aus der, in den Säften der Pflanzen enthaltenen Stärke vermittelst einer, der Diastase ähnlichen Substanz erzeugt werde, und da Dies unter Umständen im Uebermaass geschehe, so könne er bei der Assimilation der Pflanzen nicht all' verbraucht, und müsse vielmehr alsdann an der Oberfläche der Blätter als Excrement ausgeschieden werden. — Einhof hat sowohl den Honig-, als auch den Mehlthau chemisch untersucht, und darin einen grossen Antheil eines eigenthümlichen Pflanzenwachses gefunden (Gehlen, Journal für Chemie, Physik und Mineral. Bd. V). Alle Mittheilungen über die Schädlichkeit des Honigthaues entbehren der Zuverlässigkeit; eine Beobachtung möge indess hier, ihres besonderen Interesses wegen, Raum finden. Der Honigthau und mit ihm fast gleichzeitig die Blattläuse erzeugten sich um die Mitte des Monates Juni 1841, und verunreinigten das Weidefutter im ganzen Gumbinner und in einigen Theilen das Insterburger und Stallupöhner Kreises. Etwa acht Tage später erschien eine Krankheit unter den weissgezeichneten Pferden und Schäcken, welche in einem Absterben der weissen Hauttheile bestand. Da die Thiere jenes verunreinigte Futter gefressen hatten, so war man geneigt, das Entstehen der gedachten Krankheit davon abzuleiten. Ohne bemerkbares Unwohlsein, ohne wahrgenommene Fieberbewegungen schwollen die weissen Hautstellen jener Pferde an, zeigten erhöhte Wärme und Empfindlichkeit, und schrumpften dann nach 2—3 Tagen zu einer harten, lederartigen Borke zusammen, welche später durch Eiterung abgestossen wurden. Die Grenzen dieses Hautbrandes waren stets genau mit den weissen Zeichnungen übereinstimmend, und erstreckten sich niemals weiter, als diese. Wenn bei Schäcken mehrere □' weisser Hautparthie auf solche Weise abgestossen wurden, und an diesen Stellen die Eiterung begann, dann liess sich bei solchen Thieren auch ein gelindes Fieber wahrnehmen, aber dasselbe dauerte nie länger, als 2—3 Tage; und die Fresslust schien nur dann verändert, wenn auch an den Lippen der gedachte Krankheitsprozess vorging. Die Krankheit verlief gutartig bei zweckmässiger Diät ohne Arznei. Die starken Haare der Mähnen und Schweife gingen niemals, wie die kurzen Deckhaare, mit der brandigen Haut verloren; sondern letztere löste sich zwischen jenen in Gestalt einer dicken Borke (Veterinär-Bericht der Königl. Regierung zu Gumbinnen pro II. Quart. 1841. Ref. Dep. Thierarzt Steiner). Unbemerkt darf nicht bleiben, dass auch anderwärts in sporadischen Fällen beim Rindvieh ein ähnliches Absterben weisser Hautstücke nach gastrisch-fieberhaften Krankheiten bemerkt worden ist, ohne dass die vorgedachte Ursache beschuldigt werden konnte.

Vom Brande unterscheidet man drei Arten: 1) den Schmierbrand, auch Keimtod oder Gichtkorn genannt (abortus seminum). Er kommt bei Weizen vor, und besteht im frischen Zustande aus grünlichen, im trockenen aus gelbbräunlichen kleinen Körnern, welche sich durch einen krankhaften Zustand der Weizenkörner an ihnen bilden. Man hält diese Art Brand für mikroskopische Pilze (Zeoma foetidum Decand. Uredo Caries, Ured. Sitophylum Dittmar). Auch will man in demselben Infusorien (Vibrionen) namentlich in dem, aus England bezogenen, gesehen haben. Die andere Art des Brandes wird Flugbrand genannt (Ustilago). Er kommt vorzugsweise beim Weizen, Hafer und bei der Gerste vor, und besteht in einer Krankheit, durch welche die Samenkörner oder auch die ganze Achre in ein leichtes, schwarzes, bitter und scharfschmeckendes und übelriechendes Pulver verwandelt werden. Auch in diesem hat man mikroskopische Pilze erkannt (Zeoma v. Uredo segetum Pers. Uredo Carbo Decand.). Die dritte Art wird Kappenbrand (Uredo glumarum) genannt. Er entsteht nach der Blüthe des Getreides an den Spelzen; die Aehren sehen anfangs blaugrün, dann röthlich aus. Die Angaben über die Nachtheile des Getreidebrandes bei unseren Hausthieren ermangeln meist der Zuverlässigkeit; indessen verdient die Beobachtung Gerlach's (Kreis-Thierarzt in Hettstädt) angemerkt zu werden, wonach Kühe nach dem Genusse eines mit Flugbrand versehenen Weizenkaffs verkalbten und Lämmer in die Lähme verfielen, deren Mütter ebenfalls flugbrandigen Weizen erhalten hatten (Gurlt und Hertwig, Magazin u. s. w. VII. Jahrg. II. Heft S. 244 u. 245). Wenn man auch die directe Schädlichkeit der brandigen Getreidearten leugnen wollte, so muss man doch zugeben, dass das Getreide durch diese Entartung seine ernährenden Bestandtheile (Kleber und Stärkemehl) verliert, wie es die von Foucroy und Vauquelin veranstalteten Analysen nachweisen (Vergl. Kuers l. c. S. 48).

Der Rost (Rubigo) besteht aus einer eigenthümlichen Art Staubschwämmchen (Zeoma, Xyloma; Uredo Link; Zeoma vera nach anderen; Accidium Berberidis Pers., wenn er an Berberitze; Puccinia Pisi, wenn er am Erbsenstroh vorkommt), welche die Halme und Blätter mehrerer Getreidearten, die Stengel und Blätter der Erbsen u. s. w. als rostfarbige Flecken überziehen. Bestimmte Thatsachen der directen Schädlichkeit des Pflanzenrostes für unsere Hausthiere fehlen; es sei denn, dass man hierher auch die Angaben Gerlach's (l. c. S. 216) ziehen wollte, wonach der Genuss des mit Rost befallenen Erbsenstrohes das Verlammen der Schafe, den Vorfall und selbst die Entzündung der Gebärmutter bei diesen Thieren hervorgebracht haben soll. Jedenfalls wird aber, wenn auch nicht die Früchte selbst, doch das Stroh durch den Rost weniger gedeihlich. Gohier, Numan, Marchand und Niemann halten das mit Rost befallene Stroh ebenfalls für schädlich; es soll vorzugsweise Entzündung in der Schleimhaut und eine fehlerhafte Mischung des Blutes bewirken. (Gohier, mèm. sur les effets de pailles rouillées etc. Niemann in den Anmerkungen zu Gasparin's Abhandlung über die ansteckenden Krankheiten der Schafe. Numan et Marchand, sur les propriétés nuisibles, que les fourages etc.).

Das Getreide kann endlich noch eine Verderbniss durch das Zerfressen desselben von Insecten (Calandra granaria, Tinia granella) erleiden, ohne aber auch hierdurch zu einer positiven Schädlichkeit zu werden.

§. 106.

Ein Umstand, welcher die Nahrungsmittel nicht selten zu einer Schädlichkeit macht, ist der rasche Wechsel der trockenen Fütterung mit der grünen (der Winter- und Sommerfütterung, der Stall-

und Weidefütterung) und so umgekehrt. Das trockene Futter zeichnet sich im Allgemeinen durch grössere Nahrhaftigkeit und mindere Verdaulichkeit aus, wogegen das grüne Futter leichter verdaulich, aber weniger nahrhaft ist. Deshalb können bei einem solchen Futterwechsel diejenigen Nachtheile entstehen, welche bereits in Bezug auf die Nahrhaftigkeit der Nahrungsmittel angeführt worden sind, und zwar um so eher, als die Digestionsorgane sich dem seitherigen Futter accommodirt hatten, und daher den raschen Uebergang nicht ohne Eingriffe ertragen. Eine weitere Schädlichkeit erwächst durch die Unordnung in der Futteraufnahme. Wenn Futter, in zu kurz aufeinanderfolgenden Zeiten gereicht, oder wenn die gewöhnliche Zeit überschlagen wird, oder endlich, wenn die Thiere während oder kurz vor und gleich nach schwerer Arbeit fressen, so können dadurch leicht abzuleitende nachtheilige Folgen, wie Indigestion, Ueberfüllung und dergl. entstehen. Endlich schliessen sich an diese Betrachtungen solche über die schädlichen Einflüsse an, welche der Weidegang den Thieren bringen kann. Ausserdem, dass die Weide eine zu grosse oder zu geringe Menge oder auch schlecht beschaffene Futterkräuter bieten mag, können noch andere Umstände, wie sumpfiger oder trockener, felsiger Boden, Witterungseinflüsse, Insecten, zu starke Bewegung u. dergl. nachtheilig mitwirken; was nach den, hierüber handelnden §§. beurtheilt werden muss. Und, wenn wir endlich noch der thierischen Nahrungsstoffe besonders gedenken, so geschieht es nur mit der Andeutung, dass spitzige Knochen mechanische Verletzungen, verdorbene, faulige Fleischarten Erbrechen und Indigestionen, Fleisch aber von kranken (milzbrandigen) und vergifteten Thieren selbst gefährliche Krankheiten erzeugen.

Zusatz. Bei Menschen will man nach dem Genusse von Fleisch der durch Blitz getödteten Thiere Nachtheile gesehen haben; in Betreff der Thiere ist kein hierher gehöriges Beispiel bekannt.

Die Lake von eingesalzenem Fleische oder von Häringen bringt bekanntlich, im Uebermaass gegeben, gefährliche Zufälle bei allen Hausthieren hervor. Spinola, der beobachtete, dass ein Tabagist nach unvorsichtigem Verfüttern einer solchen Brühe 18 Schweine verlor, glaubt nicht, dass in dem Pökel ein giftiger Stoff sei, der sich analog dem Wurstgift verhalte, oder in Fettsäure bestehe; da die Wirkungen des Wurstgiftes sich anders verhielten. Dieses afficire das Gehirn und Rückenmark nur wenig, es äussere sich vielmehr im Bereiche der sympathischen Nerven; während die Krankheit jener Schweine mit dem Schwindel begann und mit dem Schlagfluss endete. Die Sectionen wiesen Blutanhäufungen im Gehirne, abnorme Röthe und selbst entzündliche Beschaffenheit der Magen- und Darmschleimhaut nach (Spinola l. c. S. 236 ff.). Das Wurstgift selbst ist indess ein hypothetischer Stoff, welcher nicht näher gekannt ist, und Fettsäure ist in giftigen Würsten weder nachgewiesen, noch wirkt sie giftig; nur ist ein Gehalt an Milchsäure und milchsaurem Natrum in solchen Würsten dargethan, die indess unter den Producten faulender thierischer und vegetabilischer Stoffe niemals fehlen (Liebig l. c. S. 315). Es scheint uns überhaupt nicht nothwendig zu sein, Zuflucht zu der Annahme eines eigenthümlichen giftigen Stoffes in der Salzlake eingemachter thierischer Theile nehmen zu müssen, um ihre schädlichen Wirkungen zu erklären. Reines Salz im Uebermaass kann dieselben Nachtheile hervorbringen, wie viel mehr muss Diess eine mit faulenden thierischen Stoffen verunreinigte Salzbrühe thun! Das hier Gesagte gilt auch in Bezug auf die Mittheilung des Kreis-Thierarztes Arensberg (Gurlt und Hertwig Mag. f. d. g. Thierheilkunde, Jahrg. VII. Heft II.), wonach sich die Häringslake bei Schafen von tödtlicher Wirkung gezeigt hatte.

Dreiundzwanzigstes Capitel.

Vom Getränke.

§. 107.

Da die Verdauung in einem Verflüssigungsprozesse besteht, wodurch die Möglichkeit des Ueberganges der festen Nahrungsmittel in die thierische Organisation gesetzt wird, so muss auch dem Verdauungsapparate so viel Flüssigkeit einverleibt werden, als zu jenem Prozesse mitwirkend erforderlich ist. Eben so wenig wie die Thiere beim Genusse blosser reiner Flüssigkeiten ihr Leben lange fristen, können sie bei blos fester Nahrung für die Dauer bestehen. Die für ein Thier erforderliche Menge des Getränkes lässt sich nicht absolut bestimmen; es kommen dabei verschiedene Umstände in Betracht. 1) Die Menge des Futters: eine grosse Menge Futters fordert im Allgemeinen eine grosse Menge Getränkes. 2) Der Feuchtigkeitsgrad des Futters: trockene Fütterung erfordert mehr Getränk, als grüne. 3) Die Individualität der Thiere: sehr lebhafte verlangen mehr Getränk, als träge; milchende, welche also einen grossen Säfteverlust haben, mehr als nicht milchende; jüngere Thiere mit vorwaltender Bildungsthätigkeit mehr, als alte; Thiere, welche starken Körperbewegungen, Anstrengungen bei der Arbeit ausgesetzt sind, verlangen wegen der hierbei stattfindenden grösseren Verzehrung des organischen Stoffs, und namentlich wegen der gesteigerten Lungen- und Hautausdünstung, mehr Getränk, als andere, bei denen dies nicht der Fall ist. 4) Die äusseren Einflüsse: in heissen Climaten und im Sommer, so wie bei trockenen Winden, muss dem Körper, wegen der grösseren Verdunstung flüssiger Theile, mehr Getränk geboten werden, als unter den entgegengesetzten Verhältnissen.

§. 108.

Wenn ein Uebermaass des Getränkes in der Regel auch nicht soviel schadet, wie ein Uebermaass an Futter, so bleiben die Nachtheile davon doch nur selten aus, welche im Allgemeinen in zu grosser Ausdehnung des Verdauungscanals, Erschlaffung und Schwäche desselben, in zu schnellem Abgang des Futters, Vollsaftigkeit, Blutwässrigkeit, Vermehrung der Se- und Excretionen, und endlich in Mangel der Ernährung und anderen Krankheitszuständen bestehen. Durch eine zu geringe Menge des Getränkes wird die Verdauung erschwert, ein dicker, nicht leicht aufsaugbarer Chylus bereitet, die wurmförmige Bewegung des Digestions-Apparates vermindert, Hartleibigkeit, so wie Beschränkung der Se- und Excretionen herbeigeführt. Die weiteren Folgen sind Dickblütigkeit, Stockungen der Säfte, Concrementen- und Steinbildung u. s. w. Bei gänzlicher Entziehung des Getränkes, wenn nur trockene Nahrungsmittel gereicht werden, ist der Tod unausbleiblich, unter den vorhergehenden Erscheinungen des peinigenden Durstes. Bei verdursteten Thieren findet man Entzündungen in den Baucheingeweiden, und andere hiermit im Zusammenhange stehende Sections-Erscheinungen.

Zusatz. Bei der Section verdursteter Thiere findet man nach Balsalva, Dumas und Orfilla die Schleimhaut des Maules bis zum Magen stark geröthet, oft wirklich entzündet, desgleichen das Bauchfell, und diese Organe nicht selten mit lividen und brandigen Flecken bedeckt; die Hinterleibs-Eingeweide voll von Blut, entzündet und dem Brande nahe; viel Blut im Herzen und in den grossen Blutadern, im ersteren polypöse Massen, so wie auch das aus der Ader gelassene Blut bei Hunden eine starke lymphatische Kruste zeigt. Das Blut ist überall geronnen, dicht und ermangelt des Serums. Alle Se- und Excretions-Flüssigkeiten, besonders Galle und Urin, sind in geringer Menge vorhanden und von consistenter Beschaffenheit, so wie auch die festen Theile einen hohen Grad von Trockenheit zeigen. Das Gehirn und seine Häute werden oft geröthet und entzündet angetroffen. (Vergl. Starck l. c. S. 490).

§. 109.

In Rücksicht der Beschaffenheit des Getränkes haben wir es hauptsächlich nur mit dem Wasser, einem unorganischen Stoffe zu thun, welches das ausschliessliche Getränk der wilden Thiere, aber auch das gebräuchlichste, einfachste und natürlichste für die Hausthiere darstellt. Indess geniessen diese auch noch andere Getränke, so vorzugsweise die saugenden ein thierisches Secret, die Milch, oder auch aus ökonomischen, diätetischen und therapeutischen Rücksichten künstliche Getränke verschiedener Art, wie saure Milch, Molken, Mehl- und Kleientränke, Branntweinspülig und dergl. Bei dem Wasser kommen vorzugsweise seine Reinheit oder seine Beimischungen an organischen und unorganischen Stoffen verschiedener Art, so wie seine Temperatur in Betracht. So unterscheidet man Quell-, Regen-, Flusswasser, stehendes und Sumpfwasser, und berücksichtigt dabei seine Härte oder Weichheit, d. h. seinen mehr oder minder grossen Gehalt an unorganischen Beimischungen, namentlich an kohlensaurem Kalk; oder es kommen, vorzugsweise bei den stehenden Wassern, die Verunreinigungen durch faulende organische Körper, sowohl thierischer, als pflanzlicher, in Erwägung. Das reine, mässig kalte und harte, luftreiche Wasser, es sei Quell- oder Flusswasser, ist nun, wie bereits angedeutet, dasjenige, welches die

Gesundheit der Thiere zu erhalten am meisten geeignet ist. In wie fern Beimischungen desselben schädlich wirken, muss aus ihrer Natur beurtheilt werden, wie es sich aus dem bereits Abgehandelten, und für Beimischungen mehr zufälliger und giftiger Art aus der Materia medica leicht ergiebt. Auch die Nachtheile einer zu hohen und zu niedrigen Temperatur können ebenfalls, dem Bekannten zufolge, leicht ermessen werden. Bei den künstlichen Getränken sieht man nicht, wie beim Wasser, auf möglichste Indifferenz, sondern, nach Verschiedenheit des Zwekkes, auf Nahrhaftigkeit und Reizvermögen. Es lassen sich die Nachtheile solcher Getränke nach Dem, was über diese Qualitäten im vorigen Cap. angeführt worden ist, im Allgemeinen leicht beurtheilen.

Die Zeit, in welcher die Getränke aufgenommen werden sollen, wird am natürlichsten durch das Bedürfniss, durch den Durst, bestimmt. Den meisten Hausthieren ist aber in dieser Beziehung die Willkühr benommen; daher auch durch das unzeitige Saufen oftmals Nachtheile herbeigeführt werden können, die vorzugsweise in Störung der Verdauung und Assimilation bestehen.

Zusatz 1. Kalkreiches Trinkwasser ist mehre Male als Ursache der Harnsteinbildung, welche man nicht selten unter Rindvieh und Schafen als enzootische Krankheit beobachtet, beschuldigt worden. Kuers sah die Steinkrankheit häufig auf einem Gute entstehen, dessen Rinder mit Mistpfützenwasser getränkt wurden. Den Genuss des Meerwassers hat man bei Rindern und Schafen nachtheilig, selbst lebensgefährlich werden sehen, indem nach demselben Blutharnen, Diarrhöe u. dergl. entstand, wahrscheinlich wegen seines Gehaltes an Chlornatrium und anderen Salzen. (Vergl. Kuers l. c. I. Th. S. 69 ff.).

Zusatz 2. Von den künstlichen Tränken sind oftmals die, welche die Pferde der Müller aus sogenanntem Stein oder Vormehl erhalten, als Ursache der Erzeugung der Darmsteine wegen der beigemengten Kieselerde beschuldigt worden. Diese Beschuldigung erscheint aber in so fern unbegründet, als man unter anderen Umständen Pferde viel Sand verschlingen sieht, ohne dass sich Darmsteine erzeugen, und als die Analyse bisher nur einen geringen Gehalt an Kieselerde in den Darm- und Magensteinen nachgewiesen hat. Man sieht aber auch solche Steine häufig bei Pferden der Bäcker entstehen, welche gewohnt sind, Tränke aus Kleie oder Kleie selbst als Futter zu erhalten. Deshalb kann der von Anderen (Lassaigne, Saussure, Reubold) ausgesprochenen Ansicht, wonach der, in den Hülsen des Getreides nachgewiesene grosse Gehalt an phosphorsaurer Magnesia die Schuld an der Entstehung solcher Steine trägt, mehr Gewicht beigelegt werden, zumal da die Darmsteine zum grossen Theile aus diesem Stoffe bestehen. (Vergl. Gurlt: pathol. Anatomie I. Th. S. 34). — Noch mehr als das eben gedachte, künstliche Getränk ist die Schlämpe, sie stamme von Roggen oder Kartoffeln, als Schädlichkeit beschuldigt worden. Ihre Nachtheile werden sich aber mit wenigen Ausnahmen (S. w. u.) auf den maasslosen Genuss bei zu geringer Aufnahme fester Nahrungsmittel, ferner auf einen zu grossen Gehalt an Säure, oder gar auf faulige Zersetzung derselben, oder auf zu hohe Temperatur u. s. w. zurückführen lassen. In wie weit die Schlämpe zur Erzeugung der Lungenseuche und der Fussräude des Rindviehes beiträgt, steht noch nicht fest; noch weniger die schädliche Eigenschaft derselben, welche sie durch einen Gehalt an Solanin, von unreifen oder im Keimen begriffenen Kartoffeln herrührend, erlangen soll. — Das hier in Bezug auf die Branntweinschlämpe Gesagte gilt auch im Allgemeinen von den Biertrestern, oder von den, bei der Runkelrübenzucker-Fabrication gewonnenen Pressrückständen. Da solche Stoffe aber weniger zu Tränken benutzt werden, so ist das Angeführte auf sie als Futtermittel zu beziehen. — Spinola hält die in Gährung begriffene Maische, seiner Erfahrung zufolge, für sehr nachtheilig, wegen ihres Spiritus-Gehaltes. Er theilt einen hierher gehörigen interessanten Fall mit, wo Rindvieh nach dem Genusse einer solchen Maische an Besoffenheit litt, und einige Stücke nach vorhergegangenen Symptomen des Delirium tremens umkamen. (Spinola, Sammlung von Gutachten u. s. w., Berlin 1836 S. 223). Eine ähnliche Beobachtung machte der Kreis-Thierarzt Kniebusch bei mehreren Stücken Rindvieh, das ein aus Gerstenmalz und gedämpften Kartoffeln bereitetes und in Gährung begriffenes Getränk erhalten hatte. (Veter. Bericht d. K. Reg. in Frankfurt a. O. p. IV. Q. 1841). Kuers macht eine sehr beachtenswerthe Mittheilung (G. u. H. M. III. Jahrg. IV. H.) über seine Erfahrungen in Betreff angefaulter und verschimmelter Futterstoffe, fauligen Trinkwassers, der Branntweinschlämpe u. s. w. als Ursache verschiedener Krankheiten und vorzugsweise der Lungenseuche des Rindviehes. In Bezug auf die Schlämpe sagt er: „Man behauptet ganz allgemein und gewiss durchschnittlich sehr wahr, dass, je mehr Alkohol aus dem Kartoffeln-Maischgut (Erfahrungen über Getreide-Maischgut habe ich nicht gemacht) gewonnen werde, desto milder und geeigneter die Schlämpe zur Viehfütterung sei. Wer nicht genauer über den Grund nachdenkt, wird diese Behauptung wahr finden; denn man pflegt zu urtheilen, dass bei wenigerem Ziehen von Alkohol mehr ernährende Bestandtheile in der Schlämpe zurückbleiben müssten, weil nur diese sich in Alkohol umwandeln können; allein dem ist keinesweges so. Es geht das schlechtere Ziehen weit mehr von der Zerstörung aus, welche die ernährenden Materien durch ungleiche Gährung erlitten haben; die saure Gährung ist alsdann sehr vorgeschritten, und auf diese Weise wird die Schlämpe zum weit stärker erregenden und minder ernährenden Futterstoffe. Bei einem Vergleich der Schlämpe gut abgegohrener Maische, die vielen Alkohol hat gewinnen lassen, mit der schlecht abgegohrnen, weniger Alkohol gelieferten Maische wird der Unterschied auffallend beim Schmekken und bei der Behandlung der Schlämpe mit Säure tilgenden Mitteln bemerkt. Erstere hat noch süsslichen Malzgeschmack, während in letzterer die Essigsäure auffallend vorschmeckt."

Die frische Schlämpe aus gut betriebenen Brennereien

enthält nach mehrfachen Untersuchungen Kuers (vermittelst Neutralisation mit kohlens. Kali) durchschnittlich in 20 Quart ungefähr 1 Quart gewöhnlichen guten Weinessigs. Ferner enthält sie 8—9 pro Cent fester Substanz und im Verhältniss zu dieser 2,70—2,89 pro Cent Säure.

Vierundzwanzigstes Capitel.

Von den Arzneien.

§. 110.

Wenn wir die Nahrungsmittel als solche Stoffe betrachten, welche sich durch eine gewisse Indifferenz, durch eine gradweise Verwandschaft zum Organismus auszeichnen, und zwar in der Art, dass sie vom lebenden Körper gänzlich umgewandelt und von demselben assimilirt werden können: so müssen hingegen Stoffe für Arzneimittel gelten, welche eine gewisse Indifferenz oder Heterogeneität zum Organismus behaupten; mithin von demselben gar nicht, oder nur in einem geringen Grade verähnlicht werden können. Daher veranlassen die Nahrungsmittel oder doch ihre wirklich ernährenden Bestandtheile, welche vom gesunden Organismus gänzlich einverleibt werden, um ihn als solchen zu erhalten, eine sanfte, allgemeine Wirkung, während die Arzneimittel, indem sie den Zustand des Organismus, wenigstens in einzelnen Theilen in der Art abändern, dass er von der normalen Richtung abweicht, eine spezifische Wirkung zeigen. Eine scharfe Grenze zwischen Arznei- und Nahrungsmitteln zu ziehen, würde indess unzulässig sein; denn die differentesten, aus dem organischen Reiche stammenden Arzneimittel enthalten noch assimilirbare Stoffe, wie Eiweiss, Stärke, Kleber, so wie Nahrungsmittel aus der Klasse der reizenden mehr eine spezifische als eine allgemeine Wirkung zeigen. Ueberhaupt aber hängt der Einfluss der Nahrungs- und Arzneimittel nicht nur von der Beschaffenheit dieser und ihrer Menge, sondern auch von dem Zustande des Organismus ab, so dass in dem einen Falle ein Nahrungsmittel als Arzneimittel wirken kann, während in einem anderen Falle ein Arzneimittel keine bemerkbare spezifische Wirkung veranlasst.

Zusatz. Die Indifferenz der Arzneimittel wird sich deutlich bei denjenigen erklären lassen, welche unverändert in die Säftemasse übergehen und auch als solche ausgeschieden werden, oder sich in gewissen Organen localisiren. — Dass es keine Grenze zwischen Nahrungs- und Arzneimitteln, giebt, räumt die Materia medica ein, in welcher eine Klasse indifferenter Stoffe aufgeführt wird.

§. 111.

Da also die Arzneimittel, dem Vorhergehenden zufolge, das Gleichgewicht der organischen Functionen stören, indem sie eine spezifische Wirkung in einzelnen Organen oder Systemen ursprünglich und dann auf sympathische Weise in mehreren und im ganzen Organismus hervorrufen; so müssen sie nothwendig im gesunden Organismus eine künstliche Krankheit erzeugen. Es ist daher der Arzneigebrauch bei gesunden Thieren als sogenannte Präservativ-Curen im Allgemeinen zu verwerfen; bedingungsweise aber dann zu gestatten, wenn eine gewisse Hinneigung zu Krankheiten bei ihnen anzunehmen ist. Sogenannte Frühlings- und Herbst-Curen bei völlig gesunden Thieren gehören in das Gebiet des Unsinns und der Charlatanerie und sind schädlich.

Zusatz 1. Die Verhältnisse, welche eine solche oder jede andere Charlatanerie in der thierärztlichen Praxis gestatten können, werden sich nach den obwaltenden Umständen bei einigem Nachdenken leicht ergeben. Bei der Motivirung aber muss der, mit der Moral in Widerstreit gerathende Egoismus aus dem Spiele bleiben und nur das Gemeinwohl im Auge gehalten werden. — In wie fern unpassende Arzneimittel in Krankheiten schädlich werden können, lehrt die Materia medica und die Therapie ausführlich. — Die Schädlichkeit des Arzneigebrauchs bei Gesunden wurde schon im grauen Alterthum erkannt, da Celsus sagte: Cavendum ne in secunda valetudine adversa praesidia consumantur; und Plinius: desinunt prodesse, quum opus est, quae quotidie in usu fuerunt, aeque quam nocere.

Zusatz 2. Das, was oben in Rücksicht der Arzneimittel gesagt worden ist, findet auch im Allgemeinen Anwendung in Bezug auf die Gifte; denn auch Gifte sind Arznei mittel. Selbst zwischen Heilmittel, als einem besonderen Begriffe und Gift findet kein absoluter Unterschied Statt; in der Hand des weisen Thierarztes kann ein sonst heftiges Gift zu einem Heilmittel, und in der Hand eines Pfuschers ein sonst wirksames Heilmittel zum Gifte werden. Die Bedingungen und Verhältnisse, unter welchen eine spezifisch wirkende Substanz angewandt wird, sind es also, welche dieselbe zum Gifte erheben. So wie sich die Arzneimittel einerseits an die Nahrungsmittel, so schliessen sich andererseits die Gifte an die Arzneimittel an, wodurch eine Reihe von Stoffen gebildet wird, deren Endglieder die indifferentesten Nahrungsmittel und die differentesten Gifte darstellen. Was über die schädliche Wirkung der Gifte insbesondere zu sagen wäre, gehört in die Pharmakologie (im eigentlichsten Wortsinne).

Zusatz 3. Das, was über die bedingungsweise hervortretende Schädlichkeit der Operationen zu sagen wäre, gehört eigentlich in die folgende Klasse, da bei den meisten das mechanische Moment überwiegend ist. Die Operationen gehören aber auch zu den Heilmitteln; wir halten es daher der Kürze wegen für zweckmässig, hier ein paar Worte über dieselben einfliessen zu lassen. Nur solche Operationen sind zweckmässig und nützlich, welche nach sorgfältiger Erwägung der

Anzeigen und Gegenanzeigen, wie es die rationelle Chirurgie lehrt, angestellt werden; alle andere aber können Schaden bringen, welches nach Verschiedenheit der Operationen, den chirurgischen und pathologischen Grundsätzen gemäss zu würdigen ist.

Fünfundzwanzigstes Capitel.

Von den Se- und Excretionen.

§. 112.

Da die ab- und auszusondernden Flüssigkeiten aus der Zusammenwirkung des Blutes und der betreffenden Secretionsorgane hervorgegangene Producte sind, so muss nothwendig der Zustand dieser beiden Momente auf die Beschaffenheit jener einen grossen Einfluss haben. Andererseits aber wird die Beschaffenheit derjenigen Secretions-Flüssigkeiten, welche zu einer Mitwirkung bei der Verdauung und Assimilation bestimmt sind, zum Theil die Mischung des Blutes bedingen, wogegen dieses hinwiederum dadurch fehlerhaft werden kann, wenn durch die anomale Secretionsthätigkeit Stoffe im Blute zurückgelassen werden, welche zur Ab- und Aussonderung bestimmt sind. Man wird hieraus leicht erkennen, inwiefern fehlerhafte Se- und Excretionen im Allgemeinen nachtheilig werden können. Es ist indess die Beschaffenheit nicht allein, welche in dieser Beziehung in Betracht kommt, sondern auch die Menge; es ist zu untersuchen, ob ein Mangel oder ein Uebermaass stattfindet. Dass zu starke Ab- und Aussonderungen zunächst das Blut zu sehr in Anspruch nehmen, und sodann mangelhafte Ernährung und Schwäche die Hauptfolge sein müsse, ist eben so einleuchtend, als: dass durch eine abnorme Verminderung in jener Beziehung Blutfulle, oder durch Zurückhaltung auszusondernder Stoffe aus dem Blute, eine fehlerhafte Beschaffenheit desselben und demnächst verschiedenartige Leiden erzeugt werden müssen. Da die abnorme Menge und Beschaffenheit der Se- und Excretionen meist schon von pathologischen Zuständen abhängig sind, so dürfte ihre nahere Betrachtung füglich in den zweiten Theil dieses Werkes gehören, wo von ihrer Grundursache die Rede sein wird.

Zusatz. Gewöhnlich betrachtet man in diesem Capitel den Speichel, Magen- und Darmsaft, Schweiss, Samen, Urin und die Darmausleerung. Wie uns dünkt, könnten passend nur diejenigen Ab- und Aussonderungen als relativ-äussere Schädlichkeiten hier speziell betrachtet werden, auf deren Menge und Beschaffenheit das Thier selbst oder seine ökonomische Benutzung einen Einfluss ausübt, wohin allenfalls Samen, Milch. Urin und die Darmausleerung gehörten. Eine Grenze ist indess in dieser Beziehung schwer zu bestimmen und Wiederholungen würden nicht leicht zu vermeiden sein. Daher wird, wie gesagt, auf einen anderen Ort verwiesen.

Dritte Classe.

Mechanische Schädlichkeiten.

Sechsundzwanzigstes Capitel.

Von den mechanischen Schädlichkeiten überhaupt.

§. 113.

Körper, welche durch ihre Schwere, Form oder andere physische Eigenschaften das materielle Verhältniss des thierischen Organismus in einer Art verletzen, dass dadurch Auseinanderweichen oder Trennung der Theile, entweder unmittelbar an der berührten, oder mittelbar an anderen, von dem Orte der Einwirkung entfernten Stellen, erfolgt, können als mechanische Schädlichkeiten wirken. Wenn die Einwirkung mechanischer Schädlichkeiten nicht den Tod unmittelbar zur Folge hat, so tritt, wie nach dem Einflusse einer jeden anderen Schädlichkeit, von Seite des Organismus Reaction hervor, welche sich in der Bestrebung zur Ausgleichung der Formverletzung kund giebt. So wie bei einigen dynamisch oder chemisch wirkenden Schädlichkeiten (z. B. beim Blitz und bei den Aetzmitteln) die mechanische Wirkung zuweilen hervorsticht; so bemerken wir auf der anderen Seite nach unbedeutenden mechanischen Verletzungen die Hauptwirkung als eine dynamische oder chemische ausgesprochen, z. B. nach dem Bisse eines wuthkranken Hundes, oder nach der Verletzung mit einem vergifteten (mit einem Contagium versehenen chirurgischen) Instrumente. Nach jedem Druck, nach jeder Erschütterung des Organismus erfolgt eine Ortsveränderung, vorzugsweise der betroffenen Theile, welche aber, wenn diese Theile viel Elastizität besitzen und die Einwirkung nicht heftig war, in der Regel nicht lange dauert. Ein relativ-heftiger Grad von Erschütterung hingegen vermindert den Tonus, lähmt die Function, oder vernichtet gar das Lebensvermögen in den betroffenen Theilen. Die gradweisen Folgen hiervon sind: Verlangsamung und Stockung der Blutbewegung, Infiltration und Sugillation, Entzündung und der Tod durch Brand. Die vollständige Trennung des Zusammenhangs, welche sich als Zerreissung zu erkennen giebt, zieht Blutaustretungen, Blutflüsse in verschiedenen Graden und in verschiedener Bedeutung nach sich, eine andere Wichtigkeit hat z. B. die Blutung nach Zerreissung eines inneren Organes, welche in der Regel tödtlich ist, als die parenchymatöse bei einer Hautverletzung. Die nähere und ausführlichere Betrachtung der verschiedenen, auf die Form und Beschaffenheit der mechanischen Potenz zurückzuführenden Verletzungen müssen wir der Chirurgie anheimgeben.

Siebenundzwanzigstes Capitel.

Von den Geschirren, Bedeckungs- und Reinigungs-Stücken.

§. 114.

Ein gehöriges Verständniss des im vorigen Capitel Enthaltenen voraussetzend, können wir uns in diesem kurz fassen, und dürfte es unnöthig sein, die hierher gehörigen Gegenstände, welche mechanisch verletzen können, namentlich aufzuführen, da sie allgemein bekannt sind. In Rücksicht der Geschirre bemerken wir nur, dass sie im Allgemeinen wegen zu grosser Weite oder Enge, oder wegen ihrer bedeutenden Schwere nachtheilig werden, und dass sie, ausser den örtlichen mechanischen Verletzungen, auch in Folge des Druckes Hemmungen des Blutlaufs bewirken können; so z. B. werden zu enge Kummte den Rückfluss des Blutes aus dem Kopfe hemmen, hierdurch Congestionen nach diesem Theile und ihre weiteren Folgen: Entzündung des Gehirns, der Augen u. s. w. veranlassen. Die Bedeckungsstücke können, ausser der mechanischen Belästigung und Verletzung, welche letztere namentlich durch zu fest geschnallte Gurte entstehen kann, noch anderweitige Nachtheile hervorbringen, welche sich als Verzärtelung der Haut, als unzureichender Schutz für dieselbe, oder als Veranlassung zu schwächenden Schweissen zu erkennen geben. Wie wohlthätig auch im Allgemeinen der Einfluss der Reinigungswerkzeuge unmittelbar für die Haut und mittelbar für den ganzen Organismus ist, so können sie doch durch ihre schlechte Beschaffenheit und durch maasslosen Gebrauch derselben manche Verletzungen bewirken, die nicht allein ihrer Natur nach übele Folgen haben können, sondern auch noch ein Sträuben der Thiere gegen die künftige Hautpflege veranlassen, wodurch diese dann unvollständig und zum Nachtheile der Gesundheit der Thiere geschieht.

Zusatz. Die Hufeisen gehören zu den Bedeckungs oder Bekleidungsstücken der Thiere; die Nachtheile eines fehlerhaften Beschlags aber lehrt die Hufbeschlagkunde ausführlich.

Achtundzwanzigstes Capitel.

Von der Bewegung und Ruhe

§. 115.

Ein angemessener Wechsel in der körperlichen Bewegung und Ruhe ist für die Gesunderhaltung der Thiere wesentlich. Maasslosigkeit in beiden Momenten macht sie zur relativ-äusseren Schädlichkeit. Wenn wir den, in der Mast befindlichen Thieren die Bewegung, als für sie ungünstig, versagen, so ist zu bemerken, dass eben die Mastung nur eine höchst relative Gesundheit gestattet, die der Krankheit sehr nahe kommt. Die Wirkungen, welche die willkührliche Bewegung zunächst in den betreffenden Muskeln veranlasst, sind bekannt. Sie schwellen durch grossere Blutzufuhr an, werden lebhafter ernährt, gewinnen Kraft und Ausdauer. Durch den rascheren Umtrieb der Säfte, welche die Bewegung veranlasst, erfolgen alle Verrichtungen naturgemässer, namentlich wird durch die gesteigerte Respirations-Thätigkeit die Umbildung des Blutes begünstigt, und hierdurch der Grund zu einem wünschenswerthen Stoffansatz gelegt. Die weiteren Folgen willkürlicher Bewegungen sind: Steigerung der organischen Wärme, der Hautfunction, des Appetites u. s. w. Die Bewegung kann ebensowohl durch Uebermaass als durch Mangel, so wie durch die Art und Weise der Ausübung und andere, hierbei stattfindende Umstände nachtheilig wirken.

§. 116.

Mangel an Bewegung bewirkt zunächst eine ungenügende Ausbildung des willkürlichen Muskelapparates, welche sich durch Schwäche, Schlaffheit und Blässe in demselben zu erkennen giebt. Lange fortgesetzte Ruhe kann endlich (wie bei enge eingesperrten, der Mast unterworfenen Gänsen und Schweinen) das Bewegungs-Vermögen, in Folge Steifigkeit und Lähmung der Muskeln, Verwachsung der Gelenke durch verminderte Absonderung der Synovia gänzlich vernichten. Andere Folgen des Mangels an Bewegung sind: Beschränkung des Appetites und der Verdauung, verminderte Respiration, unvollkommene Ausbildung des Blutes, Reichhaltigkeit desselben an Serum und Kohlenstoff, Heranbildung des Fettes, Stockungen der Säfte, Oedeme und allgemeine Dyskrasie. Die Art, wie die Ruhe bei den Thieren ausgeübt wird, kann noch besondere Folgen haben; so bewirkt das lange Stehen bei den Pferden bald Steifigkeit in den Gliedmaassen, wässrige Anschwellung in denselben, das Liegen aber Druckschäden der Haut. Nehmen wir auf mitwirkende Umstände Rücksicht, wie auf den Stand und das Lager der Thiere, so werden wir zur Ueberzeugung gelangen, dass jene Nachtheile mannichfache Modificationen erleiden können, welche anzuführen, nicht in unserem Zwecke liegt.

§. 117.

Uebermässige Bewegung kann nach ihren Graden verschiedene Nachtheile erzeugen. Man weiss, dass endlich die Thiere zu Tode gejagt werden können, welcher hierbei entweder durch Erstickung und Schlagfluss, oder durch Ueberreizung und Lähmung, so wie durch Entmischung des Blutes erfolgt; wobei die Cadaver sehr bald in Fäulniss übergehen. Nachtheile minderer Art sind: zu grosse Ernährung der Muskeln, Verminderung der Beweglichkeit und endlich Steifigkeit derselben; ferner mangelhafte Ausbildung des Blutes wegen übermässiger Anhäufung desselben in den Lungen und verzögerten Rückflusses aus den Muskeln; endlich Congestionen, Blutungen, Zerreissungen und mechanische Verletzungen verschiedener Art, Schwinden des Fettes, mangelhafte Verdauung und Ernährung u. s. w. — Auch bei der übermässigen Bewegung kann die Art, in welcher sie ausgeübt wird, und andere mitwirkende Umstände spezielle Nachtheile erzeugen. Man denke nur an die verschiedenen Bewegungsarten der Pferde, dann daran, ob sie Lasten tragen oder nicht, ob die Thiere noch jung oder bereits ausgebildet sind, ob die Bewegung gleich nach dem Füttern geschieht, oder ob die Bewegung überhaupt unzulänglich ist, endlich an die Witterungs- und Bodenverhältnisse, um für jenen Ausspruch die Belege zu finden.

§. 118.

Passive Bewegungen, in Gegensatz der activen, d. h. solche, welche den Thieren von aussen mitgetheilt werden, finden zwar Statt, aber bei den grösseren Thieren nur selten. Auch verhält sich der Körper in der mitgetheilten Bewegung nicht ganz passiv, weil er darin immer eine gewisse Haltung behaupten muss, welche mit mehr oder weniger Anstrengung verbunden ist. So werden zuweilen Thiere zu Schiffe und zu Wagen transportirt; die Nachtheile, welche sich jedoch, namentlich bei den Schiffstransporten der Pferde herausstellen, scheinen mehr auf einen engen, in jeder Beziehung unpassenden Aufenthaltsort, und auf die schlechte Beschaffenheit der Schiffsfourage zurückgeführt werden zu müssen, als auf die mitgetheilte Bewegung selbst. In wie fern der Transport der Thiere mit Dampfwagen oder mit eigens construirten Frachtwagen (deren man sich auch wohl jetzt zur Translocation feiner Raçe und Rennpferde bedient) nachtheilig werden kann, ist noch nicht ermittelt. Es ist aber wahrscheinlich, dass die Nachtheile der Dampfwagen mehr auf das ganze Geschlecht der Pferde gerichtet sind, als auf einzelne Individuen.

Zusatz. Einen Fall erzählt Damoiseau (Journ. prat. de méd. vet. 1830) von einem arabischen Hengst, der von Syrien nach Frankreich geschifft wurde, welcher an einer, der Seekrankheit des Menschen ähnlichen Krankheit litt. Er wurde zuerst traurig, dann bekam er Bauchschmerzen, Zittern und Erbrechen unter heftigem Schreien. Das Erbrechen dauerte 4 Tage hindurch und erfolgte nach jedesmaligem Verschlucken von Getränk u. s. w. Uebrigens war die Krankheit in 8 Tagen beendigt, obgleich die Fahrt eine weit längere Zeit dauerte.

Vierte Classe.

Gemischte Schädlichkeiten.

Neunundzwanzigstes Capitel.

Von den Ställen und der Stallpflege.

§. 119.

Zuvor möge zur Rechtfertigung der aufgestellten Classe angemerkt werden, dass in ihr Schädlichkeiten abgehandelt werden, welche nicht füglich in den vorhergehenden Classen untergebracht werden konnten. Sie werden deshalb gemischte genannt, weil sie zusammengesetzter Art sind, indem sich in ihnen grösstentheils die Potenzen einfacherer Art, welche bereits abgehandelt worden sind, wieder erkennen lassen, und nicht, weil ihre Wirkung aus einer dynamischen, chemischen und mechanischen zusammengesetzt ist. Denn Diess ist bei allen Schädlichkeiten mehr oder weniger der Fall, obwohl die eine der Richtungen dabei vorzugsweise und primär zu bemerken ist. Hierher gehören nun die Nachtheile, welche aus den Ställen und der Stallpflege, ferner aus der Gebrauchsweise der Thiere, aus den Eingeweidewürmern, Insecten und den Aftergebilden erwachsen können. Zunächst also von den Ställen und der Stallpflege.

§. 120.

Die Ställe unserer Hausthiere sollen überhaupt eine solche Lage und Einrichtung haben, dass sie den erforderlichen Schutz gegen nachtheilige Ausseneinflüsse bieten und diejenigen Schädlichkeiten möglichst vermindern, welche durch den Aufenthalt und das Zusammenleben der Thiere in ihnen entstehen können. Daher hat man bei den Ställen die Himmelsgegend zu berücksichtigen, welcher ihre Hauptseite zugekehrt ist, ihre Räumlichkeit und Erhellung; ferner ihre Vorrichtungen zur Lüftung, die Lage und Einrichtung der Thüren, Fenster, Stände, Abzugskanäle, Fütterungsvorrichtungen u. dergl. Es würde zu weit führen, alle die Nachtheile hier speziell zu betrachten, welche aus jenen Verhältnissen möglicher Weise fliessen können; auch sind sie leicht aus verschiedenen, sich hierauf beziehenden Capiteln abzuleiten.

§. 121.

In Rücksicht des Zusammenwohnens der Thiere ist ihre Zahl in Bezug auf die Räumlichkeit des Stalles und die Gemeinschaft mit Thieren einer anderen Gattung zu beachten. Diese Gemeinschaft muss im Allgemeinen als nachtheilig betrachtet werden. Einige Gattungen vertragen sich indess weniger zusammen, als andere, so Schweine mit Pferden nicht, auch diese mit Schafen und Federvieh nicht. Hauptsächlich ist es die Ausdünstung, welche in solchen Fällen schädlich für die Pferde ist, und die Plage, welche die Läuse des Geflügels jenen bieten können. Die Stallpflege bezieht sich auf Reinigung der Ställe und der Thiere selbst. Dass vernachlässigte Cultur der Haut zunächst in diesem Organ und dann secundär in andern verschiedene krankhafte Zustände bewirken könne, ist leicht ersichtlich und bereits angedeutet worden; und dass vernachlässigte Reinigung der Ställe eben so leicht Haut-, Lungen- und Augenleiden zur Folge hat, ist auch zur Genüge aus dem bereits Abgehandelten erklärlich.

Zusatz. Viele Landleute halten das Zusammenwohnen der Ziegenböcke mit Pferden als erspriesslich für die Gesundheit dieser. Dieses Vorurtheil soll in einem Aberglauben seinen Grund haben. Man trifft die Pferde zuweilen morgens in den Ställen in einer ängstlichen Unruhe und schwitzend an; die Sachverständigen wissen, dass solche Erscheinungen meist Folge einer Indigestion sind, welche ein reichliches Abendfutter erzeugte. Der Landmann aber, dem das Handgreifliche zu alltäglich ist, sucht die Ursache für jene Erscheinung in einer anderen Welt. Der Teufel bedarf zu seinen vielen Geschäften bei Nacht zuweilen eines Reitthieres; der Teufel ist auch indiscret genug, sich hierzu des ersten besten zu bedienen, und so muss denn oft ein armer Gaul herhalten; findet er aber zufällig sein Leibthier, den Ziegenbock, so verschont er die Pferde. Man sieht, dass der Landmann, wenn es sein Interesse gilt, selbst den Teufel zu überlisten im Stande ist. Die practischen Thierärzte mögen sich Diess ad notam nehmen.

Dreissigstes Capitel.

Von der Gebrauchs- und Lebensweise der Thiere.

§. 122.

Wenn wir von der Production der Milch, der Wolle und des Fettfleisches absehen; so sind einige Hausthiere noch mancherlei Zwecken der Gewerbe, des Vergnügens und des Luxus dienstbar. In dieser Dienstbarkeit sind Nachtheile begründet, welche im Allgemeinen auf zu starke Bewegung, auf zu grosse Ruhe und auf die Art und Weise, wie die Bewegung ausgeführt wird, ob sie mit einer Anstrengung des Lasttragens oder Lastziehens verbunden ist — zurückgeführt werden können, und mithin in mechanischen Verhältnissen liegen. Andere mitwirkende Einflüsse sind aber hierbei nicht zu übersehen, wie die der Witterung, Nahrung und Pflege. Es ist kaum nöthig, ein Mehreres in dieser Beziehung anzuführen;

da sich die nöthige Aufklärung aus dem Vorhergehenden wie von selbst ergiebt.

Zusatz. Um ein Beispiel für die Folgen der verschiedenen Gebrauchsweise der Thiere zu haben, denke man unter anderen an einen edlen Wettrenner, der in wenigen Minuten eine meilenlange Bahn durchsausste, und nun, seinem Ziele nahe, mit dem Hochgefühle, seinen Concurrenten um eine Nasenlänge zu schlagen, mit ausgerenkten Gliedern und krachenden Rippen zusammenstürzt, unter Blutsturz seine stolze Seele aushaucht, der Eitelkeit, Gewinnsucht und dem Barbarismus seines Besitzers als Opfer fällt; und vergleiche mit ihm einen trägen Gaul, welcher in der Hitze des Tages seine 1000pfündige Last viele Meilen weit unter den härtesten Entbehrungen schleppt, und nun endlich mit geschundener Brust, den Verschlag in den Füssen und den Koller im Kopfe sein Tagewerk beendigt.

Einunddreissigstes Capitel.

Von den Schmarotzerthieren.

§. 123.

Zu den Schmarotzerthieren (Parasiten) unserer Haussäugethiere gehören solche, welche in und auf denselben ihren naturgemässen Aufenthalt haben, entweder während ihrer (der Schmarotzer) ganzen Lebensdauer, oder doch während einer gewissen Periode ihrer Entwickelung. Im weitesten Sinne lassen sich auch solche Thiere zu den Schmarotzern unserer Haussäugethiere zählen, welche von ihren Säften sich nähren, und sich zu diesem Behufe in oder auf ihnen aufhalten. Man kann die Schmarotzer eintheilen in Ento- und Epizoen, obgleich diese Eintheilung nicht streng durchzuführen ist, insofern (wie sich weiter unten ergeben wird) eine Gattung sowohl ausserhalb als innerhalb des Körpers der Haussäugethiere vorkommt.

§. 124.

Zu den Entozoen gehören zunächst die Eingeweidewürmer (Enthelminthes). Zum Behufe der naturhistorischen Kenntniss derselben wird auf die gründliche Zusammenstellung verwiesen, welche Gurlt (in dem Anhange zu seiner pathologischen Anatomie) gegeben hat. — Man mag rücksichtlich der Entstehung der Eingeweidewürmer einer Ansicht huldigen, welcher man wolle; man mag sie sich durch generatio aequivoca oder aus Eiern ursprünglich in den Leibern der Thiere entstanden denken: in jedem Falle muss man zugeben, dass sie als Schädlichkeit wirken können, und dass ihre Erzeugung schon einen krankhaften Zustand voraussetzt, weil ihr Vorkommen und ihre Zahl von einer besonderen Beschaffenheit der sie beherbergenden Thiere; mithin von einem besonderen Anlage-Verhältnisse abhängt. Man hat zwar die Frage aufgeworfen: ob die Eingeweidewürmer, welche ohne die höheren Thiere, in denen sie vorkommen, nicht bestehen können, nach dem durchgreifenden Gesetze der Gegenseitigkeit, wenigstens unter gewissen Umständen, als ein Bedürfniss der thierischen Oekonomie eben der höher stehenden Individuen angesehen werden dürften? — Zur Bejahung dieser Frage hat man mehrere Gründe aufgeführt: das häufige Vorkommen der Darmwürmer bei anhaltendem Genuss reizloser Nahrungsmittel; ferner die Erfahrung, dass die Gedärme für mechanische Reize vorzüglich empfänglich sind, wenigstens auf diese mehr, als auf andere motorisch reagiren; endlich, dass gewisse Eingeweidewürmer bei unteren Thierklassen constant gefunden werden. (Vergl. Gerber in lib. cit.). Wenn man sich aber rein an die Erfahrung hält, so sind wir nicht allein genöthigt, wie bereits angedeutet, die Eingeweidewürmer, wenn sie in einer gewissen Menge oder an gewissen Orten vorkommen, selbst für eine Krankheit zu halten, sondern auch zu gestehen, dass sie die Ursache mancher secundären Folgen abgeben können. So wie man also zu weit gehen würde, sagt Hartmann (in lib. cit.) sehr treffend, wenn man die Eingeweidewürmer aus der Reihe der, die Lebensgeschäfte des sie beherbergenden Organismus störenden Schädlichkeiten gänzlich ausschliessen und sie als schuldlose oder gar als freundliche Bewohner betrachten wollte, so müssen wir uns auf der anderen Seite hüten, Krankheitserscheinungen auf Rechnung der Würmer zu schreiben, welche mit Grund nur auf den krankhaften Zustand des organischen Bildungsprozesses, mit welchem die Erzeugung der Würmer in Verbindung steht, bezogen werden sollten.

Näher betrachtet bestehen die nachtheiligen Wirkungen, welche die Eingeweidewürmer hervorbringen, zum Theil in mechanischer Reizung, welche sie an ihrem Aufenthaltsorte veranlassen, und zwar durch Bewegungen, Saugen, Druck und Verstopfung von Kanälen. Hierdurch entstehen Schmerzen, Krampf, Entzündung, Unterdrückung der Function des belästigten Organs unmittelbar, oder auf sympathische Weise krankhafte Erscheinungen in anderen Körpertheilen, wie Zuckungen, regelwidrige Absonderungen u. dgl. Zum Theil aber sind die nachtheiligen Wirkungen der Eingeweidewürmer auf die Reproduction gerichtet, indem sie selbst in ihrer Ernährung die Säftemasse in Anspruch nehmen, und dieselbe hinwiederum durch ihre Excretionen verunreinigen. Man sieht hieraus, dass die Eingeweidewürmer auf mannichfache

Weise schädlich werden können, auch weiss man, dass einige sogar in geringer Zahl lebensgefährliche Krankheitsformen (z. B. der coenurus cerebralis, die Drehkrankheit) hervorzubringen vermögen.

§. 125.

Zum Theil als Epi-, zum Theil als Entozoen sind die Larven der Bremsen zu betrachten, welche auf und in einigen unserer Hausthiere aus Eiern zur Entwickelung gelangen, und sich bei ihnen bis zur Periode der Metamorphose zum ausgebildeten Insekt aufhalten. In Betreff des Naturhistorischen verweisen wir auf die lehrreiche Schrift von Schwab „die Oestraciden" und auf die von Numan „über die Bremsenlarven (aus dem Holländischen frei übersetzt und mit Zusätzen versehen von Hertwig). Jedoch möge hier kurz bemerkt werden, dass in der letzteren Schrift die Familie der Bremsen (Oestracides) in zwei Gattungen unterschieden werden, nämlich: in die Gattung Oestrus (Biesfliege) und in die Gattung Gastrus (Magenbremse oder Bremsfliege). Von den letzteren unterscheidet Numan vier Arten, deren Larven sämmtlich im Magen des Pferdes und des Esels vorkommen, nämlich: 1) Gastrus equi (gewöhnliche oder grosse Pferdebremse; 2) Gastrus haemorrhoidalis (Mastdarmbremse); 3) Gastrus salutiferus (heilsame Bremse); 4) Gastrus nasalis s. veterinus (Nasen- oder Viehbremse). Von der Gattung Oestrus kommen die Larven der Art Oestrus bovis (Rindviehbremse) im Zellgewebe unter der Haut des Rindviehes, und die der Art Oestrus ovis (Schafbremse) in den Nasenhöhlen und ihren Nebenhöhlen beim Schafe vor.

Die nachtheiligen Wirkungen, welche die Bremsenlarven in unseren Hausthieren veranlassen können, sind verschieden nach dem Sitze und nach der Zahl der Larven. Eine mässige Zahl von Larven im Magen und unter der Haut der Thiere bringt keine bemerkbaren Uebelstände hervor. Eine grosse Zahl im Magen der Pferde aber kann gefährliche Koliken und Entzündungen dieses Eingeweides veranlassen; und eine grosse Zahl der Schmarotzer unter der Haut beschränken jedenfalls die Ernährung des sie beherbergenden Körpers, indem sie von den Säften dieses leben; so wie endlich eine gewisse Zahl von Larven in den Gesichtshölen, Niesen, Schwindel (Bremsenschwindel) und Symptome der Drehkrankheit bewirken können.

§. 126.

Zu den, nur auf der Haut oder unter der Epidermis lebenden Schmarotzern unserer Haussäugethiere, also zu den wahren Epizoen gehören: 1) die Krätzmilben (Acarus s. Sarcoptes), von denen man beim Pferde, Rinde, Schafe, Hunde und bei der Katze, und zwar bei einer jeden dieser Thiergattung eine besondere Art entdeckt hat; beim Schweine aber sind die Krätzmilben, so viel mir bekannt, überhaupt noch nicht aufgefunden worden. Hering giebt an (spez. Pathol. u. Ther.), dass er in veralteter Mauke, welche sich beim Pferde an den hinteren Schienbeinen herauf erstreckte, Milben in grosser Zahl gefunden habe, die mit der Krätzmilbe identisch waren, und auf andere Stellen und Thiere übertragen, die Krätze hervorbrachten. Auch bemerkt derselbe (eod. loc.), dass er in der Jauche des Strahlkrebses beim Pferde eine besondere Spezies von Eitermilben beobachtet, und unter dem Namen Sarcoptes hippopodos (in den Verh. d. Akademie der Naturf.) beschrieben und abgebildet habe; ebenso die Milbe aus Geschwüren des Hundes als Sarcoptes cynotis. — Ferner gehören zu den Epizoen unserer Haussäugethiere 2) der Floh (Pulex), vorzugsweise bei Hunden und Katzen vorkommend, und wahrscheinlich bei jeder dieser Thierart eine besondere Spezies; 3) die Laus (Pediculus), wovon wahrscheinlich eine jede Gattung unserer Hausthiere eine besondere Art beherbergt. Ausser diesen bisher bekannten wahren Epizoen finden noch einige andere Insecten auf der Haut der Haussäugethiere ihren Aufenthalt, nachdem sie zufällig dahin gelangt waren; so namentlich die Zecken (Ixodes) bei Pferden, Rindern, Schafen und Hunden. Man hat von ihnen bereits mehre grössere Arten und eine mikroskopische unterschieden; dann die Pferdelausfliege (Hippobosca equina) und die Schaflausfliege (Hippobosca ovina). — So viel ist mir bis jetzt über die ächten und unächten Epizoen unserer Haussäugethiere, welche bei ihnen in unseren Gegenden vorkommen, bekannt. Hoffentlich werden uns die Untersuchungen, mit denen Herr Prof. Gurlt in diesem Augenblicke beschäftigt ist, eine baldige nähere Aufklärung über diesen Gegenstand verschaffen.

Ausser den gedachten Epizoen giebt es noch eine Menge Insekten, welche unsere Haussäugethiere belästigen und denselben sogar gefährlich werden können, wie einige Spezies der Gattungen Tabanus, Conops, Culex und Musca; ferner Hornisse (Vespa Crabro), Wespen (Vespa vulgaris), Bienen (Apis mellifica) u. dergl. m. Vor allen aber sind in dieser Beziehung die Kolumbaczer Mücken (Simulium reptans, Culex reptans, Rhagio columbaczensis) berüchtigt.

Was die nachtheiligen Wirkungen der, in diesem §. berührten schmarotzenden und anderen Insecten anbetrifft, so ist ermittelt, dass die Krätzmilben die Ursache zur Entwickelung der Räude abgeben, obgleich man zuweilen die Räude bei Thieren beobachtet, ohne diese Milben auffinden zu können. Die meisten der anderen Insecten belästigen die Thiere mehr oder weniger, wodurch diese in Unruhe versetzt, am Fressen verhindert werden, und jene somit indirect eine mangelhafte Ernährung bewirken können, aber auch auf eine mehr directe Weise, wenn sie in grosser Zahl auf den Thieren vorkommen, indem sie von den Säften dieser leben. Namentlich sind die Läuse in dieser Beziehung zu merken, welche sich nach den Beobachtungen Viborg's bei Schweinen zuweilen in solcher Unzahl einfinden, dass sie die Thiere aufzufressen scheinen, obgleich ihre enorme Entwickelung die Folge eines ursprünglich cachectischen Leidens sein mag, welches man mit dem Namen Läusesucht (Phthiriasis) belegt. Auch in dieser Krankheit hat der Mensch eine traurige Aehnlichkeit mit dem Schweine. Die Kolumbaczer Mücke ist in Ungarn besonders häufig, seltener in Deutschland, ob sie mit dem in der Mark Brandenburg unter dem Namen Dickkopf, Kanker oder Gnitze gefürchteten Insect identisch ist, steht dahin. Die Kolumbaczer Mücken haben ihren Namen von den Höhlen bei Columbacz in Ungarn, wo sie in ungeheuren Schwärmen sich entwickeln oder wenigstens aufhalten sollen. Die Sonne verfinsternde Schwärme verlassen jene Oerter zuweilen und überfallen die Weidethiere, indem sie dieselben bis zum Tode beunruhigen. Sie sind als Ursache des Milzbrandes angegeben worden; man weiss aber nicht mit Zuverlässigkeit, was Wahres an der Sache ist.

Zusatz. Es kann in diesem Capitel kaum umgangen werden, einige Bemerkungen über die abweichenden Ansichten anzuführen, welche sich über die Entstehung niederer Thiere, wie namentlich der hier in Rede stehenden Eingeweidewürmer, der Krätzmilben und der Läuse geltend gemacht haben. Es handelt sich bei diesem Streite nämlich darum, ob die gedachten Thiere sich aus irgend einer organischen Materie ursprünglich entwickeln können, oder ob zu ihrer Entstehung immer Eier oder Samen von vorherbestandenen älterlichen Thieren erforderlich seien? Die fernere Fortpflanzung durch geschlechtliche Zeugung wird von den Vertretern der ersteren Ansicht nicht geleugnet. Diejenigen, welche alle Eingeweidewürmer von Aeltern abstammen lassen, behaupten, dass einem Thiere, welches vorher von denselben noch frei war, die Eier oder junge Brut von aussen zugeführt und in ihm zu vollkommenen Eingeweidewürmern entwickelt werden. Dabei hat man sich den Ursprung und die Uebertragungsweise der Eier auf folgende Weise vorgestellt: 1) Von dem Gewürme, welches ausserhalb den belebten Körpern in der Erde und im Wasser lebt, werden die Eier mit den Nahrungsmitteln in den Thierleib eingeführt, daselbst ausgebrütet und zu Eingeweidewürmern entwickelt. 2) Die Eier der Eingeweidewürmer anderer Thiere, welche mit den Excrementen ausgeleert werden, können zufälligerweise den Nahrungsmitteln beigemengt werden, und mit diesen in den thierischen Körper zu ihrer ferneren Entwickelung gelangen. 3) Die Wurmbrut wird in den Zeugungssäften der älterlichen Thiere dem Keim der jungen Thiere beigemischt. — Diesen Ansichten wird aber von anderer Seite entgegengehalten: ad 1) dass die Eingeweidewürmer, welche nur innerhalb des thierischen Organismus ihr Leben fortsetzen können, nicht in der äusseren Natur angetroffen werden; ferner, dass auch Eingeweidewürmer im Fötus vorkommen, der doch mit der Aussenwelt in keiner directen Verbindung steht, und endlich, dass man bis jetzt nicht bei allen Eingeweidewürmern Fortpflanzungsorgane gefunden habe; ad 2) ebenfalls das Vorkommen der Eingeweidewürmer im Fötus und in solchen Theilen des thierischen Körpers überhaupt, wohin die Wurmeier nur durch das Capillargefässnetz gelangen konnten, was deshalb nicht möglich sei, weil die Wurmeier an Grösse das Lumen der Capillargefässe bei weitem übertreffe; ad 3) endlich die letztgedachte Entgegnung und die grosse Unwahrscheinlichkeit, dass schon im unscheinbaren Keime des jungen Thieres eine Auswahl von Eiern der Eingeweidewürmer vorhanden sei. — Diejenigen, welche sich zu den angeführten Entgegnungen veranlasst sehen, und somit der generatio aequivoca das Wort reden. glauben, dass die thierische Materie selbst in einem gewissen Zustande, wenn sie etwa auf einer geringeren Stufe der Animalisation stehen geblieben, wobei sie für den eigenen Körper mehr oder weniger untauglich sei, sich zu Eingeweidewürmern, zu Wesen, deren Stoff eine niedere Dignität besitzt, heranbilden könne. Sie führen zur Unterstützung ihrer Meinung die Thatsache an, dass man, namentlich bei jungen Thieren, welche oft mehr Nahrungsmittel aufnehmen, als ihr Körperbedürfniss erheischt, und dabei solche, welche wenig ausgebildete ernährende Bestandtheile, aber vorwaltend Schleim und Pflanzeneiweiss enthalten, — viele Eingeweidewürmer antreffe. — Den Streit über generatio aequivoca und sexualis hat man vorzugsweise auf das Gebiet der Infusorien hinübergespielt, indem man hoffte, hier auf dem Wege des Experiments zu irgend einer Entscheidung gelangen zu können. Ehrenberg mit seiner langjährigen Erfahrung legt ein grosses Gewicht in die Wagschaale für das omne vivum ex ovo. Er sah nämlich nie die Entstehung eines ausgebildeten Infusors aus Schleim oder Pflanzenzellen, wohl aber unzählige Male das Gebären der Eier oder das Ausschlüpfen der Jungen aus den grösseren Infusorien; er beobachtete die Vermehrung, von einer Mutter aus, bei verschiedenen Infusorien, welche in einigen Tagen in's Zahllose ging. Dieser Umstand macht, gleich wie bei den Eingeweidewürmern, welche auch eine grosse Zahl von Eiern produziren, wenigstens die Annahme der generatio aequivoca unnöthig, um die grosse Vermehrung dieser Thiere zu erklären; und scheint selbst die Natur im Gattungsleben dieser so verschwenderisch zu sein, damit doch das eine oder das andere Eichen den günstigen Boden für seine Entwickelung finde, während die meisten in der Regel zu

Grunde gehen. Die ungeheure Fruchtbarkeit solcher Thierchen müsste dagegen als eine fast zwecklose Einrichtung der Natur erscheinen, wenn sie sich überall aus einem sogenannten Urschleim oder dergl. hervorbilden könnten. Nicht minder hat die generatio aequivoca durch die Versuche Schulze's und Schwann's, welche Ure bestätigt hat, einen Stoss erhalten. Diese thun dar, dass eine organische Substanz weder in Fäulniss geräth, welche mit atmosphärischer Luft in Verbindung steht, die zuvor durch Aetzkalilauge oder durch concentrirte Säure, zum Behufe der Tödtung aller in ihr befindlichen organischen Keime geleitet war, noch dass sich in einer so behandelten organischen Substanz Infusorien bilden. Daraus aber geschlossen wird, dass die Keime zu den Infusorien durch die Luft zugeführt werden. Wie dem auch immer sein möge, so weiss man doch, dass man in Infusionen verschiedener organischen Substanzen auch verschiedene Infusorien erhält, obgleich man es nicht gerade in der Gewalt hat, diese oder jene Spezies, durch jenes Verfahren hervorzubringen. Daher müsste man annehmen, dass ein kleiner Theil der atmosphärischen Luft die Keime von zahlreichen Thierspezies enthalte, wozu ein mehr als gewöhnlicher Glaube gehört, geschweige, dass solche Keime jemals in der Luft nachgewiesen worden wären. — Wir haben die bedeutendsten Momente der beregten Streitpunkte herangezogen, ohne im mindesten Etwas zur Bekämpfung der einen oder der anderen Ansicht beitragen zu wollen. Der Gegenstand liegt an der Grenze der Naturforschung; wird das über demselben schwebende Dunkel jemals enthüllt, so dürfte es nur durch die Priester der Isis geschehen, denen sie die höchste Weihe ertheilt hat. — Der Verf. steht nicht in solcher Gunst bei dieser erhabenen Göttin.

Zweiunddreissigstes Capitel.

Von den Aftergebilden, Steinen und Concrementen.

§. 127.

Ausser einigen Producten krankhafter Prozesse, welche sich uns als eigens geartete Flüssigkeiten zu erkennen geben, wie Eiter, Jauche, krankhaftes Serum, können die in der Ueberschrift genannten Gebilde, deren nähere Bezeichnung der pathologischen Anatomie anheimfällt, nebst Dem, dass die Entstehung der meisten schon auf einem krankhaften Vegetations-Prozesse beruht, auch insgesammt als relativ-äussere Schädlichkeiten wirken und secundäre abnorme Zustände hervorbringen. Ihre Nachtheile können im Allgemeinen darauf zurückgeführt werden, dass sie die Organe, in denen sie vorkommen und die ihnen benachbarten auf mechanische Weise belästigen, durch Druck, Dehnung, Anfüllung und Verstopfung die Functionen stören; ferner dadurch, dass sie durch übermässiges Wachsthum (wie Polypen, Stollbeulen u. dergl.) dem Organismus Nahrung entziehen, und dass sie endlich Umwandlungen durchlaufen, wodurch bösartige Säfte erzeugt werden können, die Cachexie und den Tod bewirken.

Vierter Abschnitt.

Von den Erscheinungen der Krankheit (Symptomatologia).

Erstes Capitel.

Definition des Symptomes.

§. 128.

Die Krankheit, als ein Vorgang des Lebens, als ein innerer Zustand des thierischen Körpers, muss nothwendig gewisse Wirkungen in demselben zu Stande bringen. Diejenigen Wirkungen, durch welche die Krankheit in die Erscheinung tritt, nennen wir Zufälle der Krankheit oder Krankheits-Erscheinungen (Symptomata, Phaenomena). Den ursächlichen Zusammenhang eines Symptomes mit dem Krankheitsprozesse müssen wir, als zu seinem wesentlichsten Begriffe gehörig, festhalten; und so wir Diess thun, werden wir auch finden, dass nicht eine jede abnorme Lebenserscheinung für wirkliches Krankheits-Symptom gehalten werden darf. Durch vorübergehende aussere Beschränkung von Functionen des thierischen Organismus können Erscheinungen zu Stande gebracht werden; sie sind aber um deswillen nicht für Krankheits-Erscheinungen zu halten, weil sie verschwinden, wenn jene Beschränkung aufhört.

Auch bei dem Kurverfahren sehen wir z. B. durch die etwa verabreichte Arznei hervorgerufene Wirkungen auftreten, die nicht mit den Krankheits-Wirkungen zu verwechseln sind. Eben so verhält es sich mit den Heilbestrebungen des Organismus, welche als Reactionen auf den Einfluss einer Schädlichkeit erfolgen, bevor noch ein nachweisbarer Krankheits-Prozess entstanden. Es ist leicht einzusehen, dass man in dieser Beziehung zu weit gehen würde, wenn man einen vorübergehenden reagirenden Fieberschauer für Krankheits-Symptom gelten lassen wollte.

§. 129.

Obgleich das, im vorigen §. über die Bestimmung eines Symptoms Gesagte theoretisch für richtig erkannt wird, so muss doch zugegeben werden, dass es in der Praxis nicht geringe Schwierigkeiten hat, diejenigen Erscheinungen, welche mit einem Krankheits-Prozesse in ursächlichem Zusammenhange stehen, von den zufälligen zu unterscheiden. Die Schwierigkeit wird noch dadurch vergrössert, dass eine Krankheitsursache zuweilen mehre, von einander unabhängige Krankheits-Prozesse erzeugt, oder dass zu einer schon gebildeten Krankheit später, durch eine weitere Schädlichkeit, eine neue hinzuerzeugt wird. Zur Erleichterung dieses Geschäfts werden wir zwar hingewiesen, die innere Uebereinstimmung der wahren Krankheits-Symptome, welche sie unter sich und mit der Krankheit selbst zeigen, so dass sie gemeinschaftlich entstehen und verschwinden, steigen und fallen und sich überhaupt wie die Krankheit verändern, — zu Hülfe zu nehmen. Aber eben dieser Nachweis der physiologischen Abhängigkeit der Symptome von ihrem inneren Grunde ist da schwierig, wo die Krankheits-Prozesse nicht rein sind, und wo die Symptome, so zu sagen, wie verschlungene Arme durcheinander liegen. Hier lässt uns wahre Einsicht oft im Stiche, ärztlicher Tact und Divination gewähren uns oft glückliche, aber unsichere Nothanker.

Zweites Capitel.

Eintheilung der Symptome.

§. 130.

Die Symptome, obgleich sie stets als Veränderungen der normalen Lebensäusserungen betrachtet werden müssen, sind doch, nach der Ansicht vieler Pathologen, nicht immer positive, sondern häufig auch negative, d. h. die Symptome können ebensowohl Aeusserungen einer wirklichen Thätigkeit, als auch solche der Beschränkung oder des Aufgehobenseins von Verrichtungen sein. Gesteigerte Temperatur, beschleunigter Puls und Krampf z. B. wären demnach als positive Symptome; dagegen Verminderung der organischen Wärme, Aufhebung der Bewegung des Blutes und der willkürlichen Muskeln, wie es beim Scheintode vorkommt, als negative Symptome zu betrachten. Eine solche Eintheilung scheint aber weder streng logisch zu sein, noch einen practischen Werth zu haben. Eine jede Erscheinung einer abnormen Thätigkeit, es mag diese in einer Steigerung oder Verminderung bestehen, ist als ein positives Merkmal derselben zu betrachten; und nur das Fehlen eines Merkmals und insofern eben dieses Fehlen als ein Bestimmungsgrund für das Vorhandensein einer abnormen Thätigkeit zeugt, dürfte streng genommen als ein negatives Symptom betrachtet werden. So z. B. wenn man die verdächtige Druse vom Rotze unterscheiden will, wird das Fehlen chancröser Geschwüre auf der Nasenschleimhaut zu Gunsten der ersteren aufgeführt, wobei also eine Negation die Diagnose begründen hilft.

§. 131.

Die Krankheit kann sich nicht anders, als in einem lebenden Organismus äussern. Wenn wir nun dieselbe als einen Parasit, als ein in einem gesunden Organismus wucherndes Schmarotzerleben eigenthümlicher Art betrachten, so ist damit auch nothwendig die Vorstellung eines bestimmten Einflusses verknüpft, den die Krankheit auf den Organismus ausübt. Hierdurch geschieht es, dass die Krankheit nicht allein mit den ihr eigenthümlichen, aus ihrem Wesen fliessenden Symptomen zur Aeusserung kommt, sondern dass diese auch von anderen begleitet werden, wozu das kranke Thier durch seine Individualität Veranlassung giebt, und mithin mehr den Character der Krankheit bezeichnen. Jene nennt man unmittelbare Symptome der Krankheit, diese mittelbare Symptome des kranken Individuums. Und wenn jene, als ein bestimmter Ausdruck der Krankheit immer erscheinen, so sind diese, wegen der verschiedenen Beschaffenheit des kranken Individuums, mannichfachen Modificationen unterworfen. Die unmittelbaren Symptome sind daher auch als nothwendige oder wesentliche zu betrachten, weil sie nothwendig aus dem Wesen der Krankheit fliessen; dagegen die mittelbaren Symptome als nicht nothwendige, zufällige oder unwesentliche. Hierbei ist jedoch zu bemerken, dass mittelbare Symptome zwar immer entstehen, weil die Krankheit nur an einem lebenden Organismus in die Erscheinung tritt, und daher die ganze Unterscheidung einen Einwand erleiden könnte; dagegen aber ist zu bedenken, wie bereits angedeutet, dass sie nicht bei allen Individuen mit einem sich gleichbleibenden Ausdrucke auftreten, vielmehr von der Individualität des kranken Organismus abhängig, und daher Zufälligkeiten unterworfen sind.

Unmittelbare, wesentliche und nothwendige Symptome (symptomata primaria, essentialia, necessaria) sind also gleichbedeutende Benennungen, wie auch mittelbare, unwesentliche, zufällige, nicht nothwendige Symptome (symptomata secundaria, accidentalia, fortuita, non necessaria).

§. 132.

Die Abhängigkeit des Organismus von den Aussenverhältnissen und eine Rückwirkung jenes auf diese besteht begreiflicherweise eben so wohl im kranken wie im gesunden Zustande desselben. Hierdurch können wiederum mannichfache Veränderungen in den mittelbaren Symptomen bewirkt werden, so wie auch abgeänderte Zustände der Aussenverhältnisse, welche z. B. in Luftverderbniss, Verbreitung von Contagien bestehen können. Aus allem diesen leuchtet die Schwierigkeit ein, bei einer Menge sich an einem Individuum äussernden Symptome, die wesentlichen von den unwesentlichen gehörig zu unterscheiden; aber wir müssen auf diese Unterscheidung grossen Fleiss und rege Aufmerksamkeit verwenden, weil sie für die Diagnose, also für die Formbestimmung der Krankheit von der grössten Wichtigkeit ist. Als Hülfsmittel für die Bestimmung der wesentlichen Symptome haben wir, wie bereits angedeutet, ihre innere Uebereinstimmung mit sich selbst und mit dem Wesen der Krankheit, so wie ihre Abhängigkeit von dieser in Bezug auf Entstehen und Vergehen, Zu- und Abnahme zu benutzen. Diese Unzertrennlichkeit der wesentlichen Symptome von dem Wesen der Krankheit hat Veranlassung gegeben, dass man sie auch beständige oder unzertrennliche (symptomata perpetua s. individua) nennt; und in so fern durch sie die Krankheit als eine bestimmte Form erkannt wird, bezeichnet man sie als pathognomonische Symptome (symptomata pathognomonica). Es ist von physiologischem Interesse, zu bemerken, dass die wesentlichen Symptome der Krankheit von den wesentlichen Erscheinungen des normalen Lebens nicht absolut, sondern nur relativ verschieden sind. Diess findet darin seine Erklärung, dass Krankheit nichts Anderes als Leben und nur ein eigen geartetes ist. So ist das Wesen der Entzündung ein gesteigerter Vegetations-Prozess; das normale Leben aber beruht auf dem Vegetations-Prozesse, der sogar in diesem periodisch, obgleich immer noch in den Grenzen der Normalität gesteigert erscheinen kann: also bemerken wir dem Wesen nach keine Verschiedenheit. Der Unterschied beruht aber darauf, dass die Steigerung des Vegetations-Prozesses dann als krankhaft anzusehen ist, wenn sie an einem Orte, in einer Periode und dann mit einer Intensität vorkommt, wie es dem normalen Lebensgange nicht entspricht.

§. 133.

Es giebt Erscheinungen, durch welche sich das Leben in allen lebenden Wesen auf eine gleiche Weise kund giebt. Sie beruhen auf dem Bildungs-Prozesse, der allen Organismen gemeinsam ist. Zu solchen Erscheinungen gehören z. B. die Aufnahme von ernährendem Stoffe, Bewegung der Säfte, Se- und Excretionen u. s. w. Dagegen aber giebt es auch Erscheinungen, wodurch sich das Leben unter einer gewissen Form bekundet; denn wie verschieden äussert sich nicht das Leben eines Säugethiers von dem eines Wurmes. Was hier vom normalen Leben gesagt ist, bemerken wir auch in den Krankheiten. Bei den höher entwickelten Krankheitsformen wenigstens kommen Erscheinungen vor, die allen gemeinsam sind, und ebenfalls aus dem krankhaften Bildungs-Prozesse fliessen, z. B. Mattigkeit, fehlerhafter Appetit, Veränderungen in der Temperatur, in der Blutbewegung, in den Se- und Excretionen. Man nennt solche allgemeine Symptome (symptomata communia, s. impropria), welche zwar eine Krankheit überhaupt andeuten, aber zur Bestimmung deren Gattung und Art nicht geeignet sind, wozu nur die besonderen Symptome (symptomata propria) dienen können. Zwischen den letzteren und den wesentlichen Symptomen besteht also im Begriffe kein Unterschied; wohl aber in gewisser Beziehung zwischen allgemeinen Symptomen und unwesentlichen.

Wir könnten die Vergleiche zwischen dem gesunden und kranken Leben in Bezug auf die Erscheinungen noch weiter führen, und würden darin eine grosse Uebereinstimmung finden; es möge jedoch die Bemerkung genügen, dass, so wie das normale Leben sich als ein Vorgang bekundet, der bei allem Wechsel eine grosse Beharrlichkeit zeigt, Diess auch in der Krankheit der Fall ist. Hierauf gründet sich der Unterschied zwischen veränderlichen oder zeitlichen (symptomata temporaria) und beständigen (symptomata perpetua). Diese dauern begreiflicherweise so lange wie die Krankheit selbst, jene aber nicht; beide können indess zu den wesentlichen Symptomen gezählt werden.

§. 134.

Man unterscheidet ferner sympathische Symptome, welche aus dem sympathischen Verhältniss des Organismus, d. h. aus der innigen, auf Contiguität, Continuität, Verbreitung der Nerven und Verwandtschaft der Functionen beruhenden Verbindung einzelner Organe zu einem harmonischen Ganzen, fliessen. Sie geben sich als Veränderungen von Functionen solcher Organe kund, in denen die Krankheit nicht unmittelbar wurzelt; und wir bemerken, dass ihre Zahl und Heftigkeit von verschiedenen Bedingungen abhängig ist. So sehen wir bei Entzündungen der Organe mehr sympathische Symptome auftreten, als beim Vorhandensein von Aftergebilden; mehr beim Ergriffensein edler, einer wichtigen Function vorstehenden Organe, z. B. des Gehirns, als anderer minder edlen, z. B. der Haut mit ihren Anhängen; wiederum mehr bei gesteigerter Rezeptivität des Kranken, als im entgegengesetzten Falle. Bei den sympathischen Symptomen selbst haben wir aber wieder zwei Verschiedenheiten zu bemerken, entweder stellen sie sich als consensuelle (symptomata consensualia) oder als antagonistische (symptomata antagonistica) dar. Die ersteren beruhen auf einer blossen Beschränkung der Function der Organe von Seite des ursprünglich erkrankten, oder auf einer, von diesem hervorgerufenen gleichartigen Affection in anderen. Bei der Druse z. B. bemerken wir als consensuell-sympathische Affectionen: Eingenommenheit des Kopfes, catarrhalisches Mitergriffensein der Conjunctiva und Anschwellung der Ganaschendrüsen. Die antagonistischen Symptome geben sich aber als eine, dem ursprünglichen Krankheits-Prozess entgegengesetzte Steigerung oder Verminderung von Thätigkeiten, und zwar in solchen Organen kund, welche wir auch im gesunden Zustande eine stellvertretende Thätigkeit übernehmen sehen. So können bei Unterdrückung der Hautabsonderung als antagonistisch-sympathische Symptome vermehrte Absonderung des Darmsaftes und des Urins vorkommen, und umgekehrt.

§. 135.

Eine andere Art von Symptomen, welche besonders für die Therapie Wichtigkeit haben, sind die Heil-, Hülfs-, oder Reactions-Symptome (symptomata activa, auxiliaria, s. molimina naturae medicatricis). Ihr Hervortreten beruht auf dem Selbsterhaltungs-Bestreben des erkrankten Organismus, und sie bestehen dem Wesen nach aus Gegenwirkungen auf den vorhandenen Krankheits-Prozess. Die Möglichkeit einer Reaction von Seite des Organismus gegen die Krankheit kann nur eingesehen werden, wenn man die Krankheit, wie es denn auch eigentlich der Fall ist, als etwas Locales, und nicht als in einem totalen Ergriffensein der ganzen thierischen Oeconomie bestehend, betrachtet. Denn nur von normalen Theilen kann man vernünftigerweise Reactionen gegen die Krankheit erwarten. Man muss nicht glauben, dass das Heilbestreben und ihre Symptome etwas der Krankheit Eigenthümliches sei; es ist nichts Anderes, als das, auch im gesunden Leben bemerkbare Selbsterhaltungs-Bestreben, das sich in den Krankheiten nur um deswillen deutlicher zeigt, weil dann die Existenz des Organismus mehr gefährdet ist. Das gesunde Leben hat bekanntlich einen steten Kampf mit den Ausseneinflüssen zu bestehen, das kranke Leben aber nicht allein mit diesen, sondern auch mit der Krankheit selbst; oder mit anderen Worten: das gesunde Leben kämpft gegen Krankheits-

Ursachen, das Kranke gegen diese und ihre Wirkungen zugleich. So wie sich das Selbsterhaltungs-Bestreben des gesunden Lebens in Entfaltung der Vegetations-Thätigkeit bekundet, so bemerken wir auch diese in den Krankheiten als Heilbestreben, und zwar meist als Fieber, Congestion und Entzündung ausgesprochen. Aber eben so mannichfaltig, wie die Aeusserungen der verschiedenen Verrichtungen des Bildungs-Prozesses im gesunden Leben sich als Assimilation, Se- und Excretion darstellen, sehen wir auch das Heilbestreben in den Krankheiten durch veränderte Blutbewegung, vermehrte Ab- und Aussonderungen, Schweisse, Durchfälle, Hautausschläge u. dergl. ausgesprochen. Die Zahl und Stärke der Symptome des Heilbestrebens sind von der Beschaffenheit des reagirenden Organismus, von der Natur der Krankheit und von äusseren Einflüssen abhängig. Die weitere Ausführung der Lehre über die Naturheilkraft müssen wir in die allgemeine Therapie verweisen.

Zusatz. Man findet in den verschiedenen Handbüchern über allgemeine Pathologie, die im Vorhergehenden definirten Symptome zuweilen unter anderen Benennungen; es dürfte aber nicht schwer fallen, bei einigem Nachdenken über diese Abweichung zum gehörigen Verständniss zu gelangen. Hier und dort findet man aber auch Symptome aufgeführt, welche hier nicht angemerkt worden sind; so z. B. prognostische Zeichen (signa prognostica) und Symptome der Ursache (symptomata causae). Was die ersteren anbetrifft, so sind sie nicht als eigenthümliche Zeichen zu betrachten; die Prognosis fliesst vielmehr vorzugsweise aus der gehörigen Würdigung der pathognomonischen Zeichen und der des Heilbestrebens. Besondere Symptome der Ursache giebt es auch eigentlich nicht, weil da, wo ein Symptom erscheint, eine Krankheit zum Grunde liegt. Eine Ursache kann indess zuweilen mehre Krankheits-Prozesse zu

Stande bringen, oder die sympathischen Symptome einer ursprünglichen Krankheit erscheinen als die überwiegenden; und so ist es denn von Wichtigkeit für die Therapie, wenn wir in dem einen Krankheits-Prozess den ihr zum Grunde liegenden zweiten erkennen, um auf dessen Beseitigung hinwirken zu können. Wie verschieden die Ansichten über die sogenannten Symptome der Ursache sind, möge man aus Folgendem erkennen. Rychner sagt: pathognomonische Erscheinungen pflegt man jene zu nennen, welche unmittelbare und unzertrennliche Folgen der Krankheitsursachen sind; Erscheinungen der Ursachen heissen dagegen die, welche unmittelbare Wirkung der Krankheitsursache sind. Prinz unterscheidet die Zufälle der nächsten Ursache von den Zufällen des Krankheitswesens, und bemerkt, dass jene dem innern Krankheitszustand angehören, aus dem sich erst das Wesen der Krankheit entwickelt, z. B. Verstopfung bei der Verstopfungskolik, oder die Vorboten vieler Krankheiten. Zuweilen aber erzeugt die äussere Ursache, setzt er hinzu, noch einzelne für sich bestehende Zufälle, welche man daher Symptome der Ursache nennt. Schwab endlich definirt also: Symptome der Ursache heissen diejenigen, welche von den mancherlei Gelegenheitsursachen neben der Krankheit noch zufällig hervorgebracht werden, und nach der Beschaffenheit dieser Ursachen sehr verschieden sein können. Sie kommen entweder mit den Zufällen der Krankheit zugleich zum Vorschein, oder später als diese; auch dauern sie zuweilen noch fort, wenn die Krankheit bereits aufgehört hat, oder hören vor dieser auf. Uebrigens führen diese Zufälle zur Auffindung der Gelegenheitsursachen, und sind daher für den Thierarzt von einer um so grösseren Wichtigkeit, als diesem jene Ursachen oft als verborgene vorkommen. — Was es auch mit jener Meinungsverschiedenheit für eine Bewandniss haben mag, so müssen wir doch gestehen, dass wir bei inneren Krankheiten, wenn dieselben wieder, als relativ-äussere Ursachen, andere secundäre Krankheiten hervorzubringen im Stande sind, Erscheinungen (z. B. den Abgang von Eingeweidewürmern, von Harngries u. dergl.) sehen, welche uns das ursprüngliche Leiden und die Beziehung dieses als weitere Krankheitsursache deutlicher machen können und in so fern von practischer Wichtigkeit sind.

Drittes Capitel.

Ueber den Nutzen der Symptomatologie.

§. 136.

Das Leben überhaupt können wir nur aus seinen Wirkungen, mithin aus den, an einem Organismus wahrnehmbaren Erscheinungen erkennen; von der Art und Weise aber, wie sich die Erscheinungen darstellen, schliessen wir auf ihren inneren Grund. Die Erforschung des Wesens der Krankheiten ist das wichtigste Geschäft des Heilkünstlers. Durch unmittelbare Anschauung können wir indess nicht zur Erkennung desselben gelangen, nur durch folgerechte, erfahrungsmässige und ächt physiologische Deutung der Symptome. Wenn auch aus dem Gesagten die Wichtigkeit jener Lehre zur Genüge einleuchten mag, so müssen wir doch gestehen, dass leider die Schwierigkeit dieser Lehre mit ihrer Wichtigkeit gleichen Schritt hält. Betrachten wir ein, mit irgend einer ernstlichen Krankheit behaftetes Thier, so treten uns eine Menge von Erscheinungen entgegen, die den Ungeübten leicht in Verwirrung setzen können. Es gehört schon eine grosse Umsicht dazu, um die Symptome nach ihrem Werthe zu sondern.

Das Bestreben bei dieser Sonderung muss, dem Vorhergehenden zufolge, vorzugsweise dahin gerichtet sein, die wesentlichen oder pathognomonischen Erscheinungen von den sympathischen und denjenigen des Heilbestrebens gehörig zu unterscheiden. Während durch den Complex (Inbegriff, Gesammtausdruck) der ersteren die Krankheitsform bestimmt wird, sind die sympathischen geeignet, die speziellste Individualität und den besonderen Character der Krankheit zu würdigen. Der Gang und der Grad des Heilbestrebens aber geben uns vorzugsweise einen Wink für die Behandlung, den wir als Diener der Natur streng zu befolgen haben. Die Individualisirung der Krankheitsform, so wie die Maassnahme des Heilverfahrens sind indess nicht die einzigen Aufgaben des behandelnden Thierarztes; an Wichtigkeit steht vielmehr die Stellung einer gründlichen Prognose jenen nicht nach, zumal da die Thiere meist nur einen ökonomischen Werth haben, der seine Herrschaft bei den Heilversuchen geltend macht. Es ist kaum zu entscheiden, ob die pathognomonischen oder die Reactions-Symptome einen grösseren Einfluss auf die Prognose haben; so viel ist aber ausgemacht, dass dieselbe durch allseitige Beachtung des Krankheitsverhältnisses an Sicherheit und Gründlichkeit gewinnt, wenn dabei nicht minder das mehr zufällige und Aeussere, wie das Oekonomische, unter welchem die Thiere leben, mitberücksichtigt wird. Denn gerade dieses practische Element stellt nicht selten die Forderung, auf die, auf wissenschaftlichem Wege in Aussicht gestellten Früchte zu verzichten.

§. 137.

Wenn also der Symptomatologie endlich im Allgemeinen ein bedeutender Werth zuerkannt werden muss, so dürfte derselbe doch vorzugsweise aus ihrer Behandlung hervorgehen. Wir tadeln nicht gerade Diejenigen, welche die Symptomatologie als eine eigenthümliche Lehre der allgemeinen Pathologie einverleiben, indem die Symptome aufgezählt und ihr ursächliches Verhältniss erklärt wird; wir glauben indess mehr Nutzen für die gründliche Bildung zu gewinnen, wenn im zweiten Theile dieses Werkes der umgekehrte Weg eingeschlagen wird, wenn die Verrichtungen in ihren Abweichungen untersucht und so die Symptome als Endresultat gewonnen werden.

Zusatz. In einigen allgemeinen Pathologien wird eine Anweisung zur Untersuchung kranker Thiere und zum Gebrauche der dabei erforderlichen Hülfsmittel (wie des Stethoscops und dergl.) gegeben. Einer solchen Anweisung kann der Nutzen nicht abgesprochen werden; wir fürchten aber die Grenzen dieser Schrift allzusehr zu erweitern und überdiess dem clinischen Unterricht vorzugreifen, wenn wir uns darauf einlassen wollten.

Fünfter Abschnitt.

Von den zeitlichen und räumlichen Verhältnissen der Krankheit.

Erstes Capitel.

Vom Verlaufe der Krankheit.

§. 138.

Den Verlauf der Krankheit (decursus morbi) bezeichnet man auch als ihre Entwickelung oder Metamorphose. Es ist anzunehmen, dass jeder wirklichen Krankheit ein bestimmter Verlauf zukommt; indess sind wir nicht immer im Stande, denselben genau zu bezeichnen, indem zu grosse Schnelligkeit oder Langsamkeit des Verlaufes, oder Mangel an fortgesetzter Beobachtung daran verhindern. Die Entwickelung der Krankheit giebt sich übrigens, wie die des normalen Lebens durch eine bestimmte Aufeinanderfolge nur einmal, während ihres Daseins erscheinender, quantitativer und qualitativer Umänderungen in der materiellen und dynamischen Seite des Organismus kund. Um für diesen Satz die Beläge zu finden, denke man nur an die Entwickelung eines Thieres, wie es ursprünglich aus einem unscheinbaren Keime im Fötalzustande entsteht, wie sich ein Organ und eine Function nach der anderen heranbildet, wie die Functionen an Mannichfaltigkeit und Kraft bis zur Höhe der Entwickelung gewinnen und sodann wieder abnehmen; und vergleiche damit eine Krankheit, die ebenfalls kaum wahrnehmbar beginnt, anfangs mehr örtlich beschränkt ist, sich aber dann mehr und mehr bis zu einer gewissen Höhe und Ausbreitung im Organismus entfaltet, und später wieder abnimmt.

§. 139.

In dem eben bezeichneten Entwickelungsgange haben wir zunächst zwei Hälften zu bemerken, nämlich die Ausbildung und Rückbildung, welche man auch wohl mit den Ausdrücken: Evolution und Involution, oder progressive und regressive Metamorphose bezeichnet. In den Krankheiten betrachtet man sie ins Besondere als Zu- und Abnahme (incrementum et decrementum morbi), von denen die beiden Endpunkte den Anfang und das Ende der Krankheit (primordium et finis morbi) ausmachen, zwischen welchen der Wendepunkt der Höhe (acme) liegt. Ausser den oben genannten Zeitabschnitten der Krankheit, welche man auch allgemeine (tempora totius morbi universalia) nennt, nimmt man noch kleinere, zwischen jenen liegende an. Alle Entwickelungsmomente werden sodann Stadien (stadia, v. tempora totius morbi singularia) genannt, die man in Rücksicht des gesunden Lebens als Lebensalter bezeichnet. Wie aber keine scharfe Sonderung der verschiedenen Lebensalter zu bemerken ist, so auch nicht in den Stadien der Krankheiten. Der in jenen grösseren Zeitabschnitten der Krankheit eingeschlossenen kleineren können sieben angenommen werden, die freilich, selbst bei treuer Beobachtung, weniger leicht objectiv zu unterscheiden sind, als die grösseren; im Begriffe aber, wird sich eine solche Eintheilung, wie sie im Folgenden gegeben wird, als richtig herausstellen.

§. 140.

Der erste Zeitraum oder der Zeitraum der Entstehung der Krankheit beginnt mit der Einwirkung der Schädlichkeit auf die Anlage in dem Aufnahmsorgan der Krankheit. In diesem Stadium wird nur ein allgemeines Ergriffensein der Thiere wahrgenommen, mithin auch nur allgemeine Symptome und noch keine wesentliche. Man nennt diesen Zeitraum das Stadium der Vorläufer (stadium prodromorum, auch mehr oder weniger passend: stadium irritationis, fermentationis, opportunitatis, invasionis, sive nascentis morbi). Bei denjenigen Krankheiten, welche durch einen Ansteckungsstoff erzeugt werden, ist dieses Stadium am deutlichsten einzusehen; denn nach Berührung eines Contagiums mit einem dafür empfänglichen Organismus erscheint die Krankheit niemals sogleich mit ihren wesentlichen Symptomen, sondern erst nach einer gewissen Zeit unter allmahliger Entwickelung, und scheint demnach die Krankheit, resp. das Contagium eine zeitlang im Verborgenen zu ruhen. In dieser Rücksicht nennt man bei den ansteckenden Krankheiten jenen Zeitraum: das latente Stadium (stad. latentis contagii, v. stad. incubationis).

Der zweite Zeitraum oder der Zeitraum des Erscheinens der Krankheit characterisirt sich hinreichend durch das Auftreten der ersten wesentlichen oder pathognomonischen Erscheinungen. Man nennt diesen Zeitraum auch das Stadium des Krankheitsanfanges (stad. initii morbi); doch nicht mit vollem Rechte. Denn obgleich die Krankheit darin erst mit ihrer Eigenthümlichkeit in die Erscheinung tritt, so muss ihr Anfang doch schon früher angenommen werden.

Der dritte Zeitraum oder der Zeitraum des Wachsthums der Krankheit zeichnet sich dadurch aus, dass die wesentlichen Symptome an Zahl und Heftigkeit zunehmen. Indem sich die Krankheit in diesem Zeitraum nicht mehr auf den Ort oder auf das Organ ihrer Entstehung beschränkt, nehmen die mittelbaren oder sympathischen Symptome zu: Dieser Zeitraum wird auch Stadium der Zunahme (stad. incrementi vel auxesis, anabasis, epidosis morbi) genannt.

Der vierte Zeitraum oder der Zeitraum der Höhe der Krankheit (stad. alti v. acmes) wird daran erkannt, dass die Krankheit in ihm ihre höchst mögliche Entwickelung erreicht hat; daher auch die Erscheinungen in demselben am intensivsten und zahlreichsten sind. Als eine Eigenthümlichkeit dieses Höhe-Stadiums ist es anzusehen, dass die Krankheit in ihm eine zeitlang mit gleicher Stärke, oder, wie man sagt, mit einer gewissen Breite zu beharren scheint, und dass darin der Kampf des Organismus gegen die Krankheit insgemein am deutlichsten hervortritt, in dessen Folge die Entscheidung (crisis) entsteht. In diesem Zeitraum ist das Leben der Kranken am meisten gefährdet, und muss es sich nun zeigen, ob die Krankheit über den Organismus oder dieser über jene siegt, ob der Tod des, mit der Krankheit behafteten Organismus oder der Tod der Krankheit, d. h. das Erlöschen oder endlich irgend eine Umwandlung derselben erfolgt. In Bezug auf die Crisis ist noch zu bemerken, dass sie zwar insgemein in dem Höhe-Stadium der Krankheit erscheint: indess ist Diess nicht nothwendig;

sie kann vielmehr auch in jedem anderen Stadium erfolgen. In diesem Falle sind dann die Erscheinungen der Crisis minder heftig, eben weil der Kampf nicht so heftig zu sein braucht.

Der fünfte Zeitraum oder das Stadium der Krankheits-Abnahme (stadium decrementi morbi) wird an der Verminderung, sowohl rücksichtlich der Zahl als auch der Heftigkeit der pathognomonischen Symptome erkannt; aber immer noch bleibt die Form der Krankheit aus denselben erkennbar.

Der sechste Zeitraum oder der Zeitraum des Verschwindens der Krankheit ist dadurch ausgezeichnet, dass nun die pathognomonischen Erscheinungen so weit gewichen sind, dass die Krankheit nicht mehr als eine besondere Form zu erkennen ist. Daher wird dieser Zeitraum auch passend das Stadium des Endes der Krankheitsform genannt (stad. terminationis, finis morbi). Wie aber bei dem Anfange der Krankheit dieselbe schon vor ihrem offenbaren Ausbruch als vorhanden gedacht werden musste, so verhalt es sich auch mit dem Ende der Krankheit, das wohl auf die Krankheitsform, aber nicht auf den Krankheitsprozess überhaupt zu beziehen ist.

Der siebente Zeitraum, oder der Zeitraum der Wiedergenesung, Stadium der Reconvalescenz (stad. reconvalescentiae) macht sich durch das vollständige Schweigen aller wirklichen Krankheits-Erscheinungen bemerkbar, nur sieht man, namentlich in dem vegetativen Leben noch einige Wirkungen der dagewesenen Krankheit, welche sich durch Abmagerung, Schwäche, eine grössere Empfänglichkeit für aussere Eindrücke u. dergl. zu erkennen geben. Da die Reconvalescenz sich auf das Individuum, nicht auf die Krankheit bezieht, da wohl jenes, nicht aber diese wiedergenesen kann, so erscheint jene Bezeichnung nicht im Einklange mit denjenigen der anderen Stadien; doch kommt dem Gebrauche hier ein Recht der Entscheidung zu. In dem, in Rede stehenden Stadium, so wie in dem vorhergehenden treten übrigens die Rückfälle oder Recidive (morbi recidivi) ein, welche von den zurückkehrenden (morbi recurrentes) und von den zurückgerufenen Krankheiten (m. revocati) wohl zu unterscheiden sind. Unter einer Krankheit der letzteren Art hat man die Wiedererzeugung einer früher dagewesenen und unterdrückten Krankheit (morb. suppressus) vermittelst einer passenden Curmethode zu verstehen; unter morb. recurrens aber eine solche, welche so zu sagen freiwillig zurückkehrt, nachdem sie vollständig aufgehört hatte; unter morb. recidivus endlich eine Krankheit, welche zwar nach der Crisis, jedoch noch vor der vollständigen Genesung von neuem in derselben Form auftritt. Dass die erstere erwünscht ist, die beiden letzteren aber sehr gefährlich werden können, leuchtet von selbst ein.

Zusatz. Der Versuch der Pathologen in der Eintheilung der Krankheits-Stadien ist sehr verschieden ausgefallen. Die Hippokratische Eintheilung in das Stadium der Rohheit, der Kochung und der kritischen Ausscheidung (stad. cruditatis, coctionis, criseos) ist auch von späteren Humoralpathologen beibehalten worden; und ihrer wird aus Pietät für den grossen Lehrer oftmals erwähnt, häufig aber nur für den Zeitraum der Crisis allein gedeutet.

Die oben befolgte Eintheilung der Krankheits-Stadien ist nur als ein Ideal zu betrachten, welches nicht immer in der Wirklichkeit beobachtet wird. Gleich wie das normale Leben seine Perioden häufig nicht alle durchläuft, vielmehr in jeder einzelnen durch störende Einflusse sein Ende erreichen kann, so ist auch die Krankheit feindseligen Ausseneinflussen unterworfen, wodurch ihr normaler Verlauf mehrfach abgeändert wird, namentlich dann, wenn verschiedene Krankheiten in demselben Organismus zugleich bestehen. Darin sind die Krankheits-Zusammensetzungen und Verwicklungen (morbi compositi et complicati) begründet. Unter den ersteren versteht man das Zusammentreffen von Krankheiten von gleichem, unter den letzteren aber solche von verschiedenem Wesen. Störungen gedachter Art haben, ausser dem bereits erwähnten Rückgängigwerden der Krankheit, Verlangsamung, Hemmung oder Beschleunigung der Krankheit zur Folge. —

Die Verschiedenheiten, welche sich in letzterer Beziehung in den Krankheiten darbieten, begründen die Eintheilung derselben in regelmässige und unregelmässige (morbi regulares et irregulares aut anomali). Aehnlich verhält es sich mit der Unterscheidung der Krankheiten in ächte und unächte (morbi genuini et corrupti), in vollkommen und unvollkommen ausgeprägte (morbi acquisiti et imperfecti); jedoch beruhen diese letzteren Verschiedenheiten mehr auf der Form, ob nämlich in einem concreten Falle die wesentlichen Symptome vollständig beisammen sind oder nicht. Bemerkt man aber ausser diesen noch überzählige Symptome, welche die Krankheitsform modificiren, so nennt man die Krankheit auch wohl begleitete (morb. stipatus v. comitatus). Ist endlich die Krankheitsform in Folge curativer Eingriffe verdorben, so heisst sie morb. corruptus; solche kommen leider nicht selten vor.

Nach dem Verlaufe der Krankheit und nach ihrer Wirkung, welche sie im Individuum hervorbringt, hat man zu beurtheilen, ob sie eine schwere oder leichte (morb. gravis v. levis), eine gutartige oder bösartige (morb. benignus v. malignus) ob sie endlich eine zweifelhafte, gefährliche, tödliche oder heilsame ist (morb. anceps, periculosus, lethalis v. salubris) ist. In Bezug auf Tödlichkeit einer Krankheit hat man wiederum zu unterscheiden, ob sie absolut tödlich (morb. absolute lethalis), ob sie ohne Anwendung schneller und angemessener Hülfe tödlich ist (morb. per se lethalis), oder ob sie durch ein Zusammentreffen mit ungünstigen äusseren Einflüssen erst tödlich wird (morb. per accidens lethalis).

Zweites Capitel.

Vom Typus der Krankheit.

§. 141.

Wenn im Verlaufe der Krankheit die, während ihres Daseins nur einmal erfolgenden Veränderungen, als zur Entwickelung derselben gehörig, betrachtet wurden: so haben wir unter Typus das Gepräge zu verstehen, welches durch die gesetzmässige (rhythmische) Wiederkehr von Erscheinungen, namentlich in den fieberhaften Krankheiten entsteht. Die Wiederkehr der Veränderung in einer Krankheit heisst Anfall (paroxysmus, insultus). Dieser besteht aus zwei Momenten: der Hebung und Senkung. Die Hebung, welche sich durch eine Verstärkung der Thätigkeit zu erkennen giebt, nennt man Zunahme oder Verschlimmerung (exacerbatio); die Senkung, welche sich durch Abnahme der Thätigkeit characterisirt, wird als Nachlass (remissio) bezeichnet; und der Zeitraum endlich, welcher zwischen dem Anfange des einen Anfalls und dem des anderen liegt, wird Umlauf der Krankheit (circuitus morbi) genannt. Man muss aber nicht glauben, dass der eine Anfall dem anderen in einem concreten Falle genau gleiche, vielmehr hat die fortschreitende Entwickelung der Krankheit das Uebergewicht und hierdurch einen bestimmenden Einfluss auf den Typus. Wir beobachten zuweilen Krankheiten, bei denen das Typische nicht augenfällig ist. Dies hat zur Unterscheidung derselben in typische und nicht-typische (morbi typici et atypici) Veranlassung gegeben. Die Ursachen aber, warum wir den Typus in den Krankheiten nicht immer wahrnehmen, sind ähnliche Verhältnisse, welche uns bei der Wahrnehmung der Stadien hinderlich sind, und oben angeführt wurden. Fragen wir nach dem Grunde des Typus in den Krankheiten, so dient darauf zur Antwort, dass es kein anderer ist, als solcher, der auch der rhythmischen Erscheinung der Zu- und Abnahme der Thätigkeiten im normalen Leben unterliegt. Durch jede verstärkte Thätigkeits-Aeusserung wird Kraft consumirt; es bedarf daher zur Sammlung derselben wieder einiger Ruhe.

§. 142.

Diejenigen Krankheiten nun, in welchen, abgesehen von dem allgemeinen, den ganzen Krankheits-Verlauf angehenden Wachsen und Abnehmen (incrementum et decrementum) ein immerwährendes, ohne Aussetzen erfolgendes Zu- und Abnehmen in den Erscheinungen zu bemerken ist, nennen wir nachlassende (morbi remittentes). Solche Krankheiten, in denen zwischen Abnahme und Zunahme eine längere Zeit verstreicht, in welcher die wesentlichen Krankheits-Erscheinungen nicht mehr wahrgenommen werden, sind aussetzende (morbi intermittentes); diejenigen Krankheiten endlich, worin jene Periodicität nicht deutlich zu bemerken ist, sind anhaltende (morbi continentes). Bei den anhaltenden Krankheiten unterscheidet man wiederum zwei Fälle: wächst eine solche immerfort, und hört dann auf ihrer Höhe, wie abgeschnitten auf, so wird sie morb. continens acmasticus genannt, dagegen aber morb. continens paraemasticus, wenn sie heftig beginnt und sodann allmählig abnimmt. Was nun noch ins Besondere den Typus der aussetzenden Krankheiten betrifft, so unterscheidet man nach der Dauer, welche zwischen den einzelnen Anfällen liegt, ob sie 24. 48, 72 Stunden u. s. w. beträgt, den eintägigen, dreitägigen, viertägigen u. s. w. Typus (typus quotidianus, tertianus, quartanus).

§. 143.

Am deutlichsten zeigen die einfachen, vollkommen entwickelten Thierkrankheiten den Typus; die verwickelten dagegen denselben entweder nicht, oder nur undeutlich. Wie der ganze Krankheits-Verlauf, so kann auch der Typus in seinem gesetzmässigen Gange Störungen durch Ausseneinflüsse auf die kranken Thiere, durch Arzneien u. dergl. erleiden. Demnach unterscheidet man den beständigen Typus (typus fixus) von dem veränderlichen (typus mobilis). Wenn in der, zwischen den folgenden Anfällen liegenden Zeitdauer eine Verkürzung zu bemerken ist, so nennt man den Typus: vorsetzenden (typus anteponens); wenn dagegen eine Verlängerung jener stattfindet, so wird der Typus als nachsetzender (typus postponens, tardus) bezeichnet. Der Typus erscheint nicht allein in den einzelnen Krankheiten, sondern auch in den Epizootien als solcher, so dass diesen ebenfalls ein Zu- und Abnehmen, ein Verschwinden und Wiederkehren zukommt. Diese Erscheinungen sind wahrscheinlich an Gesetze gebunden, welche mit cosmisch-tellurischen Veränderungen im Einklange stehen. Aber wir sind bis jetzt nicht im Stande, diese Gesetze genau zu bezeichnen, weil uns die erforderlichen Thatsachen und eine genügende Einsicht in das Gesammtleben der Natur abgehen.

Zusatz. Man hat sowohl die Crisen, als auch den Typus in den Thierkrankheiten geleugnet, ohne es sich, wie uns dünkt, jedesmal klar gemacht zu haben, was man damit sagen will. Rücksichtlich des Typus stehen hier ein paar Worte in jener Beziehung am rechten Orte, die zugleich als Rechtfertigung für die Aufführung desselben, wo es einer solchen bedürfen sollte, dienen mögen. Keiner wird den Typus, d. h. ein eigenthümliches Gepräge, welches durch die Gesetzmässigkeit rhythmisch wiederkehrender Erscheinungen entsteht, im normalen Leben der Thiere, ins Besondere unserer Hausthiere leugnen wollen; die periodische Wiederkehr vieler Erscheinungen bezeugen sein Dasein: Schlafen und Wachen, Hunger, Durst und Sättigung, Aus- und Einathmen, Hebung und Senkung, Beschleunigung und Verlangsamung des Blutlaufs, Brunstzeit, Abhaaren u. dergl. Die Krankheit aber ist dem Organismus eingebildet und kann sich durchaus nicht den organischen Gesetzen überhaupt entziehen, höchstens nur sie modifiziren, oder bezwecken, dass sie — wie überhaupt die Krankheit nur eine abweichende Lebensform ist — in einer abweichenden Form auftreten. Welcher Thierarzt sollte auch nicht Exacerbationen und Remissionen in den Fiebern, Verstärkung und Nachlass in Krampfzufällen, periodisch auftretenden Husten, und nach Intervallen zurückkehrende Rasereien u. dergl. beobachtet haben. Vom Fehlen des Typus überhaupt in den Krankheiten der Hausthiere kann also nicht die Rede sein, nur davon, ob er in allen Krankheiten wahrzunehmen, und ob er so deutlich hervortritt, wie in den Krankheiten des Menschen. Diess ist nun allerdings nicht der Fall. Die tägliche Beobachtung liefert die Beläge. Der Streit kann demnach nur darum geführt werden, ob es einen intermittirenden Typus in den Krankheiten der Thiere gebe. Aber auch das Vorkommen intermittirender, d. h. periodisch wiederkehrender Krankheiten kann nicht weiter bezweifelt werden. Epilepsie, Dummkoller, Mondblindheit u. s. w. führen die empirischen Beweise. Der ganze Streit reducirt sich also am Ende darauf, ob es intermittirende Fieber bei den Hausthieren, und zwar in dem deutlich ausgeprägten, ein-, zwei-, drei- oder mehrtägigen Typus, wie beim Menschen gebe. Die Lösung dieser Frage können wir allein von der Erfahrung erwarten, aber nicht von der einseitigen, die deshalb die Wechselfieber bei den Thieren überhaupt leugnet, weil sie bei diesen nicht zu gleicher Zeit mit denen des Menschen auftreten, obgleich beide unter gleichen Einflüssen leben. Wir wollen nunmehr sehen, was sich zu Gunsten des intermittirenden Fiebers anführen lässt.

Delafond (Traité de pathologie et de therapeutique générales vétérinaires, 1838) sagt einfach (p. 157): „Die intermittirenden Fieber sind selten bei den Thieren.“ Funke führt (Handbuch der spez. Path. u. Ther., 1836, S. 147) an, wie mehrere Beobachtungen dafür sprächen, dass bei Thieren, besonders beim Pferde und Hunde, das gedachte Fieber vorkomme, und bezieht sich auf Veith's Handb. Bd. II. S. 176. Hier sagt aber Veith, dass hier und da einige, freilich nicht hinlänglich beobachtete Fälle von intermittirenden Fiebern bei den Hausthieren, zumal bei Hunden, vorgekommen seien, und citirt dabei Sprengel, Inst. med. IV. libr. §. 11. — Stark (allg. Pathologie, 1838, I. Th. S. 759) äussert, dass man den intermittirenden Typus den Krankheiten der Thiere ganz abgesprochen habe, was jedoch Czermak's Beobachtungen (M. Jahrb. d. ö. St. Bd. 15. St. 2. S. 277 ff.) neuerlichst widerlegten, der einen Hund und eine Simia capucina an einem dreitägigen Fieber leiden sah. — Rainaud (Traité de path. et de therap. génér. T. I. p. 226 ff.) führt folgendes Hierhergehörige auf: „Ruini, welcher im XVI. Jahrhundert in Italien lebte, erwähnt einfach eines 4tägigen Fiebers (fièvre quatre sub-intrante) beim Pferde (Bourgelat ancienne Encyclopédie). Von dieser Zeit an bis zum Jahre 1810 machten die Thierärzte keine Erwähnung mehr vom intermittirenden Fieber, es sei denn in der Correspondance sur la conservation et l'amélioration des animaux domestiques par Fromage de Feugré. Damoiseau erwähnt des intermittirenden Fiebers bei einem Hengste in dem Gestüte von Pin, welches vom 3. Decbr. bis zum 4. Januar mit den Characteren eines 3tägigen dauerte. — Chlichy, Thierarzt zu Fresnay l'Evèque, beobachtete dasselbe bei einem 6 Jahr alten Pferde mit eintägigem Typus. Die Exacerbationen begannen Abends um 5 Uhr durch Zittern und endigten nach 3 Stunden durch Schweiss. Das Fieber kehrte während 23 Tage, vom 10. August bis zum 2. September, jeden Tag um dieselbe Stunde zurück (Rec. de méd. vétér. 1830). Im Jahre 1829 machte man zwei andere Beobachtungen des eintägigen intermittirenden Fiebers im Mai und November bei einem 2jährigen Hengste und bei einer Stute von unbestimmtem Alter. Bei dem ersteren dauerte es 12—13, bei der anderen 8 Tage. — M. Liégard, Thierarzt im 10ten Jäger-Regiment, beschrieb eine merkwürdige fieberhafte Krankheit mit eintägigem Typus bei einer Stute. Die Krankheit dauerte vom 18. Mai 1827 bis zum 4. Juni ej. a. und kehrte regelmässig um 9 Uhr Morgens, aber nicht mit ganz gleicher Intensität zurück; sie entschied sich am 11. Juni durch Brustwasser. Soweit Rainard. — Hering (spez. Path. u. Ther. 1841) sagt in der obschwebenden Beziehung: „Im Frühjahr 1837 hatte ich ein Pferd mit mehrmals, des Morgens sich wiederholenden Fieberanfällen, begleitet von Unruhe, Gähnen, Scharren, Zurückstehen von der Krippe u. s. w. zu behandeln. Nach dem Anfall war das Thier munter. Nachdem dieser Zustand einige Zeit gedauert hatte, bildete sich Druse aus. Bei einem, im Jahre 1838 englisirten Pferde kamen, nachdem die Folgen der Operation völlig vorüber waren, mehrere Fieberanfälle zu unbestimmten Zeiten; zuletzt bildete sich aber eine heftige Lungen- und Brustfell-Entzündung, welche tödlich endete. Die Section wies Wasser im Thorax, grosse Abscesse voll Jauche in der Lunge nach."

Erwägen wir diese Data, so können wir nicht leugnen, dass einzelne darunter sind, welche eine scharfe Critik zu Gunsten der wahren Intermittens nicht aushalten, vielmehr eine andere Deutung erlauben dürften, wohin namentlich die Beobachtungen von Hering gehören. Einige sind aber wenigstens unter den aufgezeichneten Fällen, welche als stichhaltige bezeichnet werden können, und kann der Ausgang der Intermittens in Hydrops vernünftigerweise nicht als Einwand gegen sie vorgebracht werden; da derselbe bei dem gleichen Fieber des Menschen nicht gar selten ist. Aus diesem Allen folgt nun — zumal, wenn wir noch bemerken, dass auch in die reiche Erfahrung Hertwig's ein paar Beobachtungen des ausgezeichneten intermittirenden Fiebers mit täglichen Paroxysmen, die am Nachmittage eintraten, während die Pferde in der übrigen Zeit gesund zu sein schienen, und auch später gesund blieben, fallen — so folgt aus diesem Allen, sagen wir, dass mehr als genügend feststeht, dass das Leugnen der Intermittens bei den Thieren überhaupt, wenigstens als voreilig zu bezeichnen sei. Immerhin mag man die Seltenheit des Wechselfiebers als eine Eigenthümlichkeit der Thiere bezeichnen; aber dennoch ist es wahrscheinlich, dass es häufiger bei ihnen vorkommt, als man glaubt; da gewiss nur die wenigsten Fälle zur Beobachtung der Thierärzte gelangen, denn in der Regel werden diese nicht wegen vorübergehender und leichter Krankheits-Erscheinungen in Anspruch genommen. Man hat die Gründe dafür, dass die Thiere so selten am Wechselfieber leiden, und dass sie überhaupt den remittirenden Character in den Krankheiten nicht so deutlich zeigen, wie der Mensch, in der Verschiedenheit der Organisation, und zwar in einem abweichenden Verhältniss des Gehirns zu den Nervenganglien zu finden geglaubt. Der Ansicht entsprechend, dass das primum movens der Wechselfieber in einer Alteration der Knotennerven bestehe, hat man es der geringen Ueberlegenheit des Gehirns der Thiere über eben diese Nerven zugeschrieben, dass jene Fieber bei ihnen so selten zu Stande kommen. Wenn diese Nerven, sagt man, durch irgend Etwas so erkranken, dass die von ihnen abhängigen Eingeweide in abnorme Thätigkeit gerathen, so sei nichts vorhanden, was diese hemmt, sondern sie entwickele sich als Leiden des Eingeweides, und die Reaction des Gefässsystems werde andauernd, wie die des Eingeweides selbst. Unser, nach Einsicht ringender Verstand mag jene Ansicht als ein quid pro quo hinnehmen, zumal, da sie die Erfahrung für sich zu haben scheint, dass Cretins und Blödsinnige niemals am Wechselfieber leiden.

Drittes Capitel.

Von der Dauer der Krankheit.

§. 144.

Wie dem normalen Leben, so ist auch den Krankheiten eine gewisse Zeitdauer ihrer Existenz zugemessen; aber sie ist in den letzteren ausserordentlich verschieden. Um für diese Behauptung die Beläge zu finden, denke man nur an die minutenlange Dauer des Schlagflusses und an die jahrelange mancher Hautausschläge. Man darf kaum hoffen, für die verschiedenen Krankheiten die gesetzmässige Dauer jemals zu bestimmen. Denn wie Vieles auf die Abkürzung des Lebens überhaupt Einfluss haben kann, eben so Vieles kann auch die, den Krankheiten naturmässig zukommende Zeit abkürzen. Das Folgende ist indess als durchgreifend gültig für die Bestimmung der Krankheitsdauer anzumerken: 1) Je mehr sich die Krankheiten in der vegetativen Sphäre äussern, und je mehr sie sich durch Hervorbringung krankhafter Materie auszeichnen, desto länger ist ihre Dauer (man rufe sich hierbei die Afterorganisationen in's Gedächtniss). 2) Diejenigen Krankheiten, welche sich langsam entwickeln, dauern länger, als solche, welche sich rasch ausbilden (die Exantheme weisen hiefür Beispiele nach). Ausser den gedachten Verhältnissen haben auch unstreitig der Vollkommenheitsgrad der verschiedenen Thiergattungen, ferner die Stufe der Ausbildung, auf welcher sich das afficirte Organ oder System befindet, und die mindere oder grössere Wichtigkeit der Functionen, welche diesen für die thierische Oeconomie beigelegt ist, grossen Einfluss auf die Krankheitsdauer; aber die

Erhebung solcher Verhältnisse zu einem Gesetze, dürfte für jetzt unzulässig erscheinen.

§. 143.

Die Krankheiten werden nach ihrer Dauer unterschieden: in kurzdauernde (morbi breves) und in langwierige (morbi longi v. chronici). Die ersteren nennt man auch hitzige, acute (morbi acuti), besonders dann, wenn sie mit heftigen Zufällen verbunden sind. Die Bestimmung der acuten und chronischen Krankheiten nach ihrer Zeitdauer ist willkürlich; die ältere Annahme findet die meisten Anhänger. Nach dieser dauern chronische Krankheiten länger als 40 Tage; nicht recht hitzige (morbi subacuti) bis zum 40sten; hitzige (morbi acuti) bis zum 21sten; gemein hitzige (morbi exacte acuti) bis zum 14ten; sehr hitzige (morbi acutissimi) noch wenigere Tage, oder man versteht auch unter letzteren solche, welche plötzlich tödten. Acut, gefährlich und bösartig sind, wie man leicht einsieht, nicht für gleichbedeutend zu halten; auch ist die unbedingte Gleichstellung der fieberhaften Krankheiten mit acuten nicht zu vertheidigen, insofern fieberhafte Krankheiten oft von langer, fieberlose aber zuweilen von kurzer Dauer sind. Der Unterschied der beharrlichen (morbi perseverantes) und zur Gewohnheit gewordenen Krankheiten (morbi habituales) gründet sich darauf, dass bei ersteren nur die Ausdauer in Betracht kommt, bei den letzteren aber ein solches Anschmiegen des Krankheitsprozesses an das normale Leben und dieses an jenen, dass dabei ein relativer Gesundheitszustand bestehen kann. Die zur Gewohnheit gewordenen Krankheiten sind sonach beharrliche, aber beharrliche nicht immer habituelle.

Zusatz. Die Ansichten der Pathologen über die Momente, welche bei der Bestimmung des Acuten und Chronischen in den Krankheiten benutzt werden sollen, sind sehr verschieden, wie es sich aus Nachstehendem ergeben wird. Henle sagt in seinen pathologischen Untersuchungen: „Drei Momente sind implicirt in dem Begriffe acut und chronisch, wie sie nach und nach sich gebildet haben. Erstens beziehen sie sich auf die absolute Dauer der Krankheit: acut ist rasch verlaufend, chronisch langsam verlaufend. Es war nöthig eine bestimmte Grenze anzunehmen (der 21ste Tag bei den ältern Pathologen), welche acute und chronische Krankheiten scheiden soll. Schon Dies ist misslich bei den Schwankungen, welche durch die Grösse der Schädlichkeit, durch die Lebhaftigkeit der individuellen Reaction und durch die Natur des ergriffenen Gewebes in demselben Krankheitsprozess bedingt werden. Es würde z. B. darnach eine Hautwunde zu den acuten, eine Knochenwunde zu den chronischen Krankheiten gehören. Die Rücksicht auf die Dauer würde daher, da sie Verwandtes auseinanderreisst, nur den Werth eines künstlichen Eintheilungsprincips haben; und in diesem Sinne sind die morbi acutissimi, peracuti, subacuti entstanden. Aber das Criterium ist auch unbrauchbar wegen der Schwierigkeit, Anfang und Ende der Krankheit zu bestimmen, besonders bei den lange vorbereiteten und dann oft momentan tödlichen Hämorrhagien, Schlagflüssen u. s. f. Es wurde daher in der Folge acut und chronisch ausgelegt als fieberhaft und fieberlos (Reil, Wilmans, Hufeland) und bei Reil ist Fieber gleichbedeutend mit acuter Krankheit. Aber obgleich die wesentlich acuten Krankheiten meistens febrilische sind, und die meisten chronischen, wie man sich ausdrückt, ohne Theilnahme des Gesammtorganismus verlaufen, so kommt doch bei den chronischen das Fieber oft in spätern Stadien hinzu, und es kann, je nach der Disposition, dieselbe acute Krankheit, z. B. Catarrh, Schnupfen, Hautausschlag mit oder ohne Fieber auftreten. Drittens bestimmte man die acuten Krankheiten als Leiden mit gemessnem Verlauf und deutlicher Succession der Stadien, die chronischen dagegen als unregelmässige, schwankende, ohne bestimmten Fortschritt zur Genesung oder zum Tod. Nach dieser Auslegung ist acut gleichbedeutend mit typisch, chronisch mit atypisch."

Viertes Capitel.

Von der Verbreitung der Krankheit.

§. 146.

Zuerst ist zu bemerken, wie die Krankheiten rücksichtlich ihrer räumlichen Existenz im Individuum Verschiedenheiten darbieten. Entweder beschränkt sich die Krankheit auf ein einzelnes Organ, oder sie dehnt sich auf ein ganzes System aus. Im ersteren Falle wird sie örtliche (morbus localis, topicus, specialis), im letzteren aber allgemeine (morbus universalis) genannt. Diese Begriffe sind jedoch sehr relativ. Denn so, wie der organische Zusammenhang des thierischen Körpers keine rein örtliche Affection, wenigstens nicht in den höher stehenden Gebilden, ohne Mitleiden anderer gestattet, eben so dürfte auch eine jede allgemeine Krankheit auf ein mehr oder weniger ausgebreitetes örtliches Leiden zurückgeführt werden können, und demnach ihre scheinbare Allgemeinheit nur auf die grössere Ausbreitung des sympathischen Ergriffenseins zu beziehen sein. Aehnlich verhält es sich mit der Unterscheidung der Krankheiten in äussere und innere (morbi externi et interni). Uebrigens ist es klar, dass manche Krankheiten in allen Theilen eines Systems, während andere nur in gewissen Abtheilungen desselben auftreten. Catarrh z. B. kommt in allen Schleimhautgebilden, Räude an allen Orten der Lederhaut vor, Polypen aber nur an den Ausgangsstellen jener, und

Mauke nur an den Fussenden dieser. Demzufolge theilt man die Krankheiten nach der Grösse ihres Verbreitungsbezirks wohl in grosse und kleine (morbi magni et parvi) ein. Die grosse Krankheit in diesem Sinne kann indess leicht, und die kleine gefährlich sein. Eine andere, wenig aufgeklärte Art der räumlichen Ausbreitung der Krankheit im Individuum ist die Erscheinung der Einseitigkeit (wie z. B. beim Rotz, bei Krankheiten der Lungen, Nieren u. s. w.) Hierauf gründet sich die Aufstellung von einseitigen Krankheiten (morbi unilaterales).

§. 147.

In allen Krankheiten, mit Ausnahme mehrer Organisations-Fehler, bemerken wir, obgleich sie anfangs an einem bestimmten Orte entstehen, eine Tendenz zur Fortschreitung auf andere. Diess hat zur Unterscheidung der festsitzenden (morbi fixi) von den fortschreitenden (morbi progressivi) geführt. Wenn die fortschreitenden Krankheiten sich in ihrem ferneren Verlaufe wieder auf den Ort ihrer ursprünglichen Entstehung zurückziehen, so nennt man sie zurückschreitende (morbi retrogradi), welche von den, von der Oberflache des Körpers nach inneren Theilen zurückgetretenen oder zurückgetriebenen (morbi retropulsi) wohl zu unterscheiden sind. Verlässt die fortschreitende Krankheit zugleich den Ort ihrer Entstehung, so bezeichnet man sie als wandernde (morb. vagus); geschieht Diess auf eine unbeständige Weise mit oftmaliger Veränderung ihres Sitzes, so nennt man sie herumirrende (morb erraticus); fliegende (morb. volaticus) aber, wenn dieses Herumirren schnell und plotzlich geschieht. — Die Ursachen fur alle jene Verschiedenheiten in der Verbreitung der Krankheit mussen theils in der Constitution der Thiere und in den Aussenverhältnissen, theils in der eigenthümlichen Natur der Krankheit, so wie in der sympathischen Verbindung der Organe gesucht werden.

Zusatz. Hieran reihen sich diejenigen Unterschiede, welche man nach dem Sitze der Krankheit, nach dem Kraftmaass des Organismus, nach der Verschiedenheit der Organe und Systeme und ihrer Functionen, welche von ihr ergriffen sind, gemacht hat. Demnach unterscheidet man dynamische und materielle, sthenische und asthenische, reproductive, irritabele und sensitive Krankheiten; ferner Krankheiten der festen und flüssigen Theile; solche des Nerven-, Gefäss-Schleimhautsystems u. s. w., des Herzens, der Lungen, des Darmkanals u. s. w. Die wissenschaftliche Begründung solcher mehr oder weniger künstlichen Eintheilungen ist zwar schwer; die spezielle Pathologie kann ihrer aber kaum entbehren zur Sonderung und leichteren Uebersicht ihrer massenhaften Materie.

§. 148.

Aehnlich wie sich die Krankheit, rücksichtlich ihrer Verbreitung, im Individuum verhält, so zeigt sie sich auch in Betracht einer oder mehrerer Thiergattungen; denn wir bemerken, dass ein und dieselbe Krankheit bald nur einzelne, bald viele Thiere zugleich befällt. Hierbei kann man sich das Verhalten der einzelnen Thiere zueinander analog dem Verhalten denken, welches die verschiedenen Organe eines Individuums zeigen. Demzufolge wird die Einzelkrankheit (morb. sporadicus) von der gemeinschaftlichen, herrschenden Krankheit oder Seuche (morb. panzooticus) unterschieden. Die Ursachen panzootischer Krankheiten beruhen, ausser auf einer gemeinschaftlichen Anlage, entweder auf weit verbreiteten, nicht näher gekannten cosmisch-tellurischen Einflüssen, und sind daher nicht abwendbar, oder sie bestehen in, an eine Localität gebundenen, entweder zu vermeidenden oder doch zu vermindernden Schädlichkeiten; oder endlich in Anstekkungsstoffen. Im ersteren Falle heissen sie epizootische Krankheiten oder Landseuchen (morb. epizootici), im zweiten enzootische Krankheiten oder Ortsseuchen und im dritten ansteckende Krankheiten (morb. contagiosi). Hierbei ist jedoch zu bedenken, dass, so wie die Einzelkrankheit durch ein producirtes Contagium zu einer Seuche Veranlassung geben kann, auch die Seuche vermittelst eines ihr angehörigen Contagiums eine grössere Ausbreitung gewinnen wird. In Bezug auf die Panzootien (mithin sowohl Epi- als Enzootien) unterscheidet man ferner, ob sie an gewisse Jahreszeiten und an die, in denselben herrschende Witterungsverhältnisse gebunden sind, oder ob sie ohne Rücksicht auf diese Verhältnisse eine mehr oder weniger lange Zeit fortherrschen. Die ersteren nennt man Jahres- oder Witterungs-Panzootien (morb. panzootici annui) und, nach ihrem Auftreten im Frühling, Sommer, Herbst oder Winter, m. p. vernales, aestivales, autumnales et hyemales; die letzteren aber stehende oder stationäre Panzootien (m. p. stationarii).

Zusatz. Die Krankheiten beschränken sich in ihrer Verbreitung nicht immer auf einzelne oder mehrere Thiergattungen; mitunter vielmehr dehnen sich auch Thierkrankheiten auf Menschen, und Menschenkrankheiten, obgleich viel seltener auf Thiere aus. Man denke, zur Auffindung der Beläge hierfür, unter anderen an die Menschenpocken, welche die Kuhpocken erzeugen, und an das Wuthgift, welches die Hydrophobie hervorbringt.

Fünftes Capitel.

Vom Ausgang der Krankheit.

§. 149.

Zuerst ist zu bemerken, wie die Krankheit ihr relatives Ende oder ihren Ausgang durch Umwandlung (transformatio, metaschematismus) nehmen kann. Hierdurch nimmt begreiflicherweise nicht der Krankheitsprozess überhaupt sein Ende, vielmehr büsst die ursprüngliche Krankheit nur ihre frühere Individualität ein, indem sie entweder ihr Wesen oder ihre Form oder auch beide zugleich ändert. Ersteres geschieht durch Diadoche, das Zweite durch Metaptose und das Dritte durch Metastase. Hieraus ist zu entnehmen, dass bei der Metaptose der geringste, bei der Metastase aber der höchste Grad der Transformation stattfindet. Die Ursachen, warum in einem Krankheitsfalle die eine oder die andere Art der Umwandlung erfolgt, sind wenig gekannt. Der Metaschematismus überhaupt dürfte vorzugsweise dadurch bedingt werden, dass auf das zeitweilige Organ der Krankheit Schädlichkeiten einwirken, wie diätetische Einflüsse und Arzneien, wodurch sie an ihrer normalen Beendigung in demselben verhindert wird, und daher ein anderes, mit der Anlage versehenes Gebilde auf sympathischem Wege aufsucht, um sich hier abzuarbeiten; zum Theil aber auch dadurch, dass die Kraft des afficirten Organs erlahmt, wovon die Umwandlung der Entzündung in Brand und der Krämpfe in Lähmung die deutlichsten Beispiele abgeben.

Zusatz. Von den verschiedenen Arten des Metaschematismus ist unstreitig die Metastase, wie bereits angedeutet, am auffallendsten, indem sie in der vollständigen Umwand lung eines Krankheitsprozesses in der Form einer Versetzung von einem Organ oder Gebilde auf ein anderes, vom Innern des Körpers auf das Aeussere oder umgekehrt zu Stande kommt. Man hat sich Mühe gegeben, diesen Vorgang zu erklären; weit ist man indess nicht damit gekommen. Einige Worte zum Verständnisse der Sachlage dürften hier am rechten Orte stehen. Zuvörderst möge bemerkt werden, wie man die *Metastasen* in *dynamische* und *materielle* unterschieden hat, je nachdem sie überwiegend in einem abgeänderten Verhältnisse der Kraft oder Materie bestehen; ferner, und zwar unpassend, in *normale* und *abnorme*, welcher Unterschied sich auf die unterdrückte Secretion bezieht, ob sie nämlich eine normale, wie Milch und Galle, oder eine krankhafte, wie Eiter, betrifft. Unterscheidungen der Metastasen mehr practischer Art sind die in *gutartige* und *bösartige*. Sie gründen sich auf die Bedeutung, welche die Metastase für das Leben hat; und die Momente ihrer Beurtheilung können meist nur aus dem Erfolge gezogen werden, ob sie nämlich in einer gelinderen oder heftigeren Krankheit besteht, als diejenige war, woraus sie entstand. Als *gut* oder *kritisch* darf im Allgemeinen eine Metastase bezeichnet werden, wenn die Krankheit von inneren Körpertheilen auf äussere, oder von edlen Organen auf weniger wichtige übertragen wird, und dann überhaupt in einem weniger in- und extensiven abnormen Prozesse besteht. Als *bösartig* kann hingegen die Metastase betrachtet werden, wenn ein umgekehrtes Verhältniss stattfindet. Die Erklärungs-Versuche des Vorgangs der Metastasen sind verschieden, je nachdem die Pathologen den humoral- oder solidar pathologischen Ansichten huldigen. Während die Einen die Wanderung und Uebertragung einer krankhaften Materie annehmen, lassen die Anderen die Metastasen nur auf sympathischem Wege durch Reizung und Entwickelung eines neuen Krankheitsprozesses zu Stande kommen. Nicht vorgefasste Meinungen, sondern allein treue Beobachtungen und Untersuchungen können diesen Punkt aufhellen. So wie die Sachen jetzt stehen, mussen wir beide Arten von Vorgängen statuiren. Es ist sowohl erfahrungsgemäss, dass ein patho logisches Product, wie Eiter, plötzlich an einem Orte verschwindet und an einem andern auftritt, ohne dass das Vorhergehen einer Entzündung hier deutlich nachgewiesen werden könnte, als auch das Auftreten metastatischer Entzündungen, wobei wenigstens eine krankhafte Materie nicht als Ursache angesehen werden kann. Die materielle Ueberführung pathologischer Producte wird unstreitig vermittelt durch Resorption, durch Endosmose und Exosmose.

§. 150.

Eine andere Art, wie die Krankheit ihr Ende nimmt, ist die Entscheidung (Crisis), deren einige Pathologen zwei Arten, eine gutartige (c. bona) und eine bösartige (c. mala) annehmen; die meisten aber verstehen unter Crisis die rasch und unter auffallenden Erscheinungen erfolgende, zur Genesung führende Entscheidung, und betrachten im Gegensatze davon die Lysis, durch welche die Genesung nur allmählig, ohne auffallende Erscheinungen zu Stande kommt. Wenn durch die Crisis der Zweck der Krankheits-Beseitigung vollkommen erreicht wird, so nennt man sie vollkommene (c. perfecta), im entgegengesetzten Falle aber unvollkommene (c. imperfecta). Die Umstände, durch welche letztere veranlasst werden kann, sind Störungen durch Aussenverhältnisse, wie durch Kurmethoden u. dergl., oder durch innere Zustände, wie durch unzureichende Kraft des Organismus. Die Crisen erfolgen übrigens durch das Bestreben des Organismus zur Entfernung des Krankheitsprozesses, kritische Bestrebungen (molimina critica). Den hierbei bemerkbaren Aufruhr bezeichnet man ebenfalls als einen kritischen (perturbatio critica). Das Wesen der Crisen kann im Allgemeinen als in vermehrten Ausleerungen der abgesonderten Säfte, bei welchen in den früheren Stadien der Krankheit eine Verminderung oder gänzliche Unterdrückung zu bemerken war, bezeichnet werden. Eine solche vermehrte Ausleerung nennt man in diesem Bezuge kritische (evacuatio critica), so wie die Wege und Organe, wodurch sie erfolgt, Reinigungs-Wege oder Reinigungs-Organe (viae colatoriae v. organa colatoria), zu denen die allgemeine Decke und die Schleimhaut, so wie diejenigen secernirenden Organe gehören, welche mit der letzteren in Zusammenhang stehen; mithin, ausser dem Darmkanal, auch die Lungen, Speicheldrüsen und Nieren. Die Formen also, unter welchen die kritischen Ausleerungen erfolgen, sind: Schweiss, vermehrter Harn, Schleim- und Speichelfluss. Hautausschläge, Abscesse u. dergl. pflegt man auch wohl kritische zu nennen, wenn durch dieselben eine innere Krankheit zur Entscheidung gelangt; sie sind indess nicht als kritische Ausleerungen in jenem Sinne, vielmehr als kritische Metastasen zu betrachten. Dagegen kann zuweilen die Blutung, insofern dadurch eine Krankheit rasch beseitigt wird, als kritische bezeichnet werden; und da hierbei die Ausleerung nicht wie jene auf normalem Wege geschieht, so giebt Diess Veranlassung zur Unterscheidung der Crisen auf normalem und auf abnormem Wege. Die Zeichen, woran der Eintritt der Crisen erkannt wird, sind theils allgemeine, theils besondere. Jene beziehen sich auf den Organismus überhaupt, und geben Zeugniss von einem gewissen Sturm oder Kampf, der als Steigerung des Gemeingefühls, als grosse Beschleunigung, zuweilen auch als Unregelmässigkeit im Blutlauf und im Athmen, als Zittern, Temperatur-Veränderung u. s. w. in die Erscheinung tritt. Die besonderen kritischen Zeichen aber fliessen aus den Organen, in welchen die kritischen Ausleerungen wahrscheinlich erfolgen werden. So z. B. deuten

Kolikzufälle, Bemühungen zum Harnen und Empfindlichkeit in der Nierengegend, Vermehrung der Wärme und der Lebensschwellung in der Haut, Husten, Brausen u. dergl. darauf hin, dass der Darmkanal, die Nieren, die Haut oder die Luftwege die bezüglichen Organe sein werden. Ob in dem Hervortreten der kritischen Tage (dies critici) in den Krankheiten der Haussäugethiere eine solche Regelmässigkeit obwaltet, wie in den Krankheiten der Menschen (in welchen sie gewöhnlich an ungleichen, vom Tage des Ausbruchs der Krankheit angerechnet, auftreten, nämlich am 3., 5., 7., 9., u. s. w.), darüber lässt sich zur Zeit nichts ausmachen; und kann daher auch hier von anzeigenden Tagen (dies indices) nicht weiter die Rede sein.

Zusatz. Oben ist das Wesen der Crisen, in so weit es die Erfahrung gestattet, im Allgemeinen gedeutet worden. Man hat sich indess in näheren Erklärungsversuchen von Hippokrates Zeiten an bis auf unsere Tage vielfältig abgemüht. Wir wissen, dass jener grosse Arzt ein crudum et intemperatum, eine materia peccans in den Krankheiten annahm, und nach dem Zustande desselben die Zeiträume der Rohheit und der Kochung, wie bereits angemerkt wurde, deutete, und dass er die präsumirte Krankheits-Materie durch die Crisis als ausgeschieden annahm. Sowohl die späteren Humoral-Pathologen, als auch die Solidar-Pathologen, haben sich nicht aus diesen Begriffen herauswinden können. Denn, wenn die letzteren von einer Entfernung des Krankheitsreizes durch die Crisen reden, so ist Das im Grunde nicht viel Anderes. In der neueren Zeit macht sich indess eine andere Ansicht über die Crise geltend, welche Henle (l. c.) summarisch so ausdrückt: „Crise ist der Sieg der Heilkraft der Natur der organischen Reaction über die Krankheit. Sie kommt nur in acuten Krankheiten vor, weil in diesen die Reaction kräftig ist; sie kommt nur nach einer gewissen Dauer der Krankheit vor, weil sich die Reactionskraft erst entwickeln muss. Diese denkt man sich bald als eine über dem Organismus schwebende, bald als eine, von den gesund gebliebenen Organen ausgehende Kraft. Die kritischen Ausleerungen sind nicht Ursache der Krankheit, sondern Producte derselben: Stoffe, die sich durch abnorme Ernährung während der Krankheit gebildet haben und am Ende derselben ausgestossen werden." — Vom organisch-chemischen Standpunkte aus, wird die Kraft, durch welche die Crisen zu Stande kommen, als „Compensations-Vermögen" bezeichnet; indem man sich dabei denkt, dass die, nach allen Richtungen hin schaukelnde organische Bewegung, die durch mehre Kräfte geleitet wird, in ihrer Regelmässigkeit dadurch erhalten oder zu derselben zurückgeführt werde, dass eine oder die andere zufällig vorwaltende Kraft sich in sich selbst aufhebt, und durch gleichzeitigen Angriff auf verschiedene Theile der organisch-chemischen Bewegung von der einen Seite unschädlich macht, was von der anderen Seite her eine Störung der Gesetzmässigkeit in jener Bewegung hervorbringen könnte. (Vergl. Lehmann, physiol. Chemie I. S. 55). Welcher Ansicht über das Wesen der Crise wir auch immer zugethan sein mögen, so ist doch, und ist Diess von praktischer Wichtigkeit, dieselbe für ein Zeichen zu betrachten, dass die Krankheit ihren relativen Culminationspunkt erreicht habe, und nun in Genesung übergehen werde. Aber die Verschiedenheit der Ansicht über die Crise ist für die Behandlung der Krankheiten von Wichtigkeit, insofern man sie consequent nach der einen erzwingen, nach der andern aber abwarten und leiten dürfte. Die Crisen erzwingen zu wollen, möchte indess von sehr zweifelhaftem Nutzen sein.

§. 151.

Eine dritte Art des Endes der Krankheit wird dadurch bedingt, dass sie den Organismus zu Grunde richtet, in welchem sie in die Erscheinung trat. Den hierdurch bewirkten Tod nennt man den krankhaften oder (fälschlich) den unnatürlichen oder widernatürlichen (mors morbosa, v. praeternaturalis), im Gegensatze des natürlichen (m. naturalis, v. senilis), welcher erst dann eintritt, wenn das Lebensziel erreicht ist. Besser und dem lateinischen Ausdruck entsprechender dürfte aber der durch Krankheit bewirkte Tod als aussernatürlicher zu bezeichnen sein. Ausser diesen beiden Todesarten hat man noch den gewaltsamen (m. violenta), veranlasst durch äussere, gewaltsame, die Organisation schnell zerstörende Einflüsse zu bemerken, und in Rücksicht des krankhaften Todes zu unterscheiden, ob dadurch die ganze Individualität des Organismus zu Grunde geht, oder nur einzelne Theile, wie beim Brande. Hierauf beruhen die Unterschiede allgemeiner und partialer Tod (m. universalis et partialis, v. localis).

Zusatz. Das wesentlichste Zeichen des wahren Todes (m. vera) ist Fäulniss, mithin das Auftreten eines rein chemischen Prozesses. So lange die Fäulniss nicht eingetreten ist, kann man sich von der Gegenwart des Todes nicht überzeugt halten; er kann vielmehr ein Scheintod (m. apparens) sein, in welchem die meisten Lebensäusserungen, namentlich der animalen Sphäre aufhören, jedoch Bildungsverrichtungen noch unvollkommen fortbestehen. Die Blutbewegung, das Athmen und der Stoffwechsel geschehen dann kaum merkbar, das Leben besteht noch, wie man sagt, als ein kleinstes (vita minima), wobei das Wiedererwachen als Möglichkeit gesetzt ist.

Ende des ersten Theils.

Zweiter Theil

der

allgemeinen Pathologie.

Spezielle Naturlehre der Krankheit.

Einleitung.

§. 1.

Indem wir uns, was den Gang und die Eintheilung unseres Vortrags anbelangt, auf das, in der allgemeinen, dem ersten Theile vorangeschickten Einleitung Angeführte beziehen, haben wir noch Folgendes zu bemerken. Dieser zweite Theil hat die Grund- oder Elementar-Krankheiten zum Gegenstande der Betrachtung. Es entsteht nun zunächst die Frage: was haben wir unter Grund- oder Elementar-Krankheiten zu verstehen? — Bei dem jetzigen Standpunkte unseres Wissens, kann es Niemanden einfallen, das Leben überhaupt, in Bezug auf Kraft und Materie, als etwas Einfaches zu betrachten. Wir gelangen vielmehr leicht zu der Ueberzeugung, dass im thierischen Organismus ein Verein von mannichfaltigen Kräften, Materien, Functionen und Organen zu einem gemeinschaftlichen Zwecke, im gesunden Zustande ins Besondere so harmonisch ineinander greifen, dass dadurch die, von der Natur vorgezeichnete Absicht erfüllt wird. Durch diese Harmonie nun entsteht die Vorstellung der Einheit einer Kraft, welche wir als Lebenskraft bezeichnen; die aber, wie bereits angedeutet, in der Betrachtung in so viele Thätigkeitsäusserungen zerlegt werden kann, als wir besondere Functionen wahrnehmen.

Zusatz. Es ist gewiss für ein Zeichen von guter Vorbedeutung zu halten, dass die heutige organische Chemie sich nicht mehr, wie ehedem, von dem „Popanz der Lebenskraft“ (wie man zu sagen beliebt) zurückschrecken lässt. Man kann ihr immer zugestehen, dass sie bei der Erforschung der Substrate des Lebens, das Bestehen und die Bildung dieser von chemischen Actionen abhängig macht: da der Chemiker nicht anders verfahren kann. Aber ein Arzt der Jetztzeit (Reich) geht offenbar zu weit, wenn er sagt: „Was ist denn das ganze Leben anders, als ein vom Anfang bis zum Ende fortdauernder chemischer Prozess, eine unaufhörlich von der Geburt bis zum Tode fortdauernde Metamorphose von Stoffen chemischer Natur, deren letzten zureichenden Grund die Aerzte, wie die Physiker, in der von jenen sogenannten Lebenskraft setzen und suchen, die doch nichts Anderes ist und sein kann, als was diese die Anziehung und chemische Verwandtschaft genannt haben.“ Wenn wir auch von den höheren Erscheinungen des Lebens, der Irritabilität und Sensibilität und der freien Seelenthätigkeit abstrahiren wollten, die Keiner einer chemischen Erklärung zu unterwerfen wagen wird, und das oben Gesagte bloss auf die Metamorphose des Stoffs beziehen: so muss man doch immer einräumen, dass diese in einer anderen Art vorgeht, als nach Gesetzen der anorganischen Chemie. Eben das Eigenthümliche der Bildungsthätigkeit im Organismus, auf Hervorbringung von Formmolecülen gerichtet, ist von einer eigenthümlichen Kraft beherrscht, die man ganz logisch Lebenskraft nennt. Die Stoffe des Organismus wirken erst dann wieder ausschliesslich nach bekannten Gesetzen aufeinander, wenn das Leben aus ihm gewichen ist. Die Aufgabe der Physiker und Chemiker würde sich also zu allen Zeiten darauf beschränken müssen, zu zeigen, in wie weit die von ihnen gekannten Kräfte der todten

Natur auf das Leben wirken und von den organischen Kräften modificirt werden.

§. 2.

Die Krankheit ist nur der Form nach vom normalen Leben verschieden; mithin muss auch ihr das im vorigen §. Gesagte im Allgemeinen zukommen. Sie giebt sich also als ein Verein von abweichenden Functionen, als ein Inbegriff von normwidrigen Kraftäusserungen und Abweichungen in der Form und Mischung der Materie zu erkennen. Unter den, auf natürliche Weise sich ergebenden einfachen, von der Norm abweichenden Functionen des kranken Lebens, welche in verschiedener Verbindung und in verschiedenem Grade der Intensität die Krankheitsformen darstellen, hat man sonach die Grund- oder Elementar-Krankheiten zu verstehen.

§. 3.

Demnach ist die, in der Physiologie übliche Betrachtungsweise — indem sie, wenn sie uns eine Anschauung vom Wesen des Lebens verschaffen will, den Lebensprozess in seine verschiedenen Functionen zerlegt, und jede in der Art würdigt, dass dadurch ihr Verhältniss zu den anderen bestimmt wird — auch für die spezielle Naturlehre der Krankheit die geeignetste. Die Grundkrankheiten in diesem Sinne hat man sich ungefähr in einem solchen Verhältnisse zur Krankheitsform vorzustellen, wie der Chemiker sich eine Vorstellung von den näheren Bestandtheilen eines Körpers macht; sie sind also nicht als die entferntesten Elemente zu betrachten, welche nicht weiter zu zerlegen wären. So wie die näheren Bestandtheile eines Körpers für sich bestehend in der Natur vorkommen, so auch die Grundkrankheiten. Diess ist der Fall beim beginnenden

Krankheitsprozesse, und zwar häufiger in Thieren von einfacher als von höherer Organisation. Da die Grundkrankheiten also in der Wirklichkeit gegeben sind, so wird mithin bei ihrer Betrachtung der abstracte Standpunkt des ersten Theiles unserer Lehre (worin der Krankheitsprozess in seiner Allgemeinheit geschildert wurde) verlassen. In diesem zweiten Theile, mehr in's Spezielle gehend, schöpfen wir aus der Erfahrung, und tragen das Material für die spezielle Krankheitslehre in einer Art zusammen, dass es möglich wird, eine Einsicht in die einzelnen Functionen des Krankheitsprozesses und somit in dessen Wesen zu gewinnen. Ohne diese Einsicht giebt es weder eine rationelle Pathologie noch Therapie.

§. 4.

Die natürliche, physiologische Betrachtungsweise der Grundkrankheiten setzt voraus, dass das ihrer Eintheilung zum Grunde liegende Prinzip auch ein natürliches sei: Das thierische Leben stellt sich uns in der Wirklichkeit nach zwei Hauptseiten als thätig dar, als ein vegetatives und animales, letzteres wieder zerfallend in das irritabele und sensibele Leben. Diese drei Hauptseiten müssen mithin auch die Hauptgesichtspunkte in unserer Betrachtung ausmachen, wenn gleich sie, der Kürze und Fasslichkeit wegen, in der befolgten Eintheilung nicht in der bezeichneten Art herausgestellt sind. Die Unterabtheilungen ergeben sich eben so natürlich. Wir sehen die Bildung einerseits für das Individuum, andererseits für die Gattung thätig; mithin müssen auch ihre Abweichungen in dieser zweifachen Richtung betrachtet werden. Die für das Individuum wirksame Bildungsthätigkeit erscheint aber nicht als etwas Einfaches, vielmehr als Bildung und Rückbildung. Jene wird vermittelt durch die Aufnahme bildungsfähigen Stoffes, durch die allgemeine Assimilation im Blute und durch den Stoffansatz; diese durch die Aufsaugung, durch die Reassimilation im Blute und durch die Excretion; mithin müssen auch diese Momente die Unterabtheilungen begründen. Die irritabele Lebensseite, welche durch die, dem Wesen nach, keinen Unterschied darbietende willkürliche und unwillkürliche Bewegung repräsentirt wird, zerfällt in der Betrachtung in einfache Unterabtheilungen, die den drei Richtungen ihrer Normwidrigkeit, der Vermehrung, Verminderung oder Aufhebung und der Alienation entsprechen. Der sensibelen Lebensseite liegt das Nervensystem zum Grunde. Seine Verrichtungen gehen einerseits mit Bewusstlosigkeit und ohne Willkür vor sich, indem sie dem vegetativen Leben dienstbar sind. Dann bemerken wir eine von Innen nach Aussen gerichtete Thätigkeit des Nervensystems, wodurch die willkürlichen Muskeln zu Actionen bestimmt werden, und endlich eine von Aussen nach Innen gerichtete, durch welche die äusseren Eindrücke zum Cerebralorgan geleitet und von diesem als Empfindung percipirt werden. Die ersteren Arten der Thätigkeitsäusserungen sind mit dem vegetativen und irritabelen Leben enge verflochten, und können daher auch bei der Betrachtung dieser nicht getrennt werden. Die Empfindung, welche sich als allgemeine, über den ganzen Körper verbreitete und als besondere in den Sinneswerkzeugen auf eine spezifische Weise äussert, kann ebenfalls nach den drei Hauptrichtungen krankhafter Thätigkeit, nämlich der Vermehrung, Verminderung und Alienation betrachtet werden. Derjenigen Nervenverrichtung aber, die sich als höchst potenzirte, in ihrer eigenthümlichen Art als psychische Thätigkeit zu erkennen giebt, muss auch begreiflicher Weise ein besonderer Abschnitt gewidmet werden. Endlich bemerken wir Anomalien, die weder auf das irritabele noch auf das sensibele Leben ausschliesslich zurückgeführt werden können; beide Sphären haben einen gleichen Antheil an ihnen; mithin das ganze animale Leben. Diese Anomalien, welche sich ebenfalls als Verstärkung, Beschränkung oder als gänzliche Aufhebung zu erkennen geben, sind sonach auch besonders betrachtet, und zu ihnen die des Schlafes, des Wachens, dann der Schwindel und der Schlagfluss gezählt.

Zusatz. Die im Vorhergehenden gezeichnete Eintheilung stellt nur den allgemeinen Umriss des Vortrags dar. Im Verlaufe desselben wird, wie leicht einzusehen, namentlich in Bezug auf das Bildungsleben, in so viele Spezialitäten eingegangen werden müssen, als sich die genannten Grundfunctionen in noch weitere Elemente zerlegen lassen. Hierdurch wird es dann möglich, die Symptomatologie, als eine besondere Lehre entbehren zu können; indem sich bei einer derartigen analysirenden Betrachtung die elementaren Functionen gleichfalls in Erscheinungen auflösen. Auf diese Weise behandelt, hoffen wir den grösstmöglichen Nutzen von der allgemeinen Veterinär-Pathologie zu erlangen, einen Nutzen, den Manche derselben nur in sehr beschränktem Maasse, und in einer gewissen Rücksicht vielleicht nicht mit Unrecht, zuerkennen. Wie kann aber auch die in einigen allgemeinen Pathologien befolgte Betrachtungsweise der sogenannten wesentlichen Krankheitsunterschiede, welche auf Abweichungen der festen und flüssigen Theile, ihrer Mischung und Form und der Kräfte beruhen sollen, ein Heil für die wahre Erkenntniss der krankhaften Zustände und ihre Therapeutik bringen? Eine solche Trennung besteht im Leben nicht, vielmehr stellen sich die elementarsten Functionen als ein Verein von Kraft und Materie, sowohl fester als flüssiger in besonderer Mischung und Form dar.

Es wäre also der geringe Nutzen des Studiums der allgemeinen Pathologie in ihrer Behandlungsweise und darin zu suchen, dass die Studirenden derselben nicht die hinreichende Vorbereitung besitzen. Wer aber dieser Lehre den Nutzen überhaupt absprechen will, muss auch den Vortheil leugnen, welchen man von der Physiologie für die Erkennung der Functionen des normalen Lebens und ihrer Gesetze in Bezug auf die Gesunderhaltung erwartet: denn allgemeine Pathologie ist, oder sollte wenigstens nichts Anderes sein, als Physiologie des kranken Lebens. Die Physiologen haben um so weniger Recht auf die allgemeine Pathologie mit Geringschätzung zu sehen, als sie ebensowohl die krankhaften Zustände zur Erklärung der gesunden, wie die Pathologen, jedoch in einem erweiterteren Grade, die Verrichtungen des gesunden Lebens zur Erklärung der kranken benutzen. Beide Lehren müssen sonach friedfertig nebeneinander gehen, sich gegenseitig in die Hand arbeiten, und sich zur möglichsten Höhe emporschwingen. C. H. Schultz sagt in der Vorrede seiner jüngst erschienenen bedeutenden Schrft: „Ueber die Verjüngung des menschlichen Lebens u. s. w.“ die hier zu beherzigenden Worte: „Die Physiologie, ursprünglich der Medizin entsprossen, war eine Wissenschaft des Lebens für den Gebrauch des Lebens; aber sie hat sich später, durch selbstständige Verbreitung in die thierische Organisation, von ihrem Mutterstamm unvermerkt abgelöst, wobei sie selbst in ihrer allgemeinen theoretischen Richtung jedoch weniger das Bedürfniss älterlichen Schutzes, als die Medizin das Bedürfniss der kindlichen Unterstützung empfunden hat. Dieser Zustand hat sich den wissenschaftlichen, die hohe Aufgabe ihres schönen Berufs erkennenden Aerzten nicht verbergen können, und vielfältig ist es ausgesprochen worden, dass mit der Physiologie der Medizin ein Lebenstrieb abgebrochen worden, dem das Zerfallen wissenschaftlicher Einheit in herumwuchernde empirische Stücke zuzuschreiben ist. Wie es aber viel leichter ist, Mängel zu fühlen, als ihnen gründlich abzuhelfen, so haben auch die Versuche, die Medizin physiologisch zu wissenschaftlicher Einheit und Sicherheit zurückzubringeu, immer viel zu wünschen übrig gelassen." Was oben in Bezug auf das Unpassende der Behandlung der allgemeinen Pathologie gesagt worden ist, dürfte auch dann anwendbar erscheinen, wenn man die Elementar-Krankheiten nach den Grundgeweben (wie z. B. die krankhaften Zustände des Zellgewebes, der serösen, fibrösen und Schleimhäute u. s. w.) oder, wenn man die möglichen Abweichungen nach den einzelnen Organen durchgehen wollte. Ein solches anatomisches Verfahren mag seine Vortheile haben, indem es von einer anderen Seite das Eigenthümliche der Gewebe und Organe und ihre Functionen in einer gewissen Abgeschlossenheit kennen lehrt, aber ohne vorhergehende Kenntniss der Grundfunctionen bleibt der physiologische Gewinn eines solchen Verfahrens immer zweifelhaft. Noch viel weniger scheint es gerechtfertigt werden zu können, wenn in der allgemeinen Pathologie Krankheits-Gattungen oder Grundformen von Krankheiten (wie Congestion, Entzündung und Fieber) eine ausgedehnte Stelle finden. Als einen offenbaren Missgriff indess muss es bezeichnet werden, wenn Rainard in der allgemeinen Pathologie sogar spezielle Fieber (wie das catarrhalische, gastrische u. dergl., also Krankheitsformen zur Sprache bringt. Es ist gar nicht einzusehen, warum er nicht mit demselben Rechte alle übrigen Krankheitsarten in die allgemeine Pathologie hinüberzieht, und somit die spezielle überflüssig macht, wenn er sie nicht allenfalls noch für die complicirten Krankheiten statuiren will. (Vergl. den Zusatz zu §. 14. der Einl. zum I. Theil.)

Erster Abschnitt.

Von den Abweichungen im Bildungsleben des Individuums.

Erstes Capitel.

Anomalien der Verdauung.

§. 1.

Die Verdauung (digestio) beginnt mit der Manducation, erreicht im Magen und im Darmkanal ihre Höhe und mit der Ausscheidung des Kothes ihr Ende. Der Bau und die Functionen der Verdauungs-Werkzeuge sind überhaupt darauf gerichtet, die ursprüngliche physische und chemische Beschaffenheit der Nahrungsmittel aufzuheben. Diess geschieht eines Theils durch die mechanischen Gewalten der Kauwerkzeuge, durch die Bewegung des Magens und des Darmkanals; anderntheils durch die auflösende Kraft des Speichels, des Magen- und Darmsaftes. Hieraus schon ist zu entnehmen, dass alles Das, was nicht zerkleinert und gelöst oder im weiteren Sinne, dass alles Differente, was nicht indifferenzirt werden kann, auch nicht in den Verdauungs- und Ernährungs-Prozess eingeht. Solche Stoffe gehen vielmehr unverändert oder doch unverbraucht wieder ab, und können überdiess als mechanische oder chemische Schädlichkeiten wirken.

§. 2.

Das Fressen (manducatio), wovon das Ergreifen oder die Aufnahme (prehensio v. ingestio), das Kauen (masticatio), die Einspeichelung (insalivatio) und das Verschlingen (deglutitio) der Futterstoffe als verschiedene Acte betrachtet werden können, ist die Einleitung zur Verdauung, und so zu sagen für eine Maulverdauung zu halten. Die Nahrungsmittel büssen hierbei zum Theil ihre eigenthümliche Form und Mischung ein, und erleiden somit einen gewissen Grad von Ertödtung oder Indifferenzirung, welche nothwendig der eigentlichen Verdauung vorhergehen muss, wenn diese gehörig von Statten gehen soll. Die Manducation wird unvollkommen, wenn die dabei mitwirkenden Organe ihre Zwecke nicht gehörig erfüllen. Diess ist der Fall, wenn ihre festen und weichen Gebilde mechanische Verletzungen oder sonstige pathologische Erzeugnisse, wie Geschwüre, Aphthen, Pseudoorganisationen an sich tragen; ferner dann, wenn die Zähne mangelhaft sind, wenn Krampf in den Kaumuskeln, eine Abnormität in den Speicheldrüsen, mechanische Verschliessung ihrer Ausführungsgänge durch Steine und andere fremde Körper, oder endlich mechanische Verschliessung in den Schlingwerkzeugen u. dergl. bestehen. Als unvollständig muss die Manducation auch dann bezeichnet werden, wenn die Thiere, bei gehöriger Normalität der bezüglichen Organe, das Futter zu rasch verschlingen. Die Folgen der unvollständigen Manducation sind zunächst mancherlei Beschwerden des Magens, die sich als Alienationen der Verdauung in demselben durch Aufstossen, Rülpsen, Erbrechen, Luftentwickelung u. dergl. zu erkennen geben. — Als eine Wiederholung und Vervollständigung der Manducation ist das Wiederkäuen (ruminatio) der zweihufigen Thiere zu betrachten. Bei dieser Verrichtung sind der erste und zweite Magen, der Pansen und die Haube, mit thätig; wenn sie also unvollständig ausgeführt wird, so können, ausser den vorher genannten, der Manducation überhaupt nachtheiligen Verhältnissen, auch Alienationen der Thätigkeit jener Eingeweide daran Schuld sein. Wie mithin einerseits die unregelmässige oder aufgehobene Rumination ein Zeichen gestörter Verdauung sein kann, so wird eine solche auf diese andererseits um so nachtheiliger zurückwirken, als die Natur der bezüglichen Thiere und die Beschaffenheit der denselben angewiesenen Futterstoffe eine möglichst vollständige Manducation erheischen. Ob das Wiederkäuen auch bei anderen Hausthieren als eine normwidrige Erscheinung, wie beim Menschen auftritt, ist nicht bekannt.

Zusatz. Wiederkäuende Menschen sollen schwer zum Erbrechen zu bringen sein. Diese Thatsache ist um deswillen merkwürdig, weil es auch bei den wiederkäuenden Thieren der Fall ist.

§. 3.

Bei der Magenverdauung ist der organisch-chemische Prozess vorwaltend. Er wird vermittelt durch die Beimischung von Magensaft und Schleim, so wie durch die organische Wärme, wenn gleich diese auch (wie Beaumont beobachtet haben will) während jener Verrichtung im Magen nicht gesteigert wird. Die mechanische Einwirkung des Magens, welche aus seiner Bewegung folgt, dient ohne Zweifel zum Theil dazu, das Lagenverhältniss seines Inhalts zu verändern, und hierdurch den organisch-chemischen Prozess zu begünstigen. Die Chemiker sind geneigt, dem Verdauungs-Prozess eine rein chemische

Natur zuzuschreiben, weil man durch Versuche ermittelt, dass Labmagen oder der im Magensafte angenommene (freilich aber noch hypothetische) Stoff, welcher Pepsin oder Labium genannt wurde, im Stande ist, auch ausserhalb des Organismus Nahrungsmittel zu verdauen, vielmehr (besser gesagt) ohne Fäulniss aufzulösen. Vogel bemerkt (in R. Wagener's Physiologie), dass sich drei verschiedene Ansichten über die Verdauung im Magen in Rücksicht der Wirkung des Pepsins herausstellen; er setzt aber auch hinzu, dass bisher keine derselben mit Sicherheit habe nachgewiesen werden können Mitscherlich, welcher (nach einer, der Akademie der Wissenschaften in Berlin am 2. December 1841 gemachten Mittheilung) fand, dass ausser dem Labmagen auch andere Magen- und Darmtheile, und sogar derjenige Theil des Peritoneums, welcher die Blase überzieht, die Milch zum Gerinnen bringen, scheint das Pepsin als einen eigenthümlichen Stoff nicht anzunehmen. Dagegen ist es diesem Forscher plausibel, dass die Verdauung eine Gährung sei, weil er im Darmkanal von Menschen und Thieren Vibrionen und die sogenannten Gährungspilze sah, in so fern beide Arten von organischen Wesen die Gährung sonst begleiten. Doch giebt er selbst an, dass er im Darmkanal eines Kalbes weder jene Infusorien noch die gedachten Pilze habe wahrnehmen können. Auch ich konnte sie nur selten im Darmkanal von Hunden und Pferden sehen, und niemals in einer solchen Menge, dass sie in einen nothwendigen Zusammenhang mit der Verdauung hätten gebracht werden können. Welcher Natur aber auch immer die Verdauung und namentlich diejenige im Magen sein möge, so kann es hier nicht in unserem Zwecke liegen, ein Mehreres von deren Physiologie anzuführen. Es genüge im Allgemeinen anzudeuten, dass der Zweck der Verdauung im Magen darin besteht, die Nahrungsmittel in Speisebrei (Chymus) umzuwandeln und denselben in den Darmkanal zu fördern. Im gesunden Zustande geht die Magenverdauung ohne irgend eine Beschwerde, vielmehr mit Wohlbehagen vor sich. Ihre Alienationen beziehen sich eines Theils auf die Bewegung des Magens, anderen Theils auf die Beschaffenheit des Magensaftes und des Schleimes. Die zu starke Bewegung des Magens kann in der Art nachtheilig wirken, dass sie eine zu rasche Entfernung der Contenta aus demselben veranlasst, bevor sich ein vollständiger Chymus gebildet hat. Die nothwendigen Folgen hiervon sind eine fehlerhafte Chylification und Assimilation. Die zu schwache oder aufgehobene Bewegung des Magens wirkt indess nachtheiliger. Veranlassung geben unter anderen dazu schwer verdauliche oder gar zu indifferente Nahrungsmittel, und die Folgen davon sind: Belästigung und Ausdehnung des Magens, ferner: Eingehen der Futterstoffe in einen abnormen, mehr oder weniger rein chemischen Zersetzungs-Prozess, wonach Aufblähen und Rülpsen entsteht. Das Ursächlichere einer solchen abnormen Verdauung bezeichnet man als Cruditäten und den durch dieselben bewirkten Zustand als Apepsie oder Dyspepsie. Obgleich der Magen sich im gesunden Zustande nach allen Richtungen zusammenzieht, so scheint doch die dadurch entstehende Bewegung von der Cardia zum Pylorus vorherrschend zu sein. Diess kann sich aber im krankhaften Zustande umgekehrt verhalten, und dann die Erscheinungen des Rülpsens und Erbrechens vermitteln. Dass ein solcher Zustand die Verdauungsthätigkeit zunächst stören, und sodann gleichfalls Fehler der Chylusbereitung und der Ernährung zur

Folge haben müsse, wenn er intensiv und andauernd ist, leuchtet zur Genüge ein. Die Beschaffenheit des Magensaftes ist nach Tiedemann's und Gmelin's Untersuchungen sehr verschieden. Im nüchternen Zustande soll er neutral oder nur schwach sauer, oder auch wohl gar keiner vorhanden sein; wogegen er während der Verdauung eine ausgezeichnete Acidität besitzt, die vorzugsweise von Salzsäure, zum Theil aber von Essigsäure, oder, nach Anderen, von Milchsäure herrührt. Bei den Wiederkäuern soll der Magensaft im ersten und zweiten Magen alkalisch, im dritten und vierten aber sauer sein. Die Abweichungen in der Beschaffenheit des Magensaftes beziehen sich, in so weit sie bis jetzt bekannt sind, auf die gedachten chemischen Eigenschaften desselben. Die übermässige Säure (acor ventriculi) wird bei den Thieren aus der Neigung zur Aufnahme solcher Stoffe erkannt, welche säuretilgende Eigenschaften, mithin alkalische Natur besitzen. Die nothwendige Folge von einem solchen Zustande ist die Bereitung eines fehlerhaften Chymus. Die übermässige Säurebildung im Magen mag wohl zum Theil durch beschränkten oder aufgehobenen Nerveneinfluss hervorgerufen werden; denn Blainville und Meyer fanden, dass nach Durchschneidung der Lungen-Magennerven saurer Magensaft secernirt wird. Es ist wohl nicht zu bezweifeln, dass auch abnorme Alkalescenz des Magensaftes bei den Hausthieren vorkommen könne, aber es fehlt bisher an dem hinreichenden Nachweise darüber. Eberle (Physiologie der Verdauung, Würzburg 1834 S. 145) will jedoch bemerkt haben, dass, wenn der Magen mit schwer- oder unverdaulichen Substanzen, z. B. mit Heu bei einem saugenden Kalbe angefüllt bleibe, dann der anfangs sehr saure Magensaft alkalisch werde. Dasselbe soll der Fall sein, wenn Thiere durch Einsperrung oder Vivisection geängstigt werden. Von einer besonderen Schärfe des Magensaftes, so sie nicht in abnormer Alkalescenz oder Acidität besteht, hat man noch weniger Beweise. Die gedachten Abweichungen des Magensaftes sind wohl immer mit abnormem Schleim, und zuweilen auch mit der Anwesenheit von Galle im Magen verbunden, welchen Zustand man mit dem gemeinschaftlichen Namen: Unreinigkeiten (sordes) bezeichnet. Wenn auch solche Unreinigkeiten — welche, ausser den bereits gedachten Erscheinungen, auch an einem sauern oder sonstigen übelen Geruch aus dem Maule der Thiere, so wie am Zungenbeleg erkannt werden — als eine Folge der gestörten Digestions-Thätigkeit betrachtet werden müssen, so wirken sie doch auch auf die Unterhaltung einer solchen zurück und beeinträchtigen endlich die Ernährung. In krankhaften Zuständen, so auch beim Zorn, tritt nicht selten die Galle in den Magen; sie stört alsdann die Verdauung. Nach Purkinje's Beobachtung stört auch Galle die künstliche Verdauung; nach Pappenheim hat Gallenharz allein dieselbe Wirkung. Die übermässige Luftentwickelung im Magen ist für uns von besonderer Bedeutung; ich sage die übermässige Luftentwickelung, da sich auch im gesunden Zustande der Thiere in ihrem Magen Luft vorfindet, die theils mit den Nahrungsmitteln verschluckt wird, theils sich im Magen erzeugt. Nach Magendie's und Chevreul's Untersuchung bestand dieses Gas aus dem Magen eines hingerichteten Menschen, der zwei Stunden vor seinem Tode Brod und Käse gegessen und Wasser mit Wein getrunken hatte, aus 11,00 Sauerstoff, 14,00 Kohlensäure, 3,35 Wasserstoff und 71,45 Stickstoff. Lauret und Lassaigne fanden ausser diesen Gasen, auch 2,00 Schwefelwasserstoff und 20,00 Kohlenwasserstoff bei einem Hunde. In Alfort fand man das Gas im Magen aufgeblähter Rinder zusammengesetzt aus: 80 Theilen Schwefelwasserstoff, 15 Theilen Kohlenwasserstoff und 5 Theilen Kohlensäure. Hiermit übereinstimmend ist die Angabe in Thenard's Chemie. Rychner nimmt nach Pflüger (Verh. d. schweiz. naturh. Gesellsch. 1816 S. 54) die Gegenwart von $\frac{3}{5}$ Kohlengas (?) und $\frac{2}{5}$ Kohlenwasserstoffgas bei der Blähsucht der Rinder an. Es wird einleuchtend sein, warum die Resultate von derartigen Analysen nicht übereinstimmend sein können, wenn man auch eine gleiche Genauigkeit von Seiten der Analytiker voraussetzt. Die Verschiedenheit der Futterstoffe und des Zustandes der Thiere so wie die Dauer des Leidens müssen ohne Zweifel Abweichungen bewirken. Die Luft im Magen koppender Pferde (Kreuzer hat auch eine koppende Kuh beobachtet) bietet gewiss in so fern eine Verschiedenheit in ihrer Zusammensetzung, als das Koppen in Luftverschluckung oder in Luftentwickelung im Magen begründet ist; indess sind Untersuchungen in dieser Beziehung nicht vorhanden. Veranlassung zur übermässigen Luftentwickelung im Magen wird vorzugsweise durch solche Futterstoffe gegeben, welche als blähende bekannt sind, wie durch Hülsenfrüchte, Roggen, Klee und dergl.; besonders dann, wenn die Verdauungsthätigkeit bereits geschwächt war. Die hierher gehörigen Erscheinungen sind: das Aufstossen (ructus), das Knurren und Poltern im Leibe (borborygmi), der Abgang von Winden (flatus, crepitus ventris) und die Aufblähung (flatulentia, meteorismus, tympanitis).

Zusatz. C. H. Schultz spricht in seiner Schrift (Ueber die Verjüngung des menschlichen Lebens u. s. w., Berlin

1842) von den oben gegebenen abweichende Ansichten über die Verdauung im Magen aus, namentlich in Bezug der Mitwirkung hierher gehöriger Säfte. Wir dürfen jene Ansichten dieses gelehrten Forschers hier um so weniger ignoriren, als sie nicht unbegründet zu sein scheinen, und als sie abweichende Erklärungen gewisser hierher gehörigen Anomalien nach sich ziehen. Die Verdauung besteht nach Schultz überhaupt in einer Indifferenzirung der chemischen Qualitäten, der chemischen Verwandtschaft der aufgenommenen Nahrungsmittel und sofort in einer Ueberführung derselben zu einem organischen Gestaltungs-Prozess. Ein eigenthümlicher Magensaft besteht nach ihm durchaus nicht, und ist das, was man so genannt hat, mit Ausnahme des Schleimes, ein Gemenge von Dingen, die von aussen in den Magen gekommen sind. Die Säure, welche man im Magen wahrnimmt, stammt allein von den Veränderungen her, welche die Nahrungsmittel bei der Umwandlung in Speisebrei erleiden. Es giebt daher nur sauren Speisebrei und keinen sauren Magensaft. Der Speichel ist also das Hauptmoment, wodurch die Nahrungsmittel zu den Veränderungen bei der Verdauung „angesteckt" werden. Schultz war bemüht zu zeigen, wie man wenigstens einigermaassen durch Speichel ähnliche Veränderungen, wie die Nahrungsmittel bei der Verdauung erleiden, künstlich hervorbringen könne. Es ist ihm gelungen, vermittelst des unveränderten Speichels, wie man ihn aus den Speichelgängen der Thiere erhält, Milch, Käse und andere Speisen künstlich zu digeriren. Diess geschah indess nicht so rasch, wie im Magen. Die Ursache hiervon setzt Schultz in die natürliche Concentration, welche der Speichel im Magen durch theilweise Aufsaugung seines wässrigen Bestandtheiles erleidet. Daher hat er Pferdespeichel durch Verdunstung im Wasserbade concentrirt, theils bis zur Syrupsdicke, theils bis zur Trockene abgedampft, und mit demselben künstliche Verdauungsversuche angestellt, woraus sich ergeben, dass der so beschaffene Speichel wirklich die verdauenden Eigenschaften in hohem Grade besitzt. Es würde zu weitläufig sein, hier auf diese Versuche näher einzugehen; doch wollen wir auf ein

Ergebniss derselben aufmerksam machen, welches geeignet ist, zu zeigen, in welcher Uebereinstimmung die Beschaffenheit des Speichels bei Pflanzen- und Fleisch-fressenden Thieren mit der diesen Thieren von der Natur angewiesenen Bestimmung ist. Concentrirter Pferdespeichel, der sehr alkalisch ist, digerirt Fleisch und Käse leichter, wenn das Alkali zuvor ganz oder zum Theil gesättigt wird. Dagegen geschieht die Umwandlung vegetabilischer Stoffe, namentlich die Umbildung von Stärke in Zucker, leichter durch stark alkalischen Speichel. Der wenig alkalische Hundespeichel verhält sich in seiner Wirkung auf Fleisch wie der saturirte Pferdespeichel. Die Digestion des Fleisches mit Pferdespeichel geschieht leichter, wenn man Vegetabilien, z. B. gekochtes Stärkemehl mit dem Fleisch in Verbindung einlegt.

§. 4.

Die Verdauung im Darmkanal ist noch weniger aufgeklärt. Man weiss weder genau, welchen Antheil der Darmsaft, noch welchen der Bauchspeichel und die Galle an derselben hat. Wahrscheinlich aber ist es, dass die ersteren Flüssigkeiten zu mehrer Verdünnung und Auflösung des Chymus, und die letztere zur Abstumpfung der Säure desselben dient, da der Chymus am Anfange des Dünndarms gewöhnlich sauer reagirt, die Säure aber im Verlaufe desselben allmählig abnimmt, bis endlich an seinem Ende Alkaleszenz eintritt. Bei der Einwirkung der Galle auf den Speisebrei werden Bestandtheile derselben in der Form des sogenannten Gallenharzes ausgeschieden und diese den Excrementen beigemengt. Im Blinddarm wiederholt sich die Verdauung; sein Inhalt zeigt wieder saure Reaction, welche indess auch bis zum Mastdarm allmählig abnimmt. Nach Vogel (R. Wagner's Physiol.) enthält der Blinddarm des Pferdes keine freie Säure. Auch ich finde diess in der Regel so, und zwar nicht allein im

Blinddarm dieses Thieres, sondern auch im Grimmdarm und namentlich in der magenähnlichen Erweiterung desselben. Der Zweck der Nachverdauung im Darmkanal ist die weitere Ausbildung des Chymus zu Chylus, worauf dieser aufgesogen und die unbrauchbaren Stoffe endlich als Koth (faeces) ausgeschieden werden. Der Koth ist nicht bloss als das ausgeschiedene, bei der Digestion Unbrauchbare der Nahrungsmittel anzusehen; er ist vielmehr als das Residuum des ganzen Verdauungs-Prozesses zu betrachten. Er enthält ausser Gallenharz und Schleim, auch verschiedene Salze, welche durch die Einwirkung des Speichels auf den Chymus gebildet worden sind, oder zum Theil schon in jener Flüssigkeit vorhanden waren. Fehlerhaft kann die Verdauung im Darmkanal dadurch werden, dass die peristaltische Bewegung dieselben Anomalien zeigt, wie im Magen. Ist diese Bewegung zu rasch, so wird der Inhalt des Darmes entfernt, bevor er gehörig verdaut und der Chylus vollständig aufgesogen ist; es tritt sonach Durchfall (diarrhoea) oder Milchruhr (fluxus coeliacus) ein; den letzteren Zustand nennt man auch Lienterie, wenn damit ein ähnlicher des Magens verbunden ist, wie er bei säugenden Thieren beobachtet wird. Eine zu träge Bewegung des Darmkanals veranlasst übermässige Anhäufung der Contenta in demselben, welche man als Anschoppungen oder Cruditäten des Darmkanals bezeichnet. Die verkehrte Bewegung des Darmkanals, in der Richtung vom After zum Magen, erfolgt rücksichtlich des vorderen Endes des Duodenums wohl in der Regel beim Erbrechen, zuweilen aber hat sie, namentlich bei Fleischfressern, eine grössere Ausdehnung und dann Rücktritt des kothähnlichen Darm-Inhaltes in den Magen zur Folge, wonach Kothbrechen (ileus, miserere) entsteht. Als Ursache für die Anomalien in der Bewegung des Darmkanals wird meistens eine fehlerhafte Galle angegeben, ohne aber genau zu wissen, worin diese Fehlerhaftigkeit besteht. Soviel steht indessen fest, dass zu sehr erregende oder zu fade Nahrungsmittel, so wie viele Arzneien den einen oder den anderen jener Zustände bewirken können. Häufiger aber sind sie Begleiter von Krankheiten und beruhen dann meist ursprünglich auf einer abnormen Erregung des Darmkanals. Wie im Magen, so werden auch im Darmkanal, sowohl im gesunden als im krankhaften Zustande Luftarten gebildet, deren nähere Bestandtheile rücksichtlich der Thiere, so viel ich weiss, noch nicht erforscht sind. Nur wissen wir nach Chevreul's und Magendie's Untersuchungen, dass sie sich beim Menschen in verschiedenen Abtheilungen des Darmkanals verschieden verhalten, und ausser den, bei der Magenverdauung genannten Luftarten, namentlich im Dickdarm, zum grossen Theil aus Schwefelwasserstoff bestehen. Die Gase entstehen übrigens im Darmkanal am häufigsten durch Zersetzungsprozesse der Contenta, wenn dieselben zu lange in ihm bei geschwächter Verdauungsthätigkeit verweilen. In Krankheiten erzeugen sich die Luftarten im Darmkanal zuweilen so rasch, dass man auch eine andere Entstehungsart anzunehmen genöthigt sein dürfte, besonders, da man weiss, dass sie beim Menschen zuweilen den Geruch von eingeathmeten Stoffen, z. B. von Gasen faulender Leichen annehmen. Auch hat Magendie gezeigt, dass sich Luftarten in einem unterbundenen leeren Darmstück entwickeln können; und will Autenrieth gesehen haben, dass sich bei kaltblütigen Thieren eine Reihe Luftbläschen in den Blutgefässen der Därme erzeugte und mit dem Blute fortschwammen, wenn er den Darmkanal mit einer Nadel reizte; welche Erscheinung dann verschwand, wenn der Reiz aufhörte. Die Zufälle, welche bei übermässiger Anhäufung von Luftarten im Darmkanal entstehen, sind ausser den, oben bei der Magenverdauung in dieser Beziehung gedachten: Dislocationen des Darmkanals, Zerreissungen u. dergl.

Zweites Capitel.

Anomalien der Chylus-Bereitung.

§. 5.

Der Hauptzweck der ganzen Verdauung besteht in der Bereitung des Milchsaftes (Chylus). Sie beginnt im Darmkanal, wird in den Lymph- (Milch-) Gefässen und Lymphdrüsen fortgesetzt, und erreicht ihr Ende bei der Einmündung des Milchbrustganges in das Blutgefässsystem. Der Chylus stellt das Hauptmaterial für die Bildung des Blutes dar, und daher ist die Beschaffenheit und Menge dieses von gleichen Verhältnissen jenes mit abhängig. Der Chylus bietet nach Verschiedenheit der Thiere, der Beschaffenheit und Menge der Nahrungsmittel, in den verschiedenen Abtheilungen des Chylifications-Apparates in seinen physikalischen und chemischen Eigenschaften grosse Verschiedenheiten dar. Während er im Anfange der Sauggefässe der Milch am ähnlichsten, ist er im Milchbrustgange dem Blute schon verwandt, und unterscheidet sich hier von diesem bloss durch die überwiegende Menge der fettigen Lymphkügelchen, durch die Form und Grösse seiner Blutkörperchen, durch eine geringere Menge fester Theile und eine bei weitem geringere Quantität eines weniger ausgebildeten Faserstoffs; ferner durch viel freies Fett, was im Blute gebunden ist, durch das lockere Gebundensein seines Eisengehaltes, so wie endlich durch seine geringere Alkalescenz. (Müller, Physiol. II. 549). Indess behauptet Vogel (in R. Wagner's Physiol.), dass die chemische Zusammensetzung des Chylus, trotz der vielen vorhandenen Untersuchungen, so gut wie völlig unbekannt sei; der Chylus sei alkalisch, während der Chymus freie Säure enthalte, aber man wisse nicht, wodurch diese Verschiedenheit der Reaction bewirkt werde. Wenn nun auch zugestanden werden muss, dass das Chylifications-Geschäft viele dunkele Seiten hat; so scheint doch klar zu sein, dass die Verschiedenheit der Reaction zwischen Chylus und Chymus von der Einwirkung der Galle auf letzteren herrührt.

§. 6.

Aus dem Vorstehenden ist zu entnehmen, dass die Bereitung des Chylus im Ganzen noch sehr dunkel ist; man weiss daher auch von den Anomalien derselben nicht viel Gewisses. Aber in allen Fällen muss uns daran gelegen sein, gerade das Gewisse in einer Sache zu wissen. Soviel können wir als ausgemacht in der obschwebenden annehmen, dass die Qualität und Quantität der Nahrungsmittel, der Grad der Verdauungsthätigkeit und die Beschaffenheit und Menge der, bei der Verdauung mitwirkenden Säfte auch einen grossen Einfluss auf die Beschaffenheit und Menge des Chylus haben müssen, und demnach wohl ein Uebermaass an Chylus (plethora chylosa) oder Armuth und übele Beschaffenheit desselben (defectus et dyscrasia chyli) vorhanden sein könne. Die letztere kann durch den Uebergang allerlei fremder Stoffe in den Chylus befördert werden. Zu starke oder mangelhafte oder alienirte Ernährung sind davon die bezüglichen, endlichen und nothwendigen Folgen. Mit dem Ausdrucke Dyscrasie in Bezug auf die Lymphe oder die Säftemasse überhaupt, wird inzwischen in der Regel ein sehr vager und undeutlicher Begriff verknüpft. Unter Dyscrasie hat man überhaupt eine fehlerhafte Mischung zu verstehen, und ist eine solche da anzunehmen, wo sich ein amorphischer, keine bestimmte Organisation zeigender Stoff (z. B. ein tuberculöser) ablagert, oder wo sich an krankhaften Stellen eine so dauernde und übelbeschaffene Absonderung zeigt, dass sie nicht mit dem topischen Leiden in Einklang gebracht werden kann. Häufig bemerkt man auch Stockungen in den Lymphgefässen und in den Gekrösdrüsen, namentlich bei jungen Thieren, die wahrscheinlich von einem Uebermaass, von einer Rohheit oder von einem Säuregehalte des Chylus herrühren; jedoch lässt sich hierüber nichts Bestimmtes ausmachen.

Zusatz. Gerber sagt (allg. Anat. S. 173): „Unstreitig finden auch Stockungen der Lymphe und des Chylus in den Drüsen Statt, z. B. in Folge der Gerinnung in den einführenden Gefässen oder bei Lymphgefäss-Entzündung u. s. w., so dass das Gerinnsel die Uebergangsnetze nicht durchlaufen kann. Die Folgen dieser Verstopfung zeigen sich nicht nur häufig in den grösseren Drüsen durch Ablagerung des gerinnenden Eiweissstoffes, dessen Lösungsmittel, das Serum, in der Umgebung aufgesogen wird, sondern auch in den unzählbaren peripherischen Halbdrüsen, z. B. unter anderen sogleich unter dem Fell beim Hautwurm der Pferde. Die centralen Lymph- und Chylus-Drüsen schwellen, so z. B. bei Scropheln (Füllensucht, Lymphtuberkeln des Rindes u. s. w.) ungeheuer an, und ihr pathologischer Inhalt zeigt neben unvollständigen Exsudatkörperchen um so mehr Eiweisskörner und gleichsam förmliches Gerinnsel, wie mehr die untersuchten Drüsen der Peripherie angehören und wie weniger in Folge der Anämie und Verderbniss der Säfte die Faserstoffbildung möglich war." — Hier dürfte noch am Platze sein, zu bemerken, dass Gerber bei Pferden, ausser den centralen Lymphgefässen (den eigentlich ausführenden), auch solche gesehen hat, welche unmittelbar in Venen münden und von ihm Lymphgänge genannt werden. Er bemerkt hierbei, dass ihm bei anderen Hausthieren und beim Menschen nur zweifelhafte Uebergänge der Art vorgekommen seien; vermuthlich würden sie aber sowohl bei diesem, als auch bei jenen zu finden sein. Rychner glaubt in dieser Entdeckung den Schlüssel für das Vorkommen der so häufigen und eigenthümlichen lymphatischen Krankheiten beim Pferde gefunden zu haben; er behält sich inzwischen seine weiteren Gedanken hierüber vor. Schon früher sind von Anderen solche Verbindungen der Lymphgefässe und Venen im Gekröse von Vögeln, Fischen und Amphibien gesehen worden; dass sie unter den Säugethieren vorzugsweise beim Pferde vorkommen, dürfte die Thatsache erklären, dass bei diesem Thiere der Milchsaft am häufigsten geröthet erscheint.

Drittes Capitel.

Anomalien des Athmens.

§. 7.

Bereits in den Milchsaftgefässen und in den Gekrösdrüsen beginnt die Bildung des Blutes aus dem Chylus; vollkommen wird dieselbe aber erst durch die Wechselwirkung des Chylus mit der atmosphärischen Luft in den Lungen. Hier wird auch das venöse Blut wieder in arterielles umgewandelt, und die, aus allen Theilen des Körpers in Folge der Reassimilation kommende Lymphe demselben verähnlicht. Die Lungen sind, obgleich die hauptsächlichsten, jedoch nicht die einzigen Organe, welche der Bildung und Umwandlung des Blutes dienen, vielmehr nehmen die Leber und die Haut ebenfalls unbezweifelt Antheil daran, vielleicht auch die Milz, Nebennieren, Brustdrüse und die Schildrüsen. Soviel ist ausgemacht, dass bei einer grossen Störung der Hautfunction, z. B. bei ausgebreiteten Exanthemen und Verbrennungen, selbst bei grossem Hautschmutz, die Blutbildung und Ernährung sehr leidet. Aber wir können den Antheil, welchen so zu sagen das Hautathmen an der Bildung des Blutes und dessen Umwandlung hat, nicht näher angeben. Der Antheil der Leber an der Blutbildung ist schon klarer, namentlich ist er ausgezeichnet im Fötalzustande; aber auch im späteren Leben übernimmt sie, wie man sagt, die Entfernung von Kohlen- und Wasserstoff aus dem Blut mit; eigentlicher aber befreit sie das Blut von den Residuen der Blutmetamorphose, von den zerfallenen, abgestorbenen Blutbläschen, und ist sonach die Leber ausserdem, dass sie ein Galle bereitendes Organ ist, auch ein reinigendes für das Blut. Wir sehen daher in Krankheiten der Leber bedeutende Störungen im Blutleben. In Bezug auf die übrigen, oben genannten Organe müssen wir es bei der ausgesprochenen Vermuthung bewenden lassen; da uns die Physiologie über ihre Verrichtungen fast ganz im Stiche lässt. Wir beschränken uns hier auf die Betrachtung der Hauptfunction für die Blutbildung, nämlich auf das Lungenathmen, und lassen dann im folgenden Kapitel die Lehre vom Blute selbst folgen. Bei dem Athmen sind zwei Momente zu berücksichtigen: 1) die Aufnahme von Sauerstoff durch die Bildungsflüssigkeit aus der atmosphärischen Luft, und 2) die Abgabe von Kohlen- und Wasserstoff von jener an diese. Die Rechtfertigung für die Herausstellung dieser Momente liegt in Folgendem: Die ausgeathmete Luft enthält nach den anerkannt gründlichsten Untersuchungen ungefähr dieselbe Menge

Stickstoffgas, wie die eingeathmete, dagegen weniger Sauerstoffgas und mehr Kohlensäure, so wie auch mehr Wassergas als diese, auch enthält sie flüchtige organische Stoffe und ist wärmer geworden, wenn die eingeathmete Luft eine niedrigere Temperatur hatte, als der thierische Körper. Die Menge von Sauerstoff und Kohlensäure in der Luft verändert sich durch das Athmen in dem Maasse, dass das Volumen des verschwundenen Sauerstoffgases etwas mehr beträgt, als die hinzugekommene Kohlensäure. Dulong und Desprez wollen gefunden haben, dass bei allen Thieren, mit denen sie Versuche anstellten, etwas mehr Sauerstoff absorbirt als Kohlensäure abgeschieden wurde. Dieser Mehrbetrag des verschwundenen Sauerstoffs belief sich bei pflanzenfressenden Thieren auf $\frac{1}{10}$, bei fleischfressenden auf $\frac{1}{5}$—$\frac{1}{4}$ der gebildeten Kohlensäure. Andere haben abweichende Resultate erhalten; indess können sie nicht wohl übereinstimmend sein; da selbst bei einem und demselben Thiere das Athembedürfniss zu Zeiten verschieden ist. Inzwischen halten selbst ausgezeichnete Physiologen dafür, dass der Athmungsprozess noch nicht hinreichend aufgeklärt sei; wir müssen daher eine mehrere Aufhellung dieses Vorganges der physiologischen Chemie anheimgeben. Soll das Athmen seinen Zweck erfüllen; so ist es nothwendig, dass eine angemessene Menge einer gehörig beschaffenen Luft in die Lungen aufgenommen werde, mit dem Blute hinlänglich lange in Wechselwirkung bleibe, und sodann wieder in angemessenen Zeiträumen mit frischer Luft vertauscht werde. Diesen Zweck erfüllen zum grössten Theile die respiratorischen Muskeln, wahrscheinlich aber auch zum Theil die Lungen selbst durch ihre eigenthümliche Contractilität und Expansibilität. Jede andere Luft als die atmosphärische ist zum Athmen untauglich, auch die letztere, wenn sie über 8 Procent Kohlensäure enthält. Die Capacitäten der Lungen unserer Haussäugethiere für die Luft sind nicht bekannt, auch weiss man nicht, wie viel Luft in einer gewissen Zeit zum Athmen erforderlich ist.

Zusatz. Dr. Reich leugnet in seiner Schrift (das Leben und Athmen des Menschen u. s. w., Berlin) die Aufnahme des Sauerstoffgases aus der atmosphärischen Luft von dem Blute in den Lungen. Das Athmen hat nach ihm bloss den Zweck, das Blut abzukühlen und aus demselben gewisse Stoffe zu entfernen, und soll die wahre Bedeutung desselben, nach seinen eigenen Worten, eine Ausgabe und nicht eine Einnahme sein. Die Gründe, welche dieser Gelehrte inzwischen für seine Ansicht, die, wie er sagt, bei ihm schon im vorigen Jahrhundert auftauchte, giebt, scheinen mir nun nahe in der Mitte des jetzigen Jahrhunderts nicht genügend zu sein. Der gedachte Professor hält den lebenden Organismus für eine Art Feuerungs-Vorrichtung, und hat Diess besonders in einer Sitzung der naturforschenden Freunde in Berlin ausgesprochen, indem er den Magen als den Feuerheerd, die Lungen als den Schornstein und eine Oeffnung, welche sich bei Menschen und Thieren am Hintertheile des Körpers befindet (deren nähere Bezeichnung unterlassen werden kann) als das Aschenloch erkannte. — Eine viel bedeutendere, uns wenigstens mehr zusagende Ansicht über das Wesen des Athmungsprozesses spricht C. H. Schultz in seinen Schriften, gestützt auf langjährige Beobachtungen und Versuche, und geleitet von einer wahren wissenschaftlichen Critik aus. Wir dürfen im Voraus die Ansicht Schultz's — auf die wir hier etwas näher eingehen müssen, da sie für die physiologische Pathologie von Wichtigkeit ist — im Gegensatz jener pyrotechnischen Reich's, als eine, dem organischen Leben würdigere, als eine lebendige bezeichnen. Die Respiration ist nach Schultz überhaupt eine Wiederbelebung des Blutes in sich selbst, eine Wiederholung des Assimilations-Prozesses auf höherer Stufe, eine Steigerung des Organisationsprozesses im Blut, wobei eben die Luft als das wahre Lebensfutter betrachtet wird. Es ist nicht die Lunge, sondern das Blut, welches vermittelst der Lunge athmet, und im Blut sind es die Blutblasen, welche ein- und ausathmen; als eigentliche Blutlungen. Die von den Blutblasen eingesaugte Luft lässt sich sogar ihnen wieder entziehen. In den Blutblasen werden durch die Luft die fetthaltigen Kerne verarbeitet und in Plasma umgebildet, dem eigentlich bildenden und lebenerregenden Blutbestandtheil. Um Dieses gehörig verstehen zu können, muss man wissen, dass nach Schultz die Blutbläschen aus den Lymphkügelchen in der Art herangebildet werden, dass die derartigen glatten sich zuerst in körnige umwandlen, und sofort sich um diese eine Blase bildet und somit die Blutbläschen auf der ersten Stufe ihrer Entwickelung darstellen. Der Farbstoff in den Blutbläschen wird durch Verarbeitung des fettigen Blutkerns erzeugt und hängt sich als Residuum dieses Prozesses an die Hülle der Bläschen, während sich zwischen diesen und dem Kern das Plasma als der eigentlichste Zweck jenes Prozesses, der erst durch die Berührung mit der Luft in den Lungen vervollständigt wird, befindet. Sonach liefert die Darmverdauung vermittelst der Lymphgefässe zuerst das organisirte Material, die Lungendigestion erhebt dieses Material zu höherer Lebenserregung. Die Blutblasen haben eine lebendig-tonische Kraft die Luft anzuziehen, und wenn sie abgestorben sind, wie im todten Blute, so haben sie diese Eigenschaft verloren. Schultz sagt in dieser Beziehung, man müsse erstaunen, wie man immer noch die hierher gehörigen Beobachtungen in Verblendung gegen die unbestreitbarsten Thatsachen wegleugnen will, um so mehr, als gerade hieraus der practischen Medizin so grosser Gewinn erwachse. Wie ginge es zu, fragt Schultz, dass das schwarze abgelebte Blut der Unterleibskrankheiten durch die Luft nicht eben so gut roth und wieder belebt wird, als das Blut mit gesunden Blasen, wenn keine Lebenserregung in den Blasen wäre, welche die lebendigen von den todten Blasen unterscheidet. Gerade dieser Erregungs-Prozess in den Blutblasen ist es, behauptet Schultz, der durch den Sauerstoff der Luft immer noch höher gesteigert wird, und von welchem alle Lebenskraft im Blute ausgehe. Dass man im Allgemeinen ein Blutleben annimmt, rügt Schultz, im Besonderen aber nur seine todten chemischen Bestandtheile gelten lassen will, fördert unser Wissen gar nicht, sondern verwickelt uns in Widersprüche, die nur Verwirrung zur Folge haben. Das Leben kann nicht im Ganzen lebendig, im Einzelnen aber aus chemischen Elementen und Prozessen zusammengesetzt sein. Wie die ganze Physiologie eine Analyse der Lebensactionen, so muss auch die Physiologie des Blutes eine Analyse des Lebensprozesses des Blutes werden, und nicht bei anatomischen Formbeschreibungen und chemischen Analysen stehen bleiben.

§. 8.

Dem Vorhergehenden zufolge haben wir also beim Athmen zwei Momente, das Ein- und Ausathmen, die In- und Exspiration zu betrachten. Es kann beim Athmen entweder zu viel oder zu wenig Luft in die Lungen aufgenommen werden, oder sie wird zu schnell oder zu langsam gewechselt, oder es findet eine Unregelmässigkeit in der Aufeinanderfolge der beiden gedachten Momente Statt, oder wir sehen endlich nur die eine oder die andere Abtheilung der, beim Athmen wirkenden Bewegungsorgane abweichend thätig Bei den nachstehenden Angaben wird die Bekanntschaft mit der Zahl und der Beschaffenheit der Athemzüge im normalen Zustande der verschiedenen Haussäugethiere vorausgesetzt, eben so die Bekanntschaft mit dem Einflusse, welchen die Blutbewegung auf das Athmen und dieses auf jene hat. Folgende Abweichungen im Athmen sind zu bemerken:

1) Das tiefe und grosse Athmen (respiratio magna et profunda). Es wird mit beträchtlicher Er-

weiterung der Brusthöhle ausgeführt, und hat eine zu reichliche Aufnahme von Luft in die Lungen zur Folge. Ein solches Athmen kann im normalen Zustande stattfinden, wenn die Thiere sich gegen einen heftigen Wind bewegen, oder wenn sie irgend einer anderen Muskelanstrengung oder einer aufregenden Leidenschaft unterworfen sind, und kann dann zu grosse Arteriellität des Blutes, Congestion und Entzündung in den Lungen bewirken. In Krankheiten wird das tiefe Athmen häufig für ein günstiges Zeichen gehalten, da es Freiheit in den Lungen voraussetzt; wenn aber die Respiration tief und dabei langsam erfolgt, so ist sie gewöhnlich ein Zeichen von behinderter Circulation im kleinen Kreislaufe oder von Leiden des Nervensystems, namentlich des Gehirns, z. B. im Koller.

2) Das kleine, kurze, zu geringe oder oberflächliche Athmen (resp. parva, brevis, v. superficialis). Hierunter wird ein solches Athmen verstanden, bei dem nicht hinreichend Luft in die Lungen aufgenommen wird. Ein solches Athmen muss nothwendig eine mangelhafte Bildung des Blutes, eine hervorstechende chylöse und venöse Beschaffenheit desselben, Stockungen und Entzündungen passiver Art in den Lungen, und ausserdem auch Mangel an Ernährung und mancherlei Säftefehler zur Folge haben. Das zu geringe Athmen kann durch verschiedene Ursachen bedingt werden, wonach sich dann einige Unterscheidungen ergeben. Was die Aussenverhältnisse anbetrifft, so kann eine grosse Verdünnung der Luft durch Wärme zu jenem Athmen Veranlassung geben; häufiger aber liegen die Ursachen in den Thieren selbst, und bestehen dann in Verengerung der Luftwege oder der Brusthöhle, oder auch in normwidriger Beschaffenheit der Lungen

selbst, ferner endlich in krankhaften Affectionen der, bei der Respiration mitwirkenden Nerven und Muskeln. Besondere Arten des kleinen Athmens sind: die Orthopnoe und Dyspnoe (orthopnoea et dyspnoea). Jenes findet Statt, wenn Thiere nur stehend athmen können und beim Niederlegen zu ersticken drohen; weshalb man es auch Erstickungs-Athmen nennt. Die Gegenwart von Luft oder irgend einer pathologischen Flüssigkeit in der Brusthöhle giebt meist Veranlassung zu demselben. Als Dyspnoe hingegen bezeichnet man das zu geringe Athmen, wenn es in einem anomalen Zustande der Respirations-Muskeln begründet ist, z. B. in Krampf, Lähmung, Entzündung, Rheumatismus Verwundung und dergl.; auch bezeichnet man wohl die Hartschnaufigkeit der Pferde mit diesem Namen. Die Ausdrücke: starkes und schwaches, schweres und leichtes Athmen (resp. fortis et debilis; laboriosa et levis) finden darin eine Erklärung, dass das Athmen entweder mit starker oder schwacher Bewegung der Brust- und Bauchwände, ausgeführt wird, dass bei dem Athmen eine ungewöhnliche Mitwirkung erforderlich, z B. die Auseinanderstellung der Vorderfüsse, oder auch andererseits die Respirations-Organe allein zur Ausführung des Athmens hinreichen.

3) Das schnelle, beschleunigte oder geschwinde Athmen (resp. celer, frequens). Dieses wird durch eine Verkürzung des Zeitraumes hervorgebracht, in welcher die In- und Exspiration normalmässig aufeinander folgen müssten. Es kommt durch Beschleunigung des Kreislaufs oder durch Reizung der zum Athmen dienenden Nerven und Muskeln zu Stande, und hat hinwiederum Beschleunigung des Kreislaufs, bald eine vollkommene, bald eine unvollkommene Blutbildung, je nach dem Grade des

beschleunigten Athmens, und endlich Congestion und Entzündung in den Lungen zur Folge; oder solche Zustände geben auch die Ursache jener Erscheinung ab.

4) Das langsame, seltene und aussetzende Athmen (resp. tarda, rara et intermittens). Dieses besteht in einer Verlängerung der Zeitdauer, welche sonst der In- und Exspiration zukommt, und tritt insgemein bei Lebensschwäche, Nervenlähmung, Ohnmacht und Scheintod ein. Die Ursachen dieses abnormen Athmens sind begreiflicher Weise immer bedeutender, als seine Folgen.

5) Das ungleiche Athmen (resp. inaequalis). Als ein solches haben wir das Athmen zu bezeichnen, wenn zwischen den zwei Momenten der In- und Exspiration eine Unregelmässigkeit stattfindet, so dass entweder das eine oder das andere hervorstechend überwiegt: ich sage hervorstechend, weil selbst beim gesunden Athmen die Inspiration gewöhnlich etwas länger dauert, als die Exspiration. Das sogenannte Dampfathmen (resp. asthmatica) ist als eine besondere Art des ungleichen Athmens zu betrachten. Hierbei ist die Inspiration kürzer als die Exspiration. Die letztere erfolgt in zwei Zeiträumen, von denen der erstere der kürzere ist und die Senkung der Flanken betrifft, der letztere aber ist beträchtlich länger und in ihm erfolgt die Zusammenziehung der Bauchmuskeln. Hierdurch wird die Bewegung doppelschlägig und hat etwas Convulsivisches, besonders dann, wenn sich eine Rinne im Verlaufe der falschen Rippen bildet, das bekannte Spiel des Afters stattfindet, und der ganze Körper in eine leise Erschütterung geräth. Andere Arten des ungleichen Athmens sind, in so fern ein Geräusch mit demselben verbunden ist: das keuchende,

pfeifende, röchelnde, schnaubende und schnarrende Athmen. Hindernisse verschiedener Art in den Luftwegen können dazu Veranlassung geben. Weiter giebt es noch einige Arten des ungleichen Athmens, welche ebenfalls mit einem mehr oder weniger hervorstechenden und eigenthümlichen Tone begleitet sind, zum Theil willkürlich hervorgebracht werden können, immer aber nur als zeitliche Erscheinungen auftreten. Man kann sie in zwei Reihen bringen, je nachdem dabei die In- oder die Exspiration überwiegt. Auf der überwiegenden Inspiration beruhen das Seufzen, Schluchzen und Gähnen; auf der vorherrschenden Exspiration aber das Niesen, Schnauben, Räuspern, Wittern, Drängen und Husten. Von diesen Erscheinungen betrachten wir hier nur diejenigen näher, welche in den Krankheiten der Thiere von einiger Bedeutung sind.

a) Das Seufzen (suspirium) beruht auf einem langen und tiefen Einathmen mit nachfolgendem zögernden, verhaltenen und mit einem eigenthümlichen zitternden (melancholischen) Tone begleitenden Ausathmen. Es deutet auf eine gewisse Unfreiheit oder gar auf organische Fehler im kleinen Kreislaufe hin; auch wird es in Leiden der Baucheingeweide bemerkt. Uebele Folgen des Seufzens an und für sich sind bei Thieren nicht bekannt.

b) Das Schluchzen (singultus) besteht in einem schnellen, abgebrochenen und krampfhaften, mit einem schallenden Tone verknüpften, die Exspiration unterbrechenden und sich wiederholenden Einathmen. Seine Ursachen und Wirkungen sind nicht genau bekannt.

Anmerkung. Man nimmt an, dass das Schluchzen beim Menschen auf einem krampfhaften Zustande des Zwerchfelles beruht; und nach Krimer soll man es bei den Thieren durch Druck und Reizung des linken Magenmundes hervorbringen können. Hering bezweifelt, ob das Schluchzen bei den Thieren vorkommt, auch ich habe es noch nicht bemerkt. Schwab sagt indess: „Das Schluchzen galt bisher für einen an Thieren, den Hund etwa ausgenommen, nicht vorkommenden Zufall. Das Journal de médécine vétér. et comp. liefert aber (im September-Heft 1826) eine Beobachtung, der zufolge das Schluchzen auch Pferde, wenn gleich selten befällt. Die mit dem beobachteten Falle verbundenen Erscheinungen waren denen beim Menschen vollkommen gleich; auch entstand dasselbe fast augenblicklich auf den Genuss sehr kalten Wassers. Besondere Folgen hatte dieser Zufall nicht. Rychner sagt über das Schluchzen: „ich bemerkte dasselbe bei allen unseren Hausthieren mit einfachem Magen als eine, an und für sich wenig bedeutende Erscheinung. Bei Wiederkäuern hörte ich es noch nie. Beim Pferde ist der Laut, im Ganzen genommen, weniger ein Kopflaut, als vielmehr ein Brustlaut; denn dem hinteren Ende der Brusthöhle zu, im Verlaufe der Rippenknorpel, ist er als ein rhythmischer, wiederkehrender, stumpfer oder abgestossener, polternder Laut kenntlich. Bei Schweinen und Hunden bedeutet es einen gereizten, selbst krampfhaften, vorübergehenden Zustand des Zwerchfells, der zuweilen durch einen Trunk frischen Wassers entsteht. Beim Pferde stellt sich aber sehr bald Fieber ein, und ist das Schluchzen alsdann in Begleitung mit Fieber ein zuverlässiges Zeichen der Zwerchfellentzündung." — Rychner führt noch einen, dem Schluchzen etwas ähnlichen, sehr kurzen „fast jauchzenden Kopfton" an, den er bei 6, mit höchst acuter Halsentzündung behafteten Pferden wahrgenommen hat. Er rührt nach ihm vom Schmerz des Schluckens her, und bezieht sich somit auf die Anomalie dieser Verrichtung. Es soll jedesmal beim leeren Schlucken, so wie es bei Halsentzündungen gewöhnlich ist, entstehen; auch sei das Spiel der Schulter-Zungenbeine und Brust-Zungenbein-Muskeln dabei deutlich, und halte jenes Jauchzen so lange an, bis dass die auf die Luftröhren- und Schlundkopfgegend gesetzten Vesicatorien zu wirken beginnen.

c) Das Gähnen (oscitatio) besteht in einem tiefen und lang dauernden Einathmen mit krampfhaft geöffnetem Maule, und darauf folgenden etwas weniger langen Ausathmen. Es ist ein Zeichen von erschwerter Circulation in den Lungen, und wird diese dadurch erleichtert; auch wird es bei gesunkener Hirnthätigkeit, bei Ermüdung und Schlafbedürfniss bemerkt.

d) Das Räuspern oder Brausen (screatus) besteht in einem, nach einer kurzen Inspiration, stossweise erfolgenden, mehr oder weniger kräftigen, mit einem eigenthümlichen Geräusche verbundenen Ausathmen. Vorzugsweise wird es bei Pferden beobachtet. Es zeigt zwar einen Reizungszustand in den Luftwegen in Folge Schleimansammlung u. dergl. an; ist aber in den Krankheiten in so fern ein günstiges Zeichen, als es eine gewisse Kraft und Freiheit in den Respirations-Werkzeugen voraussetzt.

e) Das Drängen (nisus) wird dadurch hervorgebracht, dass nach einer tiefen Inspiration der Athem aufgehalten wird, und hierauf eine etwas andauernde Zusammenziehung der Bauchmuskeln mit sichtbarer Anstrengung zur Entfernung eines Körpers aus den Hinterleibs-Organen erfolgt. Durch diese Operation muss natürlich ein grosser Druck auf die Hinterleibs-Organe ausgeübt werden, und hierdurch die Entfernung des, mit einer natürlichen Oeffnung in Verbindung stehenden Beweglichen, z. B. des Kothes, des Urins, der Frucht beim Gebähren, erleichtert werden. Dagegen kann zu starkes Drängen zu

Dislocationen und Zerreissungen der Eingeweide Veranlassung geben.

f) Der Husten (tussis) besteht in einem plötzlich eintretenden, mehr oder weniger kräftigen, stossweise erfolgenden, mit einer gewissen Anstrengung des motorischen Theils der Respirations-Organe verbundenen und mit einem mehr oder weniger schallenden Tone begleitenden Ausathmen. Er wird zunächst durch eine Reizung des Nervus vagus hervorgebracht, indem die respiratorischen Muskeln in Folge Uebertragung dieser Reizung auf die bezüglichen Rückenmarksnerven zu jener Action bestimmt werden. Krimer's und Brachet's Versuche scheinen diess zu beweisen; denn sie konnten bei einem Thiere, dem sie an beiden Seiten den Nervus vagus durchschnitten hatten, durch Irritation der Luftröhre keinen Husten mehr erregen, wohl aber nach Durchschneidung des sympathischen Nerven. Die Veranlassung zum Husten liegt, sowohl im gesunden als im kranken Zustande, meistens in den Luftwegen, zuweilen mag sie aber auch in anderen Körpertheilen, namentlich in den Hinterleibs-Organen liegen, wobei zunächst eine Reizung des Sympathicus erfolgt, und diese dann auf den Vagus übertragen wird und sofort. In einem solchen Falle bezeichnet man den Husten als einen sympathischen; im Grunde genommen kommt aber ein jeder Husten auf sympathische Weise zu Stande. Der Husten ist an und für sich als eine heilsame Bemühung der Natur zu betrachten, das Belästigende aus den Luftwegen zu entfernen; auch gelingt Diess häufig. Nichtsdestoweniger kann ein anhaltender und starker Husten auch nachtheilige Folgen haben. Diese bestehen meistens in Gefässzerreissungen in den Lungen oder in behindertem Rückflusse des Blutes aus dem Kopfe, mithin in passiven Gehirn-Congestionen. Ein kräftiger, feuchter, sich nicht zu oft wiederholender Husten ist in Krankheiten der Respirations-Organe immer ein günstiges Zeichen und deutet auf eine locale Crisis ihrer Schleimhautgebilde, mithin auf eine Vermehrung der Schleimabsonderung hin. Der Husten kann aber rücksichtlich seiner Intensität, Wiederholung und des denselben begleitenden Tons sehr viele Verschiedenheiten darbieten, deren Würdigung durch Beschreibung immer nur mangelhaft bleibt, dagegen durch häufige Beobachtung am meisten gefördert werden kann. Das Unvermögen zu husten, oder wenn es selbst dann nicht erfolgt, wenn der Kehlkopf durch die gewöhnliche Manipulation gereizt wird, ist in Lungenkrankheiten immer ein bedenkliches Zeichen; nichtsdestoweniger giebt es ganz gesunde Pferde, die entweder nur schwer oder gar nicht auf diese Weise zum Husten zu bringen sind.

6) Die Bezeichnungen B r u s t a t h m e n (resp. pectoralis), B a u c h a t h m e n (resp. abdominalis), K o p f a t h m e n (respiratio cephalica) und S c h i e f a t h m e n (respiratio obliqua) haben auf die hervorstechende Mitwirkung der einen oder der andern zur Athmung dienenden Bewegungs-Abtheilung Bezug. Die beiden ersten Athmungsarten werden in so fern so genannt, als das Athmen entweder vorzugsweise mit den Brustmuskeln und mit mehrer Feststellung der Bauchmuskeln oder umgekehrt ausgeführt wird, wie es in überwiegenden Leiden der Bauch- oder Brust-Eingeweide vorkommt. Wenn das Athmen mit starker Er-

weiterung der Nasenlöcher und Aufsperrung des Maules ausgeführt wird, wie man es bei der Erstickungsnoth sieht, so kann man ein solches: Kopfathmen nennen. Uebrigens kommt ein mehres Oeffnen der Nasenlöcher und ein mehr oder minder grosses Spiel der Nasenflügel bei jedem erschwerten Athmen vor, und ist allemal auf ein Bestreben der Natur, eine grössere Menge Luft einzulassen, zurückzuführen, und hängt meistens mit bedeutenden Fehlern der Lungen, wenigstens mit einem grossen Andrange des Blutes zu denselben, oder auch mit einer Beengung in den Luftwegen überhaupt zusammen. Häufig kommt in Lungenkrankheiten, vorzugsweise beim Rindvieh in der Lungenseuche, eine überwiegende Entartung der einen Lunge vor, so dass sie nicht mehr respirationsfähig ist; daher denn auch die Rippenwand an dieser Seite etwas abgeflacht erscheint und ausser Thätigkeit gesetzt ist, während die andere bei der Athmung stärker gehoben wird. Hieraus folgt dann das Schiefathmen.

Zusatz. An die Fehler des Athmens schliessen sich noch einige Erscheinungen der Stimme an. In Leiden der Lunge und namentlich der Luftröhre und des Kehlkopfes bemerken wir die, den verschiedenen Thieren eigenthümlichen Stimmlaute immer etwas modifizirt. In katarrhalischen Zuständen ist die Stimme rauh und heiser (raucedo, vox rauca), und kann es in solchen selbst so weit gehen, dass die Stimme nicht mehr vernehmbar ist (Stimmlosigkeit, vox oppressa, aphonia). Bei Hunden erheischt das Bellen eine besondere Berücksichtigung, welches bei der Tollwuth so characteristisch ist, und in einen spitzen, heiseren, heulenden Ton ausläuft. Das häufige, sonst regelmässige Bellen, so wie das Knurren, Heulen und Winseln dieser Thiere steht mit gewissen Seelenzuständen derselben in Verbindung, zuweilen verrathen jene Aeusserungen auch Schmerzen. Katzen schreien bei Schmerzen ähnlich, wie bei der

Begattung, und ihr Spinnen wird in bedeutenden Krankheiten, namentlich in der Bräune nicht mehr gehört. Das häufige und heisere Grunzen der Schweine deutet auf eine Affection der oberen Halspartie (Bräune); in Beängstigung aber und in Schmerzen lassen diese Thiere ein grelles, durchdringendes Geschrei hören. Das Brüllen des Rindviehes findet in der sogenannten Franzosenkrankheit häufig Statt, und endigt dann gewöhnlich mit einem Brummen. Bei Pferden, vorzugsweise bei wohlbeleibten, bemerkt man nicht selten während des Gehens und der Arbeit ein Brummen, dem häufig ein Brausen folgt. Das deutet immer auf eine Beengung der Athmungsorgane hin. Das Wiehern wird bei diesen Thieren zuweilen in schweren Krankheiten, namentlich in Koliken, Darmentzündung u. s. w., als ein Vorbote des Todes beobachtet. Auch beim Tödten der Pferde durch den Stich oder durch Lufteinblasen in die Blutgefässe bemerkt man zuweilen einen solchen Schwanengesang. Ein von dem Wiehern verschiedenes, durchdringendes, quikendes Geschrei bemerkt man bei ihnen in zorniger Aufregung oder wenn sie mit einem grossen Schmerze befallen werden. Das Blöken und Meckern der Schafe und Ziegen steht nur mit einem Verlangen, einer Sehnsucht dieser Thiere in Beziehung. Schmerzestöne sind bei ihnen nicht bekannt.

Fünftes Capitel.

Anomalien des Blutes.

§. 9.

Das Blut ist als die edelste Flüssigkeit des Thierleibes zu betrachten, woraus eine jede Bildung desselben hervorgeht. Diese Behauptung kann man wagen, ohne deshalb mit Moses annehmen zu müssen, dass im Blute der Sitz der Seele sei. Krankheit beruht ursprünglich auf einer Abweichung im Bildungsleben, und wo eine solche auch anfangs nicht deutlich wahrnehmbar sein soll, so tritt sie doch im Verlaufe der Krankheit immer hervor. Wir müssen daher den pathologischen Zuständen des Blutes, ohne Befürchtung, dass man uns um deswillen eine grosse Neigung zur Humoralpathologie vorwerfen werde, eine grosse Aufmerksamkeit widmen. Die Pathologie des Blutes kann unmöglich mit Erfolg studirt, eine gründliche Einsicht in das kranke Leben desselben gewonnen werden, wenn nicht eine allseitige Bekanntschaft mit seinen gesunden Verhältnissen vorangeht. Eine solche müssen wir hier aus nahe liegenden Gründen voraussetzen; wo es indess zur besseren Verständigung erforderlich scheint, wird auch das Physiologische berührt werden. Zunächst haben wir Abweichungen in der Menge und in der Beschaffenheit des Blutes zu betrachten. Bei der Menge ist einerseits auf die Masse, andererseits auf die Raumerfüllung des Blutes in den Gefässen Rücksicht zu nehmen; bei der Beschaffenheit des Blutes dann auf seine physische, chemische und organische Eigenschaften, sie mögen auf einer Anomalie der Ausbildung seiner näheren und entfernteren Bestandtheile und seiner vitalen Kraft, oder auf einer Beimischung ihm fremder Stoffe beruhen. Es hat sein Bedenken, die organischen Körper hinsichtlich der gedachten Eigenschaften getrennt zu betrachten, da in denselben physische, chemische und organische Momente sich gegenseitig bedingen; zum besseren Verständniss aber muss der Versuch gewagt werden.

I. Quantitative Anomalien des Blutes.

§. 10.

Die Untersuchungen über das Gewichtsverhaltniss, in welchem das Blut in gesunden Thieren zu den festen Körpertheilen steht, haben bis jetzt nur zu abweichenden Ergebnissen geführt. Man wird auch wohl niemals etwas Sicheres und durchgreifend Gültiges hierüber ausmachen können, selbst dann nicht, wenn eine Methode ausfindig gemacht würde, den festen Theilen den letzten Blutstropfen zu entziehen. Denn die Individualität und die Lebensweise der Thiere, so wie ihre verschiedenen organischen, einer periodischen Schwankung der Intensität unterworfenen Functionen haben einen zu grossen Einfluss auf die Menge des Blutes und deren Veränderlichkeit, so dass voraussichtlich täglich und stündlich Schwankungen vorkommen müssen. Auch ist wahrlich nicht viel für die Pathologie gewonnen, wenn wir allenfalls wüssten, wie viel Pfunde und wie viel Unzen Blut ein Thierleib enthält, da wir daraus immer noch nicht auf das Maass der Gesundheit oder Krankheit zu schliessen berechtigt sind. Es giebt indess Erscheinungen am lebenden Thiere, die einen sicherern Wegweiser in diesem Gebiete abgeben, wie z. B. die Fülle und das Kraftmaass des Arterienschlags, die Röthe der durchscheinenden Hautgebilde, die organische Wärme, das Athmen und mehre andere Verrichtungen. Wir können daher nur im Allgemeinen sagen, dass dem ganzen Organismus, wie einem jeden seiner Organe ein gewisses Maass Blut zukommen müsse, wenn Gesundheit vorhanden sein soll, und dass Abweichung von diesem normalen Maass Krankheit ist, oder doch zur Krankheit führt. Wir gehen nunmehr auf die Betrachtung der quantitativen Abweichungen des Blutes näher ein.

§. 11.

Vollblütigkeit (plethora, polyhaemia) ist ein Ausdruck, womit man die zu grosse Menge Blutes überhaupt bezeichnet: Ist eine zu grosse Menge Blutes im ganzen Organismus oder nur in einzelnen Theilen vorhanden, so giebt Diess Veranlassung zur Unterscheidung der allgemeinen Vollblütigkeit (pleth. universalis) von der örtlichen (pleth. partialis). Sehen wir die Vollblütigkeit in der einen oder der anderen der zwei Hauptabtheilungen des Blutgefässsystems ausgesprochen, so wird sie beziehungsweise als arterielle oder als venöse (pleth. arteriosa, v. venosa) bezeichnet; und nehmen wir endlich bei der Vollblütigkeit auch auf die Mischung des Blutes Rücksicht, so können wir sie in eine schlechte und gute, in eine kakochymische und euchymische (pleth. cacochyma et euchyma) unterscheiden. Bei der Vollblütigkeit haben wir ferner noch darauf zu sehen, ob wirklich eine grössere Menge Blutes in dem Organismus vorhanden ist, als derselbe zu seiner Erhaltung bedarf, oder ob eine solche nur scheinbar ist. Hiernach wird die Unterscheidung in wahre und falsche Vollblütigkeit (pleth. vera et spuria) gemacht. Bei der letzteren ist eine relativ zu grosse Blutmenge vorhanden, entweder rücksichtlich des im Organismus vorhandenen Kraftmaasses oder des Raummaasses des Blutes selbst, wie es bei seinem eigenthümlichen Leben durch Ueberwiegen seiner Expansibilität und Verminderung der Contractilität der Gefässe allerdings möglich ist. Hieraus ergeben sich die Unterschiede der pleth. ad vires und der pleth. ad volumen. Die Ursachen der wahren Vollblütigkeit sind eines Theils in zu reichlicher Fütterung mit stark nährenden Futterstoffen bei kräftiger Verdauung, anderen Theils in vermindertem Verbrauch des Blutes durch Mangel an Bewegung oder Unterdrückung von Secretionen zu suchen; und erscheint sie am häufigsten im vorgeschrittenen jugendlichen Alter, also zu einer Zeit, wo überhaupt die Bildungsthätigkeit vorherrschend ist, aber auch im späteren Alter, wenn eine Verminderung des Blutverbrauchs durch Abnahme im Stoffansatz oder in den Geschlechts-Functionen eintritt. Die plethora ad vires insbesondere wird durch Schwächung der Lebenskraft hervorgerufen, es mag Diess nun in Folge eines krankhaften Zustandes oder der Anwendung kraftvermindernder Mittel, z. B. der narkotischen und vorzugsweise der Blausäure geschehen. Die Vollblütigkeit kann in so fern nachtheilig werden, als sie Veranlassung zu Gefässzerreissung, zu Congestion und Entzündung, Schwindel und Schlagfluss giebt, und wird in diesen krankhaften Zuständen die allgemeine Vollblütigkeit zu einer örtlichen. Die Kennzeichen der wahren Vollblütigkeit sind: starker Puls, Fülle der Venen, vermehrte Röthe der durchscheinenden Häute, vermehrte Lebensschwellung, Trägheit in der Bewegung, Abneigung gegen nahrhaftes Futter und Belästigung des Respirationsprozesses; als ein ferneres und wichtiges Zeichen der wahren Vollblütigkeit ist das, beim Aderlasse in einem kräftigen Strahle ausfliessende und rasch zu einem festen Kuchen gerinnende Blut zu betrachten. Dass aber solchen Erscheinungen wirklich eine Plethora zum Grunde liegt, ist durch die künstlich hervorgebrachte, nämlich durch die Transfusion des Blutes bei Thieren ermittelt worden, und wird Diess übrigens noch dadurch ausser Zweifel gesetzt, dass nach Verminderung der Blutmenge durch einen Aderlass jene Erscheinungen cessiren. Auch bei der falschen Vollblütigkeit sind die meisten der eben gedachten Erscheinungen vorhanden, nur ist der Puls, obgleich voll, doch weicher, und das Blut fliesst beim Aderlass nicht in einem kräftigen Strahle aus. Die falsche Vollblütigkeit nennt man auch Blutturgor, Orgasmus des Blutes (orgasmus sanguinis), und besteht also, wie bereits angedeutet, nicht in einer Vermehrung der Masse des Blutes, sondern nur in Erhöhung seines Turgors, wie man diesen Zustand immer bei dem Einflusse einer erhöhten Wärme oder eines verminderten Luftdrucks auf hohen Gebirgen eintreten sieht. Es ist dieser Vorgang aber grösstentheils ein Act des Lebens, denn mit der Erhöhung oder Verminderung der Lebensthätigkeit nimmt auch der Turgor des Blutes zu und ab. Einen hohen Grad der Verminderung des Blutturgors bezeichnet man als Collapsus sanguinis. Dieser Zustand erreicht beim vollständigen Erlöschen des Lebens seine grösste Höhe; denn wir sehen in den Leichnamen das Blut seine Gefässe bei weitem nicht ausfüllen.

§. 12.

Blutarmuth (defectus sanguinis, oligaemia spanaemia) ist ein, dem vorhergehenden entgegengesetzter Fehler. Ein solcher ist vorhanden, wenn die Menge des Blutes nicht mehr für die Selbsterhaltung hinreicht, namentlich nicht für die Ernährung und die verschiedenen Absonderungen, und kommt sowohl örtlich als allgemein vor. Auch die Ursachen, welche diesen Zustand bewirken, sind denjenigen des vorhergehenden entgegengesetzt. Hierher gehören. Entziehung von Nahrungsmitteln überhaupt oder der Genuss von wenig nährenden; ferner Beschränkung derjenigen Functionen, welche näher oder entfernter der Bereitung des Blutes dienen, mithin der Verdauung, der Chylusbereitung und des Athmens. Aber, wenn auch alle diese Ursachen nicht vorhanden sind, so tritt doch nicht selten Mangel des Blutes durch zu starken Verbrauch desselben ein, wie bei übermässiger Thätigkeit in den Muskeln oder in den Secretions-Organen; am directesten indess wird jener Fehler durch Blutverlust hervorgerufen. Wie bei der Vollblütigkeit, so können wir auch hier den Fehler nicht nach einem bestimmten Maasse angeben. Diess kann nur durch Beobachtung gewisser Erscheinungen annäherungsweise geschehen. Diese sind: kleiner, weicher, oftmals beschleunigter und leerer Puls (wegen dieses letzteren Umstandes wird der in Rede stehende Fehler auch Gefässleere, ceneangia, genannt); ferner: Blässe der Schleimhäute, Mangel der Ernährung, Schwinden der Kräfte, Wässrigkeit der Secretionen und colliquative Ausleerungen. Beim Aderlass sehen wir das Blut in einem matten Strahle ausfliessen; es gerinnt langsam und selbst unvollständig, weil darin ein überwiegendes Verhältniss des Serums zum Cruor obwaltet, woher denn auch, zum Theil wenigstens die Entstehung des Hydrops in einem solchen Zustande zu erklären ist. Bei Leichensectionen ist in den grösseren und mittleren Gefässen kein Blut wahrzunehmen, woher der höhere Grad des Blutmangels, obwohl uneigentlich als Blutlosigkeit (anaemia) bezeichnet wird. Nach dem Grade des Blutmangels, nach dem plötzlichen oder langsamen Eintritt desselben, müssen sich natürlich seine Wirkungen auch verschieden verhalten. Am nachtheiligsten wirkt ein starker und plötzlicher Verlust des Arterienblutes, weil solches auf die organischen Functionen einen unmittelbaren Einfluss ausübt; es entstehen wohl Schmerzen und Krämpfe, sicherer aber Schwindel, Bewusstlosigkeit und Lähmung. Die grösseren Haussäugethiere können selbst auf einmal oder plötzlich eine grosse Menge Blutes verlieren, ohne dass Diess gerade lebensgefährlich für sie würde. Die hiernach, in Folge verminderten Blutreizes im Gehirn, eintretende Ohnmacht ist in der Regel bald vorübergehend. Selbst ertragen kräftige Pferde die Unterbindung der beiden Carotiden; besonders dann, wenn sie nicht gleichzeitig geschieht; matte, ohnehin schon blutleere Pferde halten indess diese Operation nicht aus. Dass aber das Leben sogleich aufhört, wenn dem Gehirn alles Blut entzogen wird, ist zum Ueberfluss von Richerand durch Versuche an Hunden, denen er die Carotiden und Intervertebral-Arterien unterband, bewiesen worden. Nach und nach können die grösseren Haussäugethiere selbst ungeheure Blutverluste nicht allein ohne Nachtheil, sondern selbst zu ihrem Besten erleiden, wie es wiederholte starke Aderlässe in Krankheiten zur Genüge darthun. Das Blut wird nach starken Aderlässen sehr bald wiedererzeugt, obgleich es dann nicht sobald die Vollkommenheit seiner Ausbildung besitzt. Hieraus lässt es sich erklären, warum Aderlässe bei früher mageren Thieren den Fettansatz begünstigen. Andererseits bemerken wir aber, dass ein mässiger Aderlass bei Vollblütigkeit, eine vollkommnere Bildung des Blutes zulässt, weil hiernach die Respiration einen grösseren Einfluss auf die Umwandlung desselben gewinnt. Es ist bekannt, dass weibliche Thiere und magere (d. h. fettarme aber sonst gut konstituirte) mehr Blut im Verhältniss zu den festen Theilen enthalten, als männliche und fette; ob jene aber auch einen grösseren Blutverlust ertragen können, ist nicht bekannt.

II. Qualitative Anomalien des Blutes.

§. 13.

Es braucht wohl nicht weitläufig bewiesen zu werden, dass das Blut rücksichtlich seiner physischen, chemischen und organischen Eigenschaften Abweichungen erleiden könne: denn wer nur das Blut von zwei verschiedenen gesunden Individuen einer und derselben Thierart genau ansieht, wird schon einige Verschiedenheiten an den physischen Eigenschaften desselben bemerken, noch mehr aber ist Diess in den Krankheiten der Fall. Nun sind aber die physischen Eigenschaften eines Körpers von seiner inneren Natur, von seiner chemischen Mischung und hier beim Blute auch von seinen organischen Verhältnissen abhängig: mithin Abweichungen desselben gedachter Art gegeben. Sehr viele Umstände können auf die Mischung des Blutes verändernd einwirken, einmal von aussen eingeführte und von demselben aufgenommene Stoffe; dann eine Abnormität in einer oder der anderen Function, welche für die Bildung des Blutes bestimmt sind, sowohl, d. i. von der Bildung des Speisebreies an, bis hinauf zum Respirations-Geschäfte, als auch in solchen, welche der Läuterung des Blutes auf dem Wege der Ausscheidung ihm fremd gewordener Stoffe dienen. So wie aber ein fehlerhaftes Blut nothwendig eine Abweichung in den festen Theilen bedingt, so werden auch abnorme feste Theile zur Unterhaltung der Anomalie des Blutes beitragen, da die, als der zerfallene Thierleib zu betrachtende, mithin in einem solchen Falle auch verderbte Lymphe dem Blute beigemischt wird. Aber auch ursprünglich krankhafte Zustände der festen Theile können eine fehlerhafte Qualität des Blutes besonders dann bewirken, wenn dabei pathologische Flüssigkeiten entstehen, welche durch Resorption ins Blut gelangen. Der Umstand, dass von aussen direct in das Blut übergeführte Stoffe primär eine krankhafte Beschaffenheit desselben, und sodann secundär eine solche der festen Theile veranlassen können, hat zu einer besonderen medizinischen Secte: der Humoralpathologen, Veranlassung gegeben, welche alle krankhaften Zustände aus einer primären Alienation der flüssigen Theile und besonders des Blutes herleitet, wogegen die Solidarpathologen die primäre Alienation der festen Theile zur Ursache aller Krankheiten machen. Wenn nun auch in manchen Fällen ein ursprüngliches und in noch mehren ein vorherrschendes Leiden des Blutes nachgewiesen werden kann, so würde man doch offenbar zu weit gehen, Diess für alle Fälle annehmen zu wollen, da solches eben so häufig von den festen Theilen zu behaupten ist. Abgesehen davon, dass kein Punkt des Thierleibes als organisch thätig betrachtet werden kann, als durch die Mitwirkung fester und flüssiger Atome, und dass die Festigkeit und Flüssigkeit organischer Theile sehr relativ ist, indem weder ein absolut fester, noch ein absolut flüssiger im Körper besteht, vielmehr nur der eine oder der andere Bestandtheil als überwiegend erscheint, indem die festen wenig flüssige und die flüssigen wenig feste enthalten, — ich sage, abgesehen hiervon: so wird doch immer das etwa mögliche primäre Ergriffensein des einen oder des anderen Bestandtheils eben wegen der organischen Durchdringung und Abhängigkeit beider, auch secundär eine Alienation des anderen bewirken müssen.

§. 14.

Rücksichtlich der physischen Eigenschaften des Blutes hat man die Dickblütigkeit (spissitudo sanguinis) von der Blutwässrigkeit (hydroaemia) zu unterscheiden. Mit dem ersteren Zustande ist eine abnorme Menge der festen Bestandtheile des Blutes, des Cruors und des Faserstoffs, so wie eine grössere

Gerinnbarkeit, mit dem letzteren ein Vorwalten des wässrigen Bestandtheils, des Serums und eine geringere Gerinnbarkeit verbunden. Um diese Abweichungen beurtheilen zu können, muss man wissen, dass gesundes Blut nach dem Gerinnen sich in zwei Drittheile bis drei Viertheile Serum und in ein Drittel bis ein Viertheil Placenta scheidet; kleine Abweichungen sind also nicht als Anomalie zu betrachten. Alles Das, was eine Ueberladung des Blutes mit festen Stoffen bewirken kann, erzeugt Dickblütigkeit. Hierher gehören stark nährende Futterstoffe bei kräftiger Verdauung und kräftiger Mitwirkung anderer, der Blutbildung dienender Functionen; ferner directe Entziehung flüssiger Nahrungsmittel oder übermässige Secretionen; wogegen die entgegengesetzten Verhältnisse Blutwässrigkeit erzeugen. Die Folgen der Dickblütigkeit sind: träge Circulation und Stockungen des Blutes (solche im Pfortadersystem nennt man Infarctus), Entzündung, träge Muskel- und Sinnesverrichtungen, Schwindel und Schlagfluss. Folgen der Blutwässrigkeit sind: Abnahme in den Kräften und in der Ernährung, Blässe der Hautgebilde, Vermehrung der Secretionen, krankhafter (d. h. wässriger) Turgor, Wassersucht u. s. w. — Wenn das Blut zwar eine dickliche, schleimige oder schmierige Beschaffenheit zeigt, ohne jedoch eine ausgezeichnete Gerinnbarkeit zu besitzen; was von einer nicht gehörigen Ausbildung des Faserstoffs und daher von einem Ueberwiegen des Eiweissstoffes herrührt, so nennt man einen solchen Zustand Blutschleimigkeit (mucositas sanguinis). Ausser in den eben gedachten können aber auch noch in anderen Eigenschaften des Blutes Abweichungen bewirkt werden, wie in der Farbe, in dem Geruch, in der Electricität, spezifischen Schwere und Wärme; sie sind aber, die Farbe ausgenommen, noch wenig untersucht. Noch weniger weiss man von solchen Abweichungen die Ursachen und Wirkungen anzugeben, oder sie mit bestimmten krankhaften Zuständen in Verbindung zu bringen; eine Sammlung hierher gehöriger Thatsachen dürfte indess ein lohnendes Unternehmen sein. Was die spezifische Schwere des Blutes betrifft, so ist es einleuchtend, dass die Menge der Blutkörperchen ein Mehr oder Minder hierin bedingen müsse, da sie die tiefste Stelle beim abgelassenen Blute einnehmen. Nach H. Nasse aber ist es vorzugsweise die Menge des in den Blutkörperchen vorhandenen Farbstoffs, welcher eine Verschiedenheit der spezifischen Schwere des Blutes bewirkt. Nach demselben Forscher verhält sich das spezifische Gewicht des Blutes bei unseren Hausthieren im gesunden Zustande durchschnittlich wie folgt: Schwein 1060; Hund, Ochs, Pferd und Katze 1054,5; Schaf und Ziege 1042,5. Das Blut kann in der Farbe Abweichungen in vielen Stufen, vom schmutzigen Grauroth, Hellroth bis zum Dunkelroth und zur Schwärze zeigen, und stehen diese Farbenunterschiede mit der mehr oder minder vollkommenen Ausbildung, mit einem mehr oder minder grossen Rückhalt an Kohlenstoff oder Kohlensäure, oder mit Schultz zu reden, mit einer Ueberladung an Residuen der Blutbläschen - Metamorphose in Zusammenhang.

§. 15.

Die Abweichungen des Blutes hinsichtlich seiner chemischen Mischung sind noch wenig erforscht, wie wünschenswerth Diess auch sonst wäre. Solche Untersuchungen haben aber an und für sich ihre Schwierigkeiten; auch steht den Chemikern nur selten krankhaftes Blut, und den Thierärzten noch seltener die nöthige Kenntniss und Geschicklichkeit zu solchen Untersuchungen zu Gebote. Wenn wir die nächsten Bestandtheile des Blutes in Erwägung ziehen, nämlich das Plasma und die Blutkügelchen (Blutlymphe und Cruor), oder die entfernteren, den Faserstoff, den Cruor und das Serum (wie es sich nach seiner Gerinnung theilweise, vollständig aber nach dem Quirlen darstellt), oder, ausser jenen, die noch mehr entfernteren Bestandtheile, das Hämatin (welches das Eisen enthält) und das Globulin als einen Bestandtheil der Blutkügelchen; ferner das Eiweiss, Fett, Wasser und einige Salze, Extractiv- und Farbstoff (als Bestandtheile des Serums), so wie endlich die Blutgase: so ist anzunehmen, dass in allen diesen Bestandtheilen qualitative Abweichungen vorkommen können, auch, wenn Diess in einem gewissen Grade der Fall, ein krankhafter Zustand vorhanden sein müsse. Ausserdem kann aber auch das Blut qualitativ abgeändert werden, wenn es Stoffe aufnimmt, die nicht zu seiner normalen Zusammensetzung gehören, oder wenn in ihm solche zurückgehalten werden, die ihm fremd geworden sind, und daher auf den verschiedenen Secretionswegen hätten ausgeführt werden sollen. Theoretisch betrachtet können also gewiss alle jene Verhältnisse qualitative Abweichungen des Blutes bedingen; die Erfahrung aber hat uns nur wenig hierüber gelehrt, wie es sich in Folgendem herausstellen wird. Am ehesten können wir, und zwar schon durch die einfache sinnliche Wahrnehmung, Abweichungen des Blutes, in so fern sie von dem quantitativem Verhältnisse des Faserstoffs, des Cruors und des Serums abhängig sind, auffinden. Die Grösse des Faserstoff-Gehaltes wächst mit der Zunahme des Genusses stark nährender Stoffe bei lebhafter Verdauungsthätigkeit und möglichst freier Mitwirkung der der Blutbereitung dienenden Functionen. Daher sehen wir ihn in der Entzündung, in welcher die vegetative Thätigkeit überhaupt gesteigert erscheint, oft sehr vermehrt. Auf ganz entgegengesetzten Verhältnissen beruht indess die Menge des Wassers im Blute Wir unterlassen es, hier noch näher auf jene Verhältnisse einzugehen, weil sie bei den quantitativen Abweichungen entweder schon hinreichend gewürdigt sind, oder später noch ausführlicher betrachtet werden. Nur wollen wir daran erinnern, dass der Faserstoff in asthenischen und typhösen Krankheiten in der Regel minder fest, schmierig, übel aussehend, weisslich, bläulich-schimmernd u. s. w. erscheint; und da der Faserstoff, wie es scheint, aus dem Eiweissstoffe durch die Respiration gebildet wird, und sich jener von diesem nur durch einen grösseren Gehalt an Stickstoff und Sauerstoff unterscheidet; so wird es wahrscheinlich, dass der Faserstoff in solchen Zuständen keine gehörige Ausbildung erreicht hat, vielmehr sich dem Eiweiss nähert, und dass ein Gesunkensein in der Lungenfunction hieran am meisten Schuld hat. Dem Cruor ist bisher wenig Aufmerksamkeit geschenkt worden. Soviel ist bekannt, dass die Blutkügelchen, welche den Cruor ausmachen, rücksichtlich ihrer Menge in einem sehr verschiedenen Verhältnisse zu der Menge des Faserstoffs und des Serums stehen können, was von der Individualität der Thiere und ihren Lebensverhältnissen abhängig ist. Ihre Menge soll übrigens nach der Angabe einiger Physiologen (Prevost, Dumas, Lecanu) mit der Energie des Lebens in einem gleichen Verhältniss stehen. Auch will man in krankhaften Zuständen der Thiere allerhand Formverschiedenheiten der Blutkügelchen bemerkt haben, worauf wir uns aber nicht näher einlassen wollen. Formverschiedenheiten der Blutkügelchen kommen bereits im gesunden Zustande vor; sie beruhen wahrscheinlich auf der Heran- und Rückbildung dieser Theile. Vom Eiweiss wissen wir nur soviel, dass seine Menge mit der Abnahme des Faserstoffs wächst und umgekehrt; besonders dann ist ein Ueberwiegen des Eiweissstoffes gegeben, wenn bei gehöriger Chylification die Respiration beeinträchtigt ist. Das Blut zeigt sich alsdann schleimig, fliesst träge in den Gefässen und veranlasst den Ansatz eines, auf einer geringeren Stufe der Ausbildung stehenden Stoffes, was sich durch Fettanhäufung, durch schwammige, weiche Textur und dergl. zu erkennen giebt. Wenn wir einen grösseren Fettgehalt in dem Blute bemerken, so rührt Diess wahrscheinlich von einem Gesunkensein der Sanguification oder von einer vermehrten Aufsaugung des Fettes her. Das erstere ist deshalb wahrscheinlich, weil sich, nach der bisherigen Annahme, die Blutkügelchen aus den Fettkügelchen heranbilden. In Krankheiten bemerkt man auch zuweilen ein milchichtes Serum, wovon Schultz behauptet, dass es sich gerade so wie Chylusserum verhalte; mithin wäre das Fett in einem solchen Zustande für unverändertes Chylusfett zu halten. Eine vermehrte Aufsaugung des Fettes bemerken wir nicht selten in typhösen und namentlich in anthraxartigen Krankheiten. Einen solchen Zustand, wobei man mit blossem Auge Fetttropfen auf dem Blute wahrnimmt, nennt man Fettschmelzen. Die möglichen Abweichungen in den übrigen Bestandtheilen des Blutes übergehen wir ganz, weil nichts Gewisses über dieselben bekannt ist. Dagegen müssen wir etwas länger bei solchen qualitativen Abweichungen des Blutes verweilen, die dadurch hervorgebracht werden, dass Stoffe in ihm zurückgehalten werden, die für die Absonderung bestimmt sind, oder dass vermittelst der aufsaugenden Gefässe absolut- oder relativ-äussere Substanzen in dasselbe übergeführt werden.

§. 16.

Das Vorhandensein fremder Stoffe im Blute bezeichnen die Pathologen mit dem Ausdrucke: Schärfen (acrimoniae), weil sie eine abnorme Reizung in den organischen Theilen bewirken. Man muss aber mit solchen Schärfen keinen chemischen Begriff verbinden. Zwar hat man sie in alkalische, saure und salzige eintheilen wollen, ohne Diess aber gehörig begründen zu können. Denn die fremden Stoffe verlieren im Blute, wegen seines lebhaften Assimilations-Vermögens, fast durchgängig ihre spezifischen Eigenschaften, und treten mit denselben erst dann wieder auf, wenn sie aus dem Blute ausgesondert worden sind. Wie dem auch immer sein möge, so hat man doch bereits mehrere Male mit Gewissheit Se- und Excretionsstoffe im Blute der Thiere nachgewiesen, so Stark den Schleim, Lassaigne Bestandtheile der Galle in dem Blute eines gelbsüchtigen Pferdes; auch sind solche im Blute leberkranker Pferde, welche stark-gelbe Schleimhäute zeigten, vom Verfasser nachgewiesen worden. Man kann sich von der Gegenwart der letzteren dadurch überzeugen, dass man dem Serum eines solchen Blutes (welches zuweilen eine grünlich-gelbe Farbe hat und bitterlich schmeckt) etwas Salpetersäure zusetzt. Hiernach nimmt das gefällte Eiweiss sogleich eine gelbe und später eine graugrüne Farbe an; diese Farbe geht bei mehr Zusatz von Salpetersäure in's Blaue und später in's Röthliche über, ganz so wie es bei dem Versuche mit verdünnter Galle der Fall ist. Vogel warnt: nicht zuviel Salpetersäure zuzusetzen, weil diese dann auf das Eiweiss zersetzend wirke und das Gelingen des Versuchs gefährde. Das Vorhandensein von Bestandtheilen der Galle im Blute wird übrigens schon, wie bereits angedeutet, an der gelben Farbe der durchscheinenden Hautgebilde erkannt. Mangelhafte Ausscheidung der Galle und darauf erfolgte Aufsaugung, oder auch Rückhalt der bereits im Blute vorhandenen Gallenstoffe, geben die wahrscheinliche Veranlassung hierzu. Auch im gesunden Blute hat man auf vorstehende Weise Galle nachgewiesen; aber man weiss nicht mit Bestimmtheit, ob die ganze Galle im Blute vorbereitet ist, oder nur der eine oder der andere Bestandtheil derselben; indess kann man das Pigment der Galle mit Sicherheit im Blute annehmen. Ferner hat Schlemm bemerkt und ist es von Anderen (Rudolphi, Meyer und J. Müller), so auch vom Verfasser bestätigt worden, dass das Blut an der Mutter saugender Kätzchen wirkliche Milch enthielt; auch hat man gefunden, dass, wenn Kaninchen die Nieren herausgeschnitten werden, sich dann Harnstoff im Blute derselben befindet (Dumas, Prevost, Segalas und Vauquelin). Dieser Umstand hat zu der Ansicht Veranlassung gegeben, dass sich der gedachte wesentliche Bestandtheil des Harns schon vorbereitet im Blute befinde und nicht erst in den Nieren erzeugt werde. Wenn wir auch absehen von der Schwierigkeit des überzeugenden Nachweises des Harnstoffs in einer thierischen Flüssigkeit, so kann man doch eben so gut behaupten, dass der Harnstoff im Blute sich erst nach der Wegnahme der Nieren aus den, dem Zerfallen nahen Bestandtheilen des Blutes bilde, entweder in diesem selbst, oder in anderen Festgebilden des Körpers, welche dann vicarirend wirken. Wie dem auch immer sein möge, so begründet doch der ebengedachte Versuch die Wahrscheinlichkeit, dass bei gestörter Function der Nieren oder bei behinderter Ausleerung des, in der Blase enthaltenen Harns, sich solcher im Blute vorfindet; worauf der urinöse Geruch des Schweisses in solchen Zuständen einigermaassen hindeutet. Ob die in den Brüsten der Thiere bereits abgesonderte Milch als solche wieder in's Blut aufgesogen und dadurch Veranlassung zu Milchmetastasen gegeben werden könne, ist nicht bekannt; indess ist die Entstehung der Milchmetastasen auf diese Weise wahrscheinlich, weil Thatsachen der Art rücksichtlich des Menschen aufgeführt sind Aber es ist von Gmelin im Blute des gesunden Ochsen Käsestoff nachgewiesen worden; auch können dieselben physiologischen Bedenken hier geltend gemacht werden, wie sie bereits oben rücksichtlich des Harnstoffs angeführt worden sind. Von den pathologischen Producten, welche durch Aufsaugung in das Blut gelangen können, sind es besonders die Jauche und der Eiter, welche unser Interesse in einem hohen Grade in Anspruch zu nehmen verdienen, weil durch sie meist tödtliche Krankheiten erzeugt werden. Was endlich die Ueberführung absolut äusserer Stoffe in's Blut betrifft, so ist eine solche rücksichtlich vieler Arzneistoffe bereits mit Sicherheit erwiesen; auch ist es wahrscheinlich, dass die Contagien in's Blut übergehen, da die Ansteckungsfähigkeit des Blutes in mehreren Krankheiten dargethan ist. Aus allem Diesen geht nun hervor, dass das Blut durch die Anwesenheit fremder Stoffe alienirt sein könne, und daher auch nothwendig als krankmachender Reiz auf die übrigen Theile des Thierkörpers wirken müsse. In welchem Grade

Diess aber geschieht, ist von Umständen abhängig, die wir nicht genau kennen, und deshalb niemals mit Sicherheit im voraus zu bestimmen im Stande sind. Von erkanntem Einflusse sind indess hierbei die Menge und Natur des fremden Stoffes, die Stärke sowohl des Assimilations-Vermögens des Blutes, als der Functionen der Ausscheidung. Die Transfusionen des Blutes zwischen Thieren verschiedener Klassen und selbst zwischen verschiedenen Individuen ein und derselben Spezies geben übrigens (wie es sich aus Versuehen von Dumas, Dieffenbach und Bischoff ergiebt) ein eclatantes Beispiel, wie wenig das Blut zuweilen das Fremdartige erträgt; und doch ist das Blut des einen Thieres dem des anderen, dem Anscheine nach, nicht sehr unähnlich.

§. 16.

Bei den Abweichungen des Blutes rücksichtlich seiner mehr organischen Verhältnisse kommt vorzugsweise der, in den verschiedenen Gefässabtheilungen, in den Arterien und Venen, ausgesprochene eigenthümliche Character desselben in Betracht, den wir, den Gefässen entsprechend, als arteriellen und venösen bezeichnen. In Krankheiten sehen wir nicht selten, dass das Arterien- dem Venenblut oder das letztere dem ersteren ähnlich ist; zuweilen hat man auch Gelegenheit zu bemerken, wie das Blut eine Annäherung an die Beschaffenheit des Chylus erlangt, welche es nach der, freilich nur unvollständig erfolgenden Gerinnung durch eine weissliche, sammetartig schillernde Farbe des Serums und der lymphatischen Kruste zu erkennen giebt. Der Ausdruck des arteriellen Characters im venösen Blute hat im Allgemeinen weniger Bedenkliches, als der zu starke Ausdruck des venösen Characters im Blute überhaupt. Ersteres beobachten wir in der Regel bei reinen, synochösen Entzündungen; letzteres mehr in Krankheiten typhöser, milzbrandiger Natur. Eine Erklärung hierfür muss aus den Functionen gezogen werden, welche der Blutbereitung dienen, und kommt dabei in Betracht, ob diese ihr Geschäft gehörig ausführen oder nicht. Uebrigens bemerken wir auch, dass manche Arzneimittel eine Veränderung in den gedachten Characteren des Blutes bewirken können. Neutralsalze unter anderen bringen eine höhere Röthe, Säuren aber und namentlich Schwefelsäure, eine tiefere Schwärze in demselben hervor; das Letztere sehen wir am auffallensten nach Blausäure-Vergiftungen, aber auch nach allen anderen narkotischen Vergiftungen ist es bemerkbar. In Bezug auf das venöse Blut haben wir noch zu bemerken, dass man auch, und namentlich thut Diess Schultz, einen Unterschied zwischen diesem und dem melanösen macht. Das letztere zeichnet sich durch eine grössere Schwärze aus und enthält eine Menge abgestorbener Kerne, welche durch die Leberfunction aus demselben hätten entfernt werden sollen. Das einfach venöse Blut aber ist nur überladen mit Kohlenstoff, der durch die darniederliegende Lungenfunction nicht aus demselben geschieden werden konnte, und zeigt überdiess auch, wegen der aufgehobenen oder verminderten Wechselwirkung zwischen Blut und Luft in den Lungen, einen geringeren Antheil wenig ausgebildeten Faserstoffs. Obgleich anzunehmen, dass die Arzneimittel nach ihrer Verschiedenheit zum Theil auf das Plasma des Blutes, zum Theil auf seine Bläschen wirken, so ist doch das Wesentliche solcher Einwirkungen noch fast gar nicht erforscht; gewiss aber dürften von einer solchen Forschung Aufschlüsse über die physiologischen Arzneiwirkungen zu erwarten sein. Was die narkotischen Arzneien anbelangt, so bewirken sie eine Lähmung der Contractilität der Blutbläschen, wodurch sich der Farbstoff in denselben ansammlt und durch Absorption von Sauerstoff nicht mehr in Kohlensäure umgewandelt werden kann. Von besonderem Interesse ist eine, zu den organischen Qualitäten des Blutes gezählte Erscheinung, der die Thierärzte schon lange die verdiente Aufmerksamkeit geschenkt haben: wir meinen die Gerinnung des aus der Ader gelassenen Blutes. Für die Ansicht, dass die Gerinnung des Blutes als der letzte Act des erlöschenden Lebens zu betrachten sei, spricht die Thatsache, dass einmal geronnenes und dann flüssig gewordenes Blut nicht wieder gerinnt, und dass auch solches, welches aus abgestorbenen (brandigen) Theilen, oder aus dem Körper zu Tode gehetzter, ferner am Blitzschlag oder sonst an einer, die Kräfte aufreibenden Krankheit verstorbener Thiere entnommen ist, jene Erscheinung nicht zeigt. Der Umstand, dass eben aus der Ader gelassenes und sogleich in den Zustand der Gefrierung versetztes Blut nach dem Aufthauen noch Gerinnungs-Vermögen zeigt, kann jener Ansicht nicht entgegen sein, da auch durch Kälte erstarrte Glieder oder ganze Thierkörper noch lebensfähig sind, und durch passende Behandlung häufig wirklich wieder aufleben Das Gerinnen (oder besser gesagt, weil das Gerinnen eine chemische Bedeutung hat, das Erstarren) des Blutes ist als eine ähnliche Erscheinung wie das Erstarren der Muskeln verstorbener Thiere (was man mit dem Ausdrucke: Todtenstarre [rigor mortis], bezeichnet), zu betrachten, auch liegt bei demselben wahrscheinlich eine gleiche Ursache zum Grunde. Denn wir sehen, dass das Blut solcher Thiere, bei welchen sich die Todtenstarre nicht einstellt (und Diess ist z. B. nach Milzbrand, Blitzschlag, Erstickung, zum Todehetzen und nach narkotischen Vergiftungen der Fall), auch das Blut nicht geronnen ist. Untersuchen wir nun, ob ausser jenem organischen Verhältnisse, dem Lebensprinzipe, auch noch andere Agentien bei der Erstarrung des Blutes mitwirken, so müssen wir gestehen, dass diese Erscheinung auch zum grossen Theil von physischen und chemischen Einflüssen abhängig ist, die entweder im Blute selbst oder in Aussendingen liegen. Sehen wir auf die näheren Bestandtheile des Blutes und erforschen, durch welchen der Erstarrungsprozess zu Stande kommt, so werden wir uns bald überzeugen, dass es unzweifelhaft der Faserstoff ist; denn ein, seines Faserstoffs durch Quirlen beraubtes Blut erstarrt nicht. Blut, welches von gesunden, lebenskräftigen Thieren herstammt und, dem übereinstimmend, einen grossen Gehalt an gehörig ausgebildeten Faserstoff besitzt, erstarrt daher vollständiger und rascher, als solches unter entgegengesetzten Verhältnissen. Deswegen zeigt auch das Arterienblut eine raschere und stärkere Erstarrung als das Venenblut, eben weil jenes das lebenskräftigere und faserstoffreichere ist. Blut, welches rasch und vollständig erstarrt, zeigt einen gleichförmigen rothen Kuchen, aus dem nach und nach das Serum ausgeschieden wird; wir bemerken ferner dabei, dass der Blutkuchen im Verhältniss zum Serum gross ist und eine gewisse Festigkeit besitzt. Bei langsam erstarrendem Blute sehen wir keinen gleichförmig rothen Kuchen, vielmehr ist der obere Theil desselben gelblichweiss und nur der untere roth; der obere ist in diesem Falle der erstarrte Faserstoff mit dem Serum, der untere der Cruor (Blutkügelchen) mit einem Theile jener Bestandtheile verbunden. Bei langsamer Erstarrung des Blutes haben also die Blutkügelchen Gelegenheit gefunden, sich vermöge ihrer grösseren spezifischen Schwere von den übrigen Theilen zu sondern, und die untere Stelle des Kuchens einzunehmen. Um solche Erscheinungen gehörig zu deuten und mit den passenden Namen zu bezeichnen, müssen wir daran erinnern, dass im lebendigen Blute weder Faserstoff, noch Serum zu bemerken ist, wenigstens nicht in der Art, wie wir diese Theile beim abgestorbenen Blute sehen. Wir beobachten vielmehr nur eine durchscheinende, gleichförmige Flüssigkeit, in welcher die Blutbläschen schwimmen. Der Faserstoff aber nach der Erstarrung des Blutes zeigt eine organische Textur, und das Serum bildet sich erst, indem der Faserstoff als solcher mit seiner organisirten Form zu Stande kommt. Dieses Umstandes wegen ist Das, was man vom chemischen Standpuncte aus als eine Auflösung des Faserstoffs im Serum bezeichnet hat, von den Physiologen mit verschiedenen Namen belegt worden. Die Namen Blutlymphe (lympha sanguinis) und Blutflüssigkeit (liquor sanguinis) sind zwar passend dafür, geeigneter aber scheint uns der von Schultz gewählte Ausdruck „Plasma" zu sein, weil er zugleich andeutet, dass die so bezeichnete Flüssigkeit das eigentlich Ernährende und Bildende des Blutes ist. Dieser geläuterten Ansicht consequent hätten wir also Das, was man sonst als geronnenen Faserstoff im Blute bezeichnet, lymphatische Kruste oder noch besser erstarrtes Plasma zu nennen, und können sonach erst dann füglich von Faserstoff und Serum sprechen, wenn sich das erstarrte Plasma in diese Theile gesondert hat. Die Bezeichnung Entzündungskruste (crusta inflammatoria) für die, von dem Cruor abgesonderte Lage des erstarrten Plasma's ist in der Veterinär-Medizin um deswillen nicht zu billigen, weil diese Erscheinung mit der Entzündung bei den Haussäugethieren nichts gemein hat. Denn alle Erfahrung zeigt, dass das, bei ächten, acuten Entzündungen dieser Thiere abgelassene Blut ohne oder nur mit geringer Abscheidung von Plasma rasch erstarrt; wogegen das von asthenischen Zuständen, so wie bei wiederholten Aderlässen das zuletzt ausfliessende Blut langsamer erstarrt, und deshalb schon, wie eben näher auseinander gesetzt wurde, eine stärkere Lage des abgesonderten Plasma's, oder mit anderen Worten, eine bedeutendere lymphatische Kruste zeigt. Bei einem solchen Blute sehen wir ferner, dass es nach und nach eine grosse Menge Serum ausscheidet und dass der Blutkuchen nur eine geringe Festigkeit erlangt. Demnach wären die Kennzeichen des sthenischen und asthenischen Zustandes aus dem Blute folgende: für jenen: rasche Erstarrung, Bildung eines möglichst gleichfarbigen und festen rothen Kuchens, so wie Ausscheidung eines geringen Maasses von Serum aus demselben; für den asthenischen Zustand: langsame Erstarrung, Bildung einer starken lymphatischen Kruste, Ausscheidung von vielem Serum und geringes Festwerden des Kuchens. Bei der Beurtheilung des Blutes in Bezug auf seine Erstarrung und Bildung der lymphatischen Kruste sind aber, wie bereits angedeutet, gewisse physische und chemische Einflüsse nicht zu übersehen, wenn man einer möglichen Täuschung entgehen will. In einem starken Strome aus der Ader fliessendes und in einem kurzen Strahle aufgefangenes Blut erstarrt im Allgemeinen langsamer als unter entgegengesetzten Verhältnissen; flache, weite Gefässe begünstigen die Erstarrung des Blutes mehr, als hohe und enge; und daher ist denn auch, mit Rücksicht auf das oben Gesagte, die verschiedene Stärke der lymphatischen Kruste bisweilen abzuleiten. Das eben geschilderte Verhalten des Blutes unter den angegebenen Verhältnissen ist eine Thatsache; aber die wesentliche Ursache davon ist noch nicht in's Klare gesetzt. Nach anderen und meinen Beobachtungen scheint indess die innigere Berührung des Blutes mit der Luft ein günstigeres Moment für die Erstarrung zu sein, als kühle Temperatur. Einige behaupten sogar, dass das Blut, unter übrigens gleichen Verhältnissen, eher in einer hohen als in einer niedrigen Lufttemperatur erstarrt. Es ist ferner nicht zu übersehen, dass das Blut eines und desselben Thieres, welches einige Zeit nach reichlicher Futteraufnahme abgelassen wird, in der Regel eine stärkere lymphatische Kruste zeigt, als solches späterer Zeiträume; weil eben jenes eine reichlichere Menge des Plasma besitzt, welches nach und nach bei der Ernährung wieder verbraucht wird. Endlich ist noch bei der Beurtheilung des Erstarrungs-Vermögens des Blutes und der Bildung der lymphatischen Kruste auf die etwa dargereichten Arzneimittel mit Rücksicht zu nehmen. Es ist bekannt, dass Mittelsalze, vegetabilische Säuren, Alkalien, noch mehr aber narkotische und Quecksilber-Mittel die Plasticität und somit das Erstarrungs-Vermögen des Blutes vermindern, während bittere und adstringirende Mittel und besonders Salz- und Schwefelsäure dasselbe vermehren. Auch während des Lebens kann das Plasma des Blutes in den Gefässen zur Ausscheidung und somit zur Bildung und gradweisen Organisation des Faserstoffs gelangen, wenn das Blut dick ist, sich träge bewegt, oder wegen irgend eines Hindernisses stockt. Solche Faserstoff-Bildungen in den Gefässen nennt man falsche Polypen, welche mit der Faserstoff-

Ausschwitzung bei Entzündung der Gefässwände nicht verwechselt werden dürfen. In den Herzkammern, und zwar am meisten in der rechten und in den hiermit in Verbindung stehenden Gefässen, entstehen die falschen Polypen in der Regel erst mit dem verlöschenden Leben; in seltenen Fällen können sie aber auch ohne Zweifel schon früher entstehen, wie ich Diess einmal bei einem Pferde sah, welches an einer Aderlassfistel gelitten hatte. Die Weisse, Festigkeit und die bestimmte Organisation des Faserstoffs, so wie die stellenweise nach dem Tode stattgefundene Imbibition des rothen Blutserums an demselben, lieferten mir die Beweise für sein längeres Dasein. Die oben gedachte Neigung des Blutes zur Trennung in seine nächsten Bestandtheile nennt man diastasaemia oder peloaemia. Endlich haben wir beim Ausgang dieser Betrachtungen des Blutes noch einer Anomalie desselben zu gedenken, die den nahen Tod der Thiere fast jedesmal anzeigt, wir meinen die Neigung des Blutes zur Fäulniss, oder, was dasselbe sagen will, die Neigung des Blutes zum anorganischen Chemismus oder zur Trennung in seine entfernteren Bestandtheile. Wir sagten: Neigung zur Fäulniss, weil eine wahre Fäulniss der Tod dieser Flüssigkeit sein würde, welche mit dem Leben nicht bestehen kann; allenfalls nur örtlich beim Absterben (Brande) einzelner Theile. Die Neigung zur Fäulniss können wir freilich nicht am kreisenden Blute direct wahrnehmen; alle jene Zeichen aber, welche ein tiefes Gesunkensein der Lebenskraft, ein typhöses, milzbrandiges Fieber bekunden, berechtigen uns zu der Annahme derselben; mehr aber die Erscheinung, dass bei gemachten Hautwunden, etwa zum Behufe der Application von Haarseilen, eine starke, kaum zu stillende, den Auflösungs-Prozess verrathende parenchymatöse Blutung erfolgt, oder wenn wir die Secrete der Respirations-Organe, der Harnwerkzeuge und des Darmkanals blutig, sulzige Ergiessungen und Windgeschwülste (emphysemata) im Zellgewebe unter der Haut auftreten sehen. Am ehesten aber erkennen wir jenen Zustand, den man auch als status putridus, septicus oder als dyscrasia septica bezeichnet, an dem aus der Ader gelassenen Blute, welches kaum oder gar nicht gerinnt, eine auffallende Missfarbigkeit zeigt und bald fault. Dann bei den Sectionen an den Blutextravasaten, welche durch Infiltration das umliegende Zellgewebe roth färben; an der durch Endosmose entstandenen Röthe der inneren Aderhaut, und endlich an der rasch eintretenden Fäulniss der Leichen. Ein derartiger septischer Zustand des Blutes muss begreiflicherweise dann entstehen, wenn die Functionen darniederliegen, welche der Sanguification dienen. Auf der anderen Seite aber wird auch ein solcher Zustand, wenn er auf primäre Weise durch Depression der eigenen Lebenskraft des Blutes entstanden, z. B. in Folge der Resorption von Jauche u. s. w., auf alle vitalen Functionen in einem hohen Grade störend wirken müssen.

Zusatz. Die aufmerksamen practischen Thierärzte sind gewiss damit bekannt, dass das erstarrte Plasma und das später ausgeschiedene Serum des aus der Ader gelassenen Blutes zuweilen röthlich erscheinen. Diese Erscheinung hatte stets für den Verfasser etwas Auffälliges, indem er den Grund davon nicht gehörig einsah. Man ist leicht versucht, dieselbe einer beginnenden Sepsis zuzuschreiben, aber in dem Gesammtzustande der Thiere, von welchen ein solches Blut herrührt, und in dem Verlauf ihrer Krankheiten findet man die Widerlegung einer solchen Annahme, und zwar um so mehr, als man jene Erscheinung auch nicht selten beim Blute ganz gesunder Thiere beobachtet. Schultz hat in der neueren Zeit eine Reihe von Versuchen angestellt, welche jene Thatsache aufklären. Dieselben sind in seinem jüngsten Werke (Ueber die Verjüngung des menschlichen Lebens. Berlin 1842) niedergelegt. Wir glauben dieselben hier um so weniger mit Stillschweigen übergehen zu dürfen, als sie auch in anderer Beziehung einen Aufschluss über das Blutleben und gewisse krankhafte Zustände unserer Hausthiere gewähren. Schultz sah nämlich bei seinen zahlreichen Versuchen über das Blut, dass dasselbe bei verschiedenen Thierarten und Individuen derselben Art in verschiedenen Zuständen, eine merkliche Verschiedenheit in der Färbung des Plasma zeigte; zuweilen war sie unmerklich und fast wasserhell, bald aber in verschiedenen Abstufungen mehr oder weniger dunkelgelb, ja bei manchen sonst ganz gesunden Thieren orange und mehr oder weniger roth. In allen diesen Fällen zeigte nach der Erstarrung das Serum dieselbe Färbung wie das Plasma, so dass man auch von der Färbung des Serums auf die Färbung des Plasma im lebenden Thiere schliessen konnte. Die Ursachen dieser Verschiedenheiten entdeckte Schultz bald darin, dass es die Menge des Getränkes war, welche die Thiere kurz vor den Versuchen erhalten hatten. Hatten die Thiere viel getrunken, so erschien das Blutplasma und später das Serum dunkelgelb oder gelbroth gefärbt, hatten sie kurz zuvor nicht getrunken, so war es nur blassgelb oder farblos. Die Versuche, welche Schultz mit dem Blute von Pferden und Ochsen durch Zusatz von Wasser ausserhalb des Thierkörpers anstellte, hatten folgendes Resultat: Schon ½ Procent Wasser zeigte eine merkliche Auflösung des Farbstoffs, die indess nicht so sehr an der stärkeren Färbung des Plasma und Serums, als daran kenntlich war, dass die Bläschen durch Verlust an Farbstoff spezifisch leichter wurden und sich weniger als im Normalzustande senkten. Ein Zusatz von 1 Procent Wasser machte sich schon mit einer etwas dunkelgelberen Färbung des Plasma und des Serums bemerklich, und ging die gelbe Färbung durch immer dunklere Stufen bei 2, 4, 6, Procent Wasserzusatz fort. Bei 8—12 Procent ward die Färbung schon orange und bei 16—20

Procent sehr roth. Bei anderen Versuchen zeigte sich das Blut von Schafen rücksichtlich der Auflösung des Farbstoffs der Bläschen durch einen Zusatz von Wasser noch viel empfindlicher als das Blut von Pferden und Ochsen. Ausser den eben gedachten hatte der Zusatz von Wasser zum Blute, wie sich übrigens leicht erklären lässt, auch die Folgen, dass das Plasma verhältnissmässig eine geringere Erstarrungsfähigkeit, und auch einen geringeren Consistenzgrad zeigte. Bei den Versuchen, welche Schultz angestellt hat, um zu erfahren, wie gross die verhältnissmässige Wassermenge sein könne, die in einem lebenden Thiere nach dem Trinken vom Blute absorbirt wird, wurde gefunden, dass dieselbe durchschnittlich 5,7 Procent betrug. Um zu diesem Resultate zu gelangen, wurde die Wassermenge des Blutes durstiger und getränkter Thiere dadurch bestimmt, dass eine gewisse Quantität desselben abgedampft und der feste Rückstand gewogen wurde. Der Unterschied des Gewichts gab so natürlich den Unterschied der Wassermenge zu erkennen. Ferner fand Schultz bei der Annahme, dass in einem Ochsen circa 60 Pfund Blut vorhanden sind, dass der Unterschied des in dieser ganzen Blutmenge enthaltenen Wassers im Vergleich eines durstigen und vollständig mit Wasser gesättigten Ochsen gegen 4 Pfund betrug. Dieses Quantum erschien dem Versuchssteller gegen die grosse Menge (2—3 Eimer à 12 Quart), welche ein solches Thier trinkt, nur gering, doch aber in Bezug auf die Wirkung, die ein solcher Verdünnungsgrad bei dauernder und wiederholter Einwirkung auf das Blut zeigt, bedeutend. Wir haben jene Versuche um so lieber hier in ihren Hauptresultaten besprochen, als sie den Schlüssel zur Erklärung nicht allein der Eingangs erwähnten Erscheinung vom röthlichen Plasma und Serum bieten, sondern auch zur theilweisen Erklärung des Trinkbedürfnisses überhaupt und der wesentlichen Wirkung des Wassers im Blute ins Besondere dienen. Auch enthalten sie Winke dafür, wie die Wasserkuren bei Thieren in einer Richtung wirken, und zur Erklärung des Umstandes, dass Schafen ein Uebermaass an Feuchtigkeit eher schädlich wird, als anderen Hausthieren.

Sechstes Capitel.

Anomalien der Blutbewegung.

§. 18.

Nachdem wir im vorigen Capitel die Abweichungen betrachtet haben, welche der Bildungsprozess des Blutes darbietet, gelangen wir in gegenwärtigem zu denjenigen Anomalien, welche sich zeigen, indem das Blut den verschiedenen Theilen des Körpers zugeführt wird, um in denselben den Zweck der Secretion und Ernährung zu erfüllen. Dieser Zweck kann nur durch Bewegung des Blutes erreicht werden. In dieser Bewegung selbst aber können wir ein zweifaches Verhältniss unterscheiden: ein zeitliches und ein räumliches. In dem ersteren ist die Geschwindigkeit und Aufeinanderfolge der Bewegungen, oder überhaupt ihr Rhythmus, in dem zweiten die Richtung und Vertheilung des Blutes zu berücksichtigen. Die Physiologie lehrt, dass die physikalischen Kräfte, welche man wohl ehedem als die alleinigen Hebel der Blutbewegung ansah, wie die Druck- und Saugkraft des Herzens, so wie die Ausdehnung und Zusammenziehung der Gefässe, allein nicht hinreichen, die Blutbewegungen zu vollführen, dass wir vielmehr zur befriedigenden Erklärung derselben zu der Annahme einer, zwischen den Organen und dem Blute bestehenden lebendigen Anziehung und zu dem Gegensatze, welcher zwischen dem arteriellen und venösen Blute besteht, durch welche eine Abstossung und Anziehung erfolgen mag, unsere Zuflucht nehmen müssen.

I. Das Zeitliche der Blutbewegung.

§. 19.

Die Physiologen haben sich viel Mühe gegeben, die Geschwindigkeit und die Kraft zu bestimmen, mit welcher das Blut den Kreislauf macht, aber man ist darin bis jetzt zu keinem sicheren Resultate gelangt. Die Schwierigkeit, welche in dieser Beziehung obwaltet, ist hauptsächlich durch den Umstand bedingt, dass der Kreislauf nicht aus einer einzigen grossen Bahn, sondern aus vielen kleinen Zweigbahnen zusammengesetzt ist. Es dürfte demnach nur möglich sein, die Geschwindigkeit des Blutlaufs in irgend einer beliebigen Bahn zu bestimmen; und nach dieser die übrigen Bahnen zu schätzen. Ob aber durch eine derartige, selbst möglichst genaue Bestimmung für die Pathologie viel gewonnen wäre, bleibt dahin gestellt; jedenfalls sei sie nur für den einzelnen Fall und nur für eine gewisse Zeitdauer gültig, denn die Geschwindigkeit des Blutlaufs ist, wie wir wissen, ausserordentlich veränderlich. Von Einfluss auf die Geschwindigkeit der Blutbewegung sind bekanntlich das Alter, die Körperconstitution, die periodische Steigerung und Abnahme in gewissen Functionen, die Beschaffenheit des Blutes selbst und viele andere Umstände, wie Bewegung und Ruhe, die Schnelligkeit des Athmens, die Qualität und Quantität der Nahrungsmittel und andere physische und psychische Momente. Hieraus geht hervor, dass es einige Schwierigkeit hat und wenigstens Vorsicht erfordert, in den concreten Fällen zu bestimmen, ob die Blutbewegung eine normale oder eine abnorme sei, und dass jene Bewegung wohl um Etwas beschleunigt oder verlangsamt sein kann, ohne deshalb krankhaft zu sein. Wir können daher nur im Allgemeinen sagen, dass die Blutbewegungen dann als abnorm anzunehmen sind, wenn sie schneller oder langsamer von Statten gehen, als es die Individualität und der gerade obwaltende Lebenszustand eines Thieres erfordert, und wenn diese Abweichung, welche zwar von Ausseneinflüssen hervorgebracht sein kann, doch nach Beseitigung derselben fortdauert und dann von einem inneren Grunde abhängig geworden ist. Fragen wir nun ins Besondere nach den Ursachen der abnormen Beschleunigung der Blutbewegung, so werden wir finden, dass sie noch viel mannichfaltiger sein können, als solche, welche eine, noch innerhalb der Grenzen der Gesundheit liegende Beschleunigung hervorzubringen vermochten. Leider aber sind wir nur selten im Stande, sowohl während des Lebens als auch nach dem Tode eines Thieres, die wahren Ursachen derselben anzugeben, und pflegen wir auch in unseren pathologischen Untersuchungen meist davon zu abstrahiren, indem wir etwas summarisch verfahren, die Schnelligkeit und Kraft der Blutbewegung als maassgebend für die Quantität der Lebenskraft annehmen. Die nähere Untersuchung wird aber lehren, dass eine abgeänderte Beschaffenheit des Blutes selbst, hervorgerufen durch erhöhte oder mangelhafte Ausbildung desselben, oder durch die Anwesenheit fremdartiger, in ihm zurückgehaltener oder von aussen aufgenommener Stoffe, ferner: eine Verminderung der Blutmenge durch Aderlässe und Blutflüsse, die gesteigerte Function in einzelnen Organen, es bestehe diese in vermehrter Absonderung oder Ernährung, dann erhöhter Einfluss der Gefässnerven die entfernteren Ursachen der Beschleunigung des Blutlaufs abgeben können; während die nächsten Ursachen immer in beschleunigten Contractionen des Herzens und der übrigen Blutgefässe, so wie in einer gesteigerten Anziehung zwischen den Organen und dem Blute begründet sind. Die Folgen des zu raschen Blutlaufs sind im Allgemeinen: mangelhafte Ernährung und unvollkommener Gegensatz zwischen Arterien- und Venenblut, weil das Blut nicht lange genug mit den Organen in Berührung bleibt, um die Stoffmetamorphose in denselben und seine eigene Umwandlung zu bewirken. Im Gegensatz der abnormen Beschleunigung des Blutlaufs (motus acceleratus s.) haben wir auch eine abnorme Verlangsamung desselben (m. retardatus s.) zu betrachten. Die letztere kann in verschiedenen Graden und selbst bis zum Stillstande (stagnatio), wenigstens in einzelnen Gefässabtheilungen vorkommen. Ein allgemeiner Stillstand des Blutes ist mit dem Leben unverträglich, und selbst im Scheintode (asphyxia, mors apparens) findet wahrscheinlich noch einige Bewegung des Blutes Statt; um so mehr aber noch bei der Ohnmacht (syncope) oder gar bei einer blossen Anwandlung dazu (lypothymia). Die Ursachen der Verlangsamung des Blutlaufs sind im Allgemeinen denen der Beschleunigung entgegengesetzt, und bestehen meist in einem Gesunkensein der Lebensenergie überhaupt; in einem verminderten Einfluss der Gefässnerven und mittelbar auch des übrigen Nervensystems; in verminderten Muskelactionen in dem Gesunkensein verschiedener anderer Functionen, wodurch eine verminderte Anziehung zwischen dem Blute und den bezüglichen Organen entsteht; ferner in Erweiterung und Verknöcherung der Gefässwände oder in anderen, sich dem Blutstrome entgegensetzenden mechanischen Hindernissen; endlich in einer Dickblutigkeit u. dergl. Die Folgen der zu langsamen Blutbewegung sind sehr verschieden. Im Allgemeinen werden die Zustände, welche sie ursächlich veranlassten, durch dieselbe gesteigert, oder doch alles Das, was als Ursache bezeichnet wurde, als Wirkung hervortreten können, in so fern nur eine einzige oder einzelne die Veranlassung zu jener Verlangsamung des Blutlaufs geben. Um die Blutbewegung allseitig und richtig in Bezug auf ihre inneren Gründe zu würdigen, haben wir auch auf die Kraft und den Rhythmus Rücksicht zu nehmen, womit dieselbe geschieht. In diesen beiden letzteren Momenten kann wohl eine Abweichung stattfinden, ohne dass damit nothwendig eine Beschleunigung oder Verlangsamung des Blutlaufs überhaupt verbunden sein müsste. Die Kraft des Blutlaufs wird vorzugsweise durch den Grad der Energie der Gefässe und durch den Zustand des Blutes selbst bedingt; für den Rhythmus desselben aber können wir die Ursachen nicht so genau angeben.

§. 20.

Das einzige Zeichen, aus dem wir die Art der Blutbewegung beurtheilen können, ist der **Schlag des Herzens und der Arterien** (pulsus cordis et arteriarum). Wir beobachten, dass die Pulse des Herzens und der Arterien im gesunden Zustande gleichzeitig (synchronisch) erfolgen, und dass zwischen den einzelnen Schlägen eine gewisse Zeit verstreicht, so dass auf die Minute eine gewisse Zahl von Pulsen fällt; ferner beobachten wir, dass die einzelnen Pulse mit einer gewissen Stärke und Dauer auftreten. Alle diese Merkmale des Pulses lassen sich durch eine Beschreibung nicht so bestimmt lehren; man muss sich vielmehr dieselben durch häufige Beobachtung am gesunden Thiere aneignen, um die Abweichungen gehörig beurtheilen zu können. Nur ist zu bemerken, dass selbst im gesunden Zustande jener Synchronismus nicht vollständig ist, vielmehr ein, zwar kaum messbares, aber doch in den entfernteren Gefässen wahrnehmbares Nachfolgen des Arterienpulses auf den Herzpuls besteht; und dass die Stärke der Pulse, so wie die zwischen ihnen liegenden Zeiten nicht ganz gleich bleiben, wodurch eben dieselben, wie alle Lebenserscheinungen, nach einem gewissen Typus und Rhythmus erfolgen, woher also nur Abweichungen von diesen, so zu sagen schon normalen Unregelmässigkeiten als krankhafte gelten können. Bei der Untersuchung des Pulses müssen wir zur Vermeidung von Täuschungen mit einer gewissen Vorsicht zu Werke gehen, dieselbe mit Ruhe und zu wiederholten Malen vornehmen, um nicht die, durch etwaige Aufregung der Thiere bewirkte Veränderung des Pulses auf Rechnung der Krankheit zu schieben.

§. 21.

Herzschlag nennen wir die Erscheinung, wenn die Bewegung des Herzens dem Beobachter an der Brustwand fühlbar wird. Es ist also unrichtig von einem fühlbaren und unfühlbaren Herzschlage zu reden; richtiger ist es dagegen zu sagen: es besteht Herzschlag oder nicht, oder: die Bewegung des Herzens ist fühlbar oder nicht. Eben so verhält es sich mit dem Arterienschlag. Auch ist es pleonastisch, vom Pulsschlage zu reden, da Puls eben so viel bedeutet wie Schlag; es genügt also jedenfalls der Ausdruck: Puls. In den Krankheiten kommt es nun darauf an, zu erfahren, ob Herzschlag besteht oder nicht; und in ersterem Falle, in welcher Art er besteht, da diese Erscheinung ein Hülfsmittel zur Beurtheilung der Zustände abgiebt. Bei den pflanzenfressenden Haussäugethieren besteht im vollkommenen Gesundheitszustande und in der Ruhe derselben kein Herzschlag oder nur ein gelinder an der linken Brustseite; in der Regel tritt er aber nach einer kurzen Bewegung etwas stärker hervor. Bei den Fleischfressern aber ist er, wenn sie gesund, in der Regel vorhanden, wenn gleich mehr dem hinteren Ende der Brusthöle zu wahrnehmbar. Als Ursache des Herzschlags wird das Anprellen der Herzspitze gegen die Brustwand, während der Systole des Herzens, angenommen; und wenn kein Herzschlag in den Krankheiten besteht, auch selbst nach einer kurzen Bewegung der Thiere nicht hervortritt, so sind wir gewohnt, Diess für ein Zeichen von grosser Energie der Gefässthätigkeit und für die hohe entzündliche Ausbildung des Blutes, überhaupt für ein Zeichen des sthenischen Zustandes zu halten. Besteht dagegen der entgegengesetzte Fall, treten die Herzbewegungen deutlich hervor, so unterstellen wir auch den entgegengesetzten inneren Grund dazu. Diess scheint auf den ersten Blick etwas Widersprechendes und daher Unerklärliches zu haben; es wird daher eine kurze Erläuterung in dieser Beziehung erforderlich sein. Das Herz ist bei den pflanzenfressenden Haussäugethieren, an den grossen Gefässstämmen hangend, so gelagert, dass es bei normaler Contraction dieser Theile mehr in der Höhe schwebend erhalten wird, so dass die Spitze des Herzens, welche bei der Systole der Brustwand zugekehrt wird, dieselbe nicht oder nur kaum berührt; waltet aber das expansive Moment im Gefässsystem vor, so senkt sich das Herz, wegen der obwaltenden Erschlaffung der Gefässstämme mehr abwärts, und muss sonach dessen Spitze bei der Systole die Brustwand eher berühren können. Dieser Grund scheint aber nicht der einzige für das Auf- oder Nichtauftreten des Herzschlags zu sein; es wird vielmehr die Menge des Bluts hierauf noch einen grossen Einfluss ausüben, und der Umstand, ob sich demselben bei seiner Fortbewegung Hindernisse in den Weg stellen oder nicht. Denn wir wissen aus Erfahrung, dass selbst ein pochender Herzschlag nicht immer ein zuverlässiges Zeichen für die Asthenie ist, und dass daher der Herzschlag erst richtig in Vergleichung mit anderen gleichzeitigen Erscheinungen beurtheilt werden kann. Wenn der Herzschlag stark hervortritt, so nennen wir diese Erscheinung Herzklopfen (palpitatio cordis); ausserdem aber hat man den Herzschlag noch auf verschiedene andere Weise und in dem Sinne bezeichnet, wie er sich etwa dem Beobachter zu erkennen giebt, z. B. als einen pricklenden, prellenden, spritzenden, wogenden u. s. w. Alle diese Verschiedenheiten sind aber in semiotischer Beziehung nicht hinreichend gewürdigt, und selbst ist die Bedeutung des Herzschlags, wenn er nur an der rechten Seite auftritt, nicht gehörig erkannt. Es ist daher die Art des Herzschlags zur Zeit für ein unzuverlässiges und oft trügerisches Symptom zu halten.

§. 22.

Bei dem Arterienpulse, oder bei dem Pulse schlechtweg, haben wir zunächst darauf zu sehen, ob Synchronismus zwischen demselben und dem Herzschlag besteht oder nicht. In letzterer Beziehung sind drei Fälle möglich: entweder erfolgt der Puls später als der Herzschlag, oder es bleibt dann und wann ein Puls aus, während der Herzschlag stattfindet; oder endlich, es treten mehr Pulse auf als Herzschläge. Die beiden letzteren Fälle sind gewiss äusserst selten; im Gegentheil bemerken wir in der Regel zwischen Puls und Herschlag in Bezug auf die Zeitfolge eine grosse Uebereinstimmung, und so wie einerseits die Herzbewegung der Regulator für den Puls ist, so ist andererseits aus dem Pulse die Art der oft nicht wahrnehmbaren Herzbewegung zu erkennen. Ueber den inneren Grund jener Abweichungen weiss man nichts Bestimmtes anzugeben; man setzt ihn überhaupt in ein Hinderniss in der Blutbewegung, was eigentlich nicht viel heisst. Daher kann auch über ihre Bedeutung in den Krankheiten nichts Sicheres aufgestellt werden. Ausser den genannten sind noch viele andere Verschiedenheiten im Pulse wahrzunehmen, deren Eintheilung man begreiflicher Weise nur nach der Art ihrer Erscheinung, mithin nach mehr äusseren Gründen machen kann. Wir müssen uns inzwischen bei den blossen Bezeichnungen derselben nicht beruhigen, vielmehr nach dem innern Grunde ihrer Eigenthümlichkeit möglichst forschen, da erst bei gehöriger Erkennung desselben die Pulse als Symptome ihre wahre Bedeutung erlangen. Die Pulse lassen sich folgendermaassen unterscheiden.

a) In Rücksicht der Stärke. 1) Starker Puls (pulsus fortis). Kennzeichen: kräftiges Anschlagen des Pulses an den untersuchenden Finger und grosser Widerstand beim Versuche zur Unterdrückung desselben. Ursachen: starke Zusammenziehungen des Herzens und starkes Einwirken des Blutes auf die Wände der Arterien. 2) Schwacher Puls (pulsus debilis). Kennzeichen und Ursachen: die dem vorhergehenden Pulse entgegengesetzten Eigenschaften und Bedingungen. 3) Harter Puls (pulsus durus). Kennzeichen: die ausgedehnte Arterie fühlt sich wie eine straff gespannte Schnur an. Ursachen: grosse Dichtigkeit des

Blutes und starke Contraction der Arterienwand. 4) Weicher Puls (pulsus mollis). Kennzeichen und Ursachen: die dem vorhergehenden Pulse entgegengesetzten Eigenschaften und Bedingungen.

b) In Rücksicht des Raumverhältnisses. 1) Grosser Puls (pulsus magnus). Kennzeichen: die Ausdehnung der Arterie nimmt einen grossen und die Zusammenziehung derselben einen kleinen Raum ein. Ursachen: Reichhaltigkeit an Blut und freie Wechselwirkung zwischen diesem und den Gefässen. 2) Kleiner Puls (pulsus parvus). Kennzeichen: geringe Ausdehnung der Arterie. Ursachen: Blutmangel und Ueberwiegen der Contraction in den Gefässen. 3) Voller Puls (pulsus plenus). Kennzeichen: die Arterie erscheint ausgedehnt und strotzend gefüllt. Ursachen: Grosse Menge oder vermehrter Turgor des Blutes und mässige Zusammenziehung der Arterien. 4) Leerer Puls (pulsus vacuus). Kennzeichen: sehr geringe Ausdehnung der Arterie und kaum fühlbare Blutwelle. Ursachen: Blutmangel und Schwäche in den Gefässen.

Anmerk. Die Pulse 1 und 3, so wie 2 und 4 sind sich sehr ähnlich und daher schwer zu unterscheiden.

c) In Rücksicht des Zeitverhältnisses. 1) Häufiger Puls (pulsus frequens). Kennzeichen: eine grössere Zahl von Pulsen in einem gewissen Zeitabschnitte als im gesunden Zustande. Ursachen: vermehrte Lebensthätigkeit im Gefässsystem, und eben so oft auch ein Gesunkensein derselben. 2) Seltener Puls (pulsus rarus). Kennzeichen: sie sind denen des vorigen Pulses entgegengesetzt. Ursachen: wohl meist ein gehemmter Nerveneinfluss auf die Gefässe. 3) Der geschwinde Puls (pulsus celer) und 4) der langsame Puls (pulsus tardus) werden entweder für identisch mit den beiden vorhergehenden genommen, oder man bezieht die Geschwindigkeit und Langsamkeit auf die Ausdehnung der Gefässwand in den einzelnen Pulsen.

Anmerk. Zur näheren Bezeichnung des Pulses pflegt man auch Zusammenstellungen von je zwei der bisher genannten Eigenschaften zu machen, z. B. harter und voller; grosser und weicher Puls u. s. w.

d) In Rücksicht der Vergleichung der einzelnen Pulse untereinander. Hierbei müssen die bereits gedachten Verhältnisse in Bezug auf Stärke, Raum und Zeit wieder in's Auge gefasst werden. Stimmen die einzelnen Pulse in allen diesen Verhältnissen überein, so wird er gleicher Puls (pulsus aequalis) genannt; ungleicher Puls (pulsus inaequalis) aber oder auch unrhythmischer, wenn sich in einem oder in mehrern jener Verhältnisse eine Verschiedenheit in den einzelnen Pulsen darbietet. Arten des ungleichen Pulses sind: 1) der aussetzende Puls (pulsus intermittens). Kennzeichen: einzelne Pulse, welche nach dem Tacte eintreten sollten, bleiben aus. 2) Der mauseschwanzähnliche Puls (pulsus myurus). Kennzeichen: die aufeinander folgenden Pulse nehmen eine zeitlang allmählig an Stärke und Grösse ab, bis endlich wieder ein stärkerer und vollerer Schlag dieselbe Reihe wieder von vorne beginnt. 3) Der ameisenlaufende Puls (pulsus formicans) und der zitternde Puls (pulsus tremulus). Kennzeichen: Kleine, schwache und selbst ungleiche Schläge, welche zuletzt mit einer solchen Schnelligkeit aufeinander folgen, dass die einzelnen Pulse kaum noch unterschieden werden können. 4) Der verdoppelte Puls (pulsus duplicatus). Kennzeichen: Nach zwei, kurz aufeinander folgenden Schlägen tritt eine längere Pause ein. Von dem verdoppelten Pulse werden inzwischen zwei Varietäten aufgeführt: der doppelschlägige Puls (pulsus dicrotus) und der hüpfende Puls (pulsus caprizans), je nachdem der erste oder der letzte Schlag den anderen an Grösse und Stärke übertrifft, so dass jener mit einem Trachäus (— v), dieser mit einem Jambus (v —) zu vergleichen ist. Der überzählige Puls (pulsus interciduus) und der zwischenlaufende Puls (pulsus intercurrens) sind den vorhergehenden ähnlich. Alle diese ungleichen Pulsarten werden zwar in den Krankheiten der Haussäugethiere beobachtet, ihr innerer Grund aber ist nichts weniger als ermittelt.

Anmerk. Die nähere Würdigung des Pulses, als Zeichen bestimmter Krankheiten gehört in die spezielle Pathologie.

§. 23.

Eine eigenthümliche Erscheinung bei Thieren mit Erweiterung und Ueberfüllung der rechten Herzhälfte, sagt Rychner, trete in den Drosselvenen hervor, bekannt unter dem Namen: venöser Puls. Diese Erscheinung habe mehrfach zu Irrthümern Veranlassung gegeben, und namentlich zu dem Wahne, es habe das Blut in diesen Gefässen eine umgekehrte Bewegung, also vom Herzen zurück zur Peripherie angenommen. Die Sache aber beim hellen Lichte betrachtet, verhalte sich keineswegs so; diese scheinbare Rückbewegung sei vielmehr nichts Anderes, als ein wellenförmiger Rückstoss von der Zusammenziehung des rechten Herzens, wobei dessen Vorhof schon überfüllt sei, und somit das zugeleitete Blut nicht in demselben nach Maassgabe aufgenommen werden könne, und daher eine Art Prellung erleide, die sich an dem Halse hinauf in den Drosseladern deutlich wahrnehmen lasse. Vielen Thierärzten ist gewiss die Erscheinung des Zurückstauens des Blutes in gefährlichen, typhösen Krankheiten der Pferde bekannt. Etwas Auffallendes aber hat die (im Rec. de médecine vétérin. Dec. 1840) erzählte Thatsache, dass ein, an Desorganisation der Lunge und Leber, mit ausserordentlicher Vergrösserung des letzteren Organes leidendes und daran verstorbenes Pferd einen venösen Puls an den Jugularvenen, und zwar nur 4—5 Mal in der Minute zeigte. — Obgleich Rychner nach der vorstehenden Bemerkung über den Venenpuls eine rückgängige Bewegung des Blutes, also eine, der normalen Richtung entgegengesetzte zu leugnen scheint, so ist dagegen zu bemerken, dass eine solche sogar im normalen Zustande, wie wir unten sehen werden, vorkommt, und ist daher dieser Vorgang auch höchst wahrscheinlich in Krankheiten vorhanden. Denn Stark bemerkt, dass kein anomaler Zustand etwas Einziges und als solcher Existirendes sei, sondern immer sein normales Vorbild habe, oder vielmehr bloss durch eine räumliche und zeitliche unzweckmässige Beziehung eines normalen dazu werde. Diesem Ausspruch dürfen wir noch erläuternd hinzufügen, wie eben so wohl die Möglichkeit vorhanden sei, dass ein jeder normaler Zustand jene unzweckmässigen Beziehungen eingehen könne und dadurch zu einem abnormen werde. Als

Beweis für das normale Vorkommen verkehrter Blutbewegung möge dienen, dass ja im Fötus die Pfortader, ein Theil der hinteren Hohlvene und die Lungenarterie ein mehr arterielles, dagegen die Nabelarterien ein mehr venöses Blut führen. Auch bemerkt man bei mikroskopischen Beobachtungen häufig in dem Capillargefässsystem, wenn sich dem Blutstrom ein Hinderniss entgegenstellt, im arteriellen Gefässtheile eine Rückbewegung des Blutes dem Herzen zu. Wie dem aber auch sein möge, so kennen wir keine Fälle, wo eine solche Rückbewegung einen ausgezeichneten krankhaften Zustand bei den Thieren darstelle; und die Erscheinung, dass bei Verwundungen das Blut eben so wohl von den Arterienzweigen nach den Arterienstämmchen, als von den Venenstämmchen nach den Venenzweigen zufliesst, mag am natürlichsten dadurch erklärt werden, dass das Blut in einem solchen Falle am ehesten dahin fliessen wird, wo es am wenigsten Widerstand findet.

II. Das Räumliche der Blutbewegung.

§. 24.

Wenden wir uns nun zu den räumlichen Beziehungen der Bewegung des Blutes, oder was dasselbe sagen will, zur Vertheilung desselben, so werden wir uns erinnern, dass eine ganz gleichmässige Vertheilung des Blutes sogar im normalen Leben nicht stattfindet. Vielmehr erhalten die verschiedenen Organe, nach der Verschiedenheit und dem Grade ihrer Functionen, auch eine verschiedene Menge Blutes; obgleich das Herz allen Körpertheilen das Blut in einem gleichmässigen Strome zutreibt. Hieraus wird es klar, dass die Thätigkeit des Herzens nicht die einzige Ursache für das Hinströmen des Blutes zu den Organen sein könne, dass sie vielmehr zum Theil auch auf einer, zwischen dem Blute und den Organen bestehenden lebendigen Anziehung beruhe. Aus dem eben Angedeuteten ist ersichtlich, dass es auch normale Congestionen giebt. Es muss demnach die krankhafte dahin bestimmt werden, dass diese in einer grösseren Zufuhr des Blutes zu einem Organe, als zu der Function desselben erforderlich ist, besteht. Wir erinnern beispielsweise an den ungeheuren Blutzufluss, welcher in der schwangeren Gebärmutter oder in den milchenden Eutern stattfindet; aber ein solcher ist um deswillen nicht für krankhaft zu halten, weil ein normaler Vorgang ihn fordert. Dagegen kann ein viel geringerer Blutzufluss zu eben diesen Theilen dann als krankhaft betrachtet werden, wenn sie für die Zwecke der Gattung nicht thätig sind. Man hat die Congestionen als nicht in einem vermehrten Andrange des Blutes zu den Organen, vielmehr nur als eine blosse Anhäufung (accumulatio) in Folge behinderten Rückflusses betrachten wollen. Diese Ansicht ist aber viel zu mechanisch, als dass sie sich mit dem Leben vertrüge, auch wird das bereits Gesagte schon hinreichen, sie als irrthümlich zu erweisen. Der Unterschied zwischen der activen und passiven Congestion (congestio activa et passiva) wird darin gesetzt, dass die erstere wirklich in Folge eines vermehrten Blutzuflusses entsteht, mithin das thätige Moment in ihr das vorherrschende ist, wogegen man in den passiven Congestionen eine Erschlaffung und Erweiterung der Gefässe, mithin eine Blutanhäufung, ein mehr leidendes Moment unterstellt. Diese Unterschiede sind aber in den gegebenen Fällen sehr schwer festzustellen, und zwar zum Theil desshalb, weil die active Congestion nicht selten in die passive übergeht, und die letztere die erstere in der Regel zur Folge hat, oder auch beide zugleich in einem und demselben Organ vorkommen. Die angenommenen arteriellen und venösen Congestionen sind in so fern mit der activen und passiven Congestion für gleichbedeutend zu halten, als die beiden ersteren die Gegensätze auf einem vermehrten Zufluss des arteriellen Blutes, die beiden anderen aber auf einem verminderten Rückfluss des venösen Blutes beruhen. Bei der Leber aber stellt sich das Verhältniss anders und zwar auf eine zweifache Weise dar. Hier sind sowohl die Pfortader, eine Vene, als auch die Leberarterien die zuleitenden Gefässe; mithin kann in der Leber sowohl eine active arterielle als auch eine active venöse Congestion angenommen werden. Auch in Bezug auf die Höhlen des Herzens sind die Venen die zuführenden, die Arterien aber die ableitenden Gefässe für das Blut. Die in diesem Organ angenommene Hohlvenen-Congestion dürfte aber passender als eine blosse Blutanhäufung zu bezeichnen sein, wenn man nicht alle Begriffe verkehren und zuletzt dahin gelangen will, die Anhäufung oder Stockung des Blutes in krankhaft erweiterten Gefässen als Congestion zu bezeichnen. Das hier Gesagte hat natürlich mit der allerdings vorkommenden wirklichen Congestion der Substanz des Herzens nichts zu schaffen. Die Lehre von den Congestionen ist von grosser Wichtigkeit, weil sie in allen Krankheitszuständen mehr oder weniger in Betracht kommt, und weil die Congestion die Entzündung einleitet. Das Nähere über jene Lehre aber gehört in die spezielle Pathologie, oder, wie bereits früher bemerkt, in eine Uebergangslehre zu derselben, in welcher sie mit der Entzündung und dem Fieber gemeinschaftlich als eine der Grundformen der Krankheiten betrachtet wird. Das Vorhergehende haben wir indess zur physiologischen Begründung und zur Feststellung der Begriffe in Betreff der Congestion anführen zu müssen geglaubt.

Ein, der Congestion entgegengesetzter Zustand ist der verminderte Blutzufluss. Dieser hat ebenfalls im normalen Leben, nämlich in der zeitlichen Abnahme oder in dem gänzlichen Verschwinden von Functionen, seine Vorbilder. Ein verminderter, nicht bloss auf einem mechanischen, sondern eben so häufig auf einem dynamischen ursächlichen Verhältniss beruhender Zufluss des Blutes findet in den Krankheiten häufig Statt, z. B. bei der Verminderung oder Aufhebung des Nerveneinflusses auf die Organe, oder auch in solchen Organen, welche mit den, im Congestions-Zustande befindlichen in antagonistischer Beziehung stehen.

Siebentes Capitel.

Anomalien in den Secretionen.

I. Von den Fehlern der Secretionen überhaupt.

§. 25.

Die Absonderung (secretio) kommt durch die Wechselwirkung der Capillargefässe mit dem Parenchym der Organe unter dem Einflusse von Nerven zu Stande. Durch diese Wechselwirkung treten Theile des Blutes über die Grenzen der Gefässe hinaus und werden in den betreffenden Organen zu Secreten hervorgebildet. Obgleich die Physiologen dem Wesen des Secretions-Vorganges schon ziemlich nahe getreten sind, so sind doch noch manche Seiten desselben dunkel geblieben. Man muss erstaunen, wenn man sieht, dass aus einer gleichartigen, indifferenten Flüssigkeit, dem Blute (welches man in der, in Rede stehenden Beziehung als Mutterflüssigkeit betrachtet) die verschiedenen Organe die für ihre Ernährung nothwendigen, in den verschiedenen Gebilden so sehr abweichenden Stoffe anziehen, ihrem Zwecke gemäss metamorphosiren und zugleich bewirken, dass so sehr verschiedenartige Secrete hervorgebildet werden, deren entfernteste Bestandtheile wohl, aber nicht die näheren als solche im Blute alle vorhanden sind. Es ist schwierig, den Begriff eines Secrets genau festzustellen, da im Organismus überall Uebergänge und Annäherungen stattfinden. Namentlich ist es schwierig, die auf einer blossen Durchschwizzung (exosmosis) beruhende Ausdünstung (exhalatio) und Ausschwitzung (exsudatio) von der Secretion gründlich zu unterscheiden, da bei der letzteren ebenfalls die Exosmose als ein Moment mit in's Spiel kommt. Wir werden daher im Verlaufe des Vortrags keinen Unterschied in dieser Beziehung herausstellen, vielmehr unter dem höhern Begriffe der Secretion die anderen gedachten Vorgänge mitbefassen. Den Unterschied zwischen Secret und Excret können wir aber im Allgemeinen so feststellen, dass das erstere eine, von dem Organismus bereitete Flüssigkeit ist, welche einen Zweck für die Erhaltung seiner selbst oder der Gattung zu erfüllen hat, dass das Excret aber solchen Zwecken nicht dient und auch nicht dienen kann, da es aus den Residuen der organischen Metamorphose besteht und selbst nicht organisch belebt ist; wogegen die Secrete organische Formelemente zeigen. In der Galle haben wir aber eine Flüssigkeit, wobei sich die excretielle und secretielle Natur die Wage halten mögen, worüber in dem, derselben gewidmeten Capitel ein Näheres angeführt werden wird. Jene Definition eines Secrets lässt zu, dass derjenige Stoff, welcher unmittelbar zur Ernährung der Organe verwandt wird, ebenfalls zu den Secreten gezählt wird. Man hat daher den Vorgang der Bildung dieses Stoffs allgemeine Secretion genannt, spezifische dagegen diejenige, in deren Folge mehr oder weniger ausgezeichnete, ihrer Natur nach verschiedene Flüssigkeiten gebildet werden, welche zwar bei der Erhaltung des Individuums und der Gattung mitwirken, aber nicht unmittelbar für den Stoffansatz dienen. Man wird aber leicht gewahren, dass auch so die Scheidung der Begriffe nicht streng durchzuführen ist; denn bei der allgemeinen Secretion ist ebenfalls in so fern eine spezifische zu bemerken, als in den verschiedenen Gebilden auch eben so verschiedene Qualitäten des Stoffs auftreten. Die durchgreifende, allgemein gültige, den Unterschied zwischen der Ernährung, der eigentlichen Secretion und der Excretion begründende Vorstellung der Physiologen ist die: dass das Secretions-Organ dem Blut mehr flüssigen Bildungsstoff entzieht, als es zu seiner eigenen Ernährung bedarf, und ihn dann als Secret, über seine Grenzen, anderen Organen zur Verwendung für das Beste des Organismus zuführt; während das Excretions-Organ, ausser seinem Bedarf an Nahrungsstoff, auch noch die, für den Organismus unbrauchbar gewordenen oder demselben schädlichen Stoffe aus dem Blute hinwegnimmt und sie über dessen Grenzen schafft. Die hier bezeichnete allgemeine Vorstellung von der Secretion ist nun freilich in der neusten Zeit, nachdem man den Bau der drüsigen Organe mikroskopisch näher erforscht hat, mehr spezialisirt worden, indem man vorzugsweise die Veränderungen in Betracht zog, welche an der inneren Wand der secernirenden Schläuche durch die Metamorphose des hier befindlichen Epitheliums vor sich gehen; aber es kann nicht unser Zweck sein, uns hier auf schwankende mikrologische Erörterungen einzulassen.

Da die Secretionen, ihrer Menge und Beschaffenheit nach, Abweichungen zeigen, auch normale und abnorme Secrete an Orten vorkommen können, wo sie ursprünglich nicht entstanden zu sein scheinen, so müssen wir, zum besseren Verständniss, diese Momente in der folgenden Betrachtung besonders berücksichtigen.

§. 26.

Um ein gehöriges Verständniss in die quantitativen Abweichungen der Secretionen zu bringen, muss nochmals daran erinnert werden, dass bei der Absonderung überhaupt die Wechselwirkung der Haargefässe mit dem Gewebe der Organe in Betracht kommt. So wird leicht eingesehen werden können, dass, je mehr Blut die gedachten Gefässe enthalten, und je inniger jene Wechselwirkung, oder mit anderen Worten, je lebhafter die Function des absondernden Organs ist (welche letztere jedoch nicht bis zur Entzündung gesteigert sein darf), auch die Secretion um so bethätigter erscheinen müsse. Demnach muss alles Das, was die Blutmenge und die Secretions-Organe auf eine spezifische Weise zu vermehren im Stande ist, auch der Absonderung unmittelbar förderlich sein. Auf eine mehr mittelbare Weise kann aber auch die Secretion eines Organs vermehrt werden, wenn die Function eines anderen secernirenden Organs, welches mit ihm in einer consensuellen oder antagonistischen Beziehung steht, in dem ersteren Falle vermehrt, und in dem zweiten vermindert ist.

Es ist nicht leicht zu bestimmen, ob in einem gegebenen Falle eine absolute Vermehrung der Secretion stattfindet; denn das allgemeine Kennzeichen einer solchen, dass sie in einer grösseren Absonderung besteht, als es der temporäre Lebenszustand eines Organes fordert, ist um so unbestimmter, als schon im gesunden Zustande von den Secretions-Organen eine gleiche Menge Flüssigkeit nicht abgesondert wird. Nehmen wir sodann noch Rücksicht auf die Fälle, wo die Ausführung eines Secrets durch irgend einen Umstand behindert und daher Veranlassung zur Ansammlung desselben gegeben ist, oder auch auf die, wo die Aufsaugung vermindert, oder wo die Ausführung des Secrets sogleich nach seiner Bildung gegeben ist: so werden wir bemerken, dass sich einem sicheren Urtheile in jener Beziehung viele Hindernisse entgegensetzen. Da das Blut und das secernirende Organ die beiden Hauptfactoren der Secretion sind, so müssen sich auch die Folgen einer abnormen Vermehrung der letzteren zunächst in jenen zu erkennen geben. Das Organ kann durch zu grosse Steigerung seiner Thätigkeit in Erschöpfung verfallen, oder durch Hypertrophie zur ferneren Secretion untüchtig werden; das Blut aber wird durch Verbrauch zu sehr in Anspruch genommen, und muss daher, beim Mangel des erforderlichen Ersatzes, allgemeine Abmagerung entstehen, abgesehen davon, dass auch durch Vermehrung einer oder mehrerer Secretionen selbst die Mischung des Blutes gefährdet werden kann, in so fern durch einseitige Entziehung seiner Stoffe das Gleichgewicht seiner Bestandtheile aufgehoben wird. Die Kennzeichen sowohl, als auch die ursächlichen Verhältnisse der Secretions-Verminderung werden sich aus dem Vorhergehenden durch eine Umkehrung leicht ableiten lassen. Die Folgen der

Verminderung der Secretion geben sich ebenfalls zunächst in ihren beiden Factoren zu erkennen. In dem secernirenden Organ tritt Atrophie ein, welche bisweilen mit Textur-Veränderung verbunden ist; oftmals sieht man aber auch dasselbe hypertrophisch. Dann ist dieser Zustand aber nicht als die Folge, sondern als die Ursache der verminderten Thätigkeit zu betrachten. In dem anderen Factor, im Blute, treten die Folgen der verminderten Secretions-Thätigkeit dadurch hervor, dass in demselben Stoffe zurückgehalten werden, welche für die Absonderung bestimmt waren. Hierdurch wird einerseits Fülle des Blutes, andererseits aber eine übele Mischung desselben entstehen. Die ferneren Folgen der Verminderung der Secretion eines Organes bestehen in deren Vermehrung in einem anderen, welches mit jenem in einem antagonistischen Verhältnisse steht, und dann, was jedenfalls schlimmer ist, in Störung derjenigen Function, bei welchen das Secret ein Geschäft zu übernehmen hat, oder endlich gar in einem heftigen Reactionsfieber und in Metastasen, wenn die Unterdrückung einer Absonderung plötzlich entstand.

§. 27.

Die Abweichungen in der Qualität der Secretionen sind noch viel schwieriger zu bestimmen, als solche in der Quantität; denn die bisherigen Untersuchungen haben gelehrt, dass die Secrete sich rücksichtlich der Beschaffenheit selbst im gesunden Zustande nicht gleich bleiben, sondern mannichfache und oft bedeutende Abweichungen in dieser Hinsicht wahrnehmen lassen, wie sie gerade von den Functionen oder von dem Lebenszustande gefordert, oder wie sie durch die Beschaffenheit des Blutes, durch den Grad und die Art der Thätigkeit der secernirenden Organe bedingt werden. Daher können wir die Grenzen der Normalität und Abnormität in den Secreten eigentlich nicht kennen lernen. Um aber ein Secret rücksichtlich seiner Qualität möglichst gründlich zu beurtheilen, müssen wir auf seine physischen, chemischen und organischen Eigenschaften Bedacht nehmen. Die Mittel also, wodurch wir zu jener Beurtheilung gelangen, sind eines Theils einfache sinnliche Wahrnehmungen, nebst der Erforschung mit dem Mikroskop, und anderen Theils die chemische Prüfung. Da aber selbst ausgezeichnete Physiologen und erfahrene Chemiker oftmals in der Angabe über die Qualitäten der Secrete nicht übereinstimmen, vielmehr in denselben nicht selten Widersprüche enthalten sind: so müssen wir zur Zeit auf die Beurtheilung der feineren Qualitäts-Abweichungen jedenfalls verzichten, bis die Thierärzte dereinst mit allem dem Wissen ausgerüstet sein werden, wie es Forschungen der Art erheischen; ich sage: bis die Thierärzte im Besitze einer durchweg physiologisch begründeten Pathologie, einer ansehnlichen Kenntniss der organischen Chemie und einer hinreichenden Geschicklichkeit in deren Ausübung sind, diejenige Liebe zur Sache haben und diejenige Zeit aufwenden können, welche Untersuchungen so feiner Art erfordern. Und wenn wir auch endlich so glücklich wären, auf den eben bezeichneten Standpunct zu gelangen, so würden wir doch auf eine gänzliche Uebereinstimmung der gewonnenen Thatsachen verzichten müssen, weil eben das Leben nichts Stillstehendes, vielmehr ein, einen fortwährenden Wechsel bedingender Vorgang ist, mithin auch seine Producte dieses Gepräge an sich tragen müssen. Wenn man nun aber das hier Gesagte schon für das einzelne Individuum gelten lassen muss, wie viel mehr Gültigkeit muss es dann rücksichtlich der Beurtheilung der Secrete verschiedener Individuen haben. Hieraus folgt nun, dass wir uns zur Zeit mit der Kenntniss der auffallenderen Abweichungen der Secrete begnügen müssen, wie sie durch die einfache sinnliche Wahrnehmung und durch leicht anzustellende chemische Untersuchungen gewonnen wird. Hiermit können wir uns auch um so eher begnügen, als die physischen Eigenschaften der Körper mit ihrer Qualität in Beziehung stehen, und als in den meisten Fällen nur auffallende Abweichungen der Secrete in das Reich der Krankheit gezogen werden können. In Betreff der physischen Eigenschaften der Secrete verdient die Consistenz am meisten unsere Aufmerksamkeit. Diese kann vermehrt und vermindert erscheinen; und da alle Secrete aus festen und flüssigen Theilen zusammengesetzt sind, so werden in dem ersteren Falle die festen, im zweiten die flüssigen überwiegen. Die Ursachen der Vermehrung jener Consistenz sind eines Theils in dem besonderen Lebenszustande der betreffenden Organe zu suchen, und anderen Theils in dem Reichthume des Blutes an plastischen Stoffen überhaupt, oder an solchen Bestandtheilen, welche in die Mischung der Secrete eingehen können. Alles Das also, was näher oder entfernter die Consistenz des Blutes zu steigern im Stande ist, z. B. Stärkemehl- und Eiweiss-reiche Nahrungsmittel, kräftige Verdauung, Mangel an Getränk u. s. w. muss mithin auch, bei übrigens günstigen Verhältnissen in den Blut bereitenden Organen, zur Vermehrung der Consistenz der Secrete beitragen. Die übeln Folgen dieses Fehlers bestehen hauptsächlich darin, dass die Secrete wegen ihrer Zähigkeit nicht leicht abfliessen, und dass oftmals Ausscheidung eines Theiles ihrer festen Bestandtheile in Pulverform oder als Aggregationen entsteht, wodurch der Abfluss der Secrete noch mehr behindert und selbst Reizung und Entzündung der betreffenden Organe bewirkt werden kann. Die Zähigkeit der Secrete muss aber auch, selbst ohne Rücksicht auf die, mit einem solchen Zustande in Zusammenhang stehende, abnorme Mischung, noch den Nachtheil haben, dass sie ihre Function wegen der weniger leichten Berührung und Vermischung mit anderen Stoffen nicht gut erfüllen können (zähe Galle z. B. vermischt sich nicht gehörig mit dem Speisebrei); oder dass sie die Einwirkung von Stoffen erschweren (zäher Schleim in den Luftwegen z. B. bietet ein Hindernisss für die Wechselwirkung der Luft mit dem Blute). Die Verminderung der Consistenz der Secrete hat gemeinhin dem vorhergehenden Zustande entgegengesetzte Ursachen, und ihre nachtheiligen Folgen bestehen meist darin, dass die Secrete wegen des geringen Gehalts an wirksamen Bestandtheilen ihrer naturgemässen Function nicht entsprechen (so wird z. B. eine sehr wässrige Galle nicht gehörig zum Behufe der Neutralisation und der Ausscheidung auf den Chymus wirken und somit zu einer fehlerhaften Chylification Veranlassung geben. Was die chemischen Eigenschaften der Secrete anbelangt, so wissen wir freilich, dass manche Stoffe, welche zufällig mit den Nahrungsmitteln vermengt waren oder absichtlich als Arzneimittel dienten, in die Secrete übergehen können; aber auch ohne solche Verhältnisse kann ein Mischungsfehler der Secrete entstehen, wovon wir zwar die Ursache in die veränderte Beschaffenheit der Secretions-Thätigkeit setzen, ohne jedoch das nähere Verhältniss mit Zuverlässigkeit angeben zu können. Wenn ein Secret nicht mit der gewöhnlichen Farbe, Klarheit oder Trübe und mit dem ihm eigenthümlichen Geruche auftritt, so können wir eine Alienation in dessen Mischung annehmen; noch mehr aber, wenn seine Alkalescenz oder Säuerung überwiegt, oder wenn das sonst alkalische Secret sauer und das sonst saure alkalisch reagirt, oder endlich, wenn eine sonst auffallende Reaction in einer dieser Beziehungen mangelt. Durch solche Verhältnisse wird entweder eine zu grosse Differenz oder Indifferenz, eine Schärfe oder Fadheit in den Secreten bedingt, wovon man die Schärfe, den Umständen nach, als saure oder als alkalische bezeichnet. Dass Mischungsfehler der Secrete die Function dieser beeinträchtigen und endlich den dyscrasischen Zustand des Blutes, dem sie zum Theil ihre Entstehung verdankten, befördern müssen, wird klar sein. In Betreff der organischen Veränderungen der Secrete haben wir zunächst daran zu erinnern, dass alle Secrete in so fern organisch belebt sind, als sie im normalen Zustande mehr oder weniger ausgezeichnete, eigenthümliche Formelemente besitzen, von denen eine gewisse Art im Samen sogar ein thierisches Leben zu haben scheint (Samenthierchen). Wenn ein Secret die ihm eigenthümlichen Formelemente nicht hat, z. B. der Schleim keine Schleimkügelchen, der Samen keine Infusorien, so ist es als organisch verändert zu betrachten, und kann seine Function nicht gehörig erfüllen (Samen ohne Infusorien befruchtet nicht).

§. 28.

Oertliche Abweichungen in den Secretionen sind dann anzunehmen, wenn Secrete oder auch nur die wesentlichen Bestandtheile derselben in solchen Organen vorkommen, in denen sie naturgemäss nicht vorkommen sollten. Von den Alten wurde diese Erscheinung, so wie das Vorkommen des Blutes in nicht blutführenden Gefässen, so wie in anderen Kanälen: Ortsverirrung (error loci) genannt. Bei den Thieren kennen wir nur von der Galle oder von gewissen Bestandtheilen derselben eine solche Ortsverirrung mit Bestimmtheit. Sie tritt dann ein, wenn die Ausleerung der Galle in den Darmkanal durch irgend einen Umstand behindert ist, oder wenn eine zu reichliche Absonderung stattfindet, oder auch endlich, wenn ein Rückhalt der Elemente der Galle im Blute besteht, wo dann in den beiden ersteren Fällen zunächst eine Aufsaugung und Ueberführung derselben in das Blutgefässsystem, und sodann in allen drei Fällen eine Versetzung vielleicht in alle Körpertheile, die Secretions-Flüssigkeiten nicht ausgenommen, zu Stande kommt. Ein solcher Zustand giebt sich bekanntlich beim lebenden Thiere durch Gelbfärbung der sichtbaren und durchscheinenden Hautgebilde; in der Milch durch gelbe Farbe und bitteren Geschmack, und im Urin durch Gelbfärbung eines eingetauchten weissen Leinwandlappens zu erkennen. Ob bei dem Thiere wahre Milchversetzungen nach der Unterdrückung ihrer Secretion in den Brüsten, wie sie beim Menschen oftmals beobachtet worden sind, entstehen, ist nicht mit Bestimmtheit ermittelt. Das ziemlich häufige Vorkommen der Milch in den Eutern männlicher Thiere kann zum Theil zu den örtlichen Abweichungen der Secretionen gezählt werden, da die Euter dieses Geschlechts naturgemäss nicht für die gedachte Absonderung bestimmt sind. Auch das Vorkommen des Euters an solchen Orten, wo er nicht gebildet wurde, gehört zum Theil hierher.

Zusatz. Im Folgenden werden, der Eintheilung zu Folge, nur diejenigen Secretionen betrachtet, welche einen Bezug auf das Bildungsleben des Individuums haben, und diejenigen, welche dem Gattungsleben dienstbar sind, in den, demselben gewidmeten Abschnitt verwiesen.

II. Von den Fehlern der Secretionen insbesondere.

A) Normale Secretionen.

§. 29.

Die seröse Flüssigkeit (serum) findet sich im gesunden Zustand in den mit einer serösen Haut ausgekleideten Höhlen des Körpers und in dem umhüllenden und Zwischenzellgewebe (interstitiellen Gewebe) der Organe in einer solchen Menge und Beschaffenheit vor, dass die Organe ihre freie Function ausüben können, und das Aeussere des Körpers mit einer gewissen Lebensschwellung erscheint. Das Serum der normalen Zustände erscheint als eine klare Flüssigkeit, welche schwach alkalisch reagirt, und mit dem Mikroskop bemerkt man darin mehr oder weniger scharf begrenzte Kügelchen (Eiweisskügelchen). Chemisch betrachtet besteht das Serum zunächst aus Wasser und festen Stoffen; die letzteren aus Eiweiss, Natrum und einigen Salzen, namentlich salzsauren. Das Serum entsteht auf dem Wege der Durchschwitzung und ist nichts Anderes, als der etwas modifizirte seröse Bestandtheil des Blutes. Aber es ist wahrscheinlich, dass die Bestandtheile des Serums sich in quantitativer Beziehung nicht aller Orten gleichbleiben; denn Burdach hat durch eine Zusammenstellung von vielen chemischen Untersuchungen des Serums aus verschiedenen Körperhöhlen des Menschen gezeigt dass der Gehalt an Eiweiss und an feuerbeständigen Stoffen darin vom Kopfe gegen das Becken hin immer grösser wird. Die Absonderung des Serums kann in so fern krankhaft erscheinen, als es Abweichungen in seiner Beschaffenheit und Menge zeigt. Anstatt das Serum sonst klar und wasserhell ist, sieht man es zuweilen trübe, gelblich, selbst röthlich und grünlich; es enthält dann zuweilen Faserstoff-Gerinsel, Blut- und Gallen-Farbstoff, Speichelstoff, Harnstoff, Osmazom, und der Gehalt desselben an Eiweissstoff ist zuweilen so gross, dass er in der Hitze vollständig gerinnt. Eine krankhafte Vermehrung des Serums ist dann anzunehmen, wenn seine Menge die Function der Organe durch Druck beschränkt. Die Ursachen der Vermehrung des Serums sind entweder Blutwässrigkeit oder Erschlaffung der dasselbe aussondernden Organe, oder sie beruhen, was wahrscheinlich am häufigsten der Fall ist, auf beiden Zuständen zugleich, da Blutwässrigkeit stets Erschlaffung der Organe zur Folge hat. Die krankhafte Vermehrung des Serums hat man auch wohl von verminderter Aufsaugung abhängig gemacht, ohne jedoch die letztere nachweisen zu können. Wir sehen die seröse Absonderung eines Organes sich dann vermehren, wenn sie in einem anderen, mit demselben im Antagonismus stehenden in Folge äusserer Einflüsse oder eines krankhaften Zustandes vermindert oder gar unterdrückt ist; so erfolgt z. B. insgemein nach Unterdrückung der Haut- und der Lungenausdünstung, wie es unter anderen bei feucht-kalter Witterung der Fall ist, vermehrte Absonderung des Serums in der Bauch- und Brusthöhle, wenn nicht durch die Harnabsonderung eine stellvertretende und vermehrte Absonderung von wässrigen Theilen erfolgt. Auf eine mehr active Weise kann in entzündlichen Zuständen eine rasche und grosse Vermehrung des Serums stattfinden. Hierzu wird aber jedenfalls nur ein geringer Grad der Entzündung erfordert, da heftig entzündete Organe entweder keine seröse Absonderung zeigen, weil sie bei der gesteigerten vegetativen Thätigkeit das Ausgesonderte zur Vermehrung ihrer eigenen Masse verwenden. Auch wird jene Behauptung eines Theils dadurch begründet, dass sich die Vermehrung der serösen Absonderung nur in den, von heftig entzündeten Theilen entfernter liegenden Stellen, mithin in deren Umkreise zeigt; anderen Theils aber dadurch, dass übermässige seröse Absonderung häufig den Nachlass der Entzündung begleitet. Diese Erscheinung ist dadurch zu erklären, dass noch ein congestiver Zustand fortbesteht; dass durch die vermehrte Action während der Entzündung nothwendig eine Erschlaffung in den betreffenden Organen eintreten muss, und endlich, dass der plastische Stoff im Blute während der Entzündung verbraucht worden, und hierdurch ein Uebergewicht seines serösen Bestandtheiles gegeben ist Verminderung des Serums entsteht durch die der Vermehrung entgegengesetzten Verhältnisse, sowohl rücksichtlich der primären, im Blutgefässsystem und in den secernirenden Organen, als auch der mehr secundären, im Antagonismus liegenden. Die Erscheinungen der vermehrten und verminderten serösen Absonderung sind nach ihrem Grade und nach dem betroffenen Organe verschieden. Im Allgemeinen wird ein hoher Grad der Vermehrung des Serums als ein wassersüchtiger Zustand bezeichnet, der dann nach dem Orte des Vorkommens einen besonderen Namen erhält (Höhlen-Gelenkwassersucht, Gallen). Allgemeine Wassersucht des peripherischen Zellgewebes wird Anasarca, begrenzte aber Oedema genannt. Das Serum ist nicht immer an der Stelle entstanden, wo es im Uebermaass erscheint; es gelangt vielmehr oft durch Wanderung, vermittelst Endosmose und Senkung dahin, so Oedema an der unteren Fläche der Brust und des Bauches, und an den Schenkeln bei Brust- und Bauchwassersucht. Die Verminderung des Serums in dem, unter der Haut befindlichen Zellgewebe giebt sich durch gesunkenen Turgor, Trockenheit, und festes Anliegen der Haut und durch Glanzverminderung des Haares zu erkennen; von der Verminderung des Serums in den Höhlen haben wir nur unbestimmte indirecte Zeichen. Die Folgen des Uebermaasses an Serum sind innere Beschränkung oder Aufhebung der Function der davon berührten Organe, und bedingen sonach eine Steigerung des ursprünglichen Leidens; auch bewirkt Vermehrung der einen Secretion Verminderung einer anderen, und eben hierdurch secundäre functionelle Störungen. Die Folgen der Verminderung des Serums werden sich aus dem Vorhergehenden leicht ableiten lassen; ihre Ursachen sind jedoch insgemein nachtheiliger, als die geringe Menge des Serums selbst.

§. 30.

Die Fettabsonderung kommt sehr verbreitet im Zellgewebe des thierischen Organismus, in einigen Regionen besonders häufig, in anderen beständig vor. Das Fett befindet sich in Bläschen, welche man Zellen nennt, und stellt seiner organisch-chemischen Natur nach ein Nahrungs-Material dar, welches auf einer geringen Stufe der Animalisation steht, besonders reich an Kohlen- und Wasserstoff, und in dieser Beziehung dem Chylus ähnlich ist. Es hat in den verschiedenen Thiergattungen, und selbst in den verschiedenen Individuen ein und derselben Spezies, und an verschiedenen Orten ein und desselben Thieres eine verschiedene Consistenz, was ohne Zweifel von dem verschiedenen Verhältniss seiner näheren Bestandtheile, des Elains und des Stearins herzuleiten ist. Auch in den Krankheiten sehen wir die Beschaffenheit des Fettes nicht selten verändert, woran wahrscheinlich dieselben gedachten Verhältnisse Schuld sind, aber auch noch andere der abgeänderten Secretion, die wir indess nicht näher kennen. Etwas Bestimmteres wissen wir inzwischen über andere abnorme Seiten derselben, nämlich über ihre Vermehrung und Verminderung überhaupt anzuführen. Das Fett scheint, ausser der Gewährung des Schutzes gegen niedrige Temperatur und gegen mechanische Einwirkungen, hauptsächlich den Zweck zu haben, dem Blute vermittelst einfacher Aufsaugung ein passendes Nahrungsmaterial dann zuzuführen, wenn Nahrungsmangel durch Darniederliegen der Verdauung oder durch Futtermangel entsteht. Daher sehen wir denn auch bei reichlicher Fütterung und guter Verdauung, unter übrigens günstigen Umständen, wozu im Allgemeinen Verminderung des Stoffverbrauchs gehört, viel Fett sich ablagern, eines Theils weil der Organismus das Nahrungsmaterial nicht alle verbraucht, und anderen Theils, weil die Blut-bereitenden Organe nicht im Stande sind, der grossen Menge desselben die höhere Heranbildung für den Stoffansatz zu verleihen. Hieraus erklärt es sich auch, warum man nicht selten bei anscheinend gesunder Verdauung und bei abnormen Zuständen der Leber und der Lungen übermässige Fettanhäufung findet, und auch da, wo durch zu grosse Ruhe, schlechte Beschaffenheit der Luft und Mangel an Licht eines Theils die freie Wechselwirkung zwischen Blut und Luft behindert und anderen Theils ein zu geringer Grad der Erregung gegeben ist. Zu grosse Fettheit, Fettsucht (obesitas) wird in mancher Beziehung auf die organischen Functionen beschränkend einwirken müssen; besonders nachtheilig kann aber eine solche in fieberhaften Krankheiten werden, indem sie meistens Veranlassung zu typhösen Krankheiten giebt.

Starke Verminderung des Fettes (emacies) tritt immer in fieberhaften Krankheiten ein, auch in fieberlosen, chronischen, besonders dann, wenn damit Schmerzen, schlechte Verdauung und mangelhafte Blutbereitung verknüpft sind; nicht minder auch bei anstrengender Arbeit ohne die nöthige zwischenlaufende Ruhe, und endlich bei übermässigen, das Gattungsleben betreffenden Secretionen (z. B. Saamen- und Milchabsonderung). Wenn gleich Verminderung des Fettes an und für sich keine Krankheit begründet, so haben wir doch ihre Ursachen sorgfältig zu berücksichtigen, indem sie entweder die Folge von anderen krankhaften Zuständen oder von Futtermangel ist. In einigen Krankheiten der Haussäugethiere spielt eine besondere Art von Fett eine hervorstechende Rolle, nämlich das Knochenmark in der sogenannten Markflüssigkeit und der Knochenbrüchigkeit des Rindviehes, so wie in der Knochenweiche der Füllen; wir wollen daher ein paar Worte darüber anführen. Es ist zu bemerken, dass das Mark in den platten und schwammigen Knochen nach Berzelius nur eine Spur von Fett hat, das Uebrige besteht aus Wasser, Eiweiss, Faserstoff und einigen Salzen; das Mark aber in den Röhrenknochen enthält bei 96 Procent Fett, welches von dem übrigen nur durch eine grössere Weiche, mithin durch einen grösseren Gehalt an Elain verschieden ist. In den gedachten Krankheiten nun sieht man dieses Mark vermindert und verändert, es ist flüssiger, gallertartig, blutig u. s. w. geworden; aber es sind bis heute, so viel ich weiss, keine Untersuchungen darüber angestellt worden, in wie fern dieses Knochenfett in seiner Natur verändert ist. Uebrigens ist zu bemerken, dass man solche Veränderungen des Knochenmarkes nicht allein in den genannten Krankheiten findet, sondern vielleicht in allen ausgebildeten Cachexien. Eine andere besondere Art von Fett ist das der Talgdrüsen, welches in mehren krankhaften Zuständen in Betracht kommt, dessen Verminderung z. B. in der Harthäutigkeit und anderen Leiden der Haut, dessen Vermehrung und Ansammlung auf der Haut und zwischen der Wolle der Schaafe, in welchem Falle es Veranlassung zur Täuschung und Annahme eines Hautausschlags geben kann. Wirklich entzündet sind die Talgdrüsen der Klauensäckchen beim Klauenwehe der Schaafe und sondern dann auch eine veränderte Schmiere ab. Auch sah Hering eine krankhafte Affection der Talgdrüsen bei einem Wachtelhunde, in deren Folge eine käseartige Schmiere abgesondert wurde.

§. 31.

Der Schleim als solcher, als eine spezifische Absonderung gewisser Drüschen (der Schleimbälge) in den Schleimhäuten, ist eigentlich noch gar nicht gekannt. Das, was man nach einer Uebereinkunft Schleim nennt, ist jedenfalls ein Gemenge von verschiedenen Stoffen, und diese bestehen eines Theils aus dem Safte von Drüsen verschiedener Structur, deren man in der Schleimhaut der Digestions- und Harnwege schon mehre Arten gefunden hat, anderen Theils aus abgestossenen Epitheliumzellen, nach Umständen auch aus Faserstoff und den Elementen des Eiters (Eiterkörperchen). Ein solcher Schleim zeigt nach dem Orte des Vorkommens und nach dem Zustande der Thiere sehr abweichende Eigenschaften; er ist bald wässrig, dünnflüssig, schlüpfrig, bald zähe und fadenziehend, bald weisslich, gelblich, grünlich, bald röthlich (blutig). Chemisch betrachtet besteht er zum grössten Theile aus Wasser mit einem alkoholischen und wässrigen Extract, aus etwas freiem Natrum und einer kleinen Menge milchsauren, phosphorsauren und salzsauren Salzen. Es ist aber leicht einzusehen, dass diese Bestandtheile den Schleim nicht als eine eigenthümliche Flüssigkeit characterisiren können, da man sie in allen thierischen Flüssigkeiten antrifft. Man hat daher nach einem eigenthümlichen Stoffe im Schleime geforscht. Einige waren so glücklich einen solchen zu finden, und nannten ihn Schleimstoff (mucin), Andere fanden ihn nicht und halten ihn überhaupt für fabelhaft. Zur Erklärung dieser und ähnlicher Verhältnisse müssen wir bedenken, dass der Schleim, wie alle anderen thierischen Flüssigkeiten, in sehr abweichender Qualität auftritt, und dass es wohl möglich ist, dass in dem einen oder dem andern Falle durch die chemische Behandlung eine Combination von Elementen auftreten und sich etwas eigenthümlich verhalten kann; ob eine solche aber auch im Leben besteht? das ist eine Frage, die wir verneinen möchten, da der Zustand einer organischen Flüssigkeit sich nicht bannen lässt, sondern einer fortwährenden Veränderung unter der Hand des Chemikers unterworfen ist. Der Schleim ist nicht allein als ein Secret, sondern auch als ein Excret anzusehen, da er, wenn er seine Function (welche hauptsächlich in Gewährung des Schutzes und Verminderung der Reibung zu bestehen scheint) vorgestanden hat, ausgeworfen wird. Die Schleimabsonderung kann abnorm vermindert und vermehrt und mit diesen Abweichungen auch eine Veränderung der gewöhnlichen Beschaffenheit verbunden sein. Bei verminderter Secretion ist der Schleim oft zähe, dicklich; er kann aber auch, und vielleicht ist Diess Regel, diese Beschaffenheit zufällig erlangen, durch längeres Verweilen an einem Orte und dabei entstehender Verdunstung und Aufsaugung seines serösen Bestandtheils. Zuweilen ist die Schleimabsonderung ganz aufgehoben, so bei der Entzündung der Schleimhäute; ist die letztere aber nur mässig, eine blosse Irritation, wie beim Beginn der katarrhalischen Zustände, so erscheint der Schleim auch wohl wässrig und mit einer gewissen Schärfe versehen; Formelemente sind alsdann in demselben nur wenige oder gar keine mit dem Mikroskope wahrzunehmen. Wenn endlich die Entzündung sich wieder vermindert, so erscheint der Schleim nicht selten mit Faserstoff-Gerinnsel verbunden, und wird zu einem eiterartigen Schleim hervorgebildet, wie Diess bei der günstigen Lösung der Druse der Fall ist. Berücksichtigt man die naturgemässe Schleimsecretion, so werden sich die Nachtheile ihrer Abweichungen, welche letztere immer mit einer veränderten Beschaffenheit der Schleimhäute selbst verbunden sind, leicht ermessen lassen. Durch eine profuse Schleimsecretion wird dem Organismus Stoff entzogen und muss daher eine solche Abmagerung hervorbringen, wodurch die sogenannten Schleimschwindsuchten gesetzt werden (so z.B. ist die Schleimabsonderung in der Gebärmutter und in der Scheide des Pferdes oft enorm vermehrt und dann nicht selten eiterartig). Unstreitig giebt Anhäufung von Schleim im Darmkanal, namentlich bei jungen Thieren Veranlassung zur Wurmerzeugung. Dass Abweichungen der Schleimsecretion in den Augen, der Nase und dem Maule die bezüglichen Sinneswahrnehmungen beeinträchtigen müsse, ist wohl einleuchtend; in wie weit Diess aber bei den Thieren der Fall ist, wissen wir nicht. (Ueber die Unterscheidung des Schleimes vom Eiter siehe bei diesem).

§. 32.

Die Thränen unserer Hausthiere sind sowohl ihrer chemischen Natur als ihrer Formbestandtheile nach unbekannt; wir wissen daher auch nicht, in wiefern Abweichungen in jenen Beziehungen vorkommen. Die Menge der Thränen sehen wir indess zuweilen vermehrt oder vermindert. Das Erstere findet bei Reizungszuständen sowohl des inneren, als auch des äusseren Auges statt; eine Verminderung der Thränen aber dann, wenn das äussere Auge in einer heftigen, sich auf die Thränendrüsen ausdehnenden Entzündung begriffen ist. Der Umstand, dass die Thränen über dem unteren Augenlide abfliessen, ist nicht gerade ein zuverlässiger Beweis ihrer vermehrten Secretion; der Einfluss in den Thränenkanal kann vielmehr bloss behindert sein. Mit der Abweichung in der Thränensecretion ist insgemein auch eine Abweichung in der Secretion der Conjunctiva und der Harder'schen Drüsen verbunden, was die Beurtheilung dieser Secrete, einzeln genommen, nicht zulässt.

§. 33.

Der Speichel, d. i. der Saft der Ohrspeicheldrüse (der der anderen Speicheldrüsen des Kopfes ist wegen der Schwierigkeit, ja Unmöglichkeit, ihn zu erlangen, noch nicht untersucht), ist bei den Pflanzen-fressenden Haussäugethieren farblos und durchsichtig, bald mehr bald weniger fadenziehend, ohne Geruch und fast geschmacklos: er reagirt in der Regel alkalisch, namentlich während des Fressens. Der Speichel des Hundes ist etwas consistenter, übrigens zeigt er fast gleiche Eigenschaften mit dem der anderen Thiere. Der Speichel des Pferdes ist von Schultz, Simon und anderen, der des Schaafes und des Hundes von Tiedemann und

Gmelin chemisch untersucht worden. Der Speichel besteht aus Wasser und aus festen Bestandtheilen, welche $1\frac{1}{2}$—$2\frac{1}{2}$ Procent betragen. Diese letzteren enthalten einen eigenthümlichen Stoff, Speichelstoff (Ptyalin) genannt, ausserdem Schleim, Extractivstoffe, Kasein, Albumin, und der Pferdespeichel auch cholestearinhaltiges Fett nach Simon. Ein anderer bemerkenswerther Bestandtheil, den man noch im Speichel des Schaafes und des Pferdes gefunden, ist die, an eine Basis gebundene Schwefelcyansäure. Als mikroskopische Bestandtheile zeigt der Speichel Epithelium-Fragmente und Schleimkörperchen. Es ist wohl von vorn herein anzunehmen, dass die verschiedenen Speichldrüsen des Kopfes einen verschieden beschaffenen Saft absondern; indess habe ich mich gern von der Richtigkeit dieser Voraussetzung überzeugen wollen, und habe zu dem Ende folgendes Verfahren eingeschlagen. In Erwägung, dass der Saft der Speicheldrüsen (mit Ausnahme der Parontis) nur in äusserst geringer Menge von todten Thieren zu erhalten ist, und in Betracht, dass das Eisenchlorid im Speichel der Parontis des Pferdes eine schöne rothe Färbung hervorbringt, die von der Gegenwart des Schwefelcyans in demselben herrühren soll, glaubte ich in diesem Reagens ein passendes Mittel für jene Forschung zu haben. Es wurde hiernach die Substanz der verschiedenen Kopfspeicheldrüsen des Pferdes sorgfältig herauspräparirt, dieselbe, und zwar eine jede besonders, mit lauwarmen Wasser digerirt, und die so erhaltenen wässrigen Speichelauszüge mit Eisenchlorid versetzt. Hierauf zeigte sich nur in dem Auszug der Parontis jene lebhafte rothe Färbung, keine Spur davon aber in den anderen. Hieraus scheint nun zu folgen, dass der Saft der Parotis von dem der anderen Speicheldrüsen des Pferdes chemisch verschieden, wenn auch das Spezielle des Unterschiedes hierdurch nicht weiter erforscht ist. Auf dieselbe Weise verfuhr ich beim Rindvieh, beim Hunde, Schweine und bei der Ziege. Jedoch mit dem Unterschiede, dass ich mich zuerst zu überzeugen suchte, ob die Parotis dieser Thiere auf Eisenchlorid eben so reagirt, wie beim Pferde. Diese Gleichheit der Reaction fand ich nur einmal bei einer Kuh und dann nicht wieder; und bei eben dieser Kuh blieben die übrigen Speicheldrüsen ohne jene Reaction. Diese chemischen Untersuchungen, wie einfach sie sind und wie unbedeutend sie auch scheinen mögen, haben mir eine Lehre gegeben, die ich nicht verschweigen darf. Ich fand nämlich nicht bei allen Pferden, deren Parotis ich auf die beschriebene Weise untersuchte, jene Reaction, und selbst bei einem und demselben Individuum und bei einer und derselben Parotis, woran ich sie heute fand, sah ich sie Morgen oder Uebermorgen nicht. Dieser Umstand scheint mir einen deutlichen Beweis zu liefern von der grossen Veränderlichkeit, welcher die organischen Flüssigkeiten und Substanzen überhaupt unterworfen sind, und von der Unzuverlässigkeit der Angaben der organischen Chemie. — Die Menge des, im gesunden Zustande in einer bestimmten Zeit abgesonderten Speichels ist gewiss sehr verschieden nach dem obwaltenden Bedürfniss und nach der Natur der Nahrungsmittel; daher lässt sich auch nichts Gewisses in dieser Beziehung angeben. Die Resultate der Versuche, welche man zum Behufe einer solchen Ermittelung gemacht hat, sind weder übereinstimmend, noch maassgebend, weil bei solchen Versuchen immer ein abnormes Verhältniss durch die erforderliche Operation bewirkt wird. Wir sind daher auch nur im Stande, die auffallenderen Abweichungen in der Quantität der Speichelabsonderung näher zu bezeichnen. Speichelfluss (ptyalismus) nennt man den Zustand, wenn der Speichel in einer gewissen Menge aus dem Maule der Thiere fliesst; ob aber hierbei die Absonderung desselben wirklich vermehrt ist, dürfte nicht immer mit Gewissheit zu bestimmen sein, da auch durch behindertes Schlucken oder durch absichtliche Vermeidung desselben, wie es allenfalls beim Ekel vorkommt, jene Erscheinung bewirkt werden kann. Beim Rindvieh fliesst, ausser der Zeit der Manducation, fast beständig Speichel aus dem Maule, weshalb man auch bei ihm den Speichelfluss als eine normale Erscheinung bezeichnet hat. Es ist inzwischen anzunehmen, dass die Speichelabsonderung bei Reizungszuständen im Maule oder in den Drüsen selbst wirklich abnorm vermehrt werden könne, und namentlich scheint Diess bei dem Einfluss spezifisch auf die Speicheldrüsen wirkender Stoffe der Fall zu sein, so bei Quecksilber- und Bleivergiftungen. Die letzteren bewirken namentlich beim Rindvieh enorme Speichelabsonderung; ob aber der Speichel in solchen Fällen auch die bezüglichen Stoffe enthält, ist in Rücksicht der Thiere noch nicht ermittelt. Der Umstand, dass Quecksilber in solchen Fällen im Speichel des Menschen nachgewiesen wurde, und bei diesem der Speichel nach Bleivergiftungen einen süsslichen Geschmack hat, macht auch die Annahme der Gegenwart dieser Stoffe im Speichel der Thiere in den genannten Zuständen wahrscheinlich. Von der abnormen Verminderung der Speichelabsonderung können wir uns aus leicht begreiflichen Gründen noch weniger überzeugen; sie findet aber jedenfalls bei der Entzündung und Verhärtung der Speicheldrüsen Statt, denn wir wissen, dass die Entzündung überhaupt die Secretion entweder vermindert oder aufhebt; bei sonst normaler Beschaffenheit der Speicheldrüsen und ihrer Function kann aber eine zu geringe Menge Speichels in die Maulhöhle geführt werden, wenn sich Fisteln in jenen vorfinden oder ihre Ausführungsgänge durch einen fremden Körper verstopft oder auch verwachsen sind. Von der abnormen Beschaffenheit des Speichels wissen wir auch nicht viel, nur so viel, dass er zuweilen zur Concrement-Bildung neigt, und dann Speichelsteine in den Ausführungsgängen der Speicheldrüsen und sogenannter Weinstein an den Zähnen erzeugt werden. Sehr beachtenswerth ist aber die Beschaffenheit des Speichels in einigen Krankheiten, worin er zum Träger des Contagiums wird, namentlich bei der Hundswuth; und sehr zu bedauern ist es, dass wir zur Zeit nicht wissen, in wiefern durch jene Krankheit chemische und organische Veränderungen des Speichels bewirkt werden. Die Nachtheile, welche die verschiedenen Abweichungen der Speichel-Absonderung hervorbringen können, lassen sich, mit Ausnahme des Falles der Contagiosität, nicht genau bestimmen; jedenfalls aber müssen einige derselben störend auf die Verdauung einwirken.

§. 34.

Der Magen-, Darm- und Pancreas-Saft sind in ihren normalen Eigenschaften als einzelne Secrete wenig gekannt, da sie mit einander mit Galle und Speisebrei vermischt vorkommen, noch viel weniger aber kennt man ihre abweichenden Beschaffenheiten. Levret, Lassaigne, Tiedemann und Gmelin, so wie Mayer und Andere haben zwar den pacreatischen Saft theils von lebenden, theils von todten Thieren, wie von Katzen, Hunden, Schafen und Pferden besonders untersucht; indess sind die gewonnenen Resultate wenig übereinstimmend. Bald fand man den Bauchspeichel sauer, bald alkalisch reagirend, und scheinen die hervorstechenden Verschiedenheiten dieses Saftes von dem der Ohrdrüsen darin zu bestehen, dass ersterer eine weit grössere Menge fester Bestandtheile und namentlich mehr Albumin enthält, als letzterer. Obgleich die Anomalien des pancreatischen Saftes durch Autopsie gar nicht gekannt sind, so ist doch anzunehmen, dass sie denen des Maulspeichels ähnlich sein werden, weil die Functionen der bezüglichen Drüsen sich selbst ähnlich sind; nicht anders wird es sich auch mit den Folgen verhalten. (Vergl. das Cap. über die Verdauung.)

§. 35.

Die Galle, das bekannte dickliche, bräunlich-grüne oder gelblich-grüne, bitter schmeckende und etwas widrig riechende Secret der Leber reagirt im normalen Zustande alkalisch und zeigt unter dem Microscop als Formbestandtheile von der Blase oder den Gängen abgestossene Epithelium-Cylinder, dann Schleimkörner und wenige Fettkügelchen. Sie hat durchschnittlich ein spec. Gewicht = 1,6352 und besteht ungefähr aus 90 proc. Wasser und 10 proc. fester Bestandtheile. Die Resultate der chemischen Untersuchung der Galle sind ausserordentlich verschieden ausgefallen, weshalb sie sammt und sonders Misstrauen erregen, und entweder beweisen, dass die organische Chemie noch wenig ausgebildet ist, oder dass die Galle in der Natur, wie es allerdings wahrscheinlich ist, in vielen Modificationen vorkommt. Uebrigens wird die chemische Untersuchung der Galle für ausserordentlich schwierig gehalten, weil die Hauptbestandtheile derselben eine grosse Neigung haben, sich sowohl durch gegenseitige Aufeinanderwirkung als auch durch die zu ihrer Trennung angewandten Mittel in andere Producte zu verwandeln. Wir lassen uns hier nicht auf alle Einzelnheiten der vielen Bestandtheile der Galle und ihre quantitativen Verhältnisse ein, und bemerken nur, auf die neuesten Untersuchungen des grossen schwedischen Chemikers Berzelius gestützt, dass die der Galle eigenthümlichen Bestandtheile, welche sich alle darin in wirklicher Auflösung befinden und ihre Eigenschaften bedingen, folgende sind: Bilin, Biliverdin, Fellin- und Cholinsäure. Ausser diesen Säuren enthält sie noch Fettsäuren, wie jene verbunden mit Natrum, und andere fette Körper, besonders Cholestearin; ferner Schleim, unbestimmte thierische Materien, Kochsalz und die anderen gewöhnlichen Salze thierischer Flüssigkeiten nebst einem eigenthümlichen Farbstoffe. Die über die Galle angestellten Untersuchungen betreffen meist diejenige des Rindviehes; die Galle anderer Thiere ist aus leicht begreiflichen Gründen weniger Gegenstand derselben gewesen. Ueber die Abweichungen der Galle in krankhaften Zuständen wissen wir, ansser einigen Wahrnehmungen, die sich auf Menge, Farbe, Consistenz und dergleichen beziehen, so viel, wie gar nichts. Es ist indess anzunehmen, dass mit der Abweichung in der Menge und den übrigen physikalischen Eigenschaften auch eine chemische Abweichung verbunden ist, in wiefern aber, muss zur Zeit dahin gestellt bleiben. Als organisches Glied betrachtet, hat die Galle theilweise eine secretielle, theilweise eine excretielle Bedeutung; in ersterer Beziehung hat sie eine Function bei der Chylus-Bereitung, in letzterer aber entführt sie Auswurfsstoffe aus dem Blute (vergl. d. Cap. üb.

d. Verdauung.) Mit der zu reichlichen Absonderung der Galle (polycholia) ist gemeinhin auch eine dünnere Consistenz und eine lichtere Farbe, mithin auch ohne Zweifel ein geringerer Gehalt an festen Stoffen verbunden; und wird die Bedingung dazu hauptsächlich auf Blutwässrigkeit und vermehrter Secretions-Thätigkeit der Leber beruhen. Wenn aber reichliche und zugleich consistente Galle abgesondert wird, so können die Ursachen eines Theils ein erethischer, einen grösseren Blutzufluss bedingender Zustand der Leber, anderen Theils ein sehr venöses, oder an Gallenstoffen reiches Blut sein. Ob das Blut bereits im normalen Zustande die Bestandtheile der Galle vorbereitet enthält, ist inzwischen noch nicht völlig ausgemacht, jedoch wahrscheinlich, da man solche oder doch wenigstens den Gallenfarbstoff im gesunden Blute nachgewiesen hat. Henle (allg. Anatomie) hat das Für und Wider hierher gehöriger Thatsachen mit folgenden Anführungen angedeutet: „Chevreul, Lassaigne, Beaumont, Lecanu haben den Farbstoff der Galle im Blute Ikterischer (Menschen) nachgewiesen. Lecanu behauptet, ihn im Blute Gesunder gefunden zu haben, und Sanson stellte ihn aus dem Ochsenblute dar. Denis sagt sogar, dass die Quantität des Farbstoffes im Blute, den auch er mit Gallenpigment für identisch hält, im gesunden Blute oft ebenso bedeutend sei, als im Blute von Gelbsüchtigen. Simon bezweifelt die Identität dieses Farbstoffes, den er Blutbraun oder Hämaphäin nennt, mit dem Farbstoffe der Galle, weil jener nicht das characteristische Farbenspiel mit der Salpetersäure zeige. Indess hat Vogel gezeigt, dass diese Reaction ausbleibt oder übersehen werden kann, wenn man zuviel Salpetersäure zusetzt, weil sich dann das Eiweiss gelb färbt."

— Uns wieder zu den Ursachen der Polycholie wendend, sind als solche ferner anzuführen: warme und feuchte Atmosphäre; bei Fleischfressern in's Besondere Uebermaass fetter Nahrungsmittel und Zorn; auch mag die mechanisshe Reizung der Leberwürmer wohl etwas dazu beitragen, unbezweifelt aber die Verminderung der Haut- und Lungen-Excretion, da diese mit der Leberexcretion in vicarirender Beziehung stehen. Mit der zu geringen Absonderung der Galle (Acholia) ist in der Regel eine dickere Consistenz und dunklere Farbe derselben verbunden, mithin ohne Zweifel auch ein grösserer Gehalt an festen Stoffen. Ist dies der Fall, so trägt entweder Dickblütigkeit überhaupt die Schuld daran oder noch eher eine grosse Zähigkeit des Pfortaderblutes und sonach ein grosser Gehalt desselben an Residuen der Blutmetamorphose, welche durch die Leber hätten abgeschieden werden müssen. Ist aber mit der Acholie eine geringe Consistenz und lichtere Farbe der Galle verbunden, so muss die Ursache davon in der verminderten Secretions-Thätigkeit der Leber, herrührend von einer acuten oder chronischen Entzündung, Atrophie oder von Desorganisationen mancherlei Art und in einer Armuth des Blutes an zur Gallenbildung erforderlichen Stoffen bestehen. Um bei der Beurtheilung des Maasses der Gallensecretion nicht irre geleitet zu werden, müssen wir zugleich die Aufsaugung und die mehr oder weniger grosse Freiheit des Abflusses der Galle berücksichtigen. Zu reichlicher Erguss der Galle in den Darmkanal wird einen galligen Durchfall erzeugen; wenn sie aber in den Magen gelangt, so stört sie dessen Function und bewirkt namentlich bei Fleischfressern heftiges Erbrechen. Ist der Abfluss der Galle aber durch irgend einen Umstand behindert, so wird sie theilweise aufgesogen, und hierdurch Veranlassung zur Gelbsucht geben. Bei der Acholie muss die Bereitung des Chylus besonders dadurch beeinträchtigt werden, dass er nicht genügend entsäuert wird. Hiervon sind dann Fehler der Verdauung und Ernährung unausbleibliche Folgen, aus welchen auch und aus dem säuerlich riechenden und blass gefärbten Kothe der Pflanzenfresser jener Zustand beim lebenden Thiere, wenn auch nicht immer bis zur Ueberzeugung, erkannt wird. Ob die Galle besonders dann sich zur Concrement-Bildung neigt, wenn sie einen grossen Gehalt an festen Stoffen besitzt, oder auch dann, wenn diese Stoffe in einem abnormen quantitativen und qualitativen Verhältnisse gegen einander bestehen, weiss man nicht. Das aber ist ausgemacht, dass die Concremente selbst, deren Zusammensetzung beiläufig gesagt, sehr verschieden ist, wiederum mancherlei Leiden durch mechanische Verhältnisse, wie Reibung und Verstopfung der Canäle, veranlassen können. Hierbei ist indess anzumerken, dass die Sectionen nicht selten bedeutende Gallensteine bei Thieren nachweisen, ohne dass ihr Krankheitszustand auf solche zurückgeführt werden könnte, oder ohne dass selbst irgend ein auffallendes Krankheitszeichen in den früheren Lebensperioden wahrgenommen worden wäre.

b) Abnorme Secretionen.

§. 36.

Die plastische Lymphe ist, wie auch das im folgenden §. zu betrachtende Secret, der Eiter, in der Regel ein Product der Entzündung; ihr mögliches Vorkommen nach anderweitigen Ursachen ist indess so unwahrscheinlich nicht, wenn wir bedenken, dass oftmals in Krankheiten sehr rasch metastatische, später in Eiterung übergehende plastische Exsudationen entstehen. In letzterer Rücksicht würde also ihre Aufführung am hiesigen Orte gerechtfertigt erscheinen, obgleich wir die Betrachtung der Entzündung in dieser Schrift ausgeschlossen haben. Aber auch in jedem Falle dürften wir eine kurze Würdigung der gedachten Secrete nicht übergehen, da sie ein so häufiges und wichtiges Element der Krankheitszustände darstellen. — Die plastische Lymphe, welche man so oft im Gewebe der Organe und in den Höhlen des Körpers antrifft, entsteht in Folge der Durchschwitzung des Blutplasma durch die Capillargefässe. Entweder wird das Serum des Plasma wieder aufgesogen oder nicht, und haben diese Umstände auf die Beschaffenheit der plastischen Lymphe, ob sie nämlich mehr oder weniger dick, sulzig, gallertartig, gelblich, grau, weiss u. s. w. erscheint, Einfluss. Die plastische Lymphe ist ein indifferenter Stoff, und steht, seiner chemischen Natur nach, bald dem Eiweissstoff, bald dem ausgebildeten Faserstoff nahe, was sich schon daraus erkennen lässt, dass sie sich insgemein in Aetzkali-Flüssigkeit nicht so rasch wie Eiweiss, aber rascher als Faserstoff auflöst. In den serösen Höhlen findet man nach sogenannten plastischen Ausschwitzungen die plastische Lymphe entweder mit vielem Serum vermischt und mit diesem eine mehr oder weniger gelbliche, grünliche oder röthliche Flüssigkeit darstellend, welche gelbliche Flocken erstarrten Faserstoffs enthält, die sich zum Theil an die Wandungen der Höhlen niedergeschlagen haben, so dass sie in der ganzen Ausdehnung der Ausschwitzungsfläche wie damit bestrichen aussehen. Finden sich statt der trüben Flüssigkeit zusammenhängende grössere Massen erstarrten Faserstoffs im abgeschiedenen Serum, so hat die Ausschwitzung sehr schnell stattgefunden, ein Vorgang, der mit dem Namen Ergiessung bezeichnet wird. Tritt der Tod bald nach einer solchen Ergiessung ein, so löst sich die ausgeschwitzte Masse im Serum auf, bei Fortdauer des Lebens aber verändert sich die Beschaffenheit des Exsudats (Gerber). Diese Veränderung besteht darin, dass der anfangs (bei mikroskopischer Betrachtung) formlos erscheinende plastische Stoff durch den Einfluss des Lebens verschiedene Stufen der Organisation durchläuft, bis er endlich als ein selbstständiger, mit Gefässen versehener integrirender Theil des Organismus erscheint und unter der Form von Verhärtungen, Verwachsungen, falschen Membranen u. s. w. auftritt. Die Folgen der plastischen Ausschwitzung sind nach dem Grade und der Dauer der letzteren, so wie nach der besonderen Organisation (Desorganisation), welche daraus entstanden ist, verschieden; meist sind sie indess auf Beschränkung der Function der von ihr betroffenen Organe zurückzuführen.

§. 37.

Eiter nennt man diejenige dickliche, undurchsichtige Flüssigkeit, welche in verschiedener Farbe, von der weissen bis zur grünlichen und schwärzlichen auftritt, einen süsslichen, faden Geschmack und einen bald mehr bald weniger unangenehmen thierischen Geruch hat, spezifisch schwerer als Wasser ist, in der Regel alkalisch, zuweilen sauer reagirt, öfterer aber sich neutral zeigt; durch Sauren, Wärme und Alkohol gerinnt, sich in kaustischen Alkalien auflöst, aus eigenthümlichen Kügelchen (Eiterkörperchen) und einem klaren, mehr oder weniger gefärbten Serum (Eitersaft) besteht. Von dem Mengenverhältnisse der Eiterkörperchen zu dem Eitersafte ist die Consistenz des Eiters abhängig. Chemisch betrachtet, besteht der Eiter aus 8—9 proc. Wasser und aus 1—2 proc. fester Bestandtheile. Diese enthalten einen dem Mucin (Schleimstoff) sehr ähnlichen Eiterstoff (Pyin), ausserdem Fett, extractive Materien und verschiedene Salze. Der Eiter zeigt nach den Organen, worin er gebildet wird und nach dem Körperzustande überhaupt Verschiedenheiten in der Farbe, Consistenz, im Geruch und in anderen Eigenschaften. Nach Vogel's Angabe ist der Eiter des Zellgewebes gewöhnlich der reinste, der von Schleimhäuten mit Schleim, von serösen Häuten mit Serum vermischt und dünnflüssig. Der Eiter der Leber ist breiartig, dick, bräünlich-roth, lässt man ihn einige Zeit stehen, so scheidet er sich in eine weissliche und in eine rothbraune Schicht. Niereneiter ist in der Regel dünnflüssig, gelbweiss und sulzig. Eiter aus der Harnblase ist flüssig oder zähe, gelblich oder schmutzigbraun und von ammoniakalischem Geruch. Knocheneiter ist weisslich, grau oder schwärzlich, mit schwärzlichen Pünktchen durchmengt, und hat einen phosphorartigen Geruch und Geschmack. Der Eiter bildet sich aus der plastischen Lymphe hervor, indem sich aus dieser durch eine vorschreitende Metamorphose zuerst eigenthümliche Körperchen (Exsudat-Körperchen) und aus diesen dann durch eine rückschreitende Metamorphose die Eiterkörperchen bilden. Wenn Ausschwitzung der plastischen Lymphe nur in Folge der Entzündung entstehen soll, so ist jedenfalls der Eiter nur ein Produkt der Entzündung. Man hat geglaubt, dass der Eiter von einem neugebildeten, den Schleimhäuten ähnlichen Secretions-Organ abgesondert werde, und zwar um so eher, als in der That die Schleimhäute in Folge der Entzündung entweder eiterartigen Schleim oder wirklichen Eiter auf ihrer Oberfläche zeigen. Neuere und gründliche Untersuchungen haben aber gelehrt, dass der Eiter als solcher nicht abgesondert wird, sondern dass er sich, wie bereits angedeutet, aus der ausgeschwitzten plastischen Lymphe, und zwar aus solcher, welche der Ausschwitzungsstelle entfernter liegt, durch Umwandlung der Exsudatkörperchen bildet, und nicht als eine höhere Stufe der Entwickelung dieser, sondern als eine rückschreitende zu betrachten ist. Hiermit stimmt auch die Thatsache überein, dass in der Bildung begriffener Eiter aus Faserstoff im maximo, Fett und Eiweiss im minimo besteht, während im ausgebildeten reinen Eiter kein Faserstoff, dagegen Fett im maximo und Eiweiss im medio enthalten ist. Der Umstand, dass die Exsudatkörperchen, welche von der Ausschwitzungsstelle entfernt liegen, in Eiter zerfallen, kann dadurch erklärt werden, dass sie dem organisirenden Einflusse entrückt sind. In Rücksicht des Vorgedachten muss also das Vorkommen des eiterartigen Schleims auf entzündlichen Schleimhäuten dahin erklärt werden, dass der Schleim in einem solchen Falle mit plastischen Stoffen geschwängert abgesondert wird, und sich so der Eiter aus dem letzteren hervorbildet. Die nachtheiligen Folgen der Eiterbildung im Körper können eines Theils dieselben sein, welche von der plastischen Ausschwitzung angeführt wurden; anderen Theils aber kann durch Aufsaugung desselben ein dyscrasischer Zustand des Blutes und hiernach der Tod auf mannichfache Weise, durch ein typhöses Fieber, durch Ablagerung und Neubildung des Eiters in anderen Organen, vorzugsweise in den Lungen entstehen. Auch lässt sich wohl eine unmittelbare Zerstörung der organischen Gebilde durch den Eiter annehmen, da nach Versuchen Dieffenbach's, Grasmeyer's und Anderer ein, in eine

Wunde gelegtes Stück Fleisch nach einigen Tagen weich und breiartig erschien, bedeutend an Gewicht verloren hatte, ohne Spuren von Fäulniss zu zeigen. Ob aber der Eiter in derselben Art auf die, mit dem Organismus im Zusammenhang stehende lebende Substanz wirken könne, ist freilich durch jenen Versuch nicht ausgemacht.

Zusatz. Der reine Schleim und der ausgebildete in Wunden enstandene, gutartige (productive) Eiter (pus bonum et laudabile) unterscheiden sich freilich ganz bestimmt durch manche physikalische und chemische Kennzeichen; aber der Eiter als eine organische Flüssigkeit bleibt nicht auf seiner Bildungsstufe stehen, seine Kügelchen gehen mannichfache Formveränderungen ein, und erscheinen dann den Schleimkörperchen zuweilen ähnlich, wodurch die Unterscheidung des Schleims vom Eiter oft sehr erschwert wird. Auch die Jauche (Ichor), welche durch Zersetzung des Eiters entstanden ist, bietet ebenfalls keine auffallenden Unterschiede von derjenigen dar, welche aus der unmittelbaren Zersetzung thierischer Substanz und Afterprodukte (wie der Tuberkeln) hervorging. Zersetzter, mithin in Jauche übergegangener Eiter kann entweder noch eine gewisse Menge von Eiterkörperchen oder auch keine enthalten; bei der ursprünglichen Jauche kann dasselbe der Fall sein, es kommt nur darauf an, ob sie rein als solche besteht, oder ob sie durch Kontact mit dem nahe liegenden Gewebe in demselben einen Eiterungs-Prozess hervorrief und demnach auch mit Eiter gemischt ist. Daher kann ich z. B. die mikroskopisce Untersuchung allein nicht in jedem Falle für entscheidend halten in Rücksicht der Frage, ob eine aufgefundene pathologische Flüssigkeit erweichte Tuberkelmasse sei oder nicht. — Wir wollen es hier bei dieser flüchtigen Andeutung bewenden lassen; an einem andern Orte hoffe ich mich über jenen kritischen, für die forensische Veterinär-Medizin so wichtigen Punkt weiter verbreiten zu können. Es ist in manchen Krankheitszuständen der Schleimhäute von Wichtigkeit, zu erfahren, ob ihr Secret Eiter oder Schleim sei, oder beides zugleich. Der Thierarzt aber kann sich in der Regel nicht auf eine chemische und mikroskopische Untersuchung der Art einlassen, abgesehen davon, dass auch sie in manchen Fällen unzureichend sein mögen. Daher muss es uns willkommen sein, dass Simon (Handbuch der medizinischen Chemie, Berlin 1842. II. Th. S. 326.) Folgendes in jener Rücksicht zur Beachtung hinstellt:

1) Reiner Schleim schwimmt, wenn er Luftblasen eingeschlossen enthält, längere Zeit auf dem Wasser; — reiner Eiter sinkt im Wasser schnell zu Boden; — Eiterhaltiger Schleim schwimmt, wenn er Luftblasen enthält, auf dem Wasser, lässt aber den Eiter als purulente Masse oft in lang herunterhangenden Fäden zu Boden fallen; enthält er reinen Schleim und keine Luftblassen, so sinkt er im Wasser zu Boden,

2) Reiner Schleim erscheint, wenn er im Wasser liegt, als gleichförmige, nicht feinkörnige, sondern streifige oder kugliche, weissliche oder weissgelbliche, schlüpfrige, zusammenhängende, dem Druck ausweichende Masse; — reiner Eiter bildet im Wasser eine am Boden liegende weissgelbe bis grüngelbe oder blutig-tingirte Schicht, welche sich leicht im Wasser beim Bewegen zertheilt, und in kurzer Zeit wieder am Boden sammelt; — Eiterhaltiger Schleim bildet streifige oder kugliche, oft weissfarbige, leicht zertheilbare, grieslich, nicht gleichförmig aussehende Massen der schleimigen Sedimente,

3) Reiner Schleim ertheilt dem Wasser kein Eiweiss oder Mucin, nur ein mit viel Speichel vermischter Schleim macht das Wasser ein wenig eiweisshaltig; — reiner Eiter theilt dem Wasser grosse Mengen Albumin mit; — eiterhaltiger Scheim theilt dem Wasser um so mehr Albumin mit, je eiterhaltiger er ist.

§. 38.

Der Blutfluss (sanguinis profluvium, haemorrhagia) gehört in sofern zu den Secretionen und mithin hierher, als er in Folge einer Durchschwitzung des Blutes durch die Gefässwände aus organisch-dynamischen Ursachen erfolgt. Also bleibt diejenige Blutung hier ausgeschlossen, die nach Verletzung und Zerreissung der Gefässe entsteht. Die letztere nennt man zum Unterschiede von jener blutigen Secretion: mechanische oder traumatische Blutung. Die älteren Pathologen theilten die Blutflüsse nach ihren vermeintlichen ursächlichen Verhältnissen, zum Theil sehr unwissenschaftlich, in Blutflüsse durch Zerfressung (per diabrosin), Zerreissung (p. rhexin), Durchschwitzung (p. diapedesin), Erweiterung der Gefässmündungen (p. anastomosin) und Verminderung der Cohäsion der Fasern der Gefässwände (p, diaeresin). Bei der wahren blutigen Ausschwitzung sind nicht alle Bestandtheile des Blutes zu bemerken, namentlich kein Faserstoff und keine Blutkügelchen; indess erscheint die Flüssigkeit roth vom aufgelösten Blutfarbstoff. Kommen Faserstoff und Blutkügelchen in der Flüssigkeit vor, so gehört sie der eigentlichen Blutung, d.i. einer solchen, welche durch Gefässverletzung entstanden ist, an, oder jene Flüssigkeit hat mindestens ihre Entstehung in einem Uebergangs-Verhältnisse zu einer solchen Blutung. Blutige Secretionen kommen als äussere aus allen secretionsfähigen Gebilden und aus allen natürlichen Oeffnungen, mithin durch die allgemeine Decke und die Schleimhautgebilde, dann als innere in den serösen Höhlen und in dem Parenchym der Organe vor. Die parenchymatösen Blut-Ausschwitzungen bezeichnet man nach ihrem Umfange oder nach ihrer Annäherung an die Blutung als Sugillationen, Endosmosen, Ecchymosen, Petechien, Vibices. Die nächste Ursache der blutigen Secretion liegt zum Theil in einer mit oder ohne Fieber verbundenen activen oder passiven Congestion; zum Theil in Schwäche der Capillargefässe, die bald einen mehr physischen, bald einen mehr dynamischen

Ursprung hat; zum Theil endlich liegt jene Ursache im Blute selbst, besonders dann, wenn Entmischung desselben eintritt. Die entfernteren Veranlassungen zu den blutigen Secretionen sind zuweilen sehr verminderter Luftdruck, übermässige Anstrengungen, starkes Laufen; ferner die Secretionen auf eine specifische Weise bethätigende Stoffe, nämlich scharfe, z. B. Canthariden, wonach Blutharnen entstehen kann. Am häufigsten kommen blutige Secretionen beim Typhus und namentlich beim Milzbrande vor; sie sind bei dieser Krankheit um so eher möglich, als das Blut in einem Zersetzungs-Prozesse begriffen ist. Nach den Ursachen und nach dem Grade der blutigen Secretion sind auch ihre Folgen verschieden. Diese sind bald örtliche und ursprünglich mechanische, indem die ausgeschwitzte Flüssigkeit die Organe in ihrer Function beschränkt, bald allgemeine, indem theils eine Reaction im ganzen Organismus, theils Blutmangel sich bemerkbar macht. Der Unterschied, welchen man zwischen arteriellem und venösem Blutfluss macht, kann sich begreiflicher Weise nur auf die mehr arterielle oder mehr venöse Beschaffenheit der abgeschiedenen blutigen Flüssigkeit beziehen, und nicht auf die Gefässe, da in den Capillargefässen, dem Sitz der blutigen Secretion, venöse und arterielle Gefässe verschmolzen sind. Ein Anderes ist es aber, wenn man jenen Unterschied für die eigentliche Blutung gelten lässt. Der Unterschied zwischen dem angenommenen activen und passiven Blutfluss ergiebt sich aus der über die Congestionen in dieser Beziehung gegebenen Erklärung; so wie auch der Blutfluss als ein kritischer aus seinem Erfolge leicht gedeutet werden kann.

Achtes Kapitel.

Anomalien der Ernährung.

§. 39.

Die Ernährung besteht in organischem Stoffansatz, und kommt durch die Exosmose des Blutplasma an der Grenze des Capillar-Gefässsystems in der Art zu Stande, dass jenes von den verschiedenen Gebilden aufgenommen und in die Form und Mischung derselben übergeführt wird. Nachdem wir nun so den Begriff der Ernährung überhaupt festgestellt haben, kommt es zunächst darauf an, den der normalen und abnormen zu bestimmen. Wir werden bemerken, dass hierbei einige Schwierigkeiten in den Weg treten. Die Menge und Beschaffenheit des die Ernährung bedingenden Stoffansatzes ist weder bei allen Individuen einer und derselben Thierspecies, noch zu allen Zeiten bei einem und demselben Individuum gleich; eine periodische Zu- und Abnahme des Stoffansatzes ist besonders in denjenigen Organen deutlich, welche dem Geschlechtsleben dienstbar sind, (wohin namentlich die Hoden, der Uterus und das Euter gehören,) aber auch in anderen Organen, z. B. in der Leber wahrnehmbar, denn diese ist bekanntlich im Fötal-Zustande verhältnissmässig viel grösser, als im späteren selbstständigen Leben, und hinwiederum bemerken wir, dass sich in einzelnen Organen der Stoffansatz so sehr vermindert, dass sie, wie z. B. die Thymus, zum vollständigen Schwinden gebracht werden. Es giebt daher nicht allein mit der Normalität verträgliche, sondern selbst eine solche bedingende Abweichungen der Ernährung. Demnach können Abweichungen derselben nur dann als anomale angesehen werden, wenn ein mehrer, minderer oder anders beschaffene Stoffansatz erfolgt, als es die zeitlichen Zustände des Organismus und die freie und harmonische Wechselwirkung seiner Organe erheischen. Wenn wir die Ernährung näher in's Auge fassen, so werden wir uns überzeugen, dass die Bedingungen derselben eines Theils in dem zu ernährenden Organe selbst und andern Theils in dem Blute, der Matrix aller thierischen Bildung, liegen. Jene sind bei der Ernährung in sofern von Einfluss, als sie sich eine bestimmte Menge des Bildungsmaterials aneignen, das Blut aber in soweit es im Stande ist, die erforderliche Menge desselben zu liefern. Verfolgen wir vom morphologischen Standpuncte aus die Ernährung bis an ihre äusserste Grenze, so müssen wir nach dem gegenwärtigen Standpuncte des Wissens annehmen, dass sie wesentlich in Bildung von Zellen besteht, und dass eben die Normalität der Ernährung darin besteht, dass mit der Neubildung der Zellen eine, der Individualität und den zeitlichen und Entwickelungs-Verhältnissen entsprechende Rückbildung und Abstossung derselben Schritt hält. Die Rückbildung der Zellen ist freilich in den meisten Organen unserer unmittelbaren Wahrnehmung entrückt; in einigen aber, wie im Corion und der Schleimhaut, sehen wir die Abstossung abgenutzter Zellen deutlich, so in dem Abschilfern der Epidermis und des Epitheliums. Für die Zunahme des Umfanges des Organismus und seiner Organe, mithin für das eigentliche Wachsthum, können, abgesehen von der Volumvermehrung durch eine grössere Fettablagerung, zwei Ansichten geltend gemacht werden: nach der einen vermehren sich die primitiven Formbestandtheile in den Organen (z. B. die Muskelfasern in den Muskeln), nach den anderen vergrössern sie sich in sich selbst. Für die erstere Ansicht spricht, dass nach dem Mittel mikrometrischer Messungen robuste Menschen und Thiere keine dickere Muskelfasern zeigen als schwächliche und abgezehrte Subjecte, und dass die Knochenkörperchen in einem starken und gesunden Knochen nicht grösser erscheinen, als in einem dünnen, wenn schon die Menge der erdigen Bestandtheile in diesen Körperchen und ihren Strahlen wechselt. Für die zweite Ansicht aber spricht der Umstand, dass die Wiedererzeugung verloren gegangener Substanz einiger Organe, z. B. der Muskeln, als solche nicht stattfindet. Vielleicht liegt auch für diesen Fall die Wahrheit in der Mitte, so dass das Wachsthum eben sowohl durch Neubildung als Vergrösserung der primitiven Formbestandtheile bedingt wird; wenigstens sehen wir in niedrigen Gebilden wie in den Knochen neue Substanz entstehen. Um eine allseitige und möglichst gründliche Einsicht in das Wesen des Ernährungs-Processes zu gewinnen, müssen wir denselben auch vom chemischen Standpuncte aus betrachten. Demnach werden im Folgenden die allgemeinen Andeutungen gegeben werden, wie weit die Forschung bisher auf diesem Gebiete gelangt ist.

§. 40.

Es ist eine sehr alte Ansicht, dass die Ernährung und das Wachsthum auf einem Stoffwechsel beruht; aber erst in der neueren Zeit ist die Kenntniss von der Natur jener Stoffe und von der Art ihres Wechsels bis zu einem Grade gediehen, dass er die Hoffnung begründet, dass wir bei dem regen Forschen der heutigen Chemiker auf dem in Rede stehenden Gebiete dereinst eine befriedigende Einsicht in den Ernährungsprozess erlangen werden. Zur Zeit sind die einfachen Stoffe, welche in die Zusammensetzung des thierischen Organismus eingehen, ziemlich genau bekannt; das Vorkommen des Kohlenstoffs, Wasserstoffs, Sauerstoffs, Stickstoffs, Schwefels, Phosphors, Chlors, Fluors, Silicium, Kalium, Natrium, Calcium, Magnesium, Aluminum, Eisens und des Magnium ist gewiss, zweifelhaft indess ist, wenigstens das beständige Vorkommen des Jod und Brom, des Bleies, Kupfers, des Arseniks und des Titans. Diejenigen Stoffe, deren Vorkommen im thierischen Organismus zweifelhaft ist, können daher auch zur Zeit nicht als zu seiner nothwendigen Zusammensetzung gehörig angenommen werden, und vielleicht darf diess selbst auf den einen oder den anderen der Stoffe ausgedehnt werden, deren Vorkommen für constant gilt. Die Ansicht, welcher man oftmals Eingang zu verschaffen versuchte, dass der thierische Organismus im Stande sei, eine Umwandlung der einfachen Stoffe zu bewirken, scheint nach dem heutigen Standpuncte der chemischen Erfahrung aufgegeben und vielmehr angenommen werden zu müssen, dass sie alle als solche aus der Aussenwelt stammen. Indess hat es Schwierigkeit, die Menge einiger Stoffe mit Bestimmtheit abzuleiten; am schwierigsten indess ist das Vorkommen des Fluors im Scelette der pflanzenfressenden Thiere zu erklären, da dieses Metall (so viel ich weiss) zur Zeit nicht in den Pflanzen nachgewiesen worden ist. Die oben ausgesprochene Annahme, dass der Organismus nicht im Stande ist, aus gewissen Stoffen die zu seiner Zusammensetzung nothwendigen Elementar-Bestandtheile zu erzeugen, wird zum Theil durch die vielen Versuche bewiesen, welche man mit einfachen Stoffen, welche sonst zu den ernährenden gezählt werden, angestellt hat. Es fand sich nämlich, dass man nicht im Stande war, Thiere mit Gummi, Oel, Butter, Eiweiss, Käse, Knochengallerte, Stärkemehl u. dergl. und selbst mit harten Eiern auf die

Dauer zu erhalten, noch weniger aber gehörig zu ernähren; gab man dagegen Hunden ein angemessenes Gemenge solcher Stoffe, so blieben sie gesund und gut genährt. Untersuchen wir nun, in welchen Combinationen die genannten einfachen Stoffe im Organismus vorkommen, so sind es binäre, ternäre oder quaternäre, aus je zwei, drei oder vier Stoffen bestehend. Von allen kommt die binäre Zusammensetzung aus Sauerstoff und Wasserstoff als Wasser in grösster Ausdehnung im Organismus vor. Andere derartige Verbindungen bestehen in den Säuren, Basen und Salzen, ternäre aber aus Kohlenstoff, Wasserstoff und Sauerstoff in den Fetten, und quaternäre aus den eben gedachten Stoffen in Verbindung mit Sticksoff in allen proteïnhaltigen Substanzen, welche zu den wesentlichsten organischen gehören, wie Eiweiss, Faserstoff und Caseïn. Das Proteïn, welches wir durch Mulder kennen lernten, ist eine höchst merkwürdîge Subtanz für die Physiologie der Ernährung, welche dieser Gelehrte auf die Weise darstellte, dass er die eiweiss-, faser- und käsestoffhaltigen Körper zuerst mit Wasser, dann mit Alkohol, Aether und Salzsäure auszog, dieselben in Kalihydrat auflöste und aus dieser Auflösung vermittelst Essigsäure das Proteïn als Grundkörper herausfällte. Es hat sich gezeigt, dass das Protein, in welchen näheren Bestandtheilen des Organismus es auch immer vorkommen mag, dieselben Atomen-Verhältnisse seiner elementaren Bestandtheile, des Kohlenstoffs, Wasserstoffs, Sauerstoffs und Stickstoffs hat, obgleich es mit so verschiedenen physischen Eigenschaften als Fibrin, Albumin und Caseïn auftritt. Man hat diesen merkwürdigen Umstand zu erklären versucht, Lehmann z. B. dadurch, dass er annimmt, die Atome der Elemente des Proteïns seien im Faserstoff, Albumin und Käsestoff in einem jeden auf eine andere Weise gruppirt, wodurch eben eine bestimmte Art von Radical entstehe, womit die übrigen Elemente sich weiter combiniren. Andere (wozu Liebig gehört) nehmen in einer für den schlichten Verstand mehr zugänglichen Weise an, dass das Protein überall, wo es vorkommt, eine gleiche Atomen-Gruppirung seiner elementaren Bestandtheile hat, dass aber die Verschiedenheit der Protein-haltigen Körper durch die Verschiedenheit der Combination bedingt sei, welche dieselben mit andern Körpern, wie mit Phosphor, Schwefel, alkalischen und erdigen Salzen, eingehen. Indem wir nun einem, dem gegenwärtigen Standpunkte der physiologischen Chemie entsprechenden Erklärungs-Versuche des Ernährungs-Prozesses näher rücken, haben wir nochmals daran zu erinnern, dass alle Ernährung aus dem Blute zu Stande kommt. In der That sind auch in demselben alle Bestandtheile der thierischen Substanz nachgewiesen, und zwar als wesentlichste organische die Protein-haltigen Körper, wie Faserstoff und Eiweiss im Plasma. Die Ernährung hat man sich nun so vorzustellen, dass aus den eben gedachten Stoffen, indem sie eine Modification in ihrer Zusammensetzung erleiden, die thierischen Gebilde, wie Muskel, Nerv u. dergl. vermittelst des organischen Gestaltungs-Triebes erzeugt werden. Auf diese Weise gedacht, hat die Erklärung des Ernährungs-Prozesses bei Fleisch-fressenden Thieren keine Schwierigkeit, da ihnen in der Fleischnahrung ja bereits alle Stoffe vorgebildet geboten werden, welche ihr Organismus bedarf. Es ist anzunehmen, dass die Verdauung und die Assimilation bis zum Blute bei ihnen nur eben dazu dient, die Form und eigenthümliche Combination der Nahrungsmittel aufzuheben und sie dann wieder in die dem individuellen Organismus entsprechende Form und Combination überzuführen. Wie verhält es sich aber bei den Pflanzenfressern? — Man hat lange gewusst, dass diejenigen Pflanzen, welche auf die Dauer ernähren sollen, Stickstoff enthaltende Bestandtheile führen müssen; aber man hat diese in der neuesten Zeit erst richtig gewürdigt und hiernach herausgestellt, dass zwischen pflanzlicher und thierischer Nahrung kein wesentlicher Unterschied bestehe, und dass die Verschiedenheit des Baues der Verdauungsapparate bei den differenten Gattungen der Haussäugethiere lediglich dazu diene, der Natur der Nahrungsmittel entsprechend eine Kraft zu entwickeln, welche geeignet, das Assimilibare aus denselben zu entbinden und in die Säftemasse des Organismus überzuführen.

§. 41.

Wir werden uns auf die Erläuterung dieser wichtigen Eroberung der organischen Chemie mit ein paar Worten einlassen müssen, und wollen uns zu diesem Behufe auf Liebig stützen. Nach diesem Autor sind die, die Ernährung bedingenden stickstoffhaltigen Materien in allen Pflanzen, in jedem ihrer Theile enthalten, in vorzüglicher Menge aber in den Samen der Getreidearten, der Erbsen, Linsen, Bohnen, in Wurzeln und in den Säften der sogenannten Gemüsepflanzen. Diese Materien lassen sich auf drei Formen zurückführen; zwei davon sind in Wasser löslich, die dritte nicht. Wenn man frisch ausgepresste Pflanzensäfte sich selbst überlässt, so tritt nach wenigen Minuten eine Scheidung ein, es sondert sich ein gelatinöser Niederschlag ab, gewöhnlich von grüner Farbe, welcher, mit Flüssigkeiten behandelt, die den Farbestoff lösen, eine grauweisse Materie hinterlässt. Diese Substanz ist unter dem Namen grünes Sazmehl der Pflanzensäfte den Pharmarceuten wohl bekannt. Diess ist das eine von den stickstoffhaltigen Nahrungsmitteln der Thiere, es hat den Namen Pflanzenfibrin erhalten. Der Saft der Gräser ist vorzüglich reich an diesem Bestandtheile, er ist in reichlichster Menge in dem Weizensamen, so wie überhaupt in den Samen der Cerealien enthalten, und kann aus dem Weizenmehl durch eine mechanische Operation ziemlich rein erhalten werden. In diesem Zustande heisst er Kleber, allein die klebenden Eigenschaften gehören ihm nicht an, sondern einer geringen Menge eines beigemischten fremden Körpers, der in dem Samen der übrigen Getreidearten fehlt. Wie sich aus der Art der Darstellung ergiebt, ist das Pflanzenfibrin im Wasser nicht löslich, obwohl man nicht zweifeln kann, dass es in der lebenden Pflanze im Safte gelöst vorhanden war, aus dem es sich, ähnlich wie das Fibrin aus Blut, erst später abschied. Der zweite stickstoffhaltige Nahrungsstoff ist in dem Safte der Pflanzen gelöst, er scheidet sich daraus bei gewöhnlicher Temperatur nicht ab, wohl aber, wenn der Pflanzensaft zum Sieden erhitzt wird. Bringt man den ausgepressten, klaren Saft, am besten von Gemüsepflanzen, von Blumenkohl, Spargel, Kohlrüben, weissen Rüben u. s. w. zum Sieden, so entsteht darin ein Coagulum, welches in seiner äusseren Beschaffenheit und seinen Eigenschaften schlechterdings nicht zu unterscheiden ist von dem Körper, der sich als Gerinsel abscheidet, wenn man mit Wasser verdünntes Blutserum oder Eiweiss der Siedhitze aussetzt. Diess ist das Pflanzenalbumin. In vorzüglicher Menge findet sich dieser Körper in gewissen Samen, in Nüssen, in Mandeln und anderen, in denen das Amylon der Getreidesamen sich vertreten findet durch Oel und Fett. Der dritte Stickstoff haltige Nahrungsstoff, den die Pflanzen produciren, das Pflanzencasein, findet sich hauptsächlich in den Samenlappen der Erbsen, Linsen und Bohnen, er ist, wie das Pflanzenalbumin, im Wasser löslich, unterscheidet sich aber von ihm dadurch, dass seine Auflösung durch Hitze nicht coagulirt wird; beim Abdampfen und Erhitzen derselben zieht sich an der Oberfläche eine Haut und, mit Säuren versetzt, entsteht darin ein Gerinsel wie in der Thiermilch. Diese drei Stoffe, Pflanzenfibrin, Albunim und Casein sind die eigentlichen stickstoffhaltigen Nahrungsstoffe der Pflanzen fressenden Thiere, alle anderen in Pflanzen vorkommenden stickstoffhaltigen Materien werden entweder, wie die Stoffe in den Giftflanzen, von den Thieren nicht genossen, oder sie sind ihrer Nahrung in so ausserordentlich kleinen Gaben beigemischt, dass sie zur Vermehrung der Masse ihres Körpers nichts beizutragen vermögen. Die chemische Untersuchung der drei genannten Substanzen hat zu dem interessanten Resultat geführt, dass sie einerlei organische Elemente in dem nämlichen Gewichtsverhältniss enthalten, und was noch weit merkwürdiger ist. es hat sich ergeben, dass sie identisch sind in ihrer Zusammensetzung mit den Hauptbestandtheilen des Blutes, mit Fibrin und Albumin. Sie lösen sich alle drei in cocentrirter Salzsäure mit der nämlichen indigoblauen Farbe auf, und auch in ihren physikalischen Eigenschaften sind Thierfibrin und Thieralbumin von Pflanzenfibrin und Pflanzenalbumin in keiner Weise verschieden.

Es verdient ganz besonders hervorgehoben zu werden, dass hier unter einer gleichen Zusammensetzung nicht bloss eine ähnliche gemeint ist, sondern es ist auch in Beziehung auf ihren Gehalt an Phosphor, Schwefel, Knochenerde und Alkalien kein

Unterschied wahrnehmbar. Auf vorstehende Thatsachen gestützt folgert Liebig: In welcher bewunderungswürdigen Einfachheit erscheint nach diesen Entdeckungen der Bildungsprocess im Thiere, die Entstehung seiner Organe, der Hauptträger der Lebensthätigkeit. Die Pflanzenstoffe, welche in den Thieren zur Blutbildung verwendet werden, enthalten die Hauptbestandtheile des Blutes, Fibrin und Albunim, fertig gebildet allen ihren Elementen nach; alle Pflanzen enthalten überdiess noch eine Menge Eisen, das wir im Blutfarbestoff wiederfinden. Pflanzenfibrin und Thierfibrin, Pflanzenalbumin und Thieralbumin sind kaum der Form nach verschieden; wenn diese Stoffe in der Nahrung der Thiere fehlen, so hört die Ernährung auf, und wenn sie darin gegeben werden, so empfängt das pflanzenfressende Thier die nämlichen Materien, auf welche die fleischfressenden zu ihrer Erhaltung beschränkt sind. — Die Pflanzen erzeugen in ihrem Organismus das Blut aller Thiere, denn in dem Blut und Fleisch der pflanzenfressenden verzehren die fleischfressenden im eigentlichen Sinne nur die Pflanzenstoffe, von denen die ersteren sich ernährt haben; Pflanzenfibrin und Pflanzenalbumin nehmen in dem Magen des pflanzenfressenden Thieres genau die nämliche Form an, wie Thierfibrin und Thieralbumin in dem Magen der Carnivoren.

§. 42.

Wir wenden uns nun zu den Anomalien in der Ernährung: wir haben eine krankhafte Vermehrung und Verminderung (hypertrophia und atrophia) so wie eine abweichende Beschaffenheit (paratrophia) derselben zu betrachten. In Ansehung der Hypertrophie haben wir zunächst zu untersuchen, ob die Massenzunahme in Folge der

Entzündung oder der einfachen, gesteigerten Ernährung entstanden ist. Die Anhaltspunkte bei dieser Unterscheidung sind einerseits die der Entzündung wesentlichen Symptome, die rasche Vergrösserung der Organe und ihre Textur-Veränderung, welche letztere durch die nicht vollständige Assimilation des abgelagerten Stoffs bedingt ist; andererseits aber die langsame Hervorbildung und die Gleichförmigkeit in der Textur. Die fortschreitende Entzündung gehört also nicht zur Hypertrophie im engsten Wortsinne, zu bemerken ist jedoch, dass gehemmte Entzündung wohl zur bleibenden Hypertrophie Veranlassung geben kann, in sofern der abgelagerte plastische Stoff später organisirt wird. Die Hypertrophie sowohl als auch die Atrophie können entweder allgemein sein, den ganzen Organismus betreffen, oder nur einzelne Organe oder auch nur einzelne Theile derselben; die Paratrophie aber kann als allgemeine mit dem Leben nicht bestehen; diese bezieht sich also im ausgebildeten Grade jedenfalls nur auf einzelne Organe. Betrachten wir die oben angegebenen nächsten Bedingungen der Ernährung überhaupt, so müssen wir diejenigen der Hypertrophie einerseits in eine Blutfülle, in einen Reichthum des Blutes an plastischen Stoffen und in einen vermehrten Zufluss des Blutes, andererseits aber in eine erhöhte assimilative Thätigkeit des hypertrophischen Organs setzen. Man mag sich nun diese erhöhte Thätigkeit als einen vermehrten Reizungszustand des betroffenen Organs oder seiner Nerven, oder auch als ein grösseres Spannungs-Verhältniss u. s. w. denken; keineswegs aber wird durch solche Vorstellungen eine deutlichere Einsicht in jenen Prozess gewonnen. Entferntere Veranlassungen zur Hypertrophie sind nicht selten Verminderung oder Unterdrückung von Secretionen überhaupt, oder vermehrte Function der betroffenen Organe, wenn damit nicht zugleich Secretion verbunden ist. Zu den entferntesten Ursachen aber sind zu rechnen: reichliche Fütterung mit stark ernährenden Stoffen bei kräftiger Chylus- und Blutbereitung. Die Anlage unserer Hausthiere und der verschiedenen Organe der Individuen zur Hypertrophie sind sehr verschieden. Im Allgemeinen haben diejenigen Thiergattungen und diejenigen Organe eine grössere Disposition dazu, welche sich überhaupt durch eine lebhaftere vegetative Thätigkeit auszeichnen; einen nicht minderen Einfluss auf dieselbe haben auch gewisse Lebensperioden, namentlich das jugendliche Alter und die periodische Steigerung von Functionen, so die Regsamkeit im Gattungsleben. Die Folgen der Hypertrophie sind nach den betroffenen Organen, sowie nach dem Grade und der Ausbreitung dieses krankhaften Zustandes sehr verschieden. Gemeinhin ist die Function des hypertrophischen Organs beschränkt, und bewirkt auch durch grössere Raumerfüllung und Druck eine derartige Beschränkung benachbarter Organe, so wie eine Verminderung der Ernährung in den antagonistisch verwandten Organen und zuletzt gar des ganzen Organismus. Wenn also die Hypertrophie ein Organ betrifft, welches eine wichtige Function für das Leben hat, und ist jene auf einen hohen Grad gediehen, so wird sie Veranlassung zum Tode geben müssen.

Die Ursachen der Atrophie, sowohl die nächsten als die entfernteren, sind denjenigen der Hypertrophie im Allgemeinen gerade entgegengesetzt, weshalb wir uns nicht näher darauf einzulassen brauchen. Als besondere Veranlassungen zur Atrophie können aber noch angeführt werden: grosse Schmerzen und spezifische, die vegetative Thätigkeit unterdrückende Einflüsse, welche theils psychische, z. B. herabstimmende Seelenzustände, so Traurigkeit und Heimweh, theils materielle und chemische, wie Blei-, Quecksilber- und Jodpräparate sein können. Diejenigen Thiergattungen, Altersperioden und Organe, welche die grösste Anlage zur Hypertrophie haben, neigen auch im Allgemeinen am meisten zur Atrophie. Die übelen Folgen der Atrophie sind beschränkte Function der betroffenen Organe, und, gehören diese zu den absondernden, Verminderung oder gänzliches Aufhören der Secretion. Wie aber ein hypertrophisches Organ in den antagonistisch verwandten zunächst Atrophie hervorbringt, so bewirkt ein atrophisches in solchen wohl Hypertrophie. Die endlichen Folgen der Atrophie sind Stillstand des Lebens wegen Unordnungen in den Functionen, besonders dann, wenn sie wichtige Organe betrifft. Wie viel Antheil die verminderte Aufsaugung an der Hypertrophie und die vermehrte an der Atrophie hat, wird sich kaum bestimmen lassen. Es ist bemerkenswerth, dass die Thiere in manchen fieberhaften Krankheiten länger ausdauern ohne Aufnahme von Nahrungsmitteln, als im gesunden Zustande, und dass dabei ihr Körper dennoch nicht auffallend an Umfang abnimmt. Da die Anbildung unter solchen Verhältnissen unmöglich normal sein kann, so scheint jene Erscheinung auf eine verminderte Rückbildung und auf ein grösseres Beharrungs-Vermögen des einmal gebildeten Stoffs zurückgeführt werden zu müssen, womit auch die verminderte Se- und Excretion in solchen Krankheiten im Einklang steht. Die Erscheinung aber, dass die Thiere in fieberhaften Krankheiten, trotz dem, dass sie Nahrungsmittel aufnehmen und die Se- und Excretionen nicht auffallend vermehrt sind, dennoch rasch abmagern, dürfte von einer mangelhaften Verdauung, Chylification und Sanguification abgeleitet werden. Die Annahme, dass die schnellere Blutströmung dem Stoffansatz hinderlich sei, möchte eine Einschränkung erleiden, da man weiss, dass im jugendlichen Alter bei raschem Blutlauf die Ernährung im Allgemeinen reger ist, als in späteren Lebensperioden bei langsamer Saftcirculation.

Paratrophie entsteht, wenn die gedachten Factoren der Ernährung qualitative Abweichungen besitzen. Ist mit diesem Zustande zugleich ein Mehrersatz verbunden, so entstehen die Afterproducte verschiedener Art; eine nähere Einsicht in deren Entstehung können wir zur Zeit nicht gewinnen. Die Folgen der Paratrophie sind ähnlich denen der Hypertrophie und Atrophie, nur greift jene nach der Natur der Aftergebilde nicht selten tiefer zerstörend ins Leben ein.

Neuntes Capitel.

Anomalien in der Rückbildung.

§. 43.

Das thierische Leben ist durch den Stoffwechsel und dieser durch die Rückbildung der früher angebildeten organischen Materie bedingt. Wir haben gesehen, dass, um die Ernährung zu bewirken, dem Blute Stoff von aussen zugeführt und demselben auf dem Wege der Verdauung, Chylification und Sanguification ähnlich gemacht werden müsse. In der Rückbildung aber besteht ein ganz ähnlicher Vorgang, wie in der Ernährung, nur in umgekehrter Richtung, indem derjenige Stoff, welcher früher aus dem Blute abgesondert und fest wurde, nunmehr schmilzt und durch Aufsaugung wieder in dasselbe gelangt, und, in sofern er nicht mehr für den Organismus verwendbar ist, auf dem Wege der Excretion der Aussenwelt wiedergegeben wird. Das Blut enthält also in sich die freundlichen und feindlichen Stoffe des Organismus nebeneinander. Dieser Umstand trägt vielleicht nicht wenig zur Entwickelnng der energischen Lebensthätigkeit des Blutes bei, so wie überall, auch im Staate, die oppositionellen Momente die Regsamkeit fördern. Wir haben ferner gesehen, dass das Blut, dessen Gefässe und das Gewebe der Organe die Factoren sind, durch deren Wechselwirkung die Ernährung erfolgt; und hier bemerken wir, dass keine anderen bei der Rückbildung thätig sein können, als Gefässe und Organen-Gewebe; und wie eine befriedigende Einsicht in das innere Wesen der Ernährung zur Zeit unmöglich ist, so ist uns auch eine solche in Betracht der Rückbildung nicht gegeben. Die Annahme, dass in jenen Vorgängen eine organisch-poläre Spannung zwischen Gefäss und Nerv stattfinde, dass bei dem Festwerden das Gefäss und die Oxydation, bei der Schmelzung aber der Nerv und die Hydrogenisation vorzüglich Antheil nehme, hat allerdings einige Wahrscheinlichkeit für sich, weil galvanische Versuche und die Wirkung mehrerer chemischen Agentien im Organismus dafür sprechen. Aber diese Annahme scheint ebenso wenig unbedingte Gültigkeit für sich in Anspruch nehmen zu können, als es die rein-chemische, auf die Natur der in Conflict gerathenden Stoffe gegründete Theorie zu thun vermag. Wenn wir nun die einzelnen Momente der Rückbildung des thierischen Stoffs bis zur Reassimilation desselben im Blute, nämlich die Schmelzung, das Product derselben, die Lymphe und deren Aufsaugung betrachten, so werden wir die Möglichkeit einer dreifachen Abweichung dieser, nämlich der Vermehrung, Verminderung und Beschaffenheit nach, annehmen können.

Der oben geschilderte Vorgang der Rückbildung ist begreiflicher Weise nur auf die wirklich organisirten Theile des thierischen Körpers zu beziehen, bei den sogenannten nicht organisirten Theilen, wie den Haaren, der Epidermis, dem Epithelium u. s. w. verhält sich die Sache etwas anders. Das Wachsthum dieser Theile erfolgt durch Apposition von Zellen, diejenigen, welche dem Ursprungsorte, den Capillargefässen am entferntesten liegen, vertrocknen allmählig und werden abgestossen, und ist hiermit die Rückbildung gegeben. Diese Art von Rückbildung nehmen wir vorzüglich deutlich an der Epidermis in ihrer Abschuppung wahr.

§. 44.

Die Schmelzung anlangend, so werden die nächsten Ursachen ihrer möglichen Abweichungen sich aus einem abgeänderten Verhältniss der mehrerwähnten, an der Ernährung und Schmelzung betheiligten Factoren ableiten lassen. Auch ist es einleuchtend, dass die entfernteren Ursachen davon in eine vorherrschende Arteriellität oder Venösität, sowie überhaupt in eine andersartige Beschaffenheit des Blutes zu setzen sind. Rücksichtlich der Erscheinungen und Folgen jener Anomalien dürfte ebenfalls nichts Näheres anzuführen sein, da sie mit Atrophie, Hypertrophie und Paratrophie übereinstimmen.

Die Aufsaugung, welche, dem jetzigen Standpuncte des physiologischen Wissens zufolge, sowohl durch die Venen als auch durch die Lymphgefässe vermittelt wird (vergl. den Zusatz), kann ebenfalls in jenen zwei Quantitäts-Beziehungen und in der Qualität abweichen, und hat rücksichtlich dieser

Anomalien überhaupt diejenigen Erscheinungen und Folgen, wie die Fehler der Ernährung, obgleich die nächsten und entfernteren Ursachen in anderen Verhältnissen liegen. Für die abnorme Vermehrung ist es eine gesteigerte Thätigkeit der aufsaugenden Gefässe, bewirkt durch spezifische Reize, wie Wärme, Friction, Muskelbewegung; geistige, gewürzhafte und solche Stoffe, welche ein scharfes oder narkotisches Princip enthalten; ferner fieberhafte Aufregung und Steigerung der Excretionen. In Rücksicht der letzteren ist indess nicht immer mit Zuverlässigkeit zu unterscheiden, ob sie nur Folgen der vermehrten Aufsaugung oder auch zum Theil deren Ursachen sind. Der abnormen Verminderung der Aufsaugung liegt eine Beschränkung der Lebensthätigkeit überhaupt, oder insbesondere eine solche der aufsaugenden Gefässe zum Grunde. Ihre Folgen aber können nach einer anderweitigen Ursache, ob nämlich zugleich eine verminderte oder vermehrte Schmelzung der Festgebilde mitbesteht, einige Verschiedenheiten von den oben gedachten der Hypertrophie darbieten; so z. B. wird, beim gleichzeitigen Bestehen jener, Anhäufung von Fett und Uebernährung, beim Vorhandensein dieser aber Wassersucht entstehen. Die abweichende Beschaffenheit der Aufsaugung endlich hängt davon ab, ob die resorbirenden Gefässe in gewissen Körperstellen den normalen Stoff wegen nicht erfolgter Schmelzung der Festgebilde auch nicht aufnehmen, oder ob ihnen fremdartige Stoffe, wie Excretions- oder pathologische Flüssigkeiten, so Eiter und dergleichen geboten werden.

Die Lymphe, der in den Lymphgefässen enthaltene verflüssigte und aufgesogene Stoff der festen Theile, unterscheidet sich sowohl in mikroskopischer, als in chemischer Hinsicht von dem eigentlichen, aus den Nahrungsmitteln bereiteten Milchsaft, obgleich eine Aehnlichkeit zwischen beiden und dem Blute nicht zu verkennen ist. Sie ist eine gelbliche, klare Flüssigkeit, worin einige Oelkügelchen und häufigere sogenannte Lymph-Körperchen schwimmen. Die alkalische Reaction derselben ist ausgezeichnet, und, in ein Gefäss aufgefangen, setzt sie Flocken oder Gerinsel ab, oder gesteht zu einer mehr oder weniger festen, gallertartigen Masse, oder endlich, es scheidet sich ein gesonderter Kuchen, der sogenannte Lymphkuchen ab. Der letztere besteht vorzugsweise aus Faserstoff, die Flüssigkeit aber, welche sich davon abscheidet, das Lymphserum, aus Wasser, Eiweissstoff und den im Blute vorkommenden Salzen. Schon aus dem hier Mitgetheilten geht hervor, dass die Lymphe sich in ihren Eigenschaften nicht gleich bleibt; auch bemerken wir in der That bei der, aus verschiedenen Gefässen eines und desselben Thieres entnommenen Lymphe, noch mehr aber, wenn sie von verschiedenen Thieren stammt, nicht selten sehr hervorstechende Abweichungen in den physikalischen Eigenschaften, welche unstreitig von einer quantitativen und qualitativen Verschiedenheit in der Zusammensetzung dieser Flüssigkeit abhängig sind. Die Ursachen hiervon sind eines Theils in der Verschiedenheit der Organe und ihrer Lebensthätigkeit, so wie in der Verschiedenheit der Constitution der Thiere, anderen Theils aber darin zu suchen, ob die Lymphe eine mehr oder weniger grosse Zahl von Lymphdrüsen durchwandert ist. Dass eine gewisse Lymphfülle und ein Lymphmangel als krankhafte Zustände bestehen können, ist wohl einleuchtend, und auch deren Ursachen ohne Schwierigkeit herzuleiten. In wie fern aber jene die sogenannte lymphatische und diese die sogenannte trockene Constitution begründet, bedarf des näheren, bis jetzt mangelnden Erweises, wobei die Bestimmung des absoluten und relativen Maasses der Lymphe nicht wenig Schwierigkeiten bieten dürfte. Auch lässt sich eine krankhafte Beschaffenheit der Lymphe annehmen, welche dann wahrscheinlich vorhanden ist, wenn wir sie auf Lymphgefässe und Lymphdrüsen verändernd, Entzündung und Verhärtung hervorbringend, einwirken sehen. Worin aber diese fehlerhafte Beschaffenheit besteht, ist bisher nur in denjenigen Fällen nachgewiesen worden, wo der Lymphe fremdartige Stoffe, z. B. Jauche, Eiter und Arzneimittel durch Aufsaugung der Lymphgefässe zugeführt wurden.

Zusatz. Die Aufsaugung (Einsaugung, Resorption, Absorption), worunter man den Vorgang der Aufnahme von Substanzen, welche ausserhalb des Gefässsystems sich befinden, in die Gefässe des Organismus zu verstehen hat, bildet, wie bereits angedeutet, ein wichtiges, ja das wichtigste Moment bei der Rückbildung. Aber nicht allein bei diesem Lebensacte, sondern auch bei der Ernährung spielt die Aufsaugung eine bedeutende Rolle, und nimmt mithin an den Hauptgeschäften der Lebensökonomie einen regen Antheil. Fügen wir hinzu, dass auch der Aufsaugung in der Pathologie und Therapie eine grosse Rücksicht bei der Entstehung der Krankheiten, bei der Entfernung krankhafter Producte aus dem Innern des Körpers und endlich bei der Einführung von Arzneimitteln in das Blutgefässsystem gebührt: so dürfte es hinreichend gerechtfertigt erscheinen, wenn hier einige Worte der Aufhellung über den in Rede stehenden Act angeführt werden. Von vorn herein muss man drei Möglichkeiten statuiren: entweder die Venen, oder die Lymphgefässe oder beide vollbringen das Geschäft der Aufsaugung. Bevor die Lymphgefässe bekannt waren, schrieb man das Geschäft der Aufsaugung den Venen ausschliesslich zu, und als jene bekannt wurden, wandte sich diese

Ausschliesslichkeit ihnen zu. Die Untersuchungen, welche man seither über den fraglichen Gegenstand gemacht hat, sind von Kürschner (Handwörterbuch der Physiologie etc. von R. Wagner, Art. Aufsaugung) gründlich zusammengestellt und kritisch beleuchtet. Kürschner gelangt hierbei zu dem Resultat: dass die Lymphgefässe unter normalen Verhältnissen nur Chylus und Lymphe — Flüssigkeiten, welche aus Porteïn-Verbindungen, freiem und gebundenem Fette und den gewöhnlichen, im thierischen Organismus gefundenen Salzen bestehen — führen; dass dagegen die Capillargefässe fremde Substanzen aufnehmen, welche der Organismus sich nicht zu assimiliren vermag, mögen sie nun bloss durch den Körper hindurchgehen, oder die Prozesse und Thätigkeit desselben auf die mannigfaltigste Weise abändern, oder selbst giftige Wirkungen entfalten; dass endlich nur dann sich fremde Substanzen in den Lymphgefässen zeigen, wenn sie wegen Unterbrechung des Kreislaufes nicht direct in das Blut gelangen, oder wenn sie in so bedeutender Menge vorhanden sind, dass sie von den Blutgefässen nicht schnell genug fortgeführt werden können. Man war bemüht, die Gesetze aufzufinden, nach denen die Resorption erfolgt; die Erscheinungen, welche dieser Act darbietet und der erforschte anatomische Bau der aufsaugenden Gefässe waren die Wege, welche man zu jenem Zwecke verfolgte. Seitdem man mit ziemlicher Gewissheit weiss, dass keinerlei Art der aufsaugenden Gefässe offene Mündungen haben, musste man natürlich annehmen, dass die aufzusaugenden Flüssigkeiten die Gefässmündungen, mit welchen sie in Berührung kommen, durchdringen. In der That sehen wir auch, dass alle thierischen Theile, sowohl im lebenden als im todten Zustande die Eigenschaft haben, von Flüssigkeiten getränkt zu werden. Man hat dieser Eigenschaft den Namen Imbibition gegeben. Aber die Imbibition erklärt die Resorption nicht vollständig; diese setzt nicht allein ein Getränktwerden der häutigen Gebilde, sondern auch ein Durchdringen, (Durchströmen, Abfliessen) und ein Steigen in Kanälen voraus. Die Imbibition bildet also jedenfalls nur ein Moment der Aufsaugung. Nun hat Parret zuerst durch einen einfachen Versuch die Möglichkeit dargethan, dass differente Flüssigkeiten, welche durch Blase geschieden sind, sich durchdringen. Er füllte einen Glascylinder mit Weingeist und verschloss dessen Mündung mit Blase und tauchte sie in einem mit Wasser angefüllten Glase unter. Es wurde hiernach in kurzer Zeit bemerkt, dass die Flüssigkeit im Cylinder in die Höhe gestiegen war, und nach einem Nadelstich in die Blase strömte die Flüssigkeit in einem Strahle heraus. Man schloss, dass Wasser unter diesen Umständen zum Weingeist gedrungen sei. Dieser und sehr zahlreiche ähnliche Versuche sind sodann von vielen Naturforschern mit den verschiedenartigsten Flüssigkeiten angestellt worden. Es hat sich im Allgemeinen dabei herausgestellt, dass, wenn eine Membran unter gewissen Bedingungen auf beiden Seiten mit verschiedenen Flüssigkeiten in Berührung kommt, ohne dass sich die letzteren in unmittelbarem Contact befinden, — dann Strömungen nach beiden Seiten stattfinden, wodurch sich die Flüssigkeiten mischen. Man hat diese Erscheinung mit dem Namen Endosmosis und Exosmosis belegt, und geglaubt, dass dieselbe die Resorption genügend erkläre. Aber über die Grundursachen der Exosmosis und Endosmosis sind die Ansichten verschieden; am meisten Gewicht legt man zur Zeit der von Magnus und Poisson herausgestellten bei, wonach die Capillarität der Membran und die wechselseitige Anziehung der Flüssigkeiten die thätigen Momente jenes Phänomens sind. Kürschner (l. c.) giebt zwar zu, dass diese Ansicht sehr viel für sich habe, glaubt indessen, dass sie einiger Modificationen bedürfe, wie sich aus den von ihm angestellten zahlreichen Versuchen, die er, um die Gesetze der Endosmose und Exosmose näher zu bestimmen, angestellt hat, ergeben dürfte. Auf die Versuche Kürschner's lassen wir uns hier nicht ein; nur das Resultat, wozu er gelangt ist, möge Platz finden. Es lautet also: „Wenn eine feuchte Membran dem Drucke zweier Flüssigkeiten ausgesetzt ist, so treten dieselben durch jene miteinander in Wechselwirkung, vorausgesetzt, dass sie sich mit der Feuchtigkeit, welche die Membran enthält, mischen oder verbinden. Es geht nur eine dieser Flüssigkeiten durch die Membran, wenn nur eine sich in der Feuchtigkeit derselben löst, oder wenn mechanische Hindernisse, wie Niederschläge, vorkommen. Wo beides nicht der Fall ist, giebt es doppelte Strömungen. Die Strömungen sind gleich oder ungleich hinsichtlich der Stärke, wenn die Affinität der Flüssigkeiten zur Substanz der Blase gleich oder ungleich ist, oder wenn die Flüzsigkeiten sich beide gleich leicht, oder die eine schwieriger als die andere mit der Feuchtigkeit der Blase mischen und verbinden." — Die Erforschung der Gesetze der Imbibition, der Exosmosis und Endosmosis zur Beantwortung der Frage angewandt: was kann in die Lymph- und Blutgefässe gelangen, wenn es nach jenen Gesetzen aufgenommen wird? — hat Kurschner'n zu nachstehendem Resultate geführt: „In die Lymph- und Blutgefässe gelangen überhaupt nur Flüssigkeiten, die sich mit dem Wasser verbinden und mischen, und das Wasser selbst. Die Blutgefässe nehmen die Flüssigkeiten auf. gegen welche das Blut eine Anziehung äussern kann, und Chylus und Lymphe werden als dem Liquor sanguinis homogene Flüssigkeiten nicht aufgenommen. Da die Resorption der Blutgefässe vermöge des beständigen Stromes sehr rasch erfolgt, so bleibt für die Aufnahme in den Lymphgefässen nur Chylus und Lymphe zurück. Beide Flüssigkeiten tränken die organische Substanz und müssen sich daher in den Lymphgefässen derselben, wenn sie leer sind, verbreiten. Bei der Volumsveränderung der organischen Substanz werden sie im Verdichtungsmomente gegen die Stämme entleert, und können dann auf's Neue sich wieder füllen. Durch diesen wechselnden Druck, der mit den Volumsveränderungen der weichen Gebilde, in denen die Lymphgefäse wurzeln, gegeben ist, wird die Lymphe gleichsam weiter gepumpt, und wenn die Lymphe im Ductus thoracicus trotz dieser periodischen Impulse nicht stossweise strömt, so hat dieses denselben Grund, den der ununterbrochene Strom in den Arterien hat, nämlich die Wandung der Lymphgefässe ist contractil, und sobald die vis a tergo wirkt, wird sie ausgedehnt und zieht sich wieder zusammen, sobald jene zu wirken aufhört, unterhält mithin die Bewegung der in ihrer Höhle befindlichen Flüssigkeit." — Sollte auch das oben zur Aufhellung des Vorganges der Resorption Gesagte nicht vollständig seinen Zweck erreichen, so dürfte es doch jedenfalls mehr befriedigen, als der naive Einfall, die Aufsaugung von einem besonderen Appetite der Gefässe abhängig zu machen. Wie überall, so auch in der Physiologie ist die gemüthliche Kindlichkeit dahin; mit den schärfsten Waffen der Forschung sucht man das Wesen der Dinge zu ergründen. Ob's gelingen wird? — Jedenfalls ist der präkare Preis des Kampfes der Edeln werth! —

Zehntes Capitel.

Anomalien in den Excretionen.

A. Von den Abweichungen der Excretionen im Allgemeinen.

§. 44.

Unter Excretion hat man die Ausscheidung des verbrauchten, für den individuellen Organismus nicht mehr lebensfähigen oder gar schädlichen Stoffs (Excret, Excrement) über das Gebiet desselben hinaus zu verstehen, Ich sage, dass die Excrete für das betreffende Individuum nutzlos und sogar gefährlich sind, weil sie für andere organische Wesen wohl als Erhaltungsmittel dienen können und auch wirklich dienen. Wenn in pathologischen Schriften von der absoluten Excretion im Gegensatz der relativen gehandelt wird, so hat man unter jener die so eben definirte, unter dieser aber den Schmelzungs-Prozess der festen Theile und die Aufsaugung und Einführung des hierdurch entstandenen Productes in die Blutmasse zu verstehen. Die relativen Excrete in diesem Sinne enthalten ohne allen Zweifel noch brauchbare Stoffe für den betreffenden individuellen Organismus, wenn auch nicht für dieselben Organe, wovon sie herstammen; über welchen letzteren Punkt wir indess niemals zur Gewissheit gelangen werden. Die absoluten Excrete aber bestehen, wie bereits angedeutet, aus ferner für das Individuum unbrauchbaren Stoffen, die den Kreislauf der Umwandlung im Organismus durchgemacht haben, und nun in anderer Form und Mischung der äusseren Natur wiedergegeben werden, woraus sie früher als Erhaltungsmittel für den Organismus kamen. Ueber die Nothwendigkeit der Excretionen für die Thiere, ja für die organischen Wesen überhaupt, kann kein Zweifel bestehen. Der Organismus stellt sich zwar seiner äusseren, oberflächlichen Erscheinung nach als etwas Selbständiges und in seiner Existenz Beharrendes, aber seinem innersten Wesen und dem hierauf gestützten Begriffe nach als etwas in einer stetigen Umwandlung Begriffenes dar, wodurch es eben bedingt wird, dass die Stoffe sich nicht ruhend, in ihrer Form und Mischung sich nicht gleichbleibend in demselben verhalten können; dass sie vielmehr nach Vollführung ihres Zweckes umgewandelt wieder abgestossen werden müssen. Werden sie dagegen im Organismus zurückgehalten, so bewirken sie zunächst eine fehlerhafte Mischung des Blutes und hierdurch Gefährdung des Lebens. Untersuchen wir den Vorgang der Excretion, so bemerken wir, dass dieselbe nicht anders, als auf dem Wege der Secretion zu Stande kommt. Das Blut enthält eben so wenig fertige Excrete wie Secrete; nur einzelne Bestandtheile dieser wurden bis jetzt in jenem nachgewiesen, wovon der Harnstoff, Käsestoff, Gallenfarbstoff, die Milchsäure und deren Salze zu bemerken sind.

Der Bildungsvorgang ist es also nicht, welcher als Moment der Unterscheidung der Excrete von den Secreten benutzt werden kann, vielmehr ist es der Zweck, welcher den Unterschied begründet. Auch von der chemischen Mischung lassen sich die Unterscheidungskennzeichen nicht mit Zuverlässigkeit hernehmen; denn einerseits findet sich die Angabe von Berzelius, dass die Secrete alkalisch und die Excrete sauer reagiren, nicht durchweg bestätigt, auch enthalten sowohl die Excrete als auch die Secrete ternäre und quaternäre Verbindungen. In der That besteht auch in der Natur nur bei einzelnen Excreten und Secreten ein bestimmter Gegensatz. So dürfte der Harn und das von den Lungen Ausgehauchte als vollständige Excrete zu betrachten sein, während die Hautabsonderung, die Galle und der Schleim zum Theil einen secretiellen, zum Theil aber einen excretiellen Zweck haben; die Milch und der Samen, so wie andere, auf die Geschlechtsfunction sich beziehende Flüssigkeiten, haben zwar für das Individuum excretielle, für die Gattung aber secretielle Bedeutung. Wir werden daher in dem Folgenden als eigentliche Excretionen nur die Harnabsonderung und die Lungenausdünstung betrachten, diesen aber die Absonderung der Haut, weil sie in der Ausdünstung ein überwiegendes Excret darstellt, und die Darmausleerung anschliessen, nicht, weil diese letztere als ein Excret in unserem Sinne zu betrachten wäre, denn sie ist nichts weniger als Dieses, da sie grösstentheils aus Stoffen besteht, die den organischen Kreislauf niemals eingegangen sind, sondern, weil sie einen kleinen Theil wirklicher Excrete, wie excretielle Stoffe der Galle und des Schleims beigemengt enthält, und weil keine passendere Stelle für sie ausfindig gemacht werden dürfte.

Von den Excretionen oder beziehungsweisen Secretionen, welche eine Rolle bei den Geschlechtsverrichtungen spielen, wie Samen, Milch und andere, wird auch bei den Abweichungen dieser Functionen die Rede sein. Bevor wir zu den einzelnen Excretionen schreiten, wird es nöthig sein, noch einige allgemeine Bemerkungen hinsichtlich der Abweichungen in den Excretionen überhaupt vorauszuschicken. Auch bei ihnen sind Anomalien der Quantität (eine Vermehrung und eine Verminderuug, hypercrisis et aneccrisis) und der Qualität zu berücksichtigen. Bei der Bestimmung der Quantitäts-Abweichungen muss man sich vor der Täuschung bewahren, dass man nicht eine öftere Ausleerung für eine Vermehrung, und eine verzögerte oder unterdrückte unbedingt für eine Verminderung halte; vielmehr muss dabei auf die Menge des wirklich Abgesonderten gesehen werden. Die Ursachen der vermehrten Excretion bestehen im Allgemeinen in einer vermehrten Schmelzung und Aufsaugung der festen Theile, oder auch in der Gegenwart von solchen Stoffen im Blute, welche demselben fremdartig sind, oder endlich in einer gesteigerten Thätigkeit des betreffenden Secretions-Organs, (wobei nicht selten in einem, mit diesem vicarirenden Unterdrückung der Secretion besteht); während die verminderte Excretion auf den entgegengesetzten Verhältnissen beruht. Die Folgen der vermehrten Excretion sind nicht in dem Grade nachtheilig, wie die der verminderten; jene kann zwar durch lange Dauer Substanz- und Kraftverlust und hierdurch endlich Cachexie bewirken; diese aber erzeugt immer bedenkliche Krankheiten wegen Rückhalts heterogener Stoffe im Blute. Die Quantitäts-Abweichungen der Excretionen können sehr verschieden sein, aber es ist nicht immer mit Gewissheit auszumachen, ob der Grund davon mehr in dem einen oder dem anderen Factor der Excretion, ob er im Blute oder im Excretionsorgane liegt. Auch wissen wir wenig über die Mischungsveränderungen, welche die Excrete eingehen, und begnügen uns daher meist mit der Angabe physicher Abweichungen. Ja, wir sind nicht einmal im Stande, die Grenzen mit Sicherheit anzugeben, wo die Excrete aufhören, normale zu sein, da sie bereits innerhalb der Sphäre der Gesundheit manche Abweichungen zeigen. Die Folgen der fehlerhaften Beschaffenheit der Excretionen sind ähnlich denen der vermehrten und verminderten Excretionen, in sofern nämlich dem Blute Stoffe entzogen werden, die es behalten musste, oder in soweit in demselben Stoffe zurückbleiben, die für die Ausscheidung bestimmt sind.

Die Excretionen sind in den Krisen von grosser Bedeutung. Das, was im Allgemeinen über dieses Verhältniss hier zu sagen wäre, ist bereits (I. Th. S. 200 u. 220 ff.) angemerkt worden. Das Besondere wird bei den einzelnen Excreten angegeben.

B. Von den Abweichungen der Excretionen insbesondere.

1) Von der Hautexcretion.

§. 45.

Die Absonderung der Haut ist als eine dreifache zu betrachten, als Hautausdünstung, auch unmerkliche Hautausdünstung (perspiratio cutanea insensibilis) genannt, als Schweiss (sudor) und als Absonderung des Hauttalges (secretio sebi cutis). Die Hautschmiere wird aus eigenthümlichen, neben den Haaren liegenden Talgdrüsen abgesondert, und hat den Zweck des Schutzes für Haut und Haare.

Dieser Umstand ist es, welcher die Absonderung der Haut überhaupt nicht als ein ausschliessliches Excret, vielmehr auch als ein theilweises Secret betrachten lässt. Die unmerkliche Hautausdünstung und der Schweiss zusammengenommen bezeichnet man auch mit dem gemeinschaftlichen Namen; Ausdünstungs-Materie (materia perspirabilis cutanea). Ausser den oben gedachten Absonderungen zeigt die Haut noch eine vierte, nämlich eine fortwährende Abschilferung der Oberhaut in kleinen Blättchen, welche beim Putzen in grösserer Menge als sogenannter vertrockneter Schweiss gewonnen werden. Es ist einleuchtend, dass solche Massen den angeführten Namen eigentlich nicht verdienen, wenn auch nicht zu leugnen, dass eine kleine Menge vertrockneten Schweisses und Hauttalgs ihnen beigemengt ist. Auch wird es begreiflich sein, dass die Abschilferung der Oberhaut nicht als Secretion im wahren Sinne des Wortes zu betrachten ist, vielmehr als eine Abstossung, obgleich die Bildung der Oberhaut auf einer wahren Secretion beruht. Da wir es hier vorzugsweise mit der unmerklichen Hautausdünstung und dem Schweisse zu thun haben, so möge nur kurz bemerkt werden, dass die Absonderung des Hauttalges und die Abschuppung der Oberhaut nicht selten quantitativ verändert vorkommen. Jene können wir als vermindert annehmen bei der trockenen, spröden mit glanzlosem Haar versehenen Haut, vermehrt aber, oder auch auf einer blossen Ansammlung und quantitativen Veränderung beruhend, beim sogenannten Schmierschlauche des Pferdes und beim sogenannten bösen Nabel des Ochsen, durch welche Umstände das Harnen oft sehr erschwert wird. Vermehrung der Bildung und Abstossung der Oberhaut zeigt sich vorzugsweise in manchen chronischen Hautausschlägen, namentlich bei der trockenen Flechte. Wo aber Verminderung dieses Verhältnisses vorkommt, dürfte zur Zeit nicht recht klar sein; da, wo eine mangelhafte Hautthätigkeit angenommen wird, sehen wir gewöhnlich copiöse Abstossung des Epitheliums. — In Rücksicht der unmerklichen Hautausdünstung und des Schweisses wirft sich uns zunächst die Frage auf: wie diese beiden Secretionen entstehen? Gewöhnlich nimmt man an, dass jene durch die Gefässe der Haut, dieser aber durch eigenthümliche Drüsen, die Schweiss-Drüsen zu Stande komme; es dürfte aber dabei schwerlich in Abrede zu stellen sein, dass die Schweissdrüsen ebenfalls an der unmerklichen Hausausdünstung Antheil nehmen, und ihr Secret nur dann als tropfbare Flüssigkeit, als wirklicher Schweiss erscheint, wenn sie sich in gesteigerter Thätigkeit bei entsprechenden äusseren Verhältnissen befinden. Wir wissen, und ist es für die Beurtheilung der Hautabsonderung zu wissen auch sehr nothwendig, dass eine Vermehrung derselben ohne Schweiss und dieser ohne vermehrte Hautabsonderung bestehen kann, und dass die Erscheinung der dunstförmigen und der tropfbaren Hautabsonderung zum grossen Theil von physikalisohen Mitwirkungen abhängig ist. Bei gleicher Hautabsonderungs-Thätigkeit wird die Umgebung einer trockenen, warmen und bewegten Luft die dunstförmige, dagegen eine feuchte, warme und ruhende Luft die tropfförmige Erscheinung der Hautausscheidung begünstigen; da im ersteren Falle die Luft viel, im letzteren nur wenig Capacität für die Aufnahme von Feuchtigkeit besitzt. Hieraus geht nun auch gleichzeitig hervor, und besonders aus dem Umstande, dass die Menge der Hautabsonderung von äusseren Verhältnissen (namentlich von der Temperatur der Umgebung) mit abhängig ist, dass sie nicht ausschliesslich ein organischer, sondern auch ein physischer Vorgang ist; woher es denn auch kommt, dass wir so häufig Quantitäts-Abweichungen in der Hautabsonderung beobachten, ohne dass gleichzeitig Abweichungen in den Lebensverrichtungen der Haut der Thiere nachweislich wären. Zwischen der gasförmigen, dunstförmigen und tropfbar-flüssigen Absonderung der Haut hat man folgende chemische Unterschiede angegeben. Die erstere soll in der Regel aus Kohlensäure und Stickstoff in sehr veränderlichem Verhältnisse, zuweilen nur aus einem dieser Gasarten bestehen; die zweite aber aus Kohlensäure, essigsaurem Ammoniak und Osmazom; und die letztere endlich, ausser vielem Wasser, aus Milchsäure, milchsauren Salzen, Kochsalz, salzsaurem Ammoniak und thierischem Extractivstoff. Es ist indess zu bemerken, dass sowohl die qualitativen, als auch die quantitativen Angaben der Chemiker hierin nicht übereinstimmen, und dass Diess (abgesehen von der Schwierigkeit organisch-chemischer Untersuchungen überhaupt und abgesehen von der Verschiedenheit der dabei benutzten Methoden) auch wohl nicht der Fall sein könne, weil voraussichtlich und ohne dafür sprechende thatsächliche Beweise anzuführen, angenommen werden darf, dass die Excrete nach dem jedesmaligen Bedürfnisse des Organismus für die Ausscheidung Abweichungen erleiden müssen. Zu der chemischen Qualität des Schweisses gehört noch, dass er frisch alkalisch reagirt, später aber sauer wird, was Gerber dem Eiweissstoff-Gehalte zuschreibt.

§. 46.

Die quantitativen Abweichungen der Hautexcretion anlangend, so ist bei deren Bestimmung zur Vermeidung eines Irrthums, — wir erinnern nochmals daran — auf die oben gedachten, den Verdunstungsprozess begünstigende und beschränkende physikalische Momente Rücksicht zu nehmen und zu beachten, in wiefern solche und ähnliche Verhältnisse an jener Abweichung Antheil haben, und wie viel davon auf Rechnung einer veränderten Function der Haut zu setzen ist. Näher angegeben sind die Momente zur Vermehrung der Hautexcretion folgende: Muskel- und aufregende Gemüthsbewegungen; trockene, warme und mässig bewegte Luft; Reiben und Bedecken der Haut; ferner Blutandrang nach derselben; Blutwässrigkeit, daher auch reichliche und lauwarme Tränke und endlich solche Mittel, welche unter dem Namen schweisstreibende bekannt sind. Auch ist unter die ätiologischen Momente für die Vermehrung der Hautexcretion die Verminderung in Secretionen und namentlich in antagonistischen zu zählen, und davon häufig die Erklärung für jene Erscheinung in Krankheiten abzunehmen. Diejenige profuse Schweissabsonderung, welche wir nicht selten bei der Auflösung des Lebens und in nervösen Zufällen eintreten sehen, dürfte wohl aus passiven Congestionen nach der Haut, aus einer Abnahme der Spannkraft in derselben zu erklären sein, und daher zum grossen Theil auf einer rein physischen Durchschwitzung beruhen. Die Verminderung der Hauptexcretion kann durch alle die, der Vermehrung entgegengesetzten ätiologischen Momente veranlasst werden, wesshalb eine nähere Angabe derselben unterlassen werden darf. Indess ist noch zu bemerken, dass die Excretion der Haut auch dann unterdrückt wird, wenn ihre Thätigkeit bis zur Entzündung gesteigert ist; so wie andererseits auch eine Vermehrung derselben entsteht, wenn die Haut sich im Zustande der Erschlaffung befindet. Was die

Folgen dieser Anomalien betrifft, so kann eine anhaltende, zu reichliche Hauptexcretion, ausser einem zu starken Verbrauch von wässrigen Theilen, auch die thierische Materie zu sehr in Anspruch nehmen, und hierdurch Krankheiten mit Schwäche und Abmagerung hervorrufen; abgesehen davon, dass dabei in anderen Excretionen gewöhnlich eine Verminderung eintritt, und hierdurch das Gleichgewicht der Functionen aufgehoben wird. Erscheint aber eine reichliche Hautexcretion in fieberhaften Krankheiten, so ist sie dann als critisch und wohlthätig zu betrachten, wenn sie einen Nachlass in den Krankheits-Erscheinungen zur Folge hat. Denkwürdig ist es, dass die sonst unmerkliche Hautausdünstung bei Hunden in gewissen Hautkrankheiten, namentlich in der Pockenkrankheit, zuweilen bis zum Schweisse gesteigert beobachtet worden ist, so dass das Lager solcher Thiere stets feucht war. Inzwischen sind die Verhältnisse, unter welchen das Schwitzen überhaupt bei Hunden erfolgt, noch nicht festgestellt. Die krankhaft verminderte oder gänzlich unterdrückte Hautausdünstung bedingt nothwendig einen Rückhalt von Excretionsstoffen im Blute, worauf um so eher als Krankheit sich äussernde Reactionen erfolgen müssen, als dabei andere Excretionen auf antagonistische Weise nicht vermehrt sind; wogegen aber zu bedenken ist, dass antagonistisch vermehrte Excretionen unter Umständen selbst als Krankheit betrachtet werden müssen. Es dürfte schwierig sein, bis zur Evidenz die Nachtheile darzuthun, welche gestörte Hautfunction nach sich zieht; diejenigen Fälle aber, wo Brandschäden oder Ausschläge einen grossen Theil der Haut einnehmen, liefern uns in ihrer Gefahr für das Leben wenigstens theilweise den Beweis, wie nachtheilig gestörte Hautfunction werden könne. Die Grenze, wo die Hautexcretion mit einer quantitativen Abweichung anhebt, können wir eben so wenig bestimmt angeben, wie bei irgend einer anderen Se- und Excretion, da uns nicht einmal das mittlere Quantum derselben für eine gewisse Zeit im gesunden Zustande bekannt ist; und wenn Diess auch der Fall wäre, so sind wir doch ausser Stande, in den concreten Fällen davon Anwendung zu machen. Wir müssen daher unser Urtheil in diesem Puncte durch Vergleichung gesunder und solcher kranken Zustände üben, in denen die Hautexcretion in besonderen Betracht kommt. Die qualitativen Abweichungen der Hautexcretion sind bisher wenig beachtet worden. Man weiss zwar, dass der Schweiss bald wässriger, bald consistenter und schmieriger erscheint, und Letzteres ist häufig der Fall in typhösen Leiden; aber es ist noch nicht ermittelt, in wiefern hierbei eine chemische Verschiedenheit obwaltet, wahrscheinlich ist es jedoch, dass ein grösserer Gehalt an Albumin und anderen thierischen Stoffen die grössere Consistenz des Schweisses bedingt. Die normale Hautexcretion besitzt, wie man weiss, in den verschiedenen Thiergattungen auch einen verschiedenen Geruch; feine Nasen, wir wollen es nicht bestreiten, mögen auch in den Krankheiten der Individuen in dieser Beziehung Differenzen aufspüren, wie auch bereits viele Menschenkrankheiten, als einen spezifischen Geruch entwickelnd, gekannt sind; in der Thierheilkunde aber hat man wenigstens den Geruch der Hautexcretion noch nicht als diagnostisches Mittel benutzt. Dass die Hautexcretion von ätherischöligen, Phosphor- und Schwefel-Mitteln den eigenthümlichen Geruch annehmen könne, ist bekannt, auch dass es dadurch geschieht, weil jene Stoffe zum Theil durch die Haut excernirt werden.

Eine der interressantesten qualitativen Abweichungen der Hautexcretion ist das, bisher nur in wenigen Fällen beobachtete Blutschwitzen; es betreffen diese ein Kalb, zwei Ochsen und ein Pferd, wovon das letztere an den Folgen des Blutverlustes starb. Es ist nicht ermittelt, ob in diesen Fällen alle Bestandtheile des Blutes durchsickerten, auch nicht, ob die Capillargefässe der Haut oder die Schweissdrüsen an der Durchschwitzung des Blutes vorzugsweise Antheil nahmen. Hering (spez. Path. u. Ther. B. II. S. 471) zählt hierher auch das an einigen Körperstellen des Pferdes (vorzüglich der orientalischen Raçe) von ihm und anderen beobachtete spontane, oder durch Kneipen erfolgte Aufbrechen der Hautvenen; diese Fälle scheinen sich aber sehr von den oben angeführten, in Gurlt's und Hertwig's Mag. B. II. angemerkten sehr zu unterscheiden. Als räumliche Erscheinung der Hautexcretion ist das vorzugsweise Auftreten des Schweisses, sowohl im gesunden als im kranken Zustande, an der einen oder anderen Körperstelle zu betrachten, wovon der wahrscheinliche Grund in einem grösseren Reichthum an Schweissdrüsen, in einer grösseren Zartheit der Haut, zuweilen auch in einer geringeren Verdünstungsfähigkeit liegen mag. Wenn wir aber in Krankheiten eine Körperstelle der einen Seite schwitzen sehen und die entsprechende der anderen Seite nicht oder weniger, so dürfte zur Zeit keine genügende Erklärung davon zu geben sein, wenn wir diese Erscheinung nicht einer abnormen Nervenleitung zur Last legen wollen.

II. Von der Lungenexcretion.

§. 47.

Die Resultate der Untersuchungen über die Lungenexcretion sind nichts weniger als übereinstimmend. Wir wissen nicht mit völliger Bestimmtheit, welche Veränderungen mit der Luft und dem Blute bei ihrer Wechselwirkung auf einander in den Lungenzellen vorgehen, doch ist bekannt, dass die ausgeathmete Luft viel mehr Kohlensäure enthält, als die eingeathmete, überdiess noch viel Wasserdunst, etwas thierische Materie und zuweilen wenigstens Stickstoffgas oder Ammoniac. Es ist uns nicht genau bekannt, wie viel die Lungenexcretion bei den verschiedenen Thieren in einer gewissen Zeit im gesunden Zustande derselben beträgt. (S. Zusatz). Auch haben wir keinen sicheren Maasstab für die Beurtheilung der vermehrten und verminderten Lungenexcretion, weil der Strom der ausgeathmeten Luft, so wie das mehr oder weniger tiefe Einathmen nur unsichere Anhaltspuncte gewähren, indem wir nicht wissen können, in wie weit die eingeathmete Luft verändert worden ist. Selbst die Beschaffenheit des Blutes erlaubt uns keine sichere Schlüsse in dieser Beziehung zu fällen, da die Lungen bekanntlich nicht die einzigen Umbildungs- resp. Reinigungs-Organe für das Blut sind. Auf physikalische Thatsachen gestützt, haben wir indess Grund anzunehmen, dass bei gesundem Zustande der Athmungsorgane und energischer Lebensthätigkeit überhaupt, ferner bei trockener und kalter Luft, bei mässigen Körper- und aufregenden Gemüths-Bewegungen die Lungenexcretion stärker ist, als bei Lebensschwäche, fehlerhafter Beschaffenheit der Athmungsorgane, übermässiger Körperbewegung oder zu vieler Ruhe, und bei warmer, feuchter oder verdorbener Luft. Als Ursachen der quantitativen Abweichungen der Lungenexcretion dürfen wir auch die Functionen derjenigen Organe nicht übersehen, welche mit jener in antagonistischer

Beziehung stehen, so die Haut-, Nieren- und Leberexcretion; denn besteht in diesen eine Verminderung, so wird in der Regel die Lungenexcretion vermehrt und umgekehrt. Nicht minder kann in den gedachten antagonistischen Excretionen auf secundäre Weise eine quantitative Abweichung eintreten, wenn die Lugenexcretion durch die oben bezeichneten Verhältnisse primär vermehrt oder vermindert ist. Als anderweitige Folgen der vermehrten Lungenexcretion können sich mindere Fettablagerung, höhere Ausbildung des Blutes und sogar entzündliche Anlage bemerklich machen; während die verminderte Lungenexcretion die entgegengesetzten Verhältnisse nach sich zieht. Von der Beschaffenheit der Lungenexcretion können wir, den vorangeschikten Bemerkungen zufolge, noch weniger wissen. Dass dieselbe bei den Individuen in verschiedenen Zeiten sehr verschieden sein müsse, geht schon aus dem Umstande hervor, dass sie eben eine Excretion ist, und die Reinigung des Blutes von seinen Schlacken, dem gerade obwaltenden Bedürfnisse gemäss, nach Möglichkeit zu übernehmen hat. Auch daraus geht es hervor, dass die Lungenexcretion mit anderen excretiellen Functionen in antagonistischer Beziehung steht, und daher bei Verminderung oder Unterdrückung der einen oder der anderen die theilweise Ausscheidung des dadurch entstandenen Rückhaltes an Auswurfstoffen im Blute zu besorgen hat. Am bestimmtesten können wir die qualitativ veränderte Lungenexcretion in denjenigen Fällen nachweisen, wenn mit derselben dem Organismus einverleibte fremdartige Stoffe ausgeschieden werden, die wir schon durch den Geruch der ausgeathmeten Luft erkennen können, wie ätherische Oele, Phosphor, Kampfer und andere. Wenn die Lungenexcretion einen fauligen, unangenehmen Geruch zu erkennen giebt, so ist, wenn nicht die Ursache davon in den ersten Luftwegen besteht, entweder ein typhöses Leiden überhaupt, oder eine Putrescenz in den Lungen in Folge Vereiterung oder Erweichung von Tuberkeln vorhanden. Wir sind gewohnt, die Wärme der ausgeathmeten Luft, als eine Qualität derselben zu beobachten, und schliessen bei der Gegenwart einer ungewöhnlich hohen Temperatur der exspirirten Luft auf einen Entzündungszustand in den Lungen, in sofern bei diesem pathologischen Prozess eine grössere Entwickelung von Wärme stattfindet, die sich der inspirirten Luft mittheilt. Ueberall da, wo wir unser Gefühl als Maasstab der Beurtheilung anlegen, müssen wir eine gewisse Vorsicht obwalten lassen, so auch hier Es erscheint daher für den in Rede stehenden Fall angemessen, wenn wir die untersuchende Hand zuvor mit der Haut des Thieres in Berührung bringen, um somit in jener eine Ausgleichung der Wärme zu bewirken, welche der Körpertemperatur des zu untersuchenden Thieres angemessen ist.

Zusatz. Man war bemüht, die Kohlenstoffmenge zu ermitteln, welche in einer gewissen Zeit bei Menschen und Thieren als Kohlensäure durch die Lungen- und Hautexspiration ausgeschieden wird. Um zu diesem Zwecke zu gelangen, hat man den Kohlenstoffgehalt der aufgenommenen Nahrungsstoffe erforscht, diejenige Menge des Kohlenstoffs davon in Abzug gebracht, welche durch die Fäces des Darmkanals und den Harn abgeschieden wird, und sodann geschlossen, dass die übrig bleibende Menge des Kohlenstoffs im verbrannten Zustande als Kohlensäure aus dem Körper entweiche. Auf diese Weise verfuhr auch Boussingault (Annales de chim. et de phys. B. XX. I. S. 136), als er zu dem Resultate gelangte, dass ein Pferd 158¼ Loth, eine milchende Euh 144½ Loth Kohlenstoff in 24 Stunden verzehrt, und dass zur Ueberführung dieser Kohlenstoffmengen in Kohlensäure beim Pferde in derselben Zeit $13\frac{7}{32}$ Pfd., und bei der Kuh $11\frac{2}{3}$ Pfd. Sauerstoff nothwendig sind. Wenn man nun noch annehmen muss, dass ein grosser Theil des Wasserstoffs aus dem Körper als eine Sauerstoffverbindung, als Wasserdunst entweicht, so ist klar, dass die von einem grösseren Thiere an einem Tage aufgenommene Sauerstoffmenge wirklich gross ist. Liebig (die organische Chemie in ihrer Anwendung auf Physiologie und Pathologie. Braunschweig 1842) folgert aus der Annahme, dass kein Theil des aufgenommenen Sauerstoffs in einer anderen Form, als in der einer Kohlenstoff- oder Wasserstoffverbindung wieder aus dem Körper trete, und dass im normalen Gesundheitszustande der ausgetretene Kohlenstoff und Wasserstoff wieder ersetzt werde durch den Kohlenstoff und Wasserstoff, den wir in den Speisen zuführen, das eben die Menge der Nahrung, welche der thierische Organismus zu seiner Erhaltung bedarf, in geradem Verhältnisse stehe zu der Menge des aufgenommenen Sauerstoffs, so dass zwei Thiere, die in gleichen Zeiten ungleiche Mengen von Sauerstoff durch Haut und Lunge in sich aufnehmen, auch in einem ähnlichen Verhältniss ein ungleiches Gewicht von dem nämlichen Futter verzehren.

III. Von der Harnexcretion.

§. 48.

Wir haben bereits gesehen, dass die Lungen und die Haut vorzugsweise zur Excretion von Wasserstoff, Kohlenstoff und Sauerstoff, die Leber vorzugsweise zur Excretion von Kohlenstoff dienen. Die Nieren aber sind diejenigen Organe, welche ausser mehreren anderen Stoffen, sowohl organischen als unorganischen, den Stickstoff im grössten Maasse ausscheiden, da derselbe einen Hauptbestandtheil des Harnstoffs und der Harnsäure ausmacht. Der Harn der Thiere ist eines sorgfältigerem Studiums würdig, als ihm bisher zu Theil wurde; denn er enthält, ausser solchen Stoffen, welche vom Blute unmittelbar excernirt werden (d. h. solche, welche unfähig waren, die Verwandlungsstufen bei der Ernährung durchzumachen,) vorzugsweise die Materien des zerfallenen Thierkörpers, und somit auch des Blutes, nur in anderer Form von Verbindungen, und kann daher von grosser Bedeutung als Symptom der Krankheit und ihrer Entscheidung werden, in sofern er vom Zustande des vegetativen Lebens Kunde zu geben vermag. Um aber den eben angedeuteten Nutzen aus der Lehre von der Harnexcretion in einem erwünschten Maase zu ziehen, müssten vor Allem häufige und gründliche Untersuchungen des Harns der gesunden Zustände der Thiere vorhanden, und die Veränderungen, welchen derselbe bereits in diesen unterworfen ist, mit ihren Ursachen in gehörigen Zusammenhang gebracht worden sein; woraus sich dann auch das ätiologische Verhältniss für die krankhaften Abweichungen des Harns leicht ergeben würde. Der Harn der verschiedenen Thiere ist in seinen physischen und chemischen Eigenschaften sehr abweichend. Als eigenthümliche Bestandtheile des Harns kennen wir den Harnstoff, die Harnsäure, und die Modification der letzteren, die Hippursäure auch Harnbenzoësäure genannt. Die anderen im Harn vorkommenden Stoffe sind solche, welche sich auch in den übrigen Se- und Excreten vorfinden, nur trifft man sie im Harn, namentlich die unorganischen Bestandtheile in einem grösseren Maasse an. Der Harnstoff kommt im Harn aller Hausthiere, die Harnsäure aber nur in solchen, die Fleisch fressen, und die Hippursäure, den seitherigen Ermittelungen zufolge, nur in dem des Pferdes und des Rindes vor. Die Reaction des Harns der pflanzenfressenden Thiere ist die alkalische, die der fleischfressenden die saure; erstere rührt von kohlensauren Salzen, letztere von freier Milchsäure her, denn die Harn- und Hippursäure ist im Urin in noch nicht gehörig bekannten Verbindungen. Was hier von der Reaction gesagt worden ist, gilt von frisch ausgeleertem Harn —; aller Harn, wenn er eine zeitlang gestanden, reagirt alkalisch wegen des, durch die Umsetzung seiner Bestandtheile neugebildeten und freien Ammoniaks. Das spezifische Gewicht des Harns ist sehr verschieden; es schwankt z. B. beim Pferdeharn zwischen **1020** und **1060**. Diese Verschiedenheit rührt von der mehr oder weniger grossen Menge der festen Bestandtheile her, die bis 8 p. C. betragen können; das Uebrige ist Wasser. Eben die Menge der festen Bestandtheile hat auf die Farbe und Consistenz des Harns Einfluss, ausserdem aber auch die zufällige Beimischung verschiedener anderen Stoffe, wovon wir die Möglichkeit des Ueberganges in den Harn kennen, und welche demselben nicht selten einen eigenthümlichen Geruch und eine besondere Farbe verleihen. Um also den Harn der gesunden und kranken Zustände richtig beurtheilen zu können, muss auf alle jene Verhältnisse Rücksicht genommen werden. Daher liegt es uns zunächst ob, die quantitativen und qualitativen Abweichungen des Harns und dann diejenigen Anomalien zu besprechen, welche sich bei der Ausleerung desselben darbieten.

§. 49.

Um die quantitativen Abweichungen des Harns gehörig zu würdigen, müssen wir die Verhältnisse kennen, unter welchen bereits im gesunden Zustande eine verschiedene Menge Harns von einem und demselben Thiere in verschiedenen Zeiten ausgeleert wird. Hierher gehören unter anderen hauptsächlich die quantitativen Abweichungen in der Hautexcretion und dann die Menge des aufgenommenen Getränkes. Bei der Verminderung der Harnausleerung hat man aber noch insbesondere zu unterscheiden, ob dieselbe wirklich auf einer beschränkten Secretion oder nur auf einem Hinderniss in der Ausleerung, z. B. auf Krampf, Harnsteinen u. dergl. beruht. Die einmalige Entleerung des Harns giebt selten einen richtigen Maassstab für die Beurtheilung seiner Menge, da es vorkommt, dass in Krankheiten zwar selten, aber auf einmal viel, oder oft, aber jedesmal nur wenig Harn ausgeleert wird. Daher ist es nothwendig den Schluss erst nach mehreren Ausleerungen zu ziehen, was seine Schwierigkeiten hat, da es sehr mühsam ist, allen Harn aufzufangen. Die Ursachen der krankhaft verminderten Harnsecretion und daher auch unter allen Umständen der verminderten Harnexcretionen liegen entweder in krankhaften Zuständen der Nieren selbst, wie in Entzündung und Desorganisation derselben, oder auch in krankhaft vermehrten anderweitigen Se- und Excretionen, oder endlich in einem Ueberwiegen des Bildungsprozesses über die Destruction, wie es namentlich in Entzündungen der Fall ist. Wenn nur eine Niere geschwunden oder durch Desorganisation zerstört ist, so übernimmt die andere in der Regel, indem sie sich vergrössert, die Function der krankhaften stellvertretend; woher wir dann den Harn in normaler Menge beobachten. Sind aber beide Nieren geschwunden oder destruirt, so wird natürlich die Harnsecretion entweder sehr beschränkt oder aufgehoben sein. Die Ursachen der krankhaft vermehrten Harnsecretion können zwar auch auf Alienationen der

Nieren beruhen, sie sind indess anderer Art als jene. Sie bestehen, allgemein ausgedrückt, in Erschlaffung oder in einem Reizungszustande der Nieren, durch welchen letzteren eine Erhöhung ihrer Thätigkeit bis zur Congestion, aber nicht bis zur Entzündung entsteht. Zu einem solchen Reizungszustande giebt, ausser einer primären Erregung der bezüglichen Nerven, das Blut meist selbst Veranlassung, wenn es differente Stoffe enthält, unter anderen solche, welche als spezifische Diuretica bekannt sind. Die anderweitigen Ursachen der vermehrten Harnsecretion sind denjenigen der verminderten entgegengesetzt, und bestehen meist in primärer Verminderung der übrigen Se- und Excretionen, oder in einem Ueberwiegen der Entbildung über die Bildung. In beiden Anomalien kommt auch eine Qualitäts-Abweichung des Harns vor, aber sie ist nicht constanter Art; inzwischen kann mit beiden ebensowohl ein Mangel als als auch ein Uebermaass an festen Bestandtheilen verbunden sein. Von der auffallenden Quantitäts-Abweichung der Harnexcretion mit gleichzeitiger, in die Augen fallenden Qualitäts-Veränderung kennen wir bisher nur zwei Formen mit Gewissheit, die blutige Harnruhr, vorzugsweise beim Rindvieh, und den Lauterstall, vorzugsweise bei Pferden vorkommend. Der Name der ersteren deutet schon ihre Kennzeichen hinreichend an; der letzte aber besteht in der Excretion einer enormen Menge wasserhellen Harns, der nach meinen Untersuchungen fast neutral und so arm an festen Bestandtheilen ist, dass seine spezifische Schwere die des destillirten Wassers nur um Weniges übersteigt; auch fand ich, dass ein solcher Harn nicht mit Säuren aufbraust, was gesunder Harn der Pferde in bedeutendem Maasse wegen Anwesenheit von kohlensauren Salzen thut. Den Lauterstall nennt man auch geschmacklose Harnruhr (diabetes insipidus), um ihn von der zuckerigen oder Honig-Harnruhr (diabetes mellitus) zu unterscheiden. Das Vorkommen der letzteren bei den Thieren ist aber noch sehr zu bezweifeln, obgleich einige Schriftsteller, wie Blaine, Hurtreil, d'Arboval und Burger eines solchen erwähnen, ohne aber bestimmte Thatsacheu und Untersuchungen auf Zucker anzuführen. Im Harn des Lauterstalls kommt jedenfalls kein Zucker vor, wenigstens nicht in den von mir untersuchten Fällen; indess soll nach Lassaigne freie Essigsäure darin vorhanden sein. Die Folgen der quantitativen Abweichungen in der Harnexcretion können sehr bedeutend sein; am raschesten und nachtheiligsten muss offenbar eine Verminderung derselben wirken, weil in Folge derselben Sotffe im Blute zurückbleiben, welche für die Ausscheidung bestimmt sind. Es entsteht hiernach zunächst ein dyscrasischer Zustand des Blutes, eine sogenannte Harnschärfe (acor urinae) in demselben, welche Reaction von Seiten des Organismus in Form des Fiebers und mancherlei andere, nach der Disposition der Thiere verschiedene, krankhafte Zustände hervorruft. Häufig bestehen die Folgen in Wassersuchten, indem die serösen Häute eine vermehrte und stellvertretende Secretion für die Nieren übernehmen, da sowohl jene als auch diese hauptsächlich Wasser absonderen. Die Stellvertretung der gedachten Organe ist übrigens aus dem Umstande, dass verstärkte Harnsecretion Wassersuchten oftmals heilt, leicht zu erkennen. Dass, wie oben bemerkt, die verminderte oder gänzlich unterdrückte Harnsecretion Dyscrasie des Blutes und heftige Reactionen veranlasst, hat man, wie Stark anführt, durch vielfache Versuche an Hunden, Katzen und Kaninchen zu erweisen gesucht, indem man ihnen beide Nieren exstirpirt hat. Es stellten sich hiernach in der Regel in 3 Tagen flüssige Kothentleerungen, Erbrechen, heftiges Fieber mit kleinerem Pulse und erschwertem, kurzen Athmen ein, und nach einigen Tagen erfolgte der Tod. Man fand bei der Section-Ergiessung seröser Flüssigkeit in den Hirnhöhlen, die Gallenblase mit Galle angefüllt; dann im Darmkanal und im Blute Harnstoff, was dem gedachten Pathalogen, (wie uns scheint, mit Recht,) als Beweis dient, dass jener Stoff nicht erst in den Nieren erzeugt wird, und dass auch die Ablagerung urinöser Feuchtigkeit nicht immer die Folge einer, aus den Harnwegen geschehenen Aufsaugung ist. Die sichtbaren Folgen der vermehrten Harnsecretion in der Form des Lauterstalls sind zwar nicht rasch eintretend, sie bleiben jedoch endlich nicht aus, und geben sich dann durch Verminderung anderer Secretionen, durch eine gewisse Trockenheit des Körpers und durch Abmagerung zu erkennen. Dass die letztere nur langsam erfolgt, erklärt sich aus dem geringen Gehalte des Harns an festen Stoffen, und fragt es sich sehr, ob bei der in Rede stehenden Anomalie das ganze Quantum der festen Bestandtheile grösser ist, als im Harn der normalen Zustände. Ist aber die Harnruhr eine blutige, so sind die Folgen denen ähnlich, welche die Blutarmuth überhaupt hat.

§. 50.

In den qualitativen Abweichungen des Harns ist derselbe in Rücksicht aller seiner physischen und chemischen Eigenschaften zu würdigen: daher die Consistenz, Durchsichtigkeit oder Trübe, die Farbe, der Geruch, die spezifische Schwere, ferner das Mengenverhältniss seiner verschiedenen normalen, abnormen und zufälligen Bestandtheile zu beachten. Das alles hat aber für den practischen Thierarzt nicht geringe Schwierigkeiten, weil ihm leider oft die Kenntniss, Mittel und Zeit für derartige Untersuchungen abgehen. In Rücksicht der chemischen Untersuchung brauchen wir es indess zu unserm Zwecke auch nicht so ängstlich und minutiös zu nehmen. Neumann fordert nicht mit Unrecht, von denjenigen, welche sich, wie er sagt, die undankbare Mühe geben, den Urin chemisch zu untersuchen, das Bedenken, dass diese Flüssigkeit in jedem Augenblick andere Bestandtheile enthalten kann, indem durch sie Alles ausgeschieden werden soll, was sich dem Blute beimischt, ohne sich in solches zu verwandeln. Es ist daher der genannte Pathalog eher geneigt zu bewundern, dass das Leben bei jenem Scheidungsprozesse immer noch zeugend verfährt, so dass eine gewisse Homogeneität der Bestandtheile bemerkbar bleibt, als dass er sich Mühe geben wolle, alle möglichen Differenzen der Bestandtheile aufzuführen. Das sei, als wolle man die Bestandtheile des Seinewassers untersuchen, da, wo die Seine Paris verlässt. — Damit der eben gedachte Vorwurf uns nicht treffe, lassen wir uns hier nur auf diejenigen qualitativen Abweichungen ein, welche häufig vorkommen und auch leicht zu beurtheilen sind. Bei der Beurtheilung der Qualitäts-Abweichungen in der Harnexcretion muss man vor allen Dingen, wie bereits anbedeutet, wissen, dass auch solche in ganz normalem Zustande vorkommen. Um hierfür die Belege zu finden, erinnere man sich nur an den sogenannten Getränke- und Chylus-Harn (urina potus et chyli). Ersterer ist ein solcher, welcher nach kurz vorher aufgenommenem Getränke entleert wird, und sich durch weniger Farbe und Consistenz von dem anderen unterscheidet, welcher später nach vorgerückter Verdauung folgt. Man sieht mitunter von Pferden Harn absetzen, welcher eine auffallende gesättigt gelbe, rothe oder schwärzliche Farbe hat, und ein Jeder wird sich wahrscheinlich dieser Erscheinungen erinnern, die man namentlich im Winter, wenn die Thiere in den Schnee harnen, so schön beobachten kann. Rychner sagt hierüber: „Ein solcher Harn kommt zuweilen bei allzustark nach dem Füttern gebrauchten oder gejagten Pferden vor; mehr noch bei solchen bei schlechter Verdauung, wobei zu viel rohe Stoffe in das Blut übertreten, welche einigermassen in diesem Zustande abgesondert werden und meistens in diesem Vorgange die Nieren etwas reizen.“ Die wahren Ursachen der gedachten Farben-Verschiedenheit sind bis jetzt nicht bekannt, wenn sie nicht in einer grösseren Concentration des Urins oder in einer unverhältnissmässig grossen Menge fester Stoffe und namentlich thierischer Extractivstoffe liegen. In Rücksicht des menschlichen Urins nimmt man aber an, dass, wenn derselbe auffallend roth, blau oder schwärzlich erscheint, in dem ersteren Falle eine grosse Menge Harnstoffs in einer grösseren Oxydationsstufe, im zweiten und dritten Falle eigenthümliche Stoffe, Cyanurin und Melanurin vorhanden seien. Unsere besondere Aufmerksamkeit verdient der sogenannte kritische Harn. Die Harnexcretion ist im Allgemeinen dann als kritisch zu betrachten, wenn sie in einem gewissen Stadium der Krankheit reichlicher erfolgt als früher, und wenn hiermit Nachlass in den Zufällen eintritt. Die Erscheinungen, woran wir die Einleitung zu dieser besonderen Krisis erkennen, sind: höhere Wärme und Empfindlichkeit in der Lendengegend und ein häufiges Bemühen zum Harnen. Die Kennzeichen am

Harne selbst, welche für seine kritische Natur sprechen, sind: seine reichliche Menge und starke Trübung. Wenn ein solcher Harn in einem gläsernen Gefässe eine zeitlang ruhig gestanden hat, so bemerkt man einen starken Bodensatz (sedimentum, hypostasis) in demselben, während der übrige Theil meist klar, doch von mehr oder weniger gesättigt-gelber oder röthlicher Farbe ist. Etwas über dem Bodensatz findet man zuweilen eine wolkige, aus schleimigen Stoffen bestehende Trübung, welche man Wolkchen (nubecula) nennt; schwebt dieses Wölckchen aber mehr in der Höhe des Urins, so bezeichnet man es als Eneorema, welches Wort eigentlich so viel sagen will als das Hängengebliebene (suspensum urinae), und ist es endlich nur geringfügig als Flocken (flocci). Als dem kritischen Harn entgegengesetzt, betrachtet man den rohen Harn (urina cruda), welcher im Anfange fieberhafter Krankheiten entleert wird, und mehr oder weniger farblos und klar ist; wird ein solcher blasser Harn im Fieberfroste ausgeleert, so nennt man ihn auch wohl urina spastica. An dem in Schwächezuständen entleerten Urin bemerkt man nicht selten auf der Oberfläche desselben ein schillerndes Häutchen, welches Harnrahm (cremor urinae) genannt wird; befindet sich dieses Häutchen aber blos am Rande des Gefässes, so heisst es Harnkrone (corona urinae).

Bei der Concrement-Erzeugung im Harne, sie bestehe in Gries- oder Steinbildung, ist wohl immer — wenn sich nicht zufällig ein fremder Körper in den Harnwegen einfindet, um welchen sich die festen Bestandtheile des Harnes krystallinisch anfügen — eine Qualitäts-Abweichung desselben zugegen; die entweder darauf beruht, dass der Harn eine überwiegende Menge fester Bestandtheile enthält, oder dass diese in solchen Verbindungen vorkommen, welche für die Ausscheidung günstig sind. Die Harnconcremente kommen in allen Abtheilungen der Harnwege, namentlich der männlichen, von den Nierenkelchen und vom Nierenbecken an bis zur Vorhaut vor; aber es ist, wie gesagt, wahrscheinlich, dass sie sich jedesmal aus dem Harn unmittelbar durch Ausscheidung erzeugen. Rychner sagt zwar, dass er schon einige Male solche angetroffen habe, die mit einem Stielchen an der Blasenschleimhaut befestigt waren, und umzogen von einem häutigen Sacke, von welchen der Stiel ausging. Er fragt: Sollte in einem solchen Falle nicht vermuthet werden dürfen, dass selbst die Blase unter gewissen Umständen das Vermögen besitze, Harnstoff abzusondern? Wir meinen, die Antwort hierauf würde leicht gewesen sein, wenn jene Concremente in Bezug auf den etwanigen Gehalt an den eigenthümlichen Bestandtheilen des Harns untersucht worden wären; nun aber fällt die Antwort schwer, zumal da Rychner anzugeben unterlassen hat, ob die Harnsecretion in solchen Fällen ein Hinderniss in den Nieren gefunden. Unbedingt verneinen lässt sich jene Frage nicht, denn Galvani (Tiedemann's Zoolog. II. 553) sah nach Unterbindung der Harnleiter bei Vögeln die serösen Häute kalkige Concremente absondern. Ueber die Erscheinungen, so wie über die nachtheiligen Folgen, welche die Harnsteine darbieten, ertheilt die specielle Pathologie nähere Auskunft, so wie über die bisher erforschte physische und chemische Natur derselben die pathologische Anatomie und Chemie.

Andere Qualitäts-Abweichungen des Urins entstehen dadurch, dass in demselben Stoffe in grösserer Menge enthalten sind, die ihm in geringerer Menge auch im normalen Zustande angehören, wie

Schleim und Eiweiss; oder dadurch, dass er Stoffe enthält, die ihm naturgemäss nicht zukommen. Im letzteren Falle sind es entweder vom Organismus selbst abstammende Stoffe, wie Blut, Galle, Faserstoff und Eiter, oder es sind solche, welche zufällig in den Körper gelangt sind; wohin manche Arzneimittel und Farbstoffe gehören. Solche Qualitäts-Abweichungen müssen aus der Natur der Stoffe erkannt werden, was allerdings mit einigen Schwierigkeiten verknüpft ist; sind sie aber erkannt, so wird ihre Bedeutung in der Regel nicht schwer sein. Ob auch Fett im Harn der Thiere, wie es zuweilen beim Menschen der Fall, vorkommt, ist noch nicht ermittelt; wahrscheinlich aber enthält solches der oben bezeichnete, in cachektischen Zuständen sich bildende Harnrahm. In Betreff der Anwesenheit des Blutes im Urin dürfte noch bemerkt werden, dass man davon in demselben nur den Farbstoff erkennt, wie im Milzbrand in Folge einer Secretion des in Zersetzung begriffenen Blutes, oder, ausser dem Cruor, auch den Faserstoff, wie es nach einer Blutung der Fall ist, sie mag in den Nieren oder in einem anderen Theile der Harnwege vorkommen. Rychner sagt zwar, dass bei Nierenblutung das Blut mit dem Urin innig gemischt erscheine; dies ist jedoch nicht immer der Fall, denn ich habe einige Mal bei Pferden, bei welchen Spanischfliegen-Salbe zu derivatorischem Zwecke angewendet worden war, Nierenblutung entstehen sehen, mit deutlicher Absonderung des Faserstoffs im Urin. Percivall (the Veterinarian Januar-Heft 1841) beobachtete in einigen Fällen eiweisshaltigen Urin beim Pferde. Nach ihm ist ein solcher Urin hell gefärbt, aber dickflüssig, und hat, wenn er in ein Glas gegossen wird, grosse Aehnlichkeit mit geschmolzener Gallerte von Kalbsfüssen. In anderen Fällen hatte er eine dunkele Strohfarbe und die Consistenz einer Gummi-Auflösung. Zuweilen gerann er, wenn er der Hitze des Feuers ausgesetzt wurde, zuweilen nicht, woran im letzteren Falle die grössere Menge Wassers, womit der Eiweissstoff verbunden ist, Schuld sein soll. (?). Es ist bereits oben angegeben worden, dass auch der gesunde Harn einen kleinen Theil Eiweissstoff enthält, welcher sich beim Erhitzen dieses Excrets als Flöckchen zeigt. Der dickliche Harn des Pferdes, wie man ihn gar nicht selten in gastrischen und Schwächezuständen oder auch beim Blasen-Catarrh dieses Thieres sieht, enthält gewöhnlich einen grösseren Antheil des Albumens; aber, nach meinen Untersuchungen ist es für voreilig zu halten, den dickflüssigen Zustand eines solchen Urins allein auf Rechnung des Eiweisses zu setzen; denn der grössere Schleimgehalt hat in der Regel den meisten Antheil daran, vielleicht auch eine durch die Harnsecretion bedingte Modification des Eiweisstoffes, welcher nicht mehr die gewöhnlichen Reactionen zeigt.

§. 51.

Die Ausleerung des Harnes kann insofern krankhaft erscheinen, als sie mit Beschwerde erfolgt; diese Erscheinung nennt man überhaupt Schwerharnen (dysuria), wovon eine besondere Art der Harnzwang (stranguria) ist, wenn der Urin unter Drängen und Schmerzen nur tropfenweise erfolgt. Die Harnverhaltung aber überhaupt, ohne Rücksicht auf die etwa damit verbundene Beschwerde nennt man Ischuria, und theilt dieselbe in eine vollkommene und unvollkommene (I. completa et incompleta) ein. Dem Schwerharnen und der Harnverhaltung entgegengesetzt ist der Harnfluss

(Incontinentia urinae) der durch beständiges, ohne Zwang erfolgendes Abfliessen des Urins bezeichnet wird. Die Ursachen und Folgen dieser Zustände sind sehr mannigfalttg. Die nähere Erörterung derselben fällt der spez. Pathologie anheim; uns muss es hier genügen, auf jene Erscheinungen überhaupt aufmerksam gemacht zu haben.

Zusatz. Die von C. H. Schultz (die Verjüngung des menschlichen Lebens u. s. w. Berlin 1842) ausgesprochenen Ansichten über die Bedeutung des Harnes und des Schweisses für die thierische Oeconomie scheinen uns in einem Grade bedeutend, dass wir dafür halten, sie hier nicht übergehen zu dürfen. Denn, obgleich sie einen besondern Bezug auf den Menschen haben, so versprechen sie doch auch Früchte in Rücksicht der Beurtheilung gesunder und kranker Zustände der Thiere. Viele Gründe machen es wahrscheinlich, sagt der gedachte Naturforscher, dass Harn und Schweiss, die man schon längst als depurative Secretionen betrachtet hat, im Wesentlichen als Mauserstoffe des Verjüngungsprozesses im Muskel- und Nervensystem zu betrachten sind, wobei sich der Schweiss mehr auf die Muskeln, der Harn mehr auf die Nervensubstanz bezieht. Im Allgemeinen machen dieses die pathologischen Verhältnisse schon wahrscheinlich, in denen wir die Muskelkrankheiten, wie Rheumatismen in besonderem Verhältnisse zur Hautausdünstung; die Nervenkrankheiten in besonderem Verhältniss zur Harnabsonderung stehen sehen. Betrachten wir zuerst diese Verhältnisse bei der Harnsecretion näher, so ist es auffallend, dass die Anfälle und die Krisen der Nervenkrankheiten, die Krämpfe, Schmerzen u. s. w. meist mit sichtbaren Veränderungen im Urin geschehen, und wie umgekehrt Hindernisse der Harnabsonderung und Ausleerung so leicht auf das Nervensystem zurückwirken, und Krankheiten desselben erregen. Der veränderte, blasse Harn bei Anfällen von Krämpfen, der stinkende, kritische Harn nach Entscheidung derselben sind immer bekannt gewesen. Indessen bieten sich bei der Harnabsonderung im Ganzen zwei verschiedene

Seiten dar, von denen mir die eine bestimmtere Beziehung auf das Nervensystem zu haben scheint. Der Harn ist 1) depuratives Secret des Körpers überhaupt, und enthält vielerlei fremdartige Stoffe, welche theils durch Resorption, theils durch Absorption im Darmkanal und in den Lungen in das Blut gelangen und dann durch ihn wieder ausgeschieden werden. Zu den Stoffen dieser Art gehören viele im Harn permanent vorkommende Salze, wie die phosphorsauren, schwefelsauren und salzsauren Ammoniak-, Kali-, und Natrum-Salze; ferner die als Arzneien oder Nahrungsmittel in das Blut gekommenen riechbaren Stoffe, die Farbestoffe u. s. w. Alle diese Stoffe haben keine bestimmte Beziehung auf das Nervensystem, und ihre Verhältnisse ändern sich daher durch die verschiedenen Zustände des Nervensystems nicht. Aber 2) sind im Harne die eigenthümlichen Bestandtheile organischen Ursprungs, welche ihre bestimmte Beziehung auf die Regeneration des Nervensystems documentiren: der Harnstoff, die Harnsäure und deren Modification bei verschiedenen Thieren: die Harnbenzoësäure (Hyppursäure), wohin dann auch die pathologischen Producte: Eiweiss, Cystin, Purpursäure gehören. Dass diese Stoffe mit dem Digestions- und Ernährungs-Prozess überhaupt nichts zu thun haben, erkennt man leicht daran, dass sie in allen Veränderungen dieser Prozesse, im Hunger und Durst, bei Abmagerung, Bewegung und Ruhe im Wesentlichen dieselben bleiben; und nur in Fällen, wobei entweder das Nerven- und Muskelsystem allein oder bei anderen Krankheiten mitleidet, sich verändern. Daher sind es auch besonders die Veränderungen in dem Verjüngungsprozess des Nervensystems, welche auf die Bildung, dieser Stoffe Einfluss haben. Es sind dieses die wahren Mauserstoffe des Nervensystems. Sie werden im Allgemeinen bei Hemmungen des Verjüngungsprozesses, wobei auch die entsprechende Rückbildung gehemmt ist, sich mindern; bei gesteigertem Verjüngungsprozess und lebhaftem Stoffwechsel sich vermehren; sie werden bei gänzlicher Unterdrückung der Nerventhätigkeit verschwinden und bei Colliquation der Nervensubstanz sich vermehren und dabei auf mancherlei Art sich ändern.

Die Hautausdünstung gehört mit der Harnabsonderung zu einem höhern Ganzen eben so zusammen, wie das Muskel- und Nervensystem. Beide ergänzen sich daher in ihren Functionen, wie die Systeme, denen sie entsprechen. Die Hautausdünstung und der Schweis sind Mauserproducte der animalen Organe, wie der Harn; doch scheint sich die Hautausdünstung mehr auf die Muskelsubstanz, wie der Harn mehr auf die Nervensubstanz zu beziehen, womit dann zusammenhängt, dass unterdrückte Hautthätigkeit so leicht Muskelaffectionen, wie Rheumatismen bewirkt. Was die Bestandtheile betrifft, so sind diese, ausser den veränderlichen mineralischen Salzen, vorzüglich stickstoffiger und kohlenstoffiger Natur, wie im Harn: Stickstoffgas und kohlensaures Gas in der Ausdünstung; kohlensaures, essigsaures und salzsaures Ammonium in Schweiss. Beim Pferde hat Fourroy sogar Harnstoff gefunden, was bei der Leichtigkeit seiner Bildung aus ammoniakalischen Substanzen mit den Metamorphosen der Stoffe im Urin ganz übereinstimmend ist. Wegen der Analogie der Stoffbildung steht auch Harn- und Hautabsonderung in einem beständigen antagonistischen Verhältniss, so dass im Winter und in kalten Climaten sich die Hautsecretion zum Theil auf die Nieren überträgt (wo dann wahrscheinlich die überwiegende Menge Ammoniak zur Bildung der Harnsteine aus harnsaurem Ammonium Veranlassung ist) während das Umgekehrte im Sommer und in den heissen Climaten stattfindet. Die Stickstoff- und Ammoniak-Verbindungen des Schweisses können sich dabei leicht in die pathologischen Stoffe des Harns (harnsaures Ammoniak, Harnsäure u. s. w.) umbilden. In sofern sich der Schweiss mehr auf die Muskelmauser bezieht, so bewirkt angestrengte Muskelthätigkeit, wobei die Muskelsubstanz verbraucht wird, leicht Schweiss, wie angestrengtes Denken harntreibend wirkt. Harntreibende Mittel machen den Geist freier, schweisstreibende machen die Muskeln beweglicher, weil sie die Mauserung befördern. Hemmung der Ausdünstung macht die Muskeln steif.

IV. Von der Darmexcretion.

§. 52.

Die Ausscheidung des Darmkothes (faeces) ist freilich — wie bereits früher angedeutet und begründet — keine Excretion in dem Sinne, wie es die bisher betrachteten sind; die Erörterung ihrer Abweichungen dürfte jedoch hier am geeigneteren Orte sein. Die Darmexcremente sind ihrem Wesen nach die Ueberreste der Nahrungsmittel, welche unfähig waren durch die Verdauung eine Verähnlichung einzugehen, verbunden mit Schleim, Epitheliumzellen, Bestandtheilen der Galle, des Speichels, des Bauchspeichels, des Magen- und Darmsaftes. Es wird zwar im Darmkanal ein eigenthümlicher Schleim von Drüsen abgesondert, das aber, was man gewöhnlich im Koth als Schleim bezeichnet, ist zum grössten Theil das Produkt der Regeneration des Epitheliums vom Maule bis zum After, welche keine Unterbrechung erleiden darf, wenn die Verdauung regelmässig von Statten gehen soll. Die Regeneration des Epitheliums scheint im Mastdarme am lebhaftesten zu sein, woher denn auch hier besonders der Koth eine schleimige Decke erhält, welche den Darm vor mechanischer Reizung schützt. Die Umhüllung des Kothes mit Schleim hat aber höchst wahrscheinlich noch den Zweck, jenen vor Fäulniss zu bewahren; denn wir bemerken, dass der Koth wirklich in Fäulniss geräth, wenn ihm die gehörige Beimengung von Schleim fehlt. Die Gallenstoffe, welche der Koth enthält, bestehen in der Form des sogenannten Gallenharzes, welches aus der Verbindung des sauren Speisebreies mit der Galle als Präzipitat aus dieser hervorgeht. Die dem Kothe beigemischten Bestandtheile der Säfte endlich, welche bei der Verdauung mitwirken, bestehen aus einigen Salzen, welche entweder ursprünglich schon in ihnen vorhanden sind, oder sich zum Theil erst durch Austausch von Bestandtheilen bilden. Bei der Betrachtung der Abweichungen der Ausscheidung des Kothes hat man seine Menge und Beschaffenheit, so wie die Zahl der Ausleerungen zu berücksichtigen. Um hierin aber nicht irregeleitet zu werden, müssen wir wissen, dass bereits innerhalb der Grenzen der Gesundheit manche Abweichungen in der Kothausleerung vorkommen können. Es ist bekannt, dass nicht allein die verschiedenen Gattungen unserer Haussäugethiere rücksichtlich der Menge und Beschaffenheit des Kothes, so wie der, in einer gewissen Zeit erfolgenden Zahl der Ausleerungen von einander abweichen, sondern, dass Diess auch bei einem und demselben Thiere in verschiedenen Zeiten der Fall ist. Die Ursachen dieser Abweichungen liegen eines Theils in der Verschiedenheit der Organisation des Verdauungs-Apparates und in der dadurch bedingten eigenthümlichen Digestions-Thätigkeit, an deren Theils in der Beschaffenheit und Menge des Futters und Getränkes, so wie in der Ruhe und Bewegung der Thiere. Es muss hier als bekannt vorausgesetzt werden, in welchem Beschaffenheits- und Mengen-Verhältnisse die Koth-Ausleerungen bei den verschiedenen Thieren im gesunden Zustande erfolgen, und lassen wir uns im Nachstehenden nur auf die als krankhaft zu bezeichnenden Abweichungen ein.

§. 53.

Die Menge des ausgeschiedenen Kothes ist entweder zu gering oder zu gross, und im ersteren Falle eine Verzögerung, im letzteren eine Beschleunigung der Ausleerung, in beiden Fällen aber auch eine abweichende Beschaffenheit des Kothes in der Regel damit verbunden. Wenn die Abweichung in der Menge und in der Zahl der Koth-Ausleerungen nicht einem Mangel oder Uebermaass an Nahrungsmitteln und Getränk zugeschrieben werden kann, so ist die Ursache davon in der abweichenden Thätigkeit des Verdauungs-Apparates selbst zu suchen. Die Verzögerung und zu geringe Menge des Kothabsatzes sind — abgesehen von denjenigen Verhältnissen, welche weiter unten bei der Beschaffenheit des Kothes zur Sprache kommen — meist auf eine Verminderung der peristaltischen Bewegung des Darmkanals, auf mechanische Hindernisse, und auf vermehrte Aufsaugung oder verminderte Absonderung in demselben, wodurch der Koth eine trockene Beschaffenheit erlangt, zurückzuführen; die Beschleunigung und zu grosse Menge des Kothabsatzes aber auf die entgegengesetzten Verhältnisse. Dieselben Verhältnisse in ihrem Gegensatz bedingen auch, wenn sie in einem gesteigerten Grade vorhanden, die Zustände, welche man Verstopfung (constipatio, obstructio v. adstrictio alvi) und Durchfall (diarrhoea, fluxus alvi, v. coeliorrhoea nennt. Diese Zustände können indess noch andere Veranlassungen haben, welche in Rücksicht der Verstopfung Contracturen des Darmkanals, herrührend von Krampf oder organischen Veränderungen sein können, ferner, eingeklemmte Brüche (hernia incarcerata) Ineinanderschiebung (intussusceptio) und Verwickelung des Darmes (voluolus), Darmsteine, Concremente, Haarballen, Wurmknäule und andere fremde Körper (z. B. bei Hunden nicht selten Knochenstücke) und endlich stark adstringirende Potenzen, wie Blei; für den Durchfall aber Wurmreize, Laxirmittel, reizende thierische Säfte, wie krankhafte Galle, fehlerhafter Darmsaft, Eiter und dergl. Um die Verzögerung der Darmausleerung, die Verstopfung und den Durchfall gehörig zu würdigen, hat man, wie bei den Abweichungen in allen Se- und Excretionen, auch auf das sympathische Verhältniss Rücksicht zu nehmen, in welchem die Secretion des Darmkanals mit anderen steht, um zu beurtheilen, in wie weit Vermehrung oder Verminderung in anderen Secretionen auf diejenige des Darmes und somit indirect auf die Abweichungen des Kothabsatzes haben könne. Mit der Bedeutung, welche die Darmausleerung in allgemeinen Krankheiten hat, verhält es sich ebenso, wie bei den übrigen Se- und Excretionen; auch sie ist meist im Beginn der Fieber und Entzündungen verzögert oder unterdrückt, und kann die günstige Entscheidung solcher Zustände vermittelst eines sogenannten kritischen Durchfalls erfolgen. Die Erscheinungen, woran man die Einleitung zur Darmkrisis gewahrt, sind geringe Kolikzufälle und Poltern in den Gedärmen; die Krisis selbst kann aber nur an der Minderung der Krankheits-Symptome, welche dem Durchfall folgt, erkannt werden. Es ist inzwischen zu beachten, dass selbst ein anfangs gutartiger (kritischer) Durchfall durch, der Unordnung im Heilbestreben zuzuschreibende Andauer auch eine nachtheilige Rückwirkung auf den Organismus haben könne. Es kommt nicht selten Verzögerung und Beschleunigung der Darmausleerung vor, ohne dass in dem ersteren Falle eine Verminderung, und in dem letzteren eine Vermehrung des Kothes nothwendig damit verbunden wäre. Jenes ist in atonischen, lähmungsartigen Zuständen des Mastdarmes gegeben, wobei der Koth erst dann ausgeschieden wird, nachdem er sich in grosser Menge in jenem Organe angesammelt hat; letzteres aber bei beginnendem Krampf des Darmkanals oder bei Blähsuchten, in welchen

Zuständen der bereits im Mastdarm befindliche Koth absatzweise in kurzen Zeiträumen ausgeleert und hierdurch der Unerfahrene in Rücksicht des wahren Sachverhältnisses leicht getäuscht wird. Die Folgen der unordentlichen Darmausleerungen sind, was die zu geringe Menge, Verzögerung oder gänzliche Unterdrückung anbelangt, nach dem Grade verschieden; zunächst bestehen sie in Anhäufung der Contenta im Darmkanal, welche dann in eine eigenartige Gährung und Zersetzung übergehen, und zur Entwickelung von Gasen, zu Cruditäts- und Saburral-Zuständen Veranlassung geben. Weiter bewirkt jene Anhäufung mechanische Belästigungen, Beengung des Athmens, und befördert die Entstehung von Brüchen, Zerreissungen des Darmkanals u. dergl. Die Beschleunigung und zu grosse Menge der Darmausleerungen aber gewährt im Allgemeinen den Futterstoffen nicht den, für die Verdauung erforderlichen Aufenthalt im Darmkanal, wodurch die Ernährung mangelhaft wird, oder, um diesen Uebelstand zu verhüten, wenigstens mehr Futter aufgenommen werden muss, als bei ordentlicher Darmausleerung erforderlich gewesen wäre. Besteht die Beschleunigung der Darmausleerung in der Form des Durchfalls so muss jener Uebelstand noch greller hervortreten, weil hierbei dem Organismus nicht allein nicht genügend für den Stoffansatz geboten, sondern, weil ihm ausserdem noch eine bedeutende Menge Säfte durch dass Uebermaass der Absonderung im Darmkanal entzogen wird.

§. 54.

Die Beschaffenheit des Kothes ist mannigfachen Abweichungen unterworfen. Zur richtigen Beurtheilung derselben muss die Bekanntschaft mit den Eigenschaften des normalen Kothes vorausgesetzt werden; man muss daher wissen, welche Form, Consistenz, Farbe, welcher Geruch und welche andere Eigenschaften ihm bei den verschiedenen Thieren mit Rücksicht auf die Menge und Art des genossenen Futters und Getränkes zukommen. Um diese Kenntniss zu erlangen, wird eine häufige eigene Beobachtung erfordert, welche durch die ausführlichste Beschreibung kaum ersetzt werden dürfte. Ausser den Abweichungen in den oben berührten Beschaffenheiten kann der Koth auch noch eine gewisse Rohheit besitzen d. h. mehr oder weniger der Verdauung entgangene Bestandtheile, z. B. ganze Fruchtkörner u. dergl. enthalten; oder es ist ihm eine ungewöhnliche Menge Sehleims von besonderer Beschaffenheit und dergleichen Gallenresiduen; ferner, plastische Lymphe, Blut, Eiter beigemengt, oder er enthält Würmer, Steine, Concremente u. dergl. Dass die Gegenwart der plastischen Lymphe, im Koth auf eine exsudative Entzündung, die des Blutes auf mechanische Verletzung oder krankhafte Secretion, wie beim Milzbrand, die Anwesenheit des Eiters ferner auf Geschwüre im Darmkanal hinweisen, ist klar; eben so leicht zu deuten ist auch die Anwesenheit von Würmer, Concremente u. dergl. Es wird daher genügen, hier nur einzelne Beschaffenheiten des Kothes näher anzugeben und ihre Bedeutung zu bezeichnen. Die Rohheit des Kothes lässt sich immer, wenn nicht Fehler in den Mastications-Werkzeugen, z. B. schlechte Zähne vorhanden sind, auf Digestions-Schwäche zurückführen. Zu grosse Trockenheit und Festigkeit des Kothes ist ein Zeichen sthenischer Zustände mit verminderter Absonderung oder vermehrter Aufsaugung im Darmkanal, wogegen zu grosse Lockerheit und Feuchtigkeit des Kothes auf den entgegengesetzten Zustand hinweisen. Die zu geringe oder zu sehr gesättigte Farbe des Kothes ist in der Regel fehlerhaften Zuständen der Leber, entweder zu geringer, zu häufiger oder auch entarteter Galle zuzuschreiben. Der Geruch des Kothes endlich zeigt viele Abweichungen; er ist säuerlich, faulich, schweinekothartig u. s. w., was auf fehlerhafte Verdauung, auf zu grosse Menge und übele Beschaffenheit des Darmsaftes, des Schleims, auf Wurmbrut, auf chemische Zersetzung des Kothes wegen Mangels an Schleim oder zu langen Aufenthalts im Darmkanal oder in Folge eines besonderen Krankheitsprozesses hinweist. In wiefern Arzneimittel auf die Beschaffenheit des Kothes Einfluss haben können, wird als bekannt aus der Materia medica vorausgesetzt.

Zusatz. Diejenige Kraft, welche die einfache Ernährung, d. h. den unmerklichen Wiederersatz des durch die Schmelzung und Aufsaugung verloren gegangenen Stoffs bedingt, nennt man die Reproductions-Kraft; solche aber, welche den Wiederersatz verloren gegangener Substanz, insofern dieser Verlust der Beobachtung näher liegt, bewirkt, nennt man vorzugsweise Regenerations-Kraft. Diese Kräfte sind aber ihrem Wesen nach nicht verschieden, nur der Form nach, in welcher sie wirken, und sind nichts Anderes, als die der Entstehung, der Erhaltung und dem Wachsthum organischer Körper zum Grunde liegende Bildungskraft. Auch die sogenannte Heilkraft oder das Heilbestreben ist nichts Anderes als diese Bildungskraft. Sie zeigt sich in den Krankheiten, welche bekanntlich immer auf Abweichungen der organischen Kräfte und Materien beruhen, in der Art wirksam, dass sie sich bestrebt, diese Abweichungen zur Normalität zurükzuführen. Dieses Bestreben wird durch die activen oder Reactions-Symptome kund gegeben. Demnach können die Erscheinungen, welche die Regenerations- und Heilkraft begleiten, ihrem Wesen nach auch keine anderen sein, als solche, wodurch sich die Bildungsthätigkeit überhaupt offenbart, näm lich: Stoffansatz, Schmelzung, Aufsaugung, Se- und Excretionen; in den Krankheiten sind sie nur auffallender, weil eben die Bildungsthätigkeit ungewöhnliche Anstrengungen zur Bekämpfung derselben in der Form des Fiebers, der Congestion, Entzündung, vermehrrter Se- und Excretionen machen muss. Die Wiedererzeugung verloren gegangener Substanz kann nicht anders zu Stande kommen, als dass von der verletzten Stelle des Organes aus Bildungsflüssigkeit, sogenannte plastische Lymphe, ausgeschwitzt wird, worauf der schon vorhandene organisirte Theil belebend und organisirend einwirkt. Aber es ist zu bedenken, dass der wiedererzeugte Stoff wohl niemals dem verloren gegangenen ganz gleich ist, weil jenem die ursprüngliche Organen-Anlage fehlt; die Natur muss sich daher damit begnügen, nur etwas Aehnliches hervorgebracht, und zur Wiederherstellung der Raumerfüllung und Verbindung gewirkt zu haben. Die Bildung des Eiters ist nicht nothwendig bei der Wiedererzeugung; sie kommt nur dann zu Stande, wenn der verletzte Theil der Luft ausgesetzt ist, oder wenn die ausgeschwitzte Bildungsflüssigkeit nicht überall mit bereits organisirtem Gewebe in Berührung treten kann. Der Eiter gehört also nicht zu den Bildungsflüssigkeiten, wie man wohl angegeben hat; denn niemals wird sich aus Eiter thierischer Stoff bilden. Er ist nur als der, in rückschreitender Metamorphose sich befindende Bildungsstoff zu betrachten, welcher bei der Wiedererzeugung nicht verwandt werden konnte. Nichtsdestoweniger kann die Bildung des Eiters in Wunden sehr heilsam sein, weil er als passender Schutz gegen äussere, der Regeneration schädliche Einflüsse wirkt. Stark hat gesagt, dass sich die Wiedererzeugung von der eigentlichen Zeugung nur dadurch unterscheide, dass letztere ganze Organismen, erstere aber nur Theile eines Organismus producire. Dem Vorhergehenden zufolge stellt sich aber heraus, dass der Unterschied zwischen beiden ein sehr bedeutender ist; denn bei der Zeugung wird zugleich auch der Anstoss zur Anlage (Grundlage) der spezifischen Organe gegeben, aber bei der Wiedererzeugung wird, wie gesagt, die Eigenthümlichkeit der Organe niemals erreicht, nur annährungsweise bei der Krystallinse und bei den Knochen. Dann aber sind die durch die Wiedererzeugung entstandenen Theile dem vorloren gegangenen gleich, wenn jener Prozess ein Attribut der Normalität ist, wie im Wechsel der Haare und der Zähne. Die als Regenerations- oder Heilkraft wirkende Bildungsthätigkeit kann in dreifacher Art abweichen. Sie ist zu stark, wenn sie in grösserem Maasse wirkt, als zur Herstellung der Normalität erforderlich ist. Diess giebt sich durch heftige, die Kräfte erschöpfende Fieber, und durch profuse Ab- und Aussonderungen kund, örtlich insbesondere durch zu heftige, in Brand übergehende Entzündung, durch übermässige Absonderung plastischer Lymphe, Bildung luxuriösen Fleisches u. dergl. Die Ursachen, welche die Heilkraft zu sehr steigern, können, dem Vorhergehenden zufolge, keine andere sein, als solche, welche die Bildungskraft selbst zu steigern vermögen, da diese mit jener identisch ist; mithin in Bezug auf den kranken Organismus: jugendliche, robuste Constitution; und in Bezug auf die Aussenverhältnisse: alles Reizende, wie zu grosser Wärme- und Lichteinfluss, reizende Futterstoffe und Arzneimittel u. dergl. Die Heilkraft ist zu schwach, wenn sie den zur Beseitigung der Krankheit erforderlichen Grad nicht erreicht. Die allgemeinen Folgen davon sind in der Regel: langwieriger oft schleichender Verlauf der Krankheiten und dabei nicht selten Verwandlungen derselben; örtlich aber zu geringe Stoffbildung, Ausartung gutartiger Wunden in bösartige u. dergl. Unter die Ursachen muss in diesem Falle alles Das gezählt werden, was die Bildungsthätigkeit zu schwächen im Stande ist, sie sind mithin den vorhergehenden entgegengesetzt. Die Heilkraft endlich ist der Beschaffenheit nach für fehlerhaft zu halten, wenn eine qualitativ abweichende Substanz und ein schlechter Eiter erzeugt wird, und wenn gegen allgemeine Krankheiten nicht die gewöhnlichen Reactionen erfolgen. Es ist aber zu bedenken, dass wohl nie quantitative Abweichungen in dem Heilbestreben vorkommen dürften ohne gleichzeitige qualitative und so umgekehrt. Durch unordentliche Heilbestrebungen wird in der Regel der Zweck der Herbeiführung der Normalität nicht erreicht. Es ist von grosser praktischen Wichtigkeit die Ursachen davon in den concreten Fällen aufzufinden. In der Auffindung derselben däucht uns, kann sich der Scharffinn des Thierarztes mehr bewähren, als im Haschen nach spezifischen Mitteln gegen die Krankheit. Unbewusst mag öfter durch die curative Behandlung der Krankheiten die vis medicatrix naturae regulirt, als ein Antidotum gegen die Krankheiten selbst geliefert werden.

Eilftes Capitel.

Anomalien in Zuständen der individuellen Bildungs thätigkeit secundärer Art.

I. Von der Wärme des thierischen Körpers.

§. 55.

Die Eigenwärme, welche bei den Thieren in so verschiedenen Graden wahrgenommen wird, hat ihre Quelle im Lebensprozess, und ist von der äusseren (cosmischen) Temperatur nur in sofern abhängig, als ihr Quantitäts-Verhältniss von der letzteren in etwas abgeändert werden kann, und als ohne sie überhaupt kein Lebensprozess zu Stande kommen kann. Da die Eigenwärme des thierischen Körpers, wenn auch nicht ausschliesslich, doch hauptsächlich als ein Erzeugniss der Lebensthätigkeit betrachtet werden kann, so glauben wir darin die zweifache Berechtigung zu finden, sie 1) als organische Wärme zu bezeichnen und 2) ihrer Betrachtung hier eine Stelle anzuweisen. Man hat die Bildung der organischen Wärme, weil sie eine so auffallende Erscheinung darbietet, und weil ein gewisses (normales) Maass derselben so sehr viel zum Gefühl des Wohlbehagens beiträgt, eine grosse Aufmerksamkeit geschenkt, trotz dem ist man in diesem Punkte bis jetzt nicht zu ganz befriedigenden Resultaten gelangt. Uebersehen wir die ganze Thierreihe, so kann uns die Bemerkung nicht entgehen, dass der Wärmegrad der verschiedenen Klassen der Thiere sehr verschieden ist. Bei den wirbellosen Thieren ist die organische Wärme nur um ein Weniges höher, als die Temperatur des sie umgebenden Mediums; ein gleiches Verhältniss findet unter den Wirbelthieren bei den Fischen Statt. Die Amphibien dagegen besitzen schon eine höhere Temperatur, während sie bei den Vögeln, namentlich den kleineren Gattungen derselben am höchsten steigt, und hinwiederum bei den Säugethieren sinkt. Diese Verhältnisse machen es klar, dass die Gradverschiedenheit der organischen Temperatur, wenn auch nicht in wesentlich-, doch in intensiv-verschiedenen Funktionen ihren Grund haben müsse. Die Ansichten der Physiologen über die Quelle der organischen Wärme sind theils chemische, theils mechanische, theils dynamische. Nach den ersteren ist es der Athmungsprozess, welcher die Wärme, durch Bindung des Sauerstoffgases mit dem Blute, oder durch Verbrennung eines Theiles seines Kohlenstoffgehaltes, liefert, oder sie wird als das Product eines organisch-chemischen Prozesses in der Assimilation angesehen, wobei flüssige Stoffe, sowohl tropf- als dampfförmige, in den festen Zustand übergehen. Nach der zweiten Ansicht wird die Reibung, sowohl der festen als flüssigen Körpertheile, als vorzügliche Wärmequelle herausgestellt, und nach der dritten endlich wird sie in das Nervensystem, als den Hauptfactor der Lebensthätigkeit gesetzt. Alle diese Ansichten aber erscheinen einseitig, wenn man das Für und Wider derselben erwägt. Für die erstere Ansicht spricht allerdings die Thatsache, dass die Wärmeentwickelung mit der Ex- und Intensität der Respiration in der

Thierreihe gleichen Schritt hält, und daher bei den Vögeln am grössten ist, auch der Umstand, dass bei Verlangsamung des Athmens, z. B. während des Winterschlafes die Körperwärme bedeutend sinkt; entgegen steht ihr aber, dass während des Athmens ohne Zweifel auch eine bedeutende Menge Wärme gebunden wird, indem flüssige Theile in die Dampf- und Gasform übergehen, auch die Thatsache, dass in den Bronchien nicht der höchste Grad der Wärme besteht. Dasselbe steht auch der Ansicht, welche auf dem organisch-chemischen Vorgang der Assimilation als Hauptquelle der Wärme fusst, entgegen, weil die Festwerdung des Stoffes auch von einem Verflüssigungs-Prozesse begleitet ist, und namentlich durch die Transpiration viel Wärme gebunden wird. Für die mechanische Ansicht spricht, dass allerdings durch die Reibung der thierischen Theile untereinander Wärme frei werden müsse, auch der Umstand, dass bei Vermehrung der Reibung, z. B. bei angestrengten Bewegungen, die Körperwärme steigt; dagegen ist zu bedenken, dass die Reibung zwischen festen und fest-weichen Theilen, zwischen diesen und flüssigen überhaupt nicht bedeutend sein könne, und dass während des Schlafes, in welchem die Bewegung sehr vermindert ist, die Körperwärme dennoch nicht bedeutend sinkt. Die dritte Ansicht endlich hat Das für sich, dass mit der Entwickelung des Nervensystems in der Thierreihe auch die organische Wärme wächst, und dass dieselbe nicht minder bei gesteigerter Nerventhätigkeit zunimmt, dagegen bei verminderter sinkt. Es ist ausser Zweifel, dass alle organische Functionen und deren Erscheinungen, mithin auch die organische Wärme, vom Nervensystem abhängig sind; indess scheint die Quelle der Wärme doch weniger in diesem selbst zu liegen, als in den

Organen, welche unter seinem Einflusse stehen: denn in den Centralpartien des Nervensystems, im Gehirn und Rückenmark, ist die Wärme nicht so hoch, als in anderen Körpertheilen, z. B. im arteriellen Blute. Aus allem diesen geht hervor, dass die Quelle der organischen Wärme nicht einseitig in eine einzelne Function gesetzt werden dürfe; wieviel aber die verschiedenen Functionen daran Theil haben und welche am meisten, das ist bis auf unsere Tage noch nicht entschieden; für die Bildungsthätigkeit spricht indess die grössere Wahrscheinlichkeit. (Vergl. d. Zusatz).

In dem Grade der normalen organischen Wärme zeigen die verschiedenen Gattungen der Haussäugethiere sowohl, als auch die Individuen einer und derselben Gattung einige Abweichung, und zwar eine Schwankung zwischen 29 — 33° R. Jene Wärme, und zwar die des Blutes, scheint in folgender Ordnung zu steigen: Pferd, Rind, Hund, Katze, Schaf, Ziege, Schwein; wonach sie also beim Pferde am niedrigsten und beim Schweine am höchsten ist. Die Erklärung für die Gattungsverschiedenheit des Wärmegrades ist aus dem Vorhergehenden, dagegen eine solche für die Differenzen bei den Individuen aus dem Grade der Lebensenergie zu schöpfen. Da die Körperwärme eines und desselben Thieres sich selbst im normalen Zustande nicht zu allen Zeiten und in allen Körpertheilen gleich bleibt, so müssen wir die Gründe hievon kennen, um die Anomalien in dieser Beziehung richtig beurtheilen zu können. In wie weit Bewegung, Ruhe, Schlaf und andere Verrichtungen, z. B. im Geschlechtsleben, die Körperwärme im Allgemeinen zu vermehren und zu vermindern im Stande sind, geht aus dem früher Gesagten hervor; auch bedarf es wohl keiner nähern Auseinandersetzung, wie viel die äussere, mitgetheilte

Wärme daran Antheil hat. Aber zu merken ist, dass die organische Wärme im Herzen am grössten ist, und mit der Entfernung von diesem Organe abnimmt, so dass die vom Herzen entferntesten Theile auch in der Regel die geringste messbare Wärme besizzen. Nicht minder ist zu beachten, dass den hornigen Gebilden keine eigene, vielmehr nur eine mitgetheilte Wärme haben, und dass einige Theile sich im normalen Zustande durch eine besondere Kühle auszeichnen, wie das Flotzmaul des Rindes, der Rüssel des Schweins und die Nase des Hundes. Die wahrscheinlichen Ursachen dieser Erscheinung kann man mit Gurlt in die Haar- und Fettlosigkeit jener Theile, so wie in deren beständige Befeuchtung und hiernach folgende Verdunstung setzen. Als Anomalien der organischen Wärme sind deren Verminderung, Steigerung und die der Norm widersprechende ungleiche Vertheilung zu betrachten.

Zusatz. Liebig ist gegenwärtig der eifrigste und unstreitig auch der geschickteste Vertheidiger der chemischen Ansicht über die Wärmeerzeugung im thierischen Körper. Seine Ansicht und die Gründe dafür lauten etwa wie folgt: Alle lebenden Wesen deren Existenz auf einer Einsaugung von Sauerstoff beruht, besitzen eine, von der Umgebung unabhängige Wärmequelle. Nur in den Theilen des Thieres, zu welchen arterielles Blut und durch dieses der, in dem Athmungsprozess aufgenommene Sauerstoff gelangen kann, wird Wärme erzeugt; daher besitzen Haare, Wolle, Federn u. dergl. keine eigenthümliche Temperatur. Die höhere Temperatur des Thierkörpers ist überall und unter allen Umständen die Folge von Verbindung einer brennbaren Substanz mit Sauerstoff. In welcher Form sich auch der Kohlenstoff mit Sauerstoff verbinden mag, der Act der Verbindung kann nicht vor sich gehen ohne von Entwickelung von Wärme begleitet zu sein; gleichgültig ob sie rasch oder langsam erfolgt, ob sie in höherer oder minderer Temperatur vor sich geht, stets bleibt die freigewordene Wärmermenge eine unveränderte Grösse. Der Kohlenstoff der Speisen, der sich im Thierkörper in Kohlensäure verwandelt, muss eben so viel Wärme entwickeln, als wenn er in der Luft oder im Sauersstoff direct verbrannt worden wäre: der einzige Unterschied ist der, dass sich die erzeugte Wärme auf ungleiche Zeiten vertheilt. Mit der Menge des in gleichen Zeiten durch den Athmungsprozess zugeführten Sauerstoffs nimmt die Anzahl der freigewordenen Wärmegrade zu oder ab. Alle Thiere sind warmblütig, allein nur bei denen, welche durch Lungen athmen, ist die Eigenwärme unabhängig von der Temperatur der Umgebung. Inzwischen ist der Thierkörper ein erwärmter Körper, der sich zu seiner Umgebung verhält, wie alle warmen Körper; er empfängt Wärme, wenn die äussere Temperatur höher, er giebt Wärme ab, wenn sie niedriger ist, als seine eigene Temperatur. In verschiedenen Climaten wechselt die Menge des durch die Respiration in den Körper tretenden Sauerstoffs mit der Temperatur der äussern Luft; mit dem Wärmeverlust durch Abkühlung steigt die Menge des eingeathmeten Sauerstoffs; die zur Verbindung mit dem Sauerstoff nöthige Menge Kohlenstoff oder Wasserstoff muss in einem ähnlichen Verhältniss zunehmen. Der Wärmeersatz wird bewirkt durch die Wechselwirkung der Bestandtheile der Speisen, die sich mit dem eingeathmeten Sauerstoff verbinden. Die Menge der zu geniessenden Speise richtet sich nach der Anzahl der Athemzüge, nach der Temperatur der Luft, welche eingeathmet wird, und nach dem Wärmequantum, das der Thierkörper nach aussen hiu abgiebt. u. s. w.

§. 56.

Die Verminderung in der Körperwärme oder die Kälte (frigor) bemerken wir an den Thieren in verschiedenen Graden: als Frösteln (horror) und als Frost (algor). Wir erkennen diese Zustände theils durch das Gefühl, theils durch das Sträuben der Haare, Zittern, Schütteln der Haut und des ganzen Körpers, theils auch dadurch, dass diejenigen

Thiere die Wärme suchen, welche in der Verfassung dazu sind. Der Frostschauder bezeichnet immer den Anfang und die Exacerbation des Fiebers; je stärker jener, um so heftiger auch insgemein dieses. Bedeutendes Sinken der Körperwärme ist ein Zeichen der erschöpften Lebenskraft und daher des nahen Todes.

Die Steigerung der Körperwärme oder die Hitze (calor) ist in Fiebern ein Zeichen von Exacerbation. Sie wird durch die aufgelegte Hand, theils auch an dem ängstlichen, nach Kühlung suchenden Benehmen der Thiere, zuweilen auch an der Vermehrung des Körperumfanges und an der höheren Röthe der durchscheinenden sichtbaren Häute erkannt. Nicht immer ist die Hitze ein Zeichen der gesteigerten Lebensthätigkeit; denn nicht selten wird auch beim Typhus, bei der beginnenden Auflösung und Zersetzung der Säfte eine starke Hitze wahrgenommen, welche, wenn wir in Rücksicht dieses Zustandes vom Menschen auf die Thiere schliessen dürfen, diesen ein sehr lästiges, beissendes Gefühl verursacht, und daher als beissende Wärme (calor mordax) zu bezeichnen ist.

Ungleiche Temperatur-Vertheilung bemerken wir häufig in Eiterungs-Fiebern, oder in solchen, welche einen nervösen oder torpiden Character an sich tragen; und darf sie wohl meistens auf die ungleiche Nervenleitung zurückgeführt werden. Wenn die Hitze an verschiedenen Körpertheilen schnell wechselt, so wird sie als fliegende (calor volaticus) bezeichnet.

Es wird unnöthig sein, alle Abweichungen in der Körperwärme anzuführen, da sich die übrigen hierher gehörigen Verhältnisse rücksichtlich ihrer Bedeutung und Ursachen durch einiges Nachdenken aus dem vorangeschickten physiologischen Theile ohne Schwierigkeit werden erklären lassen.

II. Von der Lebensschwellung.

§. 57.

Unter der normalen Lebensschwellung (turgor vitalis) hat man eine gewisse Fülle der Körperoberfläche, verbunden mit einer mässigen Spannung und Elastizität der festweichen Gebilde, namentlich der Haut, zu verstehen. Dieser Zustand ist es, welcher schon beim ersten Anblick die Thiere als mit einer energischen Lebenskraft, und insbesondere als mit einer lebhaften Ernährungsthätigkeit versehen erkennen lässt. Ausser jener Fülle und elastischen Spannung bemerken wir noch als begleitende Erscheinungen der normalen Lebensschwellung Glätte und Glanz des Haares, Hervortreten der Hautgefässe, sanfte Röthe der durchscheinenden allgemeinen Decke und der sichtbaren Schleimhäute, so wie einen glänzenden lebensvollen Ausdruck der Augen. Fragen wir nun, worin die Lebensschwellung ihrem Wesen nach besteht, und durch welche Verhältnisse sie zu Stande kommt, so werden wir finden, dass sie als Begleiterin der Ernährungsthätigkeit auch in den Factoren derselben begründet sein müsse, und demnach dadurch zu Stande kommt, dass das aus dem peripherischen Gefässnetze in das Parenchym der Organe getretene Plasma, vorzugsweise aber der seröse Bestandtheil desselben, von Seiten der contractilen Wände der zelligen Räume, eine gewisse Beschränkung in seiner Ausdehnung erleidet, wodurch eben die Fülle und Spannung erzeugt wird. Dass auch hieran, wie an allen Lebenserscheinungen, die Nerven einen gewissen Antheil haben, ist begreiflich; dass es vorzugsweise die organischen Gefässnerven sein müssen, wovon die Lebensschwellung abhängt, beweist der Umstand, dass sie es sind, welche die Ernährung bedingen. Einen weiteren Beweis für den besonderen Antheil der Nerven an der Lebensschwellung entnehmen wir noch daraus, dass ihre Erhöhung von, die Nerventhätigkeit erhöhenden Einflüssen abhängig ist, so z. B. von der Einwirkung des Lichtes, der Wärme, schnell vorübergehender Kälte und gewisser Arzneimittel, wie geistiger und überhaupt reizender; einen überraschenden Beleg aber hierfür bietet die schnelle Ab- und Zunahme des Lebensturgors beim Menschen unter dem Einflusse niederdrückender und aufheiternder Gemüthsbewegungen. Es ist indess nicht zu leugnen, dass, ausser den gedachten Verhältnissen, in einzelnen Organen auch noch besondere den Turgor bedingen können, so im Penis und in der Clitoris ein besonderes erectiles Gewebe und ein eigenthümliches Venennetz. Genau bezeichnen lässt sich das normale Maass der Lebensschwellung nicht; es muss das Urtheil in dieser Beziehung durch Beobachtung gesunder und kräftiger Thiere gewonnen werden.

Wenn die oben angegebenen Zeichen der L e b e n s s c h w e l l u n g in einem höheren Grade vorhanden sind, so kann sie als eine g e s t e i g e r t e angenommen werden, wie Diess in entzündlichen Zuständen und namentlich im synochösen Fieber der Fall ist. Nicht selten kommt auch Vermehrung des Turgors mit Schwächezuständen verbunden vor; die Haut der Thiere erscheint indess alsdann mehr schlaff und aufgedunsen. Da hierbei die normale Spannkraft der Faser fehlt, oder mit anderen Worten ein Ueberwiegen der Expansion über die Contraction besteht, so ist ein solcher T u r g o r als p a s s i v e r zu bezeichnen.

Es kann zwar auch eine örtliche Steigerung des Turgors vorkommen, man muss sich aber hüten, ihn in einem solchen Falle nicht mit der Geschwulst, sie sei eine Entzündungs-, Wasser- oder Windgeschwulst, zu verwechseln, auch ist dasselbe rücksichtlich der allgemeinen Hautwasser- und Windsucht bei Beurtheilung des allgemeinen Turgors zu beachten. An und für sich ist der gesteigerte Turgor nicht von nachtheiligen Folgen, nur diejenigen Zustände, welche ihn bedingen. Die Verminderung des Turgors wird an dem geringen Körperumfange, an einer gewissen Schlaffheit oder Trockenheit der Haut, an der Blässe durchscheinender Hautgebilde, Glanzlosigkeit des Haares und endlich an den matten, tiefliegenden Augen erkannt. Es dürfte unnöthig sein, etwas Näheres über das Wesen und die Ursachen desselben anzuführen, da sie aus Dem, was eben in dieser Beziehung über den normalen Turgor gesagt worden ist, mit Leichtigkeit abzuleiten sind. Auch der verminderte Turgor ist an und für sich nicht von nachtheiligen Folgen, nur die Grundverhältnisse, aus denen er entstanden. Hiernach ist auch das sogenannte Roth- oder Fuchsichtwerden der Haare und die sogenannte Harthäutigkeit zu beurtheilen, Zustände, welche insgemein auf ein allgemeines Sinken der Ernährungsthätigkeit oder auf ein partielles der Haut zurückgeführt werden können. Wenn die dauernde locale Vermehrung des Turgors ein Zeichen von Uebernährung (hypertrophie) ist, so ist die örtliche Verminderung desselben ein nothwendiger Begleiter der Atrophie, des sogenannten Schwunds der Weichgebilde. Eine rasche, allgemeine Abnahme des Turgors in fieberhaften Krankheiten lässt in der Regel eine ungünstige Prognose stellen.

Zwölftes Capitel.

Anomalien in der Entwickelung.

§. 58.

Kein einziges Thier entspricht, streng genommen der Idee, welche wir uns von der Gattung machen, der es angehört; wir sind vielmehr im Stande, an jedem Individuum mehr oder weniger Unvollkommenheiten nachzuweisen. Wir ersehen hieraus, dass, wenn es der Natur auch nicht gelingt, in dem Einzelwesen das Vollkommenste zu erreichen Diess jedoch in Rücksicht der Gattung der Fall ist. Betrachten wir den Lebensgang des individuellen Organismus, so sehen wir, dass dieser eine Reihe von Verwandlungen durchläuft, bis er zu einem Puncte gelangt, wo er der Idee der Gattung möglichst nahe gebracht ist; sodann macht er Rückschritte, indem er sich von derselben wieder allmählig entfernt, bis er endlich seine Individualität ganz einbüsst, dem allgemeinen Naturleben wieder anheimfällt, aus dem er früher durch den Impuls der Zeugung herausgetreten war. Dieses Heraufbilden des Individuums zur Idee der Gattung bezeichnet man als Entwikkelung, und das ihr zum Grunde liegende Ursächliche als Entwickelungs-, Gestaltungs- oder Bildungstrieb (nisus formativus). Dieses Moment in Activität gedacht, als Bildungsthätigkeit, ist kein anderes, als das der, auf Bildung und Rückbildung beruhenden Ernährung zum Grunde liegende. Die Entwickelungsthätigkeit kann überhaupt in dreifacher Richtung abweichen; sie wirkt entweder in zu grossem oder in zu geringem Maasse, oder in abweichender Beschaffenheit. Die ersten beiden Arten sind nur insofern als Bildungsfehler zu betrachten, als Individuen zu Stande kommen, welche hinsichtlich der Grösse vom Urbilde der Gattung abweichen, wogegen sich die Organe bei ihnen in einem gehörigen relativen Verhältnisse befinden. Hierher sind die Riesen- und Zwergbildungen (gigas et pygmaeus) zu zählen. Zu der dritten Art gehören diejenigen Geschöpfe, welche, wie gesagt, mehr der Qualität nach vom Urbilde der Gattung abweichen, wobei sich also das unrichtige Verhältniss der Organe durch Ueberzahl, Mangel oder fehlerhafte Gestalt derselben zu erkennen giebt. Hierher gehören die eigentlichen Missbildungen (deformitates) und Missgeburten (monstrositates). Die Zahl der Missbildungen ist sehr gross; man hat sie rücksichtlich ihrer mehr oder weniger grossen Bedeutung, welche sie an und für sich und für die Functions-Störung der Organe haben, verschieden eingetheilt. Auf die Eintheilung der Bildungsfehler können wir uns hier nicht näher einlassen, auch nicht auf die nachtheiligen Folgen, welche ein Jeder derselben für das damit behaftete Individuum haben kann. Eine solche Darstellung ist Gegenstand einer besonderen Lehre von bedeutendem Umfange und physiologischer Erheblichkeit, und müssen wir in dieser Beziehung auf den 2ten Theil der pathologischen Anatomie von Gurlt und auf den von demselben verfassten Artikel „Missgeburten" im XIV. Bande der medic. chirurg. Encyclopädie verweisen. Rücksichtlich der Folgen ist die Bestimmung der Lebensfähigkeit der Missgeburten von einiger Wichtigkeit, von grösserer jedoch hinsichts des Menschen als der Thiere. Gurlt lässt als Regel gelten, dass alle, selbst die unvollkommensten Missgeburten im mütterlichen Körper und im Ei so lange leben und wachsen, bis die Trennung von der Bildungsstätte erfolgt; die meisten aber stürben bald nach der Geburt, besonders wenn diejenigen Organe fehlen, welche zur Erhaltung des vegativen Lebens unbedingt nöthig sind, als: Herz, Lungen und Verdauungsorgane; eine mangelhafte Bildung des grossen Gehirns und des unteren Theiles des Rückenmarkes gestatte inzwischen noch einige Lebensdauer nach der Geburt. Es wird nicht schwer fallen, diese Beobachtungs-Resultate auch einzusehen, weshalb eine nähere Angabe der Gründe dafür füglich unterlassen werden darf.

§. 59.

Es müsste von hohem physiologischen Interesse sein, wenn wir etwas Zuverlässiges über die Ursachen der Missbildungen wüssten; leider wissen wir nur sehr wenig in dieser Beziehung. „So viel ist gewiss — sagt Gurlt im zuletzt angeführten Artikel — dass jene Ursachen nur in den ersten Bildungsperioden der Frucht wirksam sein können, in welchen die Anlage zur äusseren Gestalt und zu den einzelnen Organen gemacht wird. Nur in wenigen Fällen, z. B. beim angeborenen Wasserkopf, wirken die Ursachen auch nach der Geburt noch fort. Daher nehmen Einige die Anlage zur Entstehung einer Missgeburt schon im Fruchtkeime an. Wenn unter Fruchtkeim das, im Graaf'schen Bläschen des Eierstocks eingeschlossene, noch nicht befruchtete, kleine Bläschen gemeint ist, so ist die Annahme gewiss unrichtig; allein es ist sehr wahrscheinlich, dass von dem Momente der Befruchtung an die Bedingungen zur Entstehung einer normalen Frucht oder einer Missgeburt gegeben sind. Wenn Diess auch nicht von allen Missgeburten gilt, so doch von einer grossen Zahl von Arten, deren Entstehung nicht anders denkbar ist, als dass man die erste Keimanlage schon als fehlerhaft annimmt. Man muss sich z. B. das Entstehen einer kopflosen Missgeburt so denken, dass die Primitivstreifen und die Rückenplatten an dem einen Ende nicht zu einem Knöpfchen anschwellen, dass sich folglich auch kein Kopf bilden kann, und in einem anderen Falle bildet sich eben dieses Knöpfchen auf der Keimhaut, während das andere Ende sich nicht ausbildet, und es entsteht ein Kopf ohne Rumpf und Glieder." — Das, was Gurlt über das Fehlen der Theile gesagt hat, ist zwar einleuchtend, und heisst mit anderen Worten so viel, wo die Grundlage zu einem Theile fehlt, muss auch der Theil selbst fehlen. Keineswegs ist aber damit bewiesen, dass die Anlage zu Missbildungen nicht im Fruchtkeime bestehe. Wir müssen indess annehmen, dass überall im Wirken und Schaffen der Natur die Tendenz zur Zweckmässigkeit liege, mithin, dass auch der erste Keim zu einem neuen Organismus der Zweckmässigkeit oder der Normalität entspricht, und dass, so diese nicht erreicht wird, zufällige, äussere Ursachen davon die Schuld tragen. Erwägt man hingegen, dass (hinsichtlich des Menschen und der Thiere) Beobachtungen vorhanden sind, welche sowohl die Zeugung mehrerer und oft einander ähnlicher Missgeburten von denselben Eltern, als auch die Erblichkeit verschiedener Missbildungen darthun, so muss man Bedenken tragen, die reale An- oder Grundlage im Fruchtkeime zur Abnormalität unbedingt zu leugnen. Viele Missbildungen hat man als Bildungshemmungen zu erklären versucht, insofern Theile auf einer früheren Entwickelungsstufe stehen bleiben, aber mit den anderen, sich gehörig ausbildenden Organen fortwachsen; oder die Bildungshemmung betrifft den ganzen Körper. Es ist indess unbekannt, durch welche Ursachen solche Hemmungen veranlasst werden, ob es äussere, später einwirkende, oder bereits im Fruchtkeime liegende sind. Andere Missbildungen schreibt man mechanischen, ausserhalb des Fötus liegenden Einwirkungen zu; so z. B. die Anheftung des Amnion an irgend einen Körpertheil des Fötus, wodurch Verzerrung dieses Theiles entsteht. Namentlich statuirt man eine solche Veranlassung bei Missgeburten, deren Wesen auf einer Spaltung des Körpers in der Mittellinie besteht, also bei Kopf-, Brust- und Bauchspaltung. Aber auch an anderen Körperstellen giebt diese ungewöhnliche Verbindung der Schafhaut mit der äusseren Haut des Fötus Veranlassung zu Verunstaltungen, namentlich am Schädel, an den Maulwinkeln und Gliedmaassen. Die psychische Einwirkung, nämlich das sogenannte Versehen, als Ursache für die Entstehung von Missbildungen; hält Gurlt für problematisch und sagt: Es sei zwar kaum zu bezweifeln, dass heftige Gemüthsbewegungen der Mutter auf die Ernährung und Entwickelung des Fötus störend einwirken könnten, und demnach derselbe fehlerhaft gebildet werden könne; allein es sei noch kein Fall nachgewiesen, wo der Fötus eben so gebildet war, oder ein solches Abzeichen hatte, wie der Gegenstand, welcher die Mutter alterirte; überdies falle bei den Thieren das Versehen als Ursache zur Entstehung von Missbildungen ganz weg. Gurlt scheint also in dieser Beziehung dem eingewurzelten Volksglauben nicht zu huldigen, auch der biblischen Anekdote von der Erzeugung bunter Schaafe kein Gewicht beizulegen.

Zweiter Abschnitt.

Von den Abweichungen im Bildungsleben für die Gattung.

Erstes Capitel.

Anomalien in der Zeugungs-Function.

§. 60.

Bisher ist die Bildungsthätigkeit, insofern sie sich zur Erhaltung des Individuums in der Form der Reproduction und Regeneration wirksam zeigt, in ihren Abweichungen betrachtet worden. Die Bildungsthätigkeit aber dehnt auch ihre Wirksamkeit über die Grenzen des Individuums hinaus zur Erhaltung der Gattung in der Form der Fortpflanzung neuer Individuen, denjenigen, ihrem Grundcharacter nach gleich, von welchen sie abstammen. Das Geschäft der Fortpflanzung ist bei den höheren Thieren, und so auch bei unseren Hausthieren zwei verschieden organisirten Individuen, einem männlichen und einem weiblichen anheimgegeben. Das Fortpflanzungsgeschäft zerfällt in zwei Momente, in das der Begattung und in das der Zeugung. In beiden verhält sich nach unserer bisherigen Vorstellungsweise das männliche mehr activ, befruchtend, das weibliche mehr passiv, empfangend. Die innere Regung, wodurch die Thiere zur Fortpflanzung angetrieben werden, nennt man

Geschlechts- oder Begattungstrieb, wozu weiblicher Seits die Ausbildung der Eichen in den Graaf'schen Bläschen der Eierstöcke, und männlicher Seits eine gewisse Menge der von den Hoden abgesonderten Samenflüssigkeit die Ursache zu sein scheint. Welchen Antheil der Saft der Vorsteherdrüse und der Cowper'schen Drüsen bei dem Fortpflanzungsgeschäft hat, ist noch nicht klar; wesentlich scheint er nicht zu sein, da beide Drüsen nicht bei allen Hausthieren vorkommen. Um nun die Abweichungen im Fortpflanzungsgeschäfte, welche sowohl quantitative als qualitative sein können, aber sich hier nicht abgesondert betrachten lassen, einer Untersuchung zu unterwerfen, haben wir Rücksicht auf alle bei jener Function thätigen, oben angedeuteten Glieder zu nehmen.

§. 61.

Der Begattungstrieb, welcher sich bei unseren Haussäugethieren, wegen ihrer Abweichung von den naturgemässen Lebensverhältnissen durch die Domestication, in seiner Aeusserung nicht mehr an das Frühjahr bindet, sondern auch in anderen Jahreszeiten, wenngleich nicht so stark, wie in jener sich äussert, ist zwar am thätigsten, wenn die Individuen ihre individuelle Ausbildung erreicht haben; aber die Absicht des Züchters sucht auch in diesem Puncte der Natur vorzugreifen, und jenen Trieb zu anticipiren. Der Begattungstrieb ist zu stark, wenn er sich zur ungewöhnlichen Zeit und zu heftig äussert; wenn die Thiere die Geschlechtsvereinigung mit einer gewissen Wildheit, mit Nichtachtung und selbst Bekämpfung und Zerstörung der Hindernisse suchen· oder wenn jener Trieb durch wiederholte Begattung kaum zu befriedigen ist, ferner wenn er sich durch häufige Begattungsversuche beim gleichnamigen Geschlechte, oder endlich durch Onanie zu erkennen giebt. Einen solchen Zustand nennt man Geilheit, beim männlichen Geschlecht Satyriasis, beim weiblichen Nymphomania. Als Ursachen der übermassigen Geilheit nimmt man bei männlichen Thieren eine zu starke Absonderung des Samens und eine reizende Beschaffenheit desselben, bei weiblichen Entzündung oder andere krankhafte Reizungen der Eierstöcke an. In Rücksicht beider Geschlechter und der gedachten Beziehung beschuldigt man überdiess noch eine Steigerung der Sensibilität und Irritabilität, veranlasst durch allerlei Krankheitsprocesse in benachbarten Organen der Geschlechtstheile, welche auf diese übertragen wird; endlich auch spezifische Reizmittel für die Geschlechts- und Harnwerkzeuge (aphrodisiaca et diuretica), so wie alles Das, was die Bildungsthätigkeit befördert, wohin reichliche und stark nährende Futterstoffe, zu warmes Verhalten u. dgl. gehören. Die Folgen der krankhaften Geilheit können sich, bei Nichtbefriedigung derselben, in beiden Geschlechtern durch Zufälle des Kollers äussern, welchen man dann beim männlichen Samenkoller, beim weiblichen Mutterkoller nennt. Bei zu öfterer Befriedigung des Geschlechtstriebes aber nimmt die Reizbarkeit zwar in der Regel anfangs in den Geschlechtstheilen zu, später jedoch tritt sowohl in diesen als auch in benachbarten Theilen sensible und irritable Schwäche ein, welche sich sogar bis zur Lähmung der Lendenpartie steigern kann. Als Folge oder selbst als Begleiter der krankhaften Geilheit, sie mag ihre Befriedigung finden oder nicht, bemerken wir auch nicht selten Unfruchtbarkeit. Als Symptom äussert sich die krankhafte Geilheit unter dem Namen Stiersucht bei den Kühen in der sogenannten Franzosenkrankheit, und als übermässige Rossigkeit in der sogenannten Beschälkrankheit der Pferde. Der Begattungstrieb ist als zu schwach anzunehmen, wenn die Thiere nach erlangter gehöriger Ausbildung ihres Körpers die Geschlechtsvereinigung weder suchen, noch sich in den Geschlechtstheilen die bekannten Symptome der Aufregung zeigen. Die Ursachen davon sind entweder mangelhafte Organisation in den Geschlechtswerkzeugen, oder Mangel an allgemeiner Reproduction in Folge fehlerhafter Fütterung und Assimilation.

§. 62.

Die Begattungsthätigkeit (coitus) — worunter man die fleischliche Beiwohnung zum Zwecke der Zeugung zu verstehen hat — kann eigentlich nur beim männlichen, sich bei dem Fortpflanzungsgeschäft mehr activ verhaltenden Thiere vermehrt und vermindert erscheinen. Zum Theil fallen diese Anomalien mit den vorigen zusammen; indess kann ein ausgezeichneter Geschlechtstrieb vorkommen, verbunden mit gleichzeitigem Unvermögen die Begattung auszuführen (impotentia virilis). Entweder organische Fehler der Geschlechtstheile — wohin z. B. die Zusammenschnürung der Vorhaut vor oder hinter der Eichel (phimosis et paraphimosis) gehören — oder Ausschweifung im Geschlechtsleben sind die Veranlassungen, dass das männliche Glied nicht in die, zur Begattung taugliche Verfassung gesetzt wird. Die Folgen sind, wie leicht zu begreifen, Unfruchtbarkeit, obgleich eine solche auch noch andere, im Folgenden §. zu erörternde Gründe haben kann.

§. 63.

Das Zeugungsvermögen kann vermehrt oder vermindert oder auch gänzlich aufgehoben erscheinen. Die Vermehrung, wenn sie sonst ohne Nachtheil für die Zeugenden besteht, und normale Productionen zur Folge hat, ist aus ökonomischen Rücksichten nicht als fehlerhaft zu betrachten. Die Verminderung oder der gänzliche Mangel an Zeugungs- oder Befruchtungs-Vermögen aber ist aus eben diesen Rücksichten ein misslicher Umstand. Man bezeichnet eine solche Anomalie ebenfalls als Impotenz, die aber in diesem Falle ebensowohl beim weiblichen, als beim männlichen Thiere bestehen kann. Eine derartige Impotenz ist entweder absolut, oder nur relativ; absolut, wenn ein Thier sich mit jedem beliebigen anderen des verschiedenen Geschlechts unfähig zur Zeugung zeigt; relativ, wenn dieses Unvermögen nur zwischen gewissen Paaren besteht. Bei übrigens guter Condition der Geschlechtstheile liegt das Unvermögen zur Zeugung in der Regel, wie man nicht anders annehmen kann, entweder an einem Mangel befruchtungsfähiger Eichen beim weiblichen Thiere, oder beim männlichen am Mangel des Samens überhaupt oder nur seiner zeugenden Kraft. Was diese beiden wesentlichen Glieder der Zeugung anbetrifft, so gelangen wir beim lebenden weiblichen Thiere nie, beim männlichen nur selten zur Anschauung derselben, und wenn sie auch gegeben, so ist doch eine gründliche Beurtheilung nicht damit verknüpft. So viel ist gewiss, dass Thiere, welchen die Hoden oder die Eierstöcke fehlen, auch nicht zeugungsfähig sind; wahrscheinlich ist es, dass auch der Samen, in welchem die Samenthierchen fehlen, wie es bei den Bastarden der Fall, auch nicht tüchtig zur Zeugung ist. Ein paar Mal habe ich mich überzeugt, dass im Samen der sogenannten Klopfhengste die Spermatozoen fehlten; es fragt sich: ob solche Thiere zeugungsfähig sind oder nicht? — Den Trieb und die

Fähigkeit zur Begattung wird ihnen Niemand abläugnen. Wenn auch die Erfahrung erweisen sollte, dass ein jeder Same, dem die gedachten Infusorien fehlen, untüchtig zur Befruchtung ist, so geht daraus noch keineswegs hervor, dass jene den meisten Antheil an dieser haben; nur soviel, dass befruchtungsfähiger Same seine Lebenskraft schon durch infusorielle Bildung zu erkennen giebt. Ueberhaupt ist es ungewiss, ob irgend einer der Formbestandtheile des Samens (wozu, ausser den Infusorien, Schleim-, Molecular- und eigenthümliche, zusammengehäufte Samenkörperchen gehören) oder die eiweissstoffige Flüssigkeit, in welcher diese schwimmen, oder endlich der flüchtige, einen eigenthümlichen Geruch besitzende Stoff (aura seminalis) an der Zeugung wesentlichen Antheil hat. Von anderen qualitativen Verhältnissen des Samens, als der oben gedachte Mangel an Infusorien darbietet, kann sich der practische Thierarzt kaum überzeugen, da ihm die physischen Eigenschaften des Samens bei den verschiedenen Hausthieren nicht einmal gehörig bekannt sind Im Allgemeinen wird er als eine dickliche, halbdurchsichtige, fadenziehende Flüssigkeit von grauweisser Farbe angegeben; die Consistenz desselben verhält sich aber bei einem und demselben Thiere in verschiedenen Zeiten anders. Diese Verschiedenheit ist wahrscheinlich von mehr oder weniger langem Verweilen des Samens in seinen Behältern und von der hierdurch erfolgten mehr oder minderen Aufsaugung seines serösen Bestandtheils abhängig. Mit der chemischen Kenntniss des Samens sieht es noch dürftiger aus. Nach den bisherigen Ermittelungen besteht er grösstentheils aus Wasser, dann aus einer eigenthümlichen, extractartigen Materie, Samenstoff (spermatin) genannt, und aus einem geringen Antheil Natrons und phosphorsauren Kalks. — Als hierher gehörige Anomalien hat man auch die unnatürliche Samenentleerung zu betrachten, welche entweder willkürlich, wie bei der Onanie, oder unwillkürlich, wie bei dem krankhaften Samenfluss (gonnorrhoea) sein kann. Der letztere kommt gewiss selten bei den Thieren vor, und mag mitunter mit dem Harnröhren-Schleimfluss (blennorrhoea urethritica), welcher bei Hunden so häufig vorkommt, verwechselt worden sein. Der Samenfluss nimmt die Kräfte der Thiere sehr in Anspruch; die gewöhnlichen Folgen desselben sind mangelhafte Ernährung, Schwäche oder sogar Lähmung im Kreuze. Zu den qualitativen Anomalien der Zeugung dürften solche Fälle zu zählen sein, wo eine spezielle Krankheitsanlage der elterlichen Thiere der Nachkommenschaft angezeugt wird, auch solche, wo von denselben Eltern mehrere oft einander ähnliche Missgeburten gezeugt werden. Hierbei ist zu vermuthen, dass sie von einem der Zeugenden allein ausgehen, wenigstens hat Gurlt einige Fälle mit der darauf bezüglichen Literatur im XIV. Bd. d. medic.-chirurg. Encyclopädie Artikel „Missgeburten“ aufgeführt, welche dafür sprechen. Sollten endlich Hodenschwangerschaften, wie sie beim Menschen beobachtet worden sind, bei den Thieren vorkommen, so gehören sie ebenfalls hierher; nicht minder der, in Andrä's Neuigkeiten (1825) erzählte Fall — wenn es übrigens seine Richtigkeit damit hat — wo man in einer Geschwulst am Halse eines Hengstes ein, einem kleinen Pferde ähnliches Gebilde fand, und dessen Entstehung den, auf das Widerrüst dieses Thieres während der Begattung erfolgten Schlägen, um dasselbe davon abzuhalten, zuschrieb. Stark meint diesen Fall als eine Metastase des Zeugungsprozesses bezeichnen zu dürfen. Zu den Anomalien der Zeugung dürfte zuletzt noch, bei den weiblichen Thieren insbesondere, das Vorkommen der Mondkälber, wenn gleich kein Zeugungsact ausgeführt wurde, und die Schwangerschaften ausserhalb der Gebärmutter zu zählen sein.

Zweites Capitel.

Anomalien in der Geburtsthätigkeit.

§. 64.

Die Geburtsthätigkeit offenbart sich durch das Bemühen oder Anstrengen des Mutterthieres, das Junge auszutreiben, um es einem selbstständigen Leben anheim zu geben. Jene Action tritt im normalen Zustande nach erfolgter Reife des Fötus ein, wenn sich der Fruchtkuchen von der inneren Wand der Gebärmutter zu lösen beginnt; und wird dann durch das Hervortreten von Wehen bezeichnet, unter welchen man Schmerzens-Aeusserungen zu verstehen hat, die mit den Contractionen des Uterus verbunden sind. Man theilt die Wehen ein in normale und in abnorme; zu jenen gehören die vorbereitenden (dolores praeparantes), die eigentlichen Geburtswehen (dol. ad partum) und die Nachwehen (dol. post partum); zu diesen aber die falschen (dol. ad partum spuriae) welche letztere in einer Zusammenziehung der Gebärmutter vom Halse nach dem Grunde hin bestehen, während die wahren Wehen umgekehrt erfolgen. Die Geburtsthätigkeit ist anomal, wenn sie zu stark, zu schwach oder alienirt ist. Sie ist für zu stark zu halten, wenn die vorbereitenden Wehen zu früh eintreten, die Geburtswehen zu heftig erfolgen, und die Nachwehen zu lange dauern; für zu schwach, wenn die Wehen entweder gar nicht oder zu träge auftreten; für alienirt endlich, wenn falsche Wehen zugegen sind. Die Ursachen der zu starken Geburtsthätigkeit sind insgemein Steigerung der Sensibilität und Irritabilität im Uterus, mithin Congestion und entzündliche Reizung, welche durch verschiedene Umstände bewirkt werden können, so z. B. durch fehlerhafte Lage der Frucht, durch zu Enge der Geburtswege im Verhältniss zur Grösse der Frucht, ferner durch Erhitzung, durch unvorsichtige Anwendung von fruchttreibenden Mitteln oder anderen reizenden Substanzen u. dergl. Als Folgen der zu starken Wehen bemerkt man nicht selten Frühgeburten, Vorfall und Umkehrung der Gebärmutter, Entzündung und Zerreissung der Geburtstheile, Blutung aus denselben, Erschöpfung der Kräfte und Tod. Die Ursachen der zu schwachen Geburtsthätigkeit sind in der Regel Lebensschwäche und Absterben der Frucht. Die Folgen hiervon sind insgemein Nichtbeendigung der Geburt ohne Kunsthülfe, Zurückbleiben der Nachgeburt (secundinae) u. dergl. Die Alienation in der Geburtsthätigkeit, oder, was dasselbe sagen will, die unregelmässigen Wehen werden in der Regel durch fehlerhafte Lage des Fötus und abnorme Beschaffenheit der Geburtstheile bedingt. Die Folgen davon sind ähnlich denjenigen der zu schwachen Geburtsthätigkeit.

Drittes Capitel.

Anomalien in der Milchabsonderung.

§. 65.

Milch nennt man die, in den Eütern (Brüsten) der weiblichen Thiere eine kurze Zeit vor und eine längere Zeit nach dem Gebären abgesonderte Flüssigkeit, welche naturgemäss als erstes Nahrungsmittel des neugebornen Thieres bestimmt ist. Sie ist mithin nicht als ein Secret für das individuelle, vielmehr als ein solches für das Gattungsleben zu betrachten. Im natürlichen Lauf richtet sich die Menge und die Dauer der Milchabsonderung im Allgemeinen nach dem Bedürfniss, d. h. nach der Grösse und Zahl der Jungen und nach der Säugezeit, welche letztere hinwiederum von der Dauer der Trächtigkeit und von den Eintrittszeiten derselben abhängig ist. Im domestizirten Zustande sind aber besonders diejenigen Thiere, welche vorzugsweise der Milchnutzung wegen gehalten werden, mithin bei uns die Kühe und Ziegen, am meisten von jenem Normal abgewichen, indem man sich fortwährend bestrebt, bei ihnen auf Vermehrung der Milchsecretion hinzuwirken, um nebst ihrem sehr eingeschränkten Nutzen für die Gattung, noch anderweitige ökonomische Vortheile daraus zu ziehen. Vielleicht — sagt Rychner (allg. Pathologie p. 289) — liegt auch in diesem Umstande eine nicht unwesentliche Ursache der allgemeinen Verschlechterung der neuen Generationen des Rindviehes, der Ausartung und Abartung der edelsten Raçen bei übrigens gleichbleibenden zuträglichen Verhältnissen; denn es könne nicht wohl in Abrede gestellt werden, dass dem zur Fortentwickelung nothwendigen Blute durch eine allzulange, in Uebung erhaltene Milchsecretion zu viel nothwendiges Material entzogen wird.

Die Milch, welche kurz vor und nach dem Gebären abgesondert wird, hat bei allen Hausthieren (vom Schweine ist es jedoch noch nicht nachgewiesen) andere, mit ihrer chemischen Natur im Zusammenhang stehende physische Eigenschaften, als die später erfolgende. Die erstere nennt man: Biestmilch (colostrum; ich nenne sie Gebärmilch) die andere vorzugsweise: Milch (lac). Die frische und fehlerfreie Milch der Kühe (mit geringen Unterschieden auch die der übrigen Hausthiere) ist bekanntlich eine weisse, mehr oder weniger in's Bläuliche spielende, einen eigenthümlichen, süsslichen, thierischen Geruch (die von dunkelhaarigen Ziegen besitzt zuweilen einen starken Bockgeruch) und süsslich-schleimigen Geschmack besitzende, dickliche Flüssigkeit von veränderlicher spezifischen Schwere, welche bei der Milch aller Hausthiere stets etwas mehr beträgt, als die des Wassers. Das Schwanken der spezifischen Schwere und der übrigen angeführten Eigenschaften der Milch ist abhängig von dem gegenseitigen Verhältnisse der nähern Bestandtheile derselben, welche Rahm, Käse und Molken sind, und von dem Gehalte an festen Bestandtheilen überhaupt, welche bis 13 pC. beim Eintrocknen im Wasserbade betragen; so wie die Veränderlichkeit dieser auf die Qualität und Quantität der genossenen Nahrungsmittel und des Getränkes, auf den individuellen Zustand der Thiere und auf andere Umstände zurückgeführt werden kann. Die frische, eben dem Eiter entnommene Milch reagirt durchweg alkalisch; aber bald, und zwar nach den Thiergattungen verschieden, tritt die sauere Reaction hervor, bei den Wiederkäuern früher, bei den Einhufern etwas später, bei den Fleischfressenden am spätesten. Die Gebärmilch zeigt in den eben angeführten Eigenschaften, mit Ausnahme der alkalischen Reaction, einige Abweichungen von der eigentlichen, ausgebildeten Milch. Bei allen Hausthieren spielt jene etwas in's Gelbliche und besitzt eine grössere Consistenz; beim Colostrum der Kühe aber ist die gelbliche Farbe am intensivsten, so dass sie nicht selten einen Schein in's Röthliche hat und zuweilen sogar Blutstreifen zeigt. Uebrigens ist es trübe, schleimig (welche letztere Eigenschaft am meisten durch

Zusatz von Aetzammoniak hervortritt, zum Theil auch entwickelt wird) und gerinnt durch Zusatz von Essigsäure (wie es die eigentliche Milch thut) entweder gar nicht oder nur langsam und unvollständig; es gesteht ferner in der Ruhe, so wie auch beim Erhitzen zu einer gleichförmigen, breiartigen Masse, ohne Abscheidung von Rahm. Wie aber keine scharfe Grenze zwischen der Absonderung des Colostrums und der eigentlichen Milch besteht, und überhaupt die Dauer jener sehr verschieden ist: so weichen auch nur allmählig die dem Colostrum zukommenden Eigenschaften zurück, indem die der eigentlichen Milch nach und nach hervortreten, und ist es einleuchtend, dass es daher eine Periode geben müsse, wo die gedachten Eigenschaften keinen Unterschied mehr in jenen Flüssigkeiten begründen.

§. 66.

Die eigentliche Milch ist als eine Emulsion aus einer wässrigen Auflösung von Käsestoff, Milchzucker, Milchsäure, Extractivstoff und Salzen mit Butter zu betrachten. Beobachtet man einen Tropfen frische, mit etwas Wasser verdünnte Milch durch's Microscop so sieht man folgende Bestandtheile: 1) glatte, durchsichtige mit scharfem Rande und wahrscheinlich mit einem aus Käsestoff gebildeten, höchst zarten Häutchen versehene Kügelchen von verschiedener Grösse (sie werden Milch-, Fett-, Oel- oder Butterkügelchen genannt); zu diesen Milchkügelchen gehören auch kleine, kaum messbare, staubähnliche Körperchen, und grössere, auf der Oberfläche der Milch befindliche Oeltropfen; 2) Epithelium-Fragmente und 3) eine mehr oder weniger trübe Flüssigkeit, in welcher die oben gedachten Körperchen herumschwimmen. Es ist zu vermuthen, dass eine jede Milch, ausser diesen Formbestandtheilen, auch noch Schleimkörperchen enthält, die man aber nur selten darin sehen kann.

Das Colostrum besitzt ebenfalls alle jene Formbestandtheile der ausgebildeten Milch, nur sind die Milchkügelchen von geringerem Durchmesser vorherrschend, so wie die staubähnlichen Partikelchen und Epithelium-Blättchen häufiger darin. Ausserdem aber enthält das Colostrum noch besondere Körperchen, die von Donné zuerst in der Frauenmilch entdeckt, beschrieben und von ihm corps granuleux genannt worden sind. Ich habe diese Körperchen in dem Colostrum aller Hausthiere, mit Ausnahme des Schweins, von welchem diese Flüssigkeit noch nicht untersucht worden ist, gesehen, und halte sie nicht für etwas Eigenthümliches, sondern nur für Aggregate der gewöhnlichen Bestandtheile des Colostrums, deren Entstehung durch die besondere Beschaffenheit des flüssigen Mediums, als Cement dienen zu können, erleichtert wird.

Es ist zu bedauern, dass wir bis jetzt noch nicht von der Milch aller Hausthiere Analysen haben (die des Schweins und der Katze fehlen) und dass die vorhandenen nicht nach gleicher Methode und mit gleichen Rücksichten angestellt worden sind. Es scheint jedoch, dass sich die Milch der verschiedenen Hausthiere nur durch das quantitative Verhältniss der früher gedachten Bestandtheile zu einander unterscheidet. Es lässt sich folgende allgemeine Uebersicht in Bezug auf Anordnung der Thiere nach der Menge der wesentlichen Bestandtheile ihrer Milch entwerfen:

Käsestoff und Butter: Schaf, Ziege, Kuh, Eselinn, Stute.
Milchzucker: Eselinn, Stute, Ziege, Schaf, Kuh.

Das Colostrum ist reichlicher mit Käse und Butter versehen, als die eigentliche Milch, der Käse befindet sich aber darin noch nicht als eigentlicher Käsestoff (caseïn) ausgebildet, sondern er besteht zum grössten Theil aus Eiweissstoff (albumin). Uebrigens ordnen sich hierbei, nach den bis jetzt bekannten Analysen die Thiere ebenso, wie in der obigen Uebersicht; mithin:

Käse und Butter: Ziege, Kuh, Eselin.
Milchzucker: Eselin, Ziege, Kuh.

§. 67.

Nach der hier eingeschalteten, zum gehörigen Verständniss nothwendigen Betrachtung der physischen und chemischen Eigenthümlichkeiten der Milch, wenden wir uns nun nochmals zu der, Eingangs dieses Capitels berührten physiologischen Bedeutung, welche diese Flüssigkeit als erstes Nahrungsmittel für das junge Säugethier hat. In dieser Beziehung sagt Liebig: „Wir finden in der Milch einen stickstoffreichen Körper, den Käse; eine Substanz, welche reich an Wasserstoff ist, die Butter; einen dritten, welcher eine grosse Menge Sauerstoff und Wasserstoff in dem Verhältniss, wie im Wasser, enthält, den Milchzucker; in der Butter befindet sich eine der aromatischsten Substanzen, die Buttersäure; sie enthält in Auflösung milchsaures Natrum, phosphorsauren Kalk und Kochsalz. Mit der Kenntniss von der Zusammensetzung der Milch kennen wir die Bedingungen des Assimilations-Prozesses aller Thiere. In Allem, was Menschen und Thiere zur Nahrung dient, finden wir diese Bedingungen vereinigt, bei vielen in einer anderen Form und Beschaffenheit, aber keine darf auf eine gewisse Zeitdauer hinaus fehlen; ohne dass die Folgen davon in dem Befinden des Thiers bemerkbar sind."

Hieraus leuchtet schon zum Theil die Wichtigkeit ein, welche das Studium der Milchsecretion für den Thierarzt hat; denn die mögliche Erkennung einer qualitativen Abweichung der Milch, welche auf einem quantitativen Missverhältniss ihrer einzelnen Bestandtheile ebensowohl, als auch auf einer wirklichen fehlerhaften Beschaffenheit derselben beruhen kann, wird sie als mehr oder weniger ungeeignet für den Zweck des Gattungslebens erscheinen lassen Solche Bestimmungen dürften aber, ihrer Schwierigkeit und des Zeitaufwandes wegen, nur selten Gegenstand der practischen Thierheilkunde sein; und wäre dabei immer noch zu bedenken, dass eine qualitative Verschiedenheit der Milch in den verschiedenen Perioden ihre Absonderung selbst in den Grenzen der Normalität liegt.

Aus dem Vorhergegangen ist ersichtlich, in wiefern sich das Colostrum von der wahren Milch in chemischer Rücksicht unterscheidet; auch hat J. F. Simon gezeigt, dass die letztere in der ersten Periode ihrer Absonderung eine vorherrschende Menge Zukker, aber wenig Käsestoff besitzt; dass der Käsestoff in der zweiten Periode zu- und der Zucker abnimmt, dass sich beide Bestandtheile in der dritten Periode in einem ziemlich unveränderlichen Verhältniss halten; und endlich, dass die Butter ein durchaus veränderlicher, von der Lebensweise abhängiger Bestandtheil der Milch ist.

§. 68.

Das bisher Abgehandelte wird hinreichen, um die Behauptung der Schwierigkeit für die Bestimmung der feinen qualitativen Abweichungen der Milch darzuthun, wenn man auch die sonst nothwendige Berücksichtigung zufälliger Beimischungen von anderweitigen thierischen Flüssigkeiten zu der Milch und der Uebergang von Arzneisubstanzen und Bestandtheilen der Futterstoffe nicht hinzurechnen wollte. Bedenken wir noch dabei, dass auch die Menge der Milch eine vorzügliche Berücksichtigung für das Gattungsleben verdient, und dass diese ausserordentlichen Verschiedenheiten nach der Race, dem Lebensalter, der Constitution, der Lebensweise und anderen Verhältnissen unterliegt; ferner, dass bei den Abweichungen in der Milchsecretion ebensowohl die Folgen als auch das Ursächliche in Bezug auf das Mutterthier, und endlich, dass nicht minder die Fehler der Milch rücksichtlich der Beeinträchtigung des ökonomischen Nutzens und der Gesundheit des Menschen zu berücksichtigen sind, so wird man den Umfang dieser Lehre hinreichend würdigen können. Aus leicht begreiflichen Gründen können wir uns hier aber nur auf die allgemeinen Verhältnisse der Abweichungen in der Milch-Secretion und zwar nur rücksichtlich ihrer Bestimmung für das Gattungsleben einlassen, und müssen das Spezielle der Geburtskunde, der Diätetik und der speziellen Pathologie anheim geben.

Die quantitativen und qualitativen Abweichungen in der Milchsecretion, zu welchen ersteren der Milchfluss (galactorhoea) und der Milchmangel (defectus lactis, agalactia) und zu der letztern sehr mannigfaltige und bereits oben angedeutete Zustände gehören, verhalten sich rücksichtlich ihrer Ursachen und Folgen für das Mutterthier fast ganz so, wie bei ähnlichen Zuständen in den übrigen Secretionen bereits angeführt wurde, weshalb eine weitere Auseinandersetzung derselben überflüssig erscheinen dürfte, nur muss dabei noch besonders der Einfluss beachtet werden, welchen die Mengen- oder Beschaffenheits - Abweichung für das neugeborne Thier haben kann, insofern sie als Nahrungsmittel für dasselbe benutzt wird. (Vergl. meine Beiträge zur nähern Kenntniss der gesunden und fehlerhaften Milch der Hausthiere, mitgetheilt in dem Magazin für die gesammte Thierheilkunde, VII. Jahrg. 2. Stück.)

Dritter Abschnitt.

Anomalien im Bewegungsleben.

Erstes Capitel.

Von der Bewegung im Allgemeinen.

§. 69.

Viele Theile des thierischen Körpers haben das Vermögen die Bewegung zu vollziehen, die einerseits an die Unscheinbarkeit und andererseits an die Ortsveränderung grenzt. So unterscheidet man die unmerkliche Zusammenziehung (contractilitas), die elastische Zusammenziehung (elasticitas), die Flimmerbewegung (motus vibratorius) und die Muskelbewegung (motus muscularis, irritabilitas).

Das Zellgewebe besitzt das Vermögen der organischen Contractilität; wo also jenes Gewebe vorkommt, ist auch dieses Vermögen in einem mehr oder minder hohen Grade vorhanden, d. h. es ist im Stande, sich auf gewisse Reize, wie Kälte, Luft und mechanische Verhältnisse, langsam zusammen zu ziehen, und sich nach Aufhebung dieser Reize allmählig wieder auszudehnen, oder zu erschlaffen, so dass weniger die Bewegung selbst, als das Resultat derselben, die Zusammenziehung und Erschlaffung, wahrzunehmen ist. Am deutlichsten findet sich die Zellgewebe-Contractilität in der Fleischhaut des Hodensacks (tunica dartos) entwickelt, indess unterscheiden sich deren Fasern weder microscopisch noch chemisch von anderen zellgewebigen Theilen, worin die Contractilität weniger auffallend ist, wie im Zellgewebe zwischen den Platten der Vorhaut, in der Lederhaut, Schleimhaut, dann in einigen Kanälen, worin bis jetzt keine Muskelfasern nachgewiesen worden sind, z. B. in den Ausführungsgängen der Speicheldrüsen, Thränendrüsen, der Leber, Gallenblase, in den Harn- und Samenleitern, und in den Ausführungsgängen der Vorsteher- und der Cowper'schen Drüsen. Mat hat daher angenommen, dass die auffallendere Contractilität der Fleischhaut des Hodensacks mehr auf der besondern und eigenthümlichen Anordnung ihrer Zellgewebefasern, als auf dem Vorhandensein eigenthümlicher Fibern beruht. Es giebt einige Erscheinungen der organischen Contractilität, welche hier näher anzuführen wären, so das Kräuseln des Hodensacks, die Zusammenziehung und Aufrichtung der Zitzen; die Aufrichtung des männlichen Gliedes und des Kitzlers könnte auch hierher gezählt werden, insofern ihr erectiles Gewebe an dieser Erscheinung Theil hat; ferner wäre anzuführen: die Zusammenziehung der Haut beim Frostschauder, wobei die Haare gesträubt werden. In wiefern die Nerven an diesen Erscheinungen Theil haben, ist noch nicht gehörig ermittelt, obgleich nicht zu bezweifeln, dass eine veränderte Stimmuug derselben von Einfluss darauf ist.

Die elastische Zusammenziehung wird durch ein faseriges Gewebe bewirkt, welches entweder silberglänzend und weiss, oder gelblich und glanzlos ist. Diese beiden Arten von Gewebe haben zwar ihre bestimmten physikalischen und chemischen Unterschiede, weshalb sie auch in der neueren Zeit getrennt betrachtet werden, aber in Bezug auf ihr Vermögen sich wieder zusammen zu ziehen, wenn sie durch mechanische Gewalt eine Ausdehnung erlitten haben, stehen sie sich gleich, obwohl diese Eigenschaft bei dem gelben elastischen Gewebe grösser ist, indem es sich fast auf die doppelte Länge ausdehnen lässt und sich dann wieder zusammenzieht. Zu dem gelben elastischen Gewebe zählt Gerber das Nackenband, die mittlere Haut der Arterien, dann die sogenannten gelben Häute, wozu er das vordere und hintere Verstopfungsband zwischen dem ersten Halswirbel und dem Hinterhauptbeine rechnet; ferner die Zwischenbogenbänder der übrigen Wirbel, alle gelben Bänder des Zungenbeins und Kehlkopfs, so wie die gelbe Haut, welche (besonders beim Pferde) den Brusttheil des breit gezahnten nnd den fleischigen Theil des äusseren schiefen Bauchmuskels deckt. Auch bildet nach ihm dieses elastische Gewebe einen Bestandtheil des Felles und der Schleimhäute, des Knorpels des äussern Ohrs, des Kehldeckels, der Luftröhre, der grössern Venen, und endlich des Ciliarbandes und der Regenbogenhaut des Augapfels. Zu den weissen elastischen Geweben werden dagegen alle Sehnen, sehnigen Ausbreitungen, Sehnen- und Muskelscheiden gezählt; auch dürfen wir in unserem Sinne alle fibrösen Gebilde hierher rechnen, da es hiernach weniger auf microscopische und chemische Unterschiede ankommt, als auf Gleichförmigkeit des elastischen Vermögens. Die elastischen Gewebe enthalten zwar sparsame Blutgefässe, Nerven aber hat man noch nicht mit Bestimmtheit darin gesehen.

Die Flimmerbewegung wird durch das, mit ausserordentlich zarten, durchsichtigen, haarförmigen Fädchen besetzte Cylinder-Epithelium bewirkt. Man hat dieses Flimmer-Epithelium bis jetzt auf einigen

Schleimhautparthieen wahrgenommen und zwar in der Nasenhöhle, Stirnhöhle, Kiefer- und Keilbeinhöhle, im Thränengang und Thränensack, am innern Augenwinkel, an der Bindehaut, auf der hintern Fläche des Gaumensegels und Rachens, in der Ohrtrompete, im Kehlkopf, in der Luftröhre bis in die feinsten Verzweigungen, im inneren Theil der Scheide, im Fruchthalter und in den Fallopischen Röhren, dann ein mit Flimmerhaaren besetztes Pflaster - Epithelium in den Gehirnhöhlen, wo es zunächst die feine Gefässhaut derselben bekleidet, selbst auch im Trichter, in der Sylvischen Wasserleitung und in der Höhle der Riechnerven. Gerber sagt sogar, dass sich in den Primitivröhren der Nerven, vor der Gerinnung ihres Inhalts muthmassliche Flimmerbewegungen zeigen, welche von kegelförmigen kurzen Flimmerhaaren herzurühren scheinen. Die Bewegung der Flimmerhaare erfolgt theils pendelartig von einer Seite zur andern in gerader Richtung, wobei sich ihre Spitzen zum Theil hakenförmig krümmen, theils auch kreis- oder peitschenförmig, so dass jedes einzelne Haar einen kegelförmigen Raum umschreibt, dessen Spitze an ihrem angehefteten Ende liegt und dessen Basis von ihrem freien Ende umkreiset wird. Bruns (in seinem Lehrbuche der allgem. Anatomie des Menschen, Braunschweig 1841) erklärt die Wirkung der Flimmerbewegung folgendermaassen: Dadurch, dass die pendelartigen und kreisförmigen, oscillatorischen Schwingungen aller Wimpern einer Fläche nach einer und derselben Seite oder Richtung hin, schneller und stärker erfolgen, als nach der andern zurück, wird bewirkt, dass die dieser Fläche anhaftenden, dunstförmigen oder tropfbaren Flüssigkeiten, und somit auch die in ihnen suspendirten microscopischen Körperchen (Schleimkörperchen, Samenthierchen) in dieser bestimmten Richtung fortbewegt werden. Ob diese Richtung auf jeder wimpernden Fläche dieselbe ist, oder unter Umständen sich verändert, ist unbekannt. Im Allgemeinen scheint die Wimperbewegung aus dem Innern gegen die natürlichen Oeffnungen des Körpers hin gerichtet zu sein, so in der Luftröhre gegen den Kehlkopf hin. Ueber die Ursache der Flimmerbewegung sagt derselbe Anatom: Die Bewegung der Cilien, welche unabhängig von der Integrität des centralen Nervensystems vor sich geht, ist nicht durch das Vorhandensein kleiner Muskeln bedingt (wogegen schon das ganze Grössenverhältniss dieses Organe spricht) sondern ist als ein Urphänomen der Bewegung zu betrachten, durch welches sich gleichsam der Lebenszustand der, diese Cilien tragenden organischen Fläche in ihrer Gesammtheit und in ihren einzelnen Elementartheilen kund giebt.

§. 70.

Die Muskelbewegung wird eben durch diejenigen Organe ausgeführt, welche wir Muskeln nennen, und die, zusammengenommen, das Muskelsystem darstellen. Im Allgemeinen sind diese Organe aus Muskelfasern, Zellgewebe, Nerven und Blutgefässen zusammengesetzt, und, wenn man will, gehören auch noch zu ihnen die Hülfsorgane, nämlich Sehnen, Muskel- und Sehnenscheiden. Die Muskelfasern sind parallel neben einander gelagert, von verschiedener Stärke und bilden weder Verzweigungen noch Anastomosen; sie werden durch Zellgewebe zu Bündelchen und dann zu Bündeln und zu einem Ganzen verbunden, welches Verbindungsmittel auch zur Aufnahme der zahlreichen Blutgefässe und Nerven dient, so dass diese überall die Muskelfasern zu berühren scheinen, ohne in sie selbst einzudringen. Geht man näher auf die Elementartheile der Muskeln ein, so bemerkt man, dass die feinen, weichen, dem Auge kaum sichtbaren Fasern unter dem Microscop ein gelbliches oder gelbröthliches Ansehen haben, und dass ihre Oberfläche abwechselnd mit hellen und dunkeln Querstreifen versehen ist. Eine solche Muskelfaser (fibra muscularis) wird auch Muskelfaser-Bündel oder Primitiv-Muskelbündel genannt, und ist aus Muskelfäserchen (fibrillae musculares), auch Primitiv-Muskelfäden genannt, zusammengesetzt, so dass eine mehr oder weniger grosse Zahl der letztern, welche unter sich durch eine helle und zähe Substanz enge verbunden sind, von einer zarten, durchscheinenden, röhrenförmigen Scheide umschlossen werden. Jene Primitiv-Muskelfasern zeigen regelmässig aufeinanderfolgende, perlenschnurähnliche, knotige (variköse) Anschwellungen, welche durch längliche, dunkele Zwischenstückchen mit einander verbunden sind. Eine andere Art Muskelfasern ist insofern von den eben beschriebenen verschieden, als sie weder deutliche Glieder noch Querstreifen zeigen; sie erscheinen vielmehr als etwas platt gedrückte, gelbliche, gleichmässige und äusserst feinkörnige Längenfasern. Aus dem Vorstehenden ist leicht zu entnehmen, dass nun ein ganzer Muskel aus grossen und kleinen Muskelbündeln zusammengesetzt ist, welche unter sich durch Zellgewebe verbunden sind. Aber wie die einzelnen Schichten, so wird auch der ganze Muskel von einer dichten Zellstoffschicht umschlossen, welche man Muskelscheide (vagina muscularis) nennt. Diese steht mit den Hüllen der kleinsten Bündel in Verbindung und kann man sonach die letzteren als Fortsetzungen der ersteren in die Muskelsubstanz hinein betrachten. Die Umkleidung des ganzen Muskels, oder die Muskelscheide hat man auch perimysium externum und die Hülle der Bündel perimysium internum genannt.

Die von den Chemikern aufgeführten analytischen Untersuchungen der Muskelsubstanz betreffen begreiflicher Weise nicht allein die Muskelfäserchen oder die sogenannten Primitivfasern, sondern den ganzen Muskel (wenn auch mit Ausnahme der Hülfsorgane), mithin auch das verbindende Zellgewebe, die Nerven, die Blut- und Lymphgefässe. Diese Analysen sind daher für die Physiologie des gesunden und kranken Lebens von sehr bedingtem Werthe. Uebrigens ist anzunehmen, dass die Muskelfaser, chemisch betrachtet, nicht verschieden ist von dem Faserstoff des Blutes, da sie sich gegen verschiedene Reagentien ebenso verhält, wie dieser; der Unterschied zwischen beiden beruht daher wahrscheinlich nur auf der Form. Als physiologische Eigenschaften der Muskeln sind besonders bemerkenswerth: ihre Farbe, ihr Zusammenhang, ihre Ausdehnungs- und Zusammenziehungs-Fähigkeit. Den Muskeln ist eine mehr oder weniger röthliche oder gelbröthliche Farbe eigenthümlich, doch hat der mehr oder minder grosse Blutreichthum an der Intensität dieser Farbe nicht geringern Antheil, als die Beschaffenheit des Blutes selbst. Eine einzelne Primitiv-Muskelfaser ist ausserordentlich zart und leicht zerreissbar, die Primitiv-Bündel weniger, und treten diese endlich zusammen zu mehreren Bündeln und zu einem ganzen Muskel, so zeigt dieser eine erhebliche Kraft des Zusammenhangs, und besteht hier ungefähr dasselbe Verhältniss, wie zwischen einem Seil und den dasselbe zusammensetzenden Fäden. Doch mögen an der Cohärenz der Muskeln das Zellgewebe, die Gefässe und Nerven keinen geringen Antheil haben.

Die Muskeln erleiden während des Lebens eine

grosse Ausdehnung ohne zu zerreissen, besonders, wenn sie allmählig geschieht, und ziehen sich dann, wenn die ausdehnende Gewalt aufhört, wieder zusammen, wie man bei der Trächtigkeit, Trommelsucht u. dergl. zu bemerken Gelegenheit hat.

§. 71.

Die den Muskeln eigenthümliche Lebenskraft ist die Muskelreizbarkeit (irritabilitas), d. i. das Vermögen der Muskeln, sich auf Einwirkung von Reizen zusammen zu ziehen und nachher wieder auszudehnen oder zu erschlaffen, es mögen diese Reize die Muskelfasern unmittelbar oder die Fäden der Bewegungsnerven treffen; es mögen diese Reize innerhalb oder ausserhalb des Organismus liegen. Die Contractionen der Muskeln bekunden sich dadurch, dass diese fester, kürzer und dicker werden, obwohl sich ihr Raummaas dabei nicht zu vermindern scheint; denn was sie an Länge einbüssen, gewinnen sie im Durchmesser. Die Contractionen erfolgen meist rasch beim Einfluss der Reize, und kann man bei Versuchen beobachten, dass die einzelnen Fasern hierbei zickzackförmige Biegungen annehmen, und dass sie sich selbst zwischen diesen kräuseln. Der Zusammenziehung steht die Erschlaffung entgegen, welche die Folge der Erschöpfung der Reizbarkeit ist; aber so, wie es wahrscheinlich keine absolute Contraction der Muskeln giebt, sondern diese in einem immerwährenden Wechsel zwischen Zusammenziehung und Erschlaffung, aber mit Ueberwiegung der ersteren besteht, so giebt es auch wahrscheinlich im lebenden gesunden Muskel keine absolute Erschlaffung, und hat man sich hierbei nur das Moment der Expansion über das der Contraction als überwiegend zu denken, so dass die Muskelnfasern sich stets in einem fibrirenden, mehr oder weniger gespannten Verhältniss befinden. Auf die so eben erläuterte Muskelreizbarkeit haben das Blut und die Nerven einen grossen Einfluss, denn wenn dieser aufgehoben ist, geht jene allmählig verloren. Im gesunden Zustande sind die Muskeln wenig empfindlich, und werden daher mechanische Verletzungen derselben momentan gut vertragen, nichts destoweniger wird im krankhaften Zustande die Empfindlichkeit der in ihnen sich verbreitenden sensibeln Nerven oft sehr gesteigert.

Die Muskeln besitzen eine ziemlich lebhafte Vegetation, welche auf Reproduction und Schmelzung beruht, wie die Zu- und Abnahme ihres Umfanges unter gewissen Umständen es beweisen; aber man weiss bis heute nicht, ob bei diesem Vorgange auch die Zahl der Muskelfasern zu- und abnimmt, oder ob die einmal vorhandenen bloss in ihrem Durchmesser eine Veränderung erleiden. Das letztere ist um deswillen wahrscheinlicher, weil verloren gegangene Muskelsubstanz, d. h. mit Gewalt aus dem Muskel weggenommene, sich nicht wieder ersetzt, die Wundränder werden nur vereinigt durch ein festes Zellgewebe, die sogenannte Narbensubstanz.

§. 72.

Die Muskeln werden nach Bruns ihrer Form und Bestimmung nach in zwei Abtheilungen gebracht: in solide, selbstständige oder ächte Muskeln, und in hohle oder Organenmuskeln. Erstere, welche vorzüglich den Organen der Ortsbewegung, der Stimme und der Sinne angehören, und meistens durch den Einfluss des Willens in Thätigkeit gesetzt werden, hat man daher auch als Muskeln des animalen Lebens oder als willkürliche Muskeln bezeichnet, während die letzteren, welche vorzüglich den

Organen der Ernährung angehören, und dem Einflusse des Willens grösstentheils entzogen sind, Muskeln des organischen Lebens, oder unwillkürliche Muskeln (und die hiervon erfolgende Bewegungen: automatische) genannt worden sind. Indessen hält der gedachte Anatom diese beiden Bezeichnungen für weniger passend, als die zuerst angeführten Benennungen, da durch sie beide Classen von Muskeln nicht scharf genug abgegrenzt würden, vielmehr sich Muskeln herausstellen, welche zu jeder der beiden Abtheilungen gehören müssten. Denn es giebt einerseits zahlreiche Muskeln, welche sich auch ohne den Einfluss des Willens zusammenziehen, wie das Zwerchfell, die Bauch- und Zwischenrippenmuskeln, während auf der andern Seite mehrere solide Muskeln sowohl den animalischen als den organischen Lebensverrichtungen angehören z. B. die Kau- und Schlingmuskeln. Die soliden, selbstständigen oder ächten Muskeln, welche mehr der äusseren Lebensseite oder dem animalen Leben angehören, haben ihre Lage deshalb, mit Ausnahme des Zwerchfells, an der Umfläche des Körpers, und stehen alle, wenngleich sie auch ohne Ausnahme ohne den Einfluss des Willens thätig sein können, doch unter der Botmässigkeit desselben und unter dem unmittelbaren Einfluss der Gehirn- und Rükkenmarksnerven. Ein weiteres Kennzeichen dieser Muskelabtheilung ist, dass ihre Fasern gleichlaufend nebeneinander liegen und quer gestreift sind, und dass die Primitivfasern die gedachten varicösen Auftreibungen zeigen. Die hohlen oder Organenmuskeln liegen grossentheils in den Höhlen des Körpers und sind meist integrirende Theile der vegetativen Organe, woher sie auch plastische Muskeln genannt werden. Sie liegen meist zwischen zwei häutigen Platten und sind selbst in dieser Art gestaltet; das Herz aber, welches auch hierher gehört, stellt einen hohlen Muskel für sich dar. Die Fasern dieser Muskeln laufen meist in verschiedenen Richtungen, so dass sie sich kreuzen; ihnen fehlen, mit Ausnahme des Herzens, sowohl die röthliche Farbe, als auch die Querstreifen und die varicösen Auftreibungen der Primitivfasern. Sie werden nicht direct vom Willen in ihrer Thätigkeit durch die motorischen Nerven bestimmt, sondern sind vom Ganglien-Nervensystem abhängig, nur kann durch den Willen eine mehr oder weniger grosse Störung in ihren rhythmischen Wirkungen erfolgen, wie wir Diess namentlich beim Menschen beobachten können, dessen Wille nicht selten auf die Pulsation des Herzens einen bestimmenden Einfluss hat.

§. 73.

Wir haben oben bereits angeführt, welche Veränderungen in den Muskeln vorgehen, wenn sie sich zusammenziehen und wieder erschlaffen, auch ist bemerkt worden, dass beim behinderten Einfluss der Nerven und des Blutes, namentlich des arteriellen, die Irritabilität endlich erlischt; aber in Betreff der nächsten Ursache der erfolgenden Contractionen weiss man nichts Gewisses. Man hat sie unter andern in eine polare Spannung gesetzt, und Stark meint, Diess lasse sich, abgesehen von noch andern Gründen, theils aus dem polaren Verhalten von Arterie und Nerv, theils aus dem Umstande folgern, dass unter allen äussern Reizen polare Agentien, wie eben Elektricität und Galvanismus, Muskelcontractionen am leichtesten, stärksten und selbst dann noch zu erregen im Stande sind, wenn der Muskel für alle übrige Reize schon längst unempfindlich geworden ist. Mehr aber dürfte diesem Patholog beizustimmen sein, wenn er mit de Haen und Barthey die Nutrition als die Grundbedingung der Muskelbewegung ansieht und in dieser Rücksicht sagt, dass die Gefäss- oder Gangliennerven den wahren Nervenpol bei der Muskelbewegung bilden und nicht die Bewegungsnerven, so dass letztere nicht einmal bei den willkürlichen Muskeln die Stelle der Gefässnerven etwa vertreten. Diess lasse sich daraus mit vieler Wahrscheinlichkeit vermuthen, weil eine grosse Abtheilung des Bewegungssystems gar keine sogenannte Bewegungs- oder Spinalnerven erhalte, also dieselben zu seiner Function entbehren könne, das Gegentheil sich aber niemals mit Gewissheit nachweisen lasse, da nach den neueren Untersuchungen der Gangliennerv alle Gefässe mit seinen Zweigen in alle, selbst in die der Willkür unterworfenen Muskeln zu begleiten scheine. Als nähere Gründe dafür, dass der Vorgang der Ernährung zugleich die Bewegung bedinge, führt er unter andern an: dass ein Muskel, in welchem aller Stoffwechsel erloschen ist, auch durch die stärksten Reize nicht mehr zur Bewegung veranlasst werden kann, dass ferner ein wenig oder gar nicht bewegter Muskel schwindet, ein stark und häufig in Thätigkeit gesetzter aber an Masse zunimmt. Da die Ernährung der Muskeln ununterbrochen fortgeht, so befinden sie sich auch nie in vollkommener Erschlaffung, sondern immer in einem gewissen Grade von innerer Bebung und Contraction, welche sich nur gegenseitig in den Antagonisten beschränkt. Daher die gebogene Lage der Glieder und des Rumpfes bei Schlafenden; daher Durchschneidung oder gänzliche Lähmung eines Muskels mit Schwinden desselben dem Antagonisten das Uebergewicht verschafft und in ihm sogleich eine stärkere Zusammenziehung zur Folge hat, und daher endlich gelähmte Muskeln ihre, von der unmerklichen Contraction der Muskelfasern abhängende Festigkeit verlieren, weich werden, aber nach gehobener Lähmung dieselbe mit dem Bewegungsvermögen wiedererhalten. Setzt aber jede wahre Bewegung des Muskels eine temporäre Erhöhung seines Nutritionsprozesses voraus, so begreift sich, warum auch jede solche, nicht durch die gewöhnlichen Bewegungsreize hervorgebrachte Steigerung des Ernährungsprozesses im Muskel immer mit vermehrter Contraction und Bewegung desselben verbunden ist. Entzündung, welche auf einer Steigerung der Nutritionsthätigkeit beruht, Entzündung in bewegungsfähigen Theilen ist mit abnorm vermehrter Bewegung, (mit mehr oder weniger deutlichem) Krampfe verbunden. Hat der Nutritionsprozess der schwangern Gebärmutter seine grösste Höhe erreicht, und dadurch noch eine relative Steigerung erhalten, dass er nach aufgelöster Verbindung mit dem Fötus seine ganze, für diesen zugleich mit berechnete Ernährungsthätigkeit auf sich allein zu richten genöthigt ist, so schlägt er in Bewegung aus, wobei der nun heterogen gewordene Fötus freilich auch zugleich als Bewegungsreiz zu wirken vermag. Ebenso wird das Muskelsystem des letztern erst zur Bewegung fähig und geräth wirklich in willkürliche Bewegungen, wenn seine Entwickelung durch den Bildungsprozess vollendet ist.

In den folgenden Capiteln dieses Abschnitts betrachten wir nun die allgemeinen Anomalien in der Bewegung und zwar von der Seite ihrer Vermehrung, Verminderung und Alienation. Aber wie überall, so ist auch hier die Natur dem trennenden, zersetzenden Verstande entgegen, so dass wohl kaum ein Plus oder Minus im Bewegungsvermögen vorkommen mag ohne gleichzeitige Alienation desselben.

Die Flimmerbewegung muss hier unberücksichtigt bleiben, da wir kaum etwas von ihrem Verhalten im gesunden Zustande wissen und ihre Bedeutung in den Krankheiten noch gar nicht kennen.

Zweites Capitel.

Von der krankhaften Vermehrung, Verminderung und Aufhebung der Bewegung.

§. 74.

Sowohl im besondern Zustande des Zellgewebes, als auch in dem des faserigen und musculösen Gewebes, welche die Contractilität, Elasticität und Irritabilität bedingen, beruhen zum grossen Theil diejenigen Fehler, welche die Pathologen auf einen zu starken oder zu schwachen Zusammenhang zurückführen, und wozu in ersterer Rücksicht die verminderte Spannung oder die physische Schwäche (atonia), die Schlaffheit (laxitas), die Zartheit (teneritudo) und die Erweichung (mollities); so wie in letzterer Rücksicht übermässige Spannkraft (hypertonia), Zähigkeit (tenacitas), Härte (durities) und Brüchigkeit (fragilitas) gezählt werden können. Es ist leicht einzusehen, dass alle diese Benennungen mehr auf Bezeichnung einer physischen Beschaffenheit hingerichtet sind; und unterlassen wir es hier von ihnen allen eine Erklärung zu geben, weil sie sich in jenen Bezeichnungen so zu sagen von selbst aufdringt. Die Hypertonie aber und die Atonie müssen wir schon um deswillen etwas näher betrachten, weil bei ihnen das organische Kraftverhältniss mehr in Erwägung kommt und weil sie gleichfalls an der Spitze einer Reihe hierher gehörigen krankhaften Zustände stehen, wovon sie eigentlich nur dem Grade nach verschieden sind. Wir handeln hier zunächst von der Hypertonie und versetzen die Betrachtung der Atonie in einem folgenden §. In übermässiger Spannung, im hypertonischen oder Strictur-Zustande befinden sich die contractilen Gewebe, wenn sie sich straffer und dichter anfühlen, als im normalen Zustande. Zur Erklärung eines solchen Zustandes darf man wohl annehmen, dass die Theile dabei einen geringen Grad von Feuchtigkeit besitzen, und dass ihre festen, physischen Atome näher aneinander gerückt sind. Die übermässige Spannung ist überhaupt, wie leicht einzusehen, der freien Bewegung mehr oder weniger hinderlich, zumal wird Diess auffallend, wenn sie die Muskeln betrifft; die Bewegungen selbst geschehen aber dabei gewöhnlich mit Kraft und Ausdauer. Der Krampf (spasmus) ist eigentlich und dem Wesen nach nur ein höherer Grad von Hypertonie, beide Zustände können in einander übergehen, weshalb nur ein relativer Unterschied zwischen ihnen besteht. Aus diesem Grunde nehmen einige Pathologen an, dass ein jedes contractile Gewebe, mithin auch das Zellgewebe, vom Krampfe befallen werden könne. Der Krampf aber ist, wenigstens in einigen Formen desselben, zugleich für eine unzweckmässige Bewegung zu halten, und da eine auffallende und selbstständige Bewegung nur den Muskeln zukommt, so lassen wir den gedachten Zustand auch nur von ihnen gelten. Alle, im vorhergehenden §. gedachten Muskeln sind dem Krampfe unterworfen, nur verhält sich derselbe in den zwei Hauptabtheilungen der sogenannten willkürlichen und unwillkürlichen Muskeln einigermaassen verschieden. In beiden erfolgt zwar der Krampf unwillkürlich, in den letzteren aber gewöhnlich heftiger, ohne Ordnung und Stetigkeit. Die

Bezeichnung nachlassender, clonischer Krampf (spasmus clonicus) im Gegensatz des anhaltenden oder tonischen (sp. tonicus) bezieht sich nur auf die willkürlichen Muskeln und ist hierunter ein solcher Zustand zu verstehen, in welchem die Antagonisten abwechselnd in krampfhafte Spannung und Erschlaffung gerathen. Die sogenannten unwillkürlichen Muskeln haben aber keine Antagonisten, weshalb jene Krampfform bei ihnen wegfällt.

Wenn man das erwägt, was früher über die Bedingungen der Irritabilität gesagt worden ist, so werden wir die möglichen Ursachen der normwidrigen Erhöhung derselben, worin eben das Wesen des Krampfes besteht, leicht erkennen. Sie bestehen entweder in zu starken oder ungewohnten Muskelreizen, sie mögen mechanischer, chemischer oder dynamischer Natur sein, und entweder die Muskeln unmittelbar treffen oder zu ihnen durch die Bewegungsnerven geleitet werden, in welchem letzteren Falle sich entweder die Central-Organe des Nervensystems in einem krankhaften Zustande befinden, oder ursprünglich ist die Sensibilität der Empfindungsnerven anomal, wonach dann durch Reflex-Bewegung die motorischen Nerven den Reiz zuleiten. Oder ferner die Ursache besteht in zu grosser Anhäufung der Sensibilität in den Gefässnerven; oder in zu starker Zufuhr des Blutes und übermässigen Arteriellität desselben, oder endlich in zu grosser Ernährung der Muskeln. Welche von diesen Ursachen aber den Krampf bedingt, ob eine oder mehrere zugleich, ist in den concreten Fällen oft schwierig zu ermitteln; uns muss es genügen, hier auf die Möglichkeit der Veranlassungen hingewiesen zu haben.

Die Folgen des Krampfes lassen sich leicht ermessen. Der Gebrauch der krampfhaften Muskeln ist entweder unfrei oder ganz aufgehoben; das Blut wird aus ihnen verdrängt, auch in Canälen, welche zum Theil aus Muskeln bestehen, wird die freie Circulation aufgehoben, es werden nach Umständen die Ab- und Aussonderungen behindert, und es entstehen, wegen gleichzeitiger Erhöhung der Sensibilität, Schmerzen. Ausser diesen unmittelbaren Folgen können die Krämpfe noch manche andere mittelbare nach sich ziehen, die sich als solche in vorkommenden Fällen leicht deuten lassen, und ebenso einleuchtend ist es, dass ein ausgebreiteter und anhaltender Krampf, wegen des Verbrauchs der Nervenkraft, oder wegen Congestion des Blutes zu edeln Organen und Ausbildung der Entzündung in denselben u. dgl., endlich den Tod zur Folge haben müsse.

§. 75.

Nach den vorhergedachten Ursachen hat man die Krämpfe unterschieden in nervöse, Gefäss- und Entzündungskrämpfe; man thut aber, unserer Ansicht nach, besser, wenn man die Krämpfe nach den Formen unterscheidet und auf die Ermittelung ihrer Ursachen Fleiss verwendet, als dass man sich durch Benennungen jener Art dieser Erforschung überhoben glaubt. Als besondere Formen der Krämpfe erwähnen wir die Zuckungen (convulsiones); sie sind nichts Anderes als clonische Krämpfe, welche sich, durch abwechselnde Zusammenziehungen und Erschlaffungen der antagonistischen Muskeln zu erkennen geben, und dadurch die zuckenden Bewegungen veranlassen, sie kommen bei der Epilepsie ohne Bewusstsein vor. Als eine eigenthümliche Art von Convulsionen findet man auch wohl den Veitstanz (chorea sancti Viti) als eine bei den Thieren und namentlich bei Hunden vorkommende Erscheinung aufgeführt. Insofern solche mit Convulsionen behaftete Thiere anscheinend tanzende Bewegungen machen, und diese krampfbaften Bewegungen wenigstens in soweit von Willen abhängig sind, als sie gemässigt und auch wohl unterdrückt werden können, mag jene Bezeichnung hingehen; aber man muss nicht glauben, dass bei Thieren mit solchen Krämpfen eine ähnliche Steigerung des Gefühls für Rhythmus in den Bewegungen und in der Stimme vorkommt, wie beim Menschen in der Sprache, welche in solchen Zuständen zuweilen in Versen reden, obgleich sie nichts weniger als Dichter sind. Das Zahnknirschen (stridor dentium) welches oftmals bei schmerzhaften Krankheiten, besonders des Magens und Darmkanals, am häufigsten beim Rindvieh wahrgenommen wird, beruht ebenfalls auf einer temporären Contraction der Kaumuskeln. Das Zittern (tremor) ist in sofern von der Culvulsion verschieden, als die Zusammenziehungen und Wiedererschlaffungen der antagonistischen Muskeln weit schneller und weniger heftig und daher auch weniger deutlich aufeinander folgen, und sich demnach mehr in der Art einer oscillatorischen Bewegung darstellen. Es kann die Folge deprimirender und aufregender Gemüthszustände sein, wie der Furcht und des Zorns, auch entsteht es bei Einwirkung heftiger Kälte; in den Krankheiten aber bezeichnet es den Anfang des Fiebers oder den Wiedereintritt der Exacerbation desselben, oder auch sehr schmerzhafte Leiden, oder, wie man zu sagen pflegt, nervöse Zustände. Man hat ein krampfartiges und ein lähmungsartiges Zittern unterterscheiden wollen, und will man diesen Unterschied auf die zum Grunde liegende Ursache bezogen wissen, wo nämlich für den erstern Fall ein Ueberwiegen der Gefässactionen und im zweiten ein behinderter

Einfluss der Nerven stattfinden soll. Uns erscheint diese Unterscheidung etwas minutiös, wer sie aber in vorkommenden Fällen zu machen im Stande ist, der mag sich auch jener Bezeichnungen bedienen. Eine andere aber unvollkommene Art chlonischer Krämpfe ist das Sehnenhüpfen (subsultus tendinum). Hierbei erfolgen die Krämpfe nur in einzelnen Muskelparthien und sind niemals so heftig, dass vollständige Contraction der Muskeln zu Stande kommt; es giebt sich daher weniger durch den Krampf selbst, als durch eine hüpfende Bewegung der Sehnen der betroffenen Muskeln zu erkennen. Diese Krampfform ist in der Regel ein gefahrdrohendes Zeichen in Krankheiten und auf Unordnung in der Nervenleitung zurückzuführen.

Eine Art Krampf, welche hinsichtlich seiner Form und Intensität zwischen der Muskelruhe und dem tonischen Krampfe, die Mitte hält bezeichnet man als Starrsucht (wächserne Biegsamkeit der Glieder, catalepsis). Sie kommt als eine Varietät nicht selten bei Thieren in Gehirnleiden vor, namentlich bei Pferden im höchsten Grade des Dummkollers, wo die Bewegungs-Organe dem Einflusse des Willens entzogen sind. Hering (spez. Pathologie und Therapie) aber beschreibt einen Fall einer mehr ausgeprägten Form von Starrsucht bei einem Pferde in folgender Art: „Ein Wagenpferd bekam zu unbestimmten Zeiten, gewöhnlich während des Fahrens, Anfälle, wobei es ganz bewusstlos, unbeweglich und starr wurde, so dass es nicht von der Stelle zu bringen oder umzuwenden war; man war genöthigt, es auszuspannen, obgleich es nie zu Boden fiel. Der Anfall ging nach 5—10 Minuten vorüber, selten dauerte er länger; er pflegte einige Mal in kurzer Zeit nacheinander sich einzustellen, dann aber 2—3 und mehr

Monate lang auszubleiben. In der Zwischenzeit zeigte das Thier nicht das mindeste Krankhafte. Aderlass und äussere Reize wurden versucht, jedoch ohne merklichen Erfolg."

Zusatz. Einen gewiss sehr seltenen, höchst ausgezeichneten Fall von Catalepsis sah ich bei einem kleinen, jungen Wachtelhunde, der an Staupe und in deren Folge an Zuckungen gelitten hatte, und deswegen von seinem Besitzer mit warmen Bädern in einer kalten Jahreszeit behandelt worden war. Die Kur dieses Thieres wurde mir mit der Bemerkung übertragen, dass es meistens theilnahmlos da liege, zuweilen jedoch ängstlich herumlaufe. Bei der Untersuchung desselben konnte ich mich einstweilen nur von der Gegenwart einer allgemeinen Schwäche überzeugen. Am anderen Tage fand ich den Hund auf der rechten Seite liegend, ohne Athem, regungslos mit halb geöffnetem Maule und hervorhängender Zunge. Alle Umstehenden hielten ihn für todt. Ein langsamer Herzschlag war aber noch vorhanden und die Augen, obgleich starr, noch lebendig. Es dauerte nicht lange, so fingen die Augenlider an zu niken. In diesem Zustande versuchte ich das Thier auf die Füsse zu stellen; es blieb stehen mit aufgerichtetem, etwas nach einer Seite gewandtem Kopfe wie eine Statue. In diesem Zustande konnte ich die Füsse des Thieres in jede beliebige Lage bringen, sogar in solche, welche nicht geeignet schienen, den Schwerpunct des Körpers gehörig zu unterstützen, nichtsdestoweniger blieb das Thier regungslos stehen. Ich konnte es niederlegen, seine Glieder nach allen natürlichen Richtungen wenden und biegen; ich konnte es wieder aufrichten; kurz sein Körper war so schmiegsam wie Formmerthon oder Wachs, während Empfindung und Bewusstsein ganz verloren schienen. Nach etwa zehn Minuten trat Bewusstsein und Bewegungsfähigkeit des Kopfes und Halses ein; der übrige Theil des Körpers blieb aber noch regungslos, und war das Thier auf keine Weise zum Fortschreiten zu bewegen. Eine Stunde später aber lief das Thier von selbst von der Stelle eine kurze Strecke, und blieb dann plötzlich, wie gebannt stehen, ohne auf einen Antrieb weiter zu schreiten. In dieser Abwechslung verharrte der Zustand ungefähr zwei Stunden, worauf dann das Thier wieder eine solche Herrschaft über die Muskeln gewonnen hatte, dass es sich auf einen Antrieb fortbewegte und selbst bellte. Nach 48 Stunden starb das Thier; die Section liess nur ein abnorm-weiches Gehirn entdecken. Die ausführlichere Pathographie dieses interessanten Patienten behalte ich mir für einen andern Ort vor.

§. 76.

Die verminderte Spannkraft, (Atomie) ist der Hypertonie entgegengesetzt und giebt sich durch Schlaffheit und Weichheit der muskulösen Gebilde zu erkennen. Die in einem solchen Zustande befindlichen Muskeln sind zwar oft noch leicht in Bewegung zu setzen, aber die Bewegung geschieht mit wenig Kraft und Ausdauer. Ausser dieser übeln Folge hat die Atonie noch die erheblichere, dass sie gern in Muskellähmung übergeht, wovon sie nur dem Grade nach verschieden ist: was um so deutlicher wird, als verschiedene Grade der Lähmung vorkommen, eine unvollkommene (paraesis) und eine vollkommene (paralysis). Dieser Unterschied beruht darauf, dass in der erstern noch ein geringer Grad von Bewegungsfähigkeit besteht, die in der andern ganz fehlt. Die Lähmung ist ebenfalls ein dem Krampfe direct entgegengesetzter Zustand, und besteht dem Wesen nach in aufgehobener Irritabilität; ihre Ursachen müssen also nothwendig in dem Fehlen der einen oder der andern Bedingung der Irritabilität liegen. Diese Bedingungen sind im Vorhergehenden hinreichend erörtert, weshalb wir hier ein Mehreres zu sagen, füglich unterlassen dürfen. Das aber möchte hier noch anzumerken sein, dass die Bestimmung der eigentlichen Ursache der Lähmung in den gegebenen Fällen nicht minder Schwierigkeit darbietet, als beim Krampfe. Auch dürfte zu erinnern sein, dass die Aufhebung der Empfindung nicht nothwendig mit der Lähmung verknüpft zu sein braucht; es stehen uns aber keine Mittel zu Gebote, mit Sicherheit zu bestimmen, ob das Eine oder das Andere bei den Thieren der Fall ist. Bei den Menschen kennt man das Vorkommen von Lähmungen, womit das eine Mal das Gemeingefühl, das andere Mal die Tastempfindung im gelähmten Theile noch fortbesteht, oder gar beide zugleich. Warum sollten wir nicht gleiche Zustände bei den Thieren präsumiren? —

Drittes Capitel.

Von der Alienation in der Bewegung.

§. 77.

Wir verstehen hier unter Alienation in der Bewegung eine solche Verkehrtheit, wo entweder die, von den willkürlichen Muskeln abhängige Ortsbewegung nicht in der Richtung erfolgt, wie sie der Wille fordert oder fordern würde, wenn er seinen Einfluss geltend machen könnte, oder wenn die unwillkürlichen Bewegungen in einer, der normalen Richtung entgegengesetzten erfolgen. Zu der erstern Art zählen wir den unwiderstehlichen Trieb der, mit einem gewissen Hirnleiden behafteten Thiere nach vorne zu entfliehen, wodurch es geschieht, dass sie rasen und sich beschädigen, wenn sie an der Fortbewegug behindert sind, wie beim Koller, bei der Gehirnentzündung und bei Bleivergiftung des Rindviehes. Der entgegengesetzte Fall ist zuweilen bei Hunden gesehen worden, welche nach der Staupe in nervöse Zustände geriethen. Diese Thiere bewegten sich auf eine Anregung von hinten z. B. nach Schlägen, anstatt vorwärts, rückwärts. Hierher gehören auch die Fälle, wo die Thiere Bewegungen nach einer Seite machen, wogegen sie unzweifelbar in gerader Richtung vorwärts schreiten möchten; sie sind nicht selten beim Koller der Pferde und bei der Drehkrankheit der Schafe. Die inneren Gründe von solchen Bewegungs-Alienationen kennen wir nicht; doch hat Magendie durch eine Reihe von Versuchen gezeigt, dass sie wahrscheinlich auf dem Ergriffensein bestimmter Hirnparthien beruhen. Er sah nämlich nach einseitiger Verletzung der Varolsbrücke und nach Durchschneidung der Schenkel des kleinen Gehirns zu eben diesem Theile, dass die Thiere sich zuweilen so schnell um ihre Achse drehten, dass sie mehr als 60 Umdrehungen in einer Minute machten und diese Bewegung 8 Tage lang ununterbrochen fortsetzten. Ferner sah er, dass bei gleichzeitiger Trennung der Varolsbrücke auf der entgegengesetzten Seite jene Drehungen wieder aufgehoben wurden. Weiter bemerkte er, dass nach Wegnahme der gestreiften Körper auf beiden Seiten, ein unwiderstehlicher Trieb nach vorn zu entfliehen, erzeugt wurde, und dass Tauben, denen er eine Nadel in's verlängerte Mark gestochen hatte, mehr als einen Monat lang rückwärts gingen und selbst in dieser Richtung flogen.

§. 78.

Wir wissen, dass die normalen Bewegungen der häutigen Organe, welche dem vegetativen Leben angehören und die zum Theil aus unwillkürlichen Muskeln bestehen, in der Regel mit einem Ueberwiegen in der Richtung von vorne nach hinten gehen, so in dem Verdauungskanal vom Schlundkopfe bis zum After durch die peristaltische Bewegung, in der Harnblase und in der Gebärmutter vom Grunde oder von den Hörnern aus zum Halse dieser Organe. Ich sage in der Regel, weil das Ruminiren eine Umkehrung jener Bewegung in den betreffenden Organen voraussetzt, und sage ich mit einem Ueberwiegen, weil auch im normalen Zustande in den gedachten Organen eine theilweise Bewegung von hinten nach vorn geschieht, namentlich im Magen und Darmkanal und besonders in der Endabtheilung des letztern, wenn der Schliessmuskel des Afters nach vollbrachtem Kothabsatze wirkt. Wenn nun aber eine Umkehrung in dem eben bezeichneten Richtungs-Verhältniss der Bewegung vorkommt, so muss sie, als anomal bezeichnet werden. Hierher gehörige Erscheinungen sind: die falschen Wehen welche in, mit Schmerzen verbundener Zusammenziehung des Uterus vom Halse nach dem Grunde und den Hörnern hin bestehen, wodurch die Förderung des jungen Thieres erschwert oder unmöglich gemacht wird. Andere hierher gehörige, den Verdauungskanal angehende Erscheinungen sind: das Zurücktreten des verschluckten Bissens, bevor er in den Magen gelangt ist. den Schlund hinauf in die Maulhöhle; das Aufstossen von Luft aus dem Magen (ructus), das Aufstossen von Futter und Getränke aus demselben (regurgitatio); dann das einfache Erbrechen aus dem Magen (vomitus) und das Erbrechen aus dem Magen und einer Darmabtheilung oder das Kotherbrechen (ileus, miserere). Auch der bei den Fleischfressern vorkommende Brechdurchfall gehört hierher, wobei von einem gewissen Puncte des Verdauungskanals eine anomale, antiperistaltische Bewegung nach vorn und eine hinsichtlich der Richtung normale, aber krankhaft verstärkte peristaltische Bewegung nach hinten zu Stande kommt. Alle diese Zustände haben entweder ihren Grund in mechanischen Hindernissen und in mannichfaltigen pathologischen Zuständen in einer Abtheilung des Verdauungskanals, oder die verkehrte Bewegungsrichtung wird durch blosses anomales Wirken der Nerven bestimmt. Beiläufig will ich bemerken, dass das von Lowack (Gurlt und Hertwig Magazin, VII. Jahrgang, Seite 456) aufgeführte Erbrechen bei Schafen — was übrigens nicht gar selten bei diesen Thieren vorkommt — nicht hierher gehört, und mit Unrecht als eine, dem Miserere des Menschen ähnliche Krankheit bezeichnet wird, in sofern diese bei Wiederkäuern, wegen ihrer besondern Einrichtung des Verdauungs-Apparates wohl nicht vorkommen kann. Stark erklärt das Erbrechen auf folgende Weise: es ist eine, mit Ekel verbundene, antiperistaltische Bewegung der Speiseröhre, des Magens, oft noch eines Theils des Darmkanals, wodurch der Inhalt dieser Theile unter sehr gewaltsamen, wirklich krampfhaften Zusammenziehungen derselben, so wie der Bauchmuskeln, meist auch unter consensueller Mitthätigkeit der übrigen Muskeln des Rumpfs und der Extremitäten durch den Mund ausgeworfen wird. Und setzt dieser Patholog hinzu: Hunter's und Magendie's und mehrerer andern Physiologen Behauptung, dass sich der Magen beim Erbrechen ganz passiv verhalte und seinen Inhalt bloss durch den auf ihn von den genannten Muskeln ausgeübten Druck entleert werde, ist durch mehrfache Beobachtungen anderer Physiologen (Maingault, Portal, Tantini, Rudolphi, J. Müller) und durch die Thatsachen, dass nach Verwundungen des Zwerchfells und der Bauchmuskeln, bei abnormer Lage des Magens in der Brusthöhle und bei den Vögeln, welchen das Zwerchfell fehlt und die Bauchmuskeln äusserst schwach sind, doch Brechen erfolgt, und dass von verschiedenen Stellen des Speisekanals die antiperistaltische Bewegung ausgehen kann, wie Diess die verschiedene Beschaffenheit des Ausgeleerten beweist, hinlänglich widerlegt. Um hier nicht allzu weitläufig zu werden, verweisen wir auf die Materia medica und spezielle Pathologie in Bezug auf die nähere physiologische Erörterung des Erbrechens und seiner unmittelbaren Wirkungen und üblen Folgen; und was in dieser Beziehung noch von den andern, oben gedachten krankhaften Zuständen eben zu sagen wäre, dürfte ohnehin klar sein.

Zusatz. Es kommen beschränkte, der Art nach veränderte oder gar aufgehobene Bewegungen verschiedener Körpertheile vor, die nicht auf einer fehlerhaften Irritabilität in den Muskeln beruhen, vielmehr auf einem blossen mechanischen Verhältniss, oder auf mancherlei pathologischen Zuständen, welche den Thieren die Bewegungen schmerzhaft machen, weshalb solche Bewegungs-Anomalien mehr symptomatischer Natur sind. Werden die Gliedmaassen von solchen Zuständen betroffen, so entsteht das Hinken (claudicatio) mit seinen bekannten Erscheinungen. Rychner hat es — in Rücksicht, dass das Hinken in der Veterinär-Praxis, sowohl in diagnostischer als therapeutischer Beziehung so sehr vernachlässigt worden, weil man meistens von dem irrigen Grundsatz ausging, es müsse die Diagnose des Hinkens nur durch den praktischen Blick entwickelt werden, woher nach seiner Ansicht so häufig Missgriffe in den Diagnosen geschehen, — ich sage: Rychner hat es in seiner „Naturgeschichte des krankhaften Zustandes der Hausthiere“ unternommen, die Erscheinungen des Hinkens, zum Behufe der Ermittelung des Sitzes ihrer Ursachen, einer gründlichen Untersuchung zu unterwerfen, welche von keinem angehenden Thierarzte unbeachtet bleiben sollte.

Vierter Abschnitt.

Anomalien im Empfindungsleben.

Erstes Capitel.

Von dem Empfindungsleben überhaupt.

§. 79.

Das Nervensystem ist das Substrat für das Empfindungsleben, doch dient jenes diesem nicht allein, sondern es hat auch die Obliegenheit für gewisse andere Functionen des Organismus, namentlich für die Bewegung und Bildung zu sorgen, so dass also das Nervensystem in alle Lebensseiten thätig eingreift, und gewissermaassen die Oberherrschaft darin behauptet. Wir nennen diese Oberherrschaft Seele, und nehmen an, dass ihre Handlungen entweder mit Bewusstsein oder auch ohne dasselbe ausgeführt werden. Wir bemerken in dem Nervensystem eine Thätigkeitsäusserung nach zwei Richtungen, die eine geht von Innen nach Aussen und die andere von Aussen nach Innen, jene wird als centrifugale, diese als centripetale bezeichnet. Die centrifugale Lebensseite des Nervensystems ist eben diejenige, welche durch die sogenannten Bewegungs- (motorischen) und plastischen (organischen) Nerven der Irritabilität und Plastizität dient; die centripetale Lebensseite des Nervensystems aber dient vermittelst der sogenannten Empfindungsnerven der Empfindung (sensatio) oder, was dasselbe sagen will, dem Verinnerlichen der absolut- oder relativ-äussern Eindrücke (impressiones) und setzt diese Thätigkeitsäusserung vor allen Dingen die Möglichkeit zu empfinden voraus, welchen Zustand wir als Empfindlichkeit (sensibilitas) bezeichnen. In den folgenden Capiteln wird nicht weiter von den Abweichungen der centrifugalen Lebensseite des Nervensystems die Rede sein, weil das hierher Gehörige in den vorhergehenden Abschnitten abgehandelt worden ist, nur wird der andern Seite eine nähere Betrachtung gewidmet werden. Zum gehörigen Verständniss aber dürfte es erforderlich sein, uns hier einer kurzen physiologischen Betrachtung des ganzen Nervensystems hinzugeben.

§. 80.

Das ganze Nervensystem besteht aus einem centralen Theile, dem Gehirn und Rückenmark, und aus einem peripherischen, den aus jenen hervorgehenden und sich in den Organen des Körpers verbreitenden Nerven, wovon das Gangliensystem einen Theil ausmacht. In die anatomische Zusammensetzung dieser Theile gehen als wesentliche ein: die eigentliche Nervensubstanz, welche aus den Primitiv-Nervenröhren und den Ganglienkugeln besteht, ferner als mehr unwesentliche oder Hülfsgebilde: Zellstofffäden, Blutgefässe, Fett-, Pigment- und andere anorganische Ablagerungen, welche Theile zusammen von eigenen Hüllen eingeschlossen werden. Der eine der wesentlichen Bestandtheile des Nervensystems, nämlich die Primitiv-Nervenröhren, auch Primitiv-Fasern genannt, besteht aus äusserst zarten, durchsichtigen und farblosen Scheiden, welche einen flüssigen, gleichmässigen und ebenfalls farblosen Inhalt haben, und sich in allen Theilen ziemlich gleich sind. Die Annahme Remak's von besondern Nervenfasern, welche den organischen Nerven zukommen sollen, erscheint nach den neuesten Forschungen und namentlich nach denen Valentin's zweifelhaft. Der andere wesentliche Bestandtheil des Nervensystems, die Ganglien-Kugeln (auch Nervenkugeln, Nervenbläschen, Belegungskugeln u. s. w. genannt) welche sich in den Nervenknoten, im Gehirn und Rückenmark, so wie in verschiedenen Nerven zwischen den Primitiv-Nervenröhren vorfinden, sind eigentlich Nervenzellen, welche eine sehr verschiedenartige Gestalt zeigen, und aus einer äusserst zarten häutigen Hülle bestehen, welche grauröthliche feine Körnchen einschliesst, die von einem zähen Bindemittel zusammengeklebt sind. Im Innern einer solchen Zelle befindet sich an irgend einer Stelle noch eine kleinere eingeschlossen, welche eine klare Flüssigkeit nebst einzelnen oder mehreren Körnern enthält. Diese Ganglienkugeln sind ausserdem noch von einem faserigen Netzwerk so umgeben, dass eine jede zwar in demselben abgesondert liegt, aber doch untereinander durch dasselbe verbunden werden. Von den anderen, oben genannten, unwesentlichen Hülfsbestandtheilen des Nervensystems dient das Zellgewebe zur Verbindung der gedachten Elementartheile unter sich und mit benachbarten Organen; die zahlreichen und äusserst feinen Blutgefässe aber dienen zur Ernährung der Nervenmasse, und wo Fett und Pigment in den Nervengebilden vorkommt, da findet man es nur angelagert und gehen diese Theile nicht in die Zusammensetzung der Elementartheile ein. Das Pigment findet sich am häufigsten in den Ganglien, welche sich dann durch eine dunklere Farbe auszeichnen. Das Vorkommen anorganischer Theile im Nervensystem ist nur als etwas Zufälliges zu betrachten. Das Verhältniss der Primitiv-Nervenröhren zu den Ganglienkugeln ist sehr verschieden im Nervensystem, so z. B. besteht die grauröthliche Substanz des Gehirns und Rückenmarks ausschliesslich aus den letztern, während die weisse Nervenmasse ausschliesslich aus den erstern besteht, und beide in den Nervenknoten so wie an der Grenze zwischen der grauröthlichen und weissen Substanz in einem verschiedenen Verhältnisse verbunden vorkommen.

Ueber die Structur, die Verbindung und den Verlauf der Nerven mag noch angeführt werden, dass sie aus einer mehr oder weniger grossen Zahl Primitiv-Nervenröhren bestehen, welche nach ihrer Dicke mit einer einfachen oder doppelten, aus festen Zellstofffasern bestehenden Scheide (Nervenscheide, neurilema) umschlossen werden, so dass im letztern Falle die dünnen Bündel eine besondere (secundäre) Scheide haben. Ausser dem Neurilem aber besitzen die Nerven noch eine Scheide aus lockerem Zellstoff (vagina cellulosa nervorum) vermittelst deren sie mit den betreffenden Organen verbunden sind. In jenem Neurilem verlaufen die Primitiv-Nervenröhren zwar parallel nebeneinander, jedoch etwas wellenförmig von ihrem Ursprunge nach der Endigung hin. Die Verästelung der Nerven (ramificatio nervorum) geschieht auf die Weise, dass ein mehr oder weniger grosser Theil der Primitiv-Nervenröhren den andern verlässt und eine besondere Nervenscheide erhält, so dass sich eine Spaltung der Nervenröhren niemals nachweisen lässt; es enthalten diese zwei Aeste zusammengenommen nicht mehr Primitiv-Nervenröhren, als der Stamm, aus dem sie entspringen. Auf eine ähnliche Art erfolgt auch die einfache Nervenbindung (anastomosis) und die Nervenverbindung zusammengesetzter Art, das Nervengeflecht (plexus nervorum), so dass nur ein Austausch und Nebeneinanderliegen der Primitiv-Nervenröhren stattfindet, ohne dass eine Einmündung der einen in die andere vorkommt. Es wird angenommen, und ist Diess für die Physiologie von hohem Interesse, dass die aus einem Nervengeflecht heraustretenden Nerven endlich Primitiv-Nervenröhren aus allen denjenigen Nerven enthalten, welche in die Zusammensetzung des Geflechts eingehen.

Das Wesentlichste der Structur der Ganglienknoten (ganglia), der bekannten grauen, oder grauröthlichen Anschwellungen, besteht darin, dass die Primitivröhren der, in dieselben eintretenden Nerven alsbald auseinander weichen und ein netzartiges Geflecht bilden, zwischen welchen die beschriebenen Ganglien-Kugeln gelagert sind, und wird angenommen, dass die heraustretenden Primitivröhren, zwar in gleicher Zahl mit den hineintretenden, doch in einer andern Ordnung gelagert sind. Die Ganglien besitzen, wie die Nerven, sie umschliessende zellgewebige Hüllen von verschiedener Stärke.

Ueber die peripherischen Endigungen der Nerven wissen wir zwar nichts ganz Bestimmtes, doch ist anzunehmen, dass die Primitivröhren in der Substanz der Organe isolirt bleiben und nirgends ein wirklicher Uebergang jener in die Elementartheile der letztern stattfindet; und obwohl die Enden der Nerven nach Art der Blutgefässe Schlingen bilden, so findet doch nach Brun's Erklärungsweise insofern ein wesentlicher Unterschied zwischen dem Nerven- und Gefässsystem Statt, als sämmtliche Gefässe eine zusammenhängende Höhle bilden, während beim Nervensystem gerade das Gegentheil stattfindet. Da nämlich die Primitiv - Nervenröhren weder in den

Stämmen der Nerven, noch bei deren Verästelung, noch bei deren Anastomosen und Geflechten, noch in den Ganglien, noch in der Substanz der Organe sich theilen oder zusammenmünden: so ergebe sich hieraus, dass jede Primitiv-Nervenröhre von ihrem Austritte aus dem Gehirn und Rückenmarke an, bis zu ihrem peripherischen Ende, oder vielmehr ihrer Endumbiegungsschlinge in der Substanz der Organe eine selbstständige, ununterbrochene und von allem Uebrigen isolirte Leitungsröhre oder Bahn für die Actionen des Nervenprinzips darstellt.

Die Chemie hat uns zwar gelehrt, dass die Nervenmasse des Gehirns, und zwar mit allen ihren integrirenden Theilen, der grössten Menge nach aus Wasser und Eiweissstoff, ferner aus Hirnfett, Phosphor, Fleischextract, Schwefel, Säuren und Salzen besteht. Solche Angaben aber bringen der Physiologie des gesunden und kranken Lebens wenig Nuzzen; vielleicht wird dieser erheblicher sein, wenn man die verschiedenen Nervensubstanzen, sowohl im gesunden, als in verschiedenen krankhaften Zuständen untersucht haben wird

Mehr Interesse hat für uns die Thatsache, dass die Nerven regenerationsfähig sind, so dass, wenn ein Stück eines Nerven herausgeschnitten wird, die aufgehobene Verbindung sich wieder nach einer mehr oder weniger langen Zeit durch Neubildung von Primitiv-Nervenröhren herstellt, und damit auch die früher aufgehobene Leitungsfähigkeit des betreffenden Nerven in einem mehr oder minder vollkommenen Maasse.

§. 81.

Sehen wir nun auf die Function des Nervensystems in den verschiedenen Abtheilungen desselben, so ergiebt sich, dass das Gehirn vorzugsweise der Sitz der Seelenthätigkeit ist; die daraus entspringenden Nerven aber sind theils zur Vermittelung spezifischer Empfindungen der Sinnesorgane, oder der allgemeinen Empfindung für den Tastsinn oder endlich für die Bewegung bestimmt. Die im Rückenmark entspringenden Nerven dienen nur der allgemeinen Empfindung und der Bewegung, und ist bekannt, dass die oberen Wurzeln vorzugsweise für jene und die unteren für diese bestimmt sind. Die sympathischen Nerven haben hauptsächlich den Zweck, die Bewegung der unwillkürlichen oder Organen-Muskeln zu unterhalten und überhaupt dem vegetativen Leben vorzustehen, und begleiten deshalb auch die Blutgefässe. Ausser diesem Hauptzwecke dienen sie aber auch der Empfindung, die zwar im gesunden Zustande nicht zum deutlichen Bewusstsein gelangt, im krankhaften aber bis zum Schmerz und bis zur mehr oder weniger klaren Vorstellung seines Sitzes gesteigert werden kann.

Wie im Gehirn die Seelenthätigkeit zu Stande kommt, wissen wir nicht, überhaupt besitzen wir keine haltbaren Ansichten über die Wirkungen der Nerven; ihr Agens, was gewöhnlich Nervenprinzip genannt wird, hat man mit dem elektrischen und galvanischen Prinzip verglichen, und gesagt, dass dessen Wirkungen nach den Gesetzen der Polarität erfolgen. Es sind solche Redensarten jedoch für nichts weiter, als für Vorstellungsweisen zu halten, welche höchstens ein Bild für gewisse Seiten des Nervenlebens abgeben, aber keineswegs die Art und Weise der Empfindungen und ihres Gelangens zum Bewusstsein, womit wir es hier vorzugsweise zu thun haben, erklären. Nur das wissen wir mit Bestimmtheit, dass der äussere Eindruck (es mag dieser ein ausserhalb oder innerhalb des Organismus liegender sein), die peripherischen Nerven und die Centralorgane, so wie die continuirliche Verbindung dieser die Hauptfactoren für die Empfindung sind, und dass die Ernährung der Nerven eine Hauptbedingung zur Unterhaltung ihrer Function ist. Bei dem Vorgang der Empfindung können wir zwar keine materielle Veränderung in den betreffenden Nerven bemerken, selbst in der Regel dann nicht, wenn die Empfindung in irgend einer Art krankhaft ist, nichts destoweniger ist anzunehmen, dass eine solche stattfindet, da Störungen in der Vegetation so häufig mit Anomalien in der Empfindung verknüpft sind, und da die Empfindungsnerven und namentlich die Sinnesnerven nach längerer Anstrengung ermüden. In dem folgenden Capitel handeln wir ausschliesslich von den Abweichungen in der Empfindung und widmen dem eigentlichen Seelenleben (seiner geistigen Seite) einen besondern Abschnitt.

Zweites Capitel.

Von den Abweichungen in der Empfindung insbesondere.

§. 82.

Sowohl die allgemeine als auch die spezifische Empfindung der Sinnesorgane kann überhaupt in dreifacher Beziehung abweichen, entweder erscheint sie vermehrt, vermindert, oder der Art nach verändert.

Die Sensibilität ist dann als erhöht anzunehmen, wenn Eindrücke, welche im normalen Zustande keine Empfindungen erregen, solche hervorbringen, oder wenn Eindrücke stärkere Empfindungen zur Folge haben, als es gewöhnlich ist. Die verstärkte Empfindung (hyperaesthesia), welche man auch wohl Empfindlichkeit nennt, aber im Gegensatz mit jener Empfindlichkeit (sensibilitas) welche das Vermögen zu empfinden überhaupt bezeichnet: sensilitas genannt wird, ist bei den Hausthieren in der Form des Juckens oder Kitzels (pruritus, tentillatio) und des Schmerzes (dolor) zu bemerken. Die ersteren Formen, welche nur für einen geringeren Grad der letztern zu halten sind, weil sie in einander übergehen, werden durch die Neigung der Thiere verrathen, die juckenden oder kitzelnden Theile auf irgend eine Weise zu reiben; der Schmerz aber dadurch, dass die Thiere die damit behafteten Theile vor jeder Berührung und allem Druck durch Stellungen und abwehrende Geberden schonen, oder durch die bekannten Schmerz verrathenden Symptome: Angst, Stöhnen, Unruhe, Niederwerfen, Wälzen, Hin- und Herlaufen u. s. w. Durch die gedachten Erscheinungen sind wir nur im Stande, uns über den Grad der erhöhten Empfindung einigermaassen zu unterrichten, während wir mit den Arten der Empfindung, ob sie eine stechende, reissende u. s. w. sei, ganz unbekannt bleiben, weil die besondere Beschaffenheit des Gefühls nur aus der subjectiven Anschauung hervorgeht, welche uns die Thiere, wegen Mangels der Sprache nicht mittheilen können. Unzweifelhaft kommen auch in allen Sinnesorganen verstärkte Empfindungen bei den Thieren vor; wir sind aber nur im Stande, uns von einer solchen in den Augen und in den Ohren zu überzeugen, und zwar durch die Symptome der Lichtscheue (photophobia) und der Scharfhörigkeit (oxyecoïa), welche letztere sich durch ein schreckhaftes Zusammenfahren der Thiere beim leisesten Geräusch zu erkennen giebt.

Wenn wir das erwägen, was im vorigen §. über

die Factoren der Empfindung überhaupt gesagt wurde, so müssen wir die nächste Ursache der krankhaft erhöheten entweder in einem verstärkten, absolut oder relativ äusseren Eindruck auf die peripherischen Nervenenden, oder in einer krankhaften Reizung ihrer Central-Enden, oder in einer krankhaften Thätigkeit des Nervens selbst, oder endlich in mehreren dieser Verhältnisse zugleich suchen. Es ist aber ausserordentlich schwierig, in den vorkommenden Fällen zu entscheiden, welches dieser Momente zu beschuldigen sei, und namentlich bleiben wir in der Regel, selbst bei den Sectionen, dann im Dunkeln, wenn die krankhafte Verstärkung der Empfindung in einer erhöheten Thätigkeit der Nerven selbst lag; es sei denn, dass verstärkte Vegetation in der Form von Congestion und Entzündung nachzuweisen wäre.

Als Folgen krankhaft gesteigerter Empfindungen können, ausser den oben gedachten Erscheinungen, wodurch sie sich zu erkennen geben, Congestionen, vermehrte Absonderungen, Entzündungen, Krämpfe, Convulsionen, verstärkte Blutbewegung und Fieber hervortreten. Ob heftige Schmerzen unmittelbar den Tod verursachen können, wie es beim Menschen zuweilen der Fall ist, ohne dass eine andere vermittelnde Ursache nachgewiesen werden könnte, ist mir nicht bekannt. Doch will Hertwig ein Pferd plötzlich haben sterben sehen, bei dem ein Kreuzschnitt durch eine auf dem Kreuze desselben befindliche Speckgeschwulst, zum Behufe ihrer Exstirpation, gemacht worden war, nachdem es ein paar Mal einen schmerzverrathenden Schrei ausgestossen hatte. Die Section lieferte nicht den Nachweis einer bestimmten Todesursache; es ist daher wahrscheinlich, dass sie in einer apoplexia nervosa bestand. Auch Gillmeister erzählt einen Fall, wo ein Pferd unmittelbar nach der Operation des Englisirens starb, ohne dass bei der Section eine zureichende Ursache des Todes aufgefunden werden konnte; er schreibt ihn daher auch einem Nervenschlag zu. Von besonderem Interesse sind die Thatsachen, dass sonst unempfindliche oder nur wenig empfindliche, mit wenigen Nerven versehene Theile, in krankhaften Zuständen dennoch oftmals grosse Schmerzen verursachen können, wie es bei den Knochen, Sehnen, serösen und fibrösen Häuten und in den Muskeln der Fall ist. Stark setzt den Grund hiervon in eine Vergrösserung der Wirkungssphäre der Nerven jener Theile in Folge einer Anhäufung des sensibeln Agens in ihnen. Denn, fügt er hinzu: dass die Nerven über ihre körperlichen Grenzen hinauswirken, beweist die Empfindnng auch an solchen Stellen, wo selbst das schärfste Microscop kein Atom von Nervenmasse mehr zu entdecken vermag, die Wahrnehmung von Eindrücken (versteht sich, nur beim Menschen nachweisbar) die sie nicht unmittelbar mechanisch berühren, und so manche Erscheinung krankhaft gesteigerter Sensibilität.

§. 83.

Die Empfindung ist als krankhaft vermindert oder als aufgehoben zu betrachten, wenn die Eindrücke für den ersten Fall nicht mit der, ihnen entsprechenden Stärke, oder für den zweiten Fall gar nicht empfunden werden. Die Verminderung des Gefühls wird als Stumpfheit (stupor) und die gänzliche Aufhebung desselben als Unempfindlichkeit (anaesthesia) oder als Schmerzlosigkeit (anodynia) bezeichnet. Diese beiden Grade der gesunkenen oder aufgehobenen Empfindlichkeit werden, wie Diess schon aus der vorstehenden Definition hervorgeht, überhaupt daran erkannt, wenn auf starke Eindrücke nur mässige oder keine Reactionen oder, mit anderen Worten, keine Symptome erfolgen, die im vorigen §. als solche der gesteigerten Empfindlichkeit bezeichnet wurden, oder es werden jene Zustände an der stumpfsinnigen Physiognomie erkannt. Zur näheren Ueberzeugung vom Vorhandensein derselben, gelangen wir durch Stechen, Drücken u. dergl., oder durch den Nachweis von solchen körperlichen Zuständen, wobei unter andern Verhältnissen Schmerz besteht, z. B. von krankhaften Vegetations-Prozessen, wie Entzündung und deren Uebergang in Brand. Von der Gegenwart der gesunkenen Empfindlichkeit in den Sinnesorganen überzeugen wir uns durch das Vorhandensein von Symptomen der Gesichtsschwäche oder der Blindheit, der Schwerhörigkeit und Taubheit und der Geruchlosigkeit (vorzugsweise bei alten Hunden vorkommend); von der Verminderung oder aufgehobenen Geschmachs-Empfindung aber, welche höchst wahrscheinlich auch bei den Thieren vorkommt, haben wir kein sicheres Symptom.

Wenn es uns auch nicht schwer fallen kann, die nächstursachlichen Verhältnisse der verminderten oder aufgehobenen Empfindlichkeit theoretisch festzustellen, indem wir zu diesem Behufe nur das Verhältniss der für die gesteigerte Empfindlichkeit angegebenen Momente umzukehren brauchen; so wird es doch in den concreten Fällen nicht immer möglich sein, das gerade vorhandene anzugeben. Indess dürfte angemerkt werden, dass, so wie einerseits Anhäufung des sensibeln Agens in einer Nervenpartie als die Ursache der gesteigerten Empfindlichkeit angenommen wird, man andrerseits behauptet, dass die Ableitung oder Verzehrung des sensibeln Agens an einem gewissen Orte Abstumpfung der Empfindung an einem anderen bedingt, und hierfür die Gefühllosigkeit der Frösche während der Begattung anführt, so dass man sie in diesem Acte köpfen und auf jede Weise martern könne, ohne dass sie das geringste Zeichen von Empfindung verrathen. Die Folgen der verminderten oder aufgehobenen Empfindlichkeit sind, abgesehen davon, dass diese letzteren besondere Krankheitszustände begründen, oder doch damit verbunden sind, und dadurch der Gebrauch der Thiere vermindert oder aufgehoben wird, für sie selbst insofern bedeutungsvoll, als sie eines Wächters entbehren, der vor schädlichen Einflüssen warnt, und als in dem kranken und empfindungslosen Organ keine heilsamen Reactionen zu Stande kommen, welche Wohlthat der Schmerz bei allen seinen stürmischen und lästigen Erscheinungen gewährt. Als besondere Folgen dürften anzumerken sein, dass die Ernährung derjenigen Theile, woraus die Empfindung gewichen, mangelhaft wird; aber Aufhebung der Bewegung ist, wie bereits im vorigen Abschnitt erörtert, nicht nothwendig damit verknüpft.

§. 84.

Die Empfindung ist der Art nach als abweichend zu betrachten, wenn sie in der Beschaffenheit nicht dem Eindrucke, wodurch sie hervorgerufen worden, entspricht. Bei den Menschen kommen solche Anomalien als Sinnestäuschungen und verkehrte allgemeine Empfindungen häufig genug vor; sie sind jedoch bei ihnen noch nicht hinreichend erforscht. Vielweniger wissen wir etwas Zuverlässiges von dem Vorkommen solcher Empfindungen und ihrer nächstursächlichen Verhältnisse bei den Thieren; wir haben indess ein Recht sie auch bei diesen zu vermuthen, namentlich Gesichtstäuschung beim Schwindel und andern nervösen Krankheiten, so bei der Hundswuth.

Auch für das Vorhandensein der **Geschmackstäuschung** bei den Thieren spricht die Wahrscheinlichkeit, weil sie oftmals Stoffe verschlingen, die sonst ihrem Geschmacke nicht zusagen. Wir wissen, dass Menschen, welche an Magensäure leiden, oftmals einen sauren Geschmack empfinden, ohne dass in diesem Zustande ihr Speichel sauer reagirt, — warum sollte es sich bei der Lecksucht der Thiere, bei der Begierde nach kalischen Substanzen, nicht ebenso verhalten? —

Fünfter Abschnitt.

Von den Abweichungen in den Seelenverrichtungen.

Erstes Capitel.

Von den Abweichungen in den Seelenverrichtungen überhaupt.

§. 85.

Es ist bereits (I. Th. §. 93) auseinandergesetzt worden, dass wir den Thieren und namentlich unsern Hausthieren ebensowohl eine Seele zugestehen müssen, wie dem Menschen, eine Seele, die sich durch das Gefühls-, Begehrungs- und Erkenntniss-Vermögen äussert. Nicht minder ist (im 1. Capitel des vorhergehenden Abschnitts) angemerkt worden, dass wir nicht wissen, wie die Seelenthätigkeit zu Stande kommt, zugleich aber auch, dass sie an ein materielles Substrat, an das Nervensystem, gebunden ist. Diess hat die Seelenthätigkeit mit der Lebensthätigkeit überhaupt gemein, und scheint jene von dieser, dem Wesen nach nicht verschieden, und nur eine höhere Entwickelung derselben zu sein. Zu dieser Ansicht fühlen wir uns um so eher hingezogen, wenn wir in der Reihe organischer Wesen hinabsteigen bis zu den Pflanzen, und bei diesen bemerken, wie die Lebensthätigkeit hier nur für die Bildung und Erhaltung wirkt, und die bei ihnen wahrnehmbaren Bewegungen nach dem Gesetze der Nothwendigkeit, durch äussere Einflüsse bedingt, zu Stande kommen. Bei den niedrigsten Thieren bemerken wir auch kaum einen Unterschied hierin, so wie wir aber in der Thierreihe hinaufsteigen, wird die Seelenthätigkeit immer deutlicher, indem wir sehen, dass die Bewegungen nicht immer nach dem Gesetze der Nothwendigkeit, sondern mit einer gewissen Freiheit und Willkür geschehen, so dass die Thiere sich nicht nur durch die äusseren Einflüsse bestimmen lassen, sondern auf diese selbst bestimmend einwirken, und dass sie Handlungen begehen, welche nicht immer auf die Selbsterhaltung und Erhaltung der Gattung bezogen werden können. Diese Stufe der Entwickelung des Lebensprinzips ist es eben, welche wir die höhere Thierseele, im Gegensatz der niederen Thierseele und der Pflanzenseele, nennen. Wie sehr sich aber die Seele der Thiere von der der Pflanzen unterscheidet, eben so sehr unterscheidet sich die des Menschen von der der Thiere; denn ausserdem, dass wir bei jenen die oben gedachten Vermögen in einer höheren Ausbildung bemerken, sehen wir auch bei ihnen die Seelenthätigkeit bis zur Vernunft, dem freien Geist potenzirt.

Wir wissen von der gesunden Seelenthätigkeit der Thiere nur wenig, noch weniger aber von der krankhaften, zumal, wenn sie das höhere Vermögen der Erkenntniss betrifft. Das dürfen wir jedoch, mit Hinweisung darauf, dass die Seelenthätigkeit an ein materielles Substrat gebunden ist, annehmen, dass sie dieserhalb auch von körperlichen Veränderungen insofern abhängig ist, als sie eben durch diese Veränderungen Beschränkungen erleidet, und dass daher eine abnorme Seelenstimmung auch eine materielle, freilich nicht immer nachweisbare Veränderung voraussetzt. Hieraus folgt nun, dass die Seele, wenn ihr das körperliche Substrat entzogen wird, unfähig zu wirken und zu existiren ist, oder, mit andern Worten, dass mit dem Körper auch die Seele stirbt. Um Missverständnissen zu begegnen, muss aber angemerkt werden, dass das zuletzt Gesagte nicht von der vernünftigen Seele des Menschen gelten kann, die als solche in ihren höchsten Aeusserungen die mindeste Abhängigkeit vom Körperlichen zeigt, und sich, schon durch ihr Bestreben zur Erfassung des göttlichen Wesens, als ihm ähnlich und als einen unmittelbaren Ausfluss desselben zu erkennen giebt, wohin sie nach Entkleidung ihrer irdischen Fessel wieder zurückfliessen wird. Doch hat hier die Forschung ihre Grenzen, aber derselbe Gott, der unsere Seele nicht ohne Gebrechen schuf, goss auch über dieselben in seiner überschwenglichen Liebe einen lindernden Balsam in dem begeisternden Glauben! —

§. 86.

In dem Folgenden betrachten wir, hinsichtlich der Gefühlsseite, nur die Abweichungen im Gemeingefühl und, hinsichtlich des Begehrungsvermögens, nur die Abweichungen in den thierischen Trieben; die etwaigen Abweichungen im Erkenntnissvermögen müssen wir aber, wegen Mangels gehöriger Einsicht, ganz übergehen, und auf das, was im (I. Th. §. 97) rücksichtlich einiger, dem Gesichtsvermögen anheimfallenden Leidenschaften, so wie auf das, was dort in Bezug auf den im Begehrungsvermögen sprossenden Willen in ätiologischer Beziehung gesagt wurde, verweisen, indem demselben nichts Erhebliches hinzuzufügen sein dürfte. Wenn wir die Abweichungen im Erkenntnissvermögen übergehen, so geschieht es auch aus dem Grunde, weil wir der sonst thatsächlichen

Anführung einer nicht selten vorkommenden Störung oder Aufhebung des Bewusstseins der Thiere in Folge solcher Krankheiten des Gehirns, wodurch ein Druck auf dasselbe veranlasst wird, wie Congestion, Erguss von Blut, Wasser u. dergl., oder auch in Folge von Verminderung oder Aufhebung eines gewohnten Drukkes oder Reizes auf das Gehirn, wie es z. B. bei sehr starkem Blutverlust stattfindet, — keinen weiteren Werth beilegen. Auch denjenigen Fällen legen wir keine Wichtigkeit in dieser Beziehung bei, wo man das Gedächtniss der Thiere, z. B. Pferde und Hunde ihre erworbene Dressur hat verlernen sehen, da alle diese Beobachtungen wenig geeignet sind, uns einen Aufschluss über den wahren Stand des Erkenntniss-Vermögens der Thiere und seiner Abweichungen zu liefern. Der Artikel von König: Untersuchungen über das Wesen und Pathogenie der Kollerkrankheiten bei Pferden (Gurlt und Hertwig Magaz., VI. Jahrg., II. Heft) verdient nachgelesen zu werden.

Zweites Capitel.

Von den Abweichungen im Gemeingefühl.

§. 87.

Unter Gemeingefühl hat man bekanntlich den zum Bewusstsein gelangten eigenen Zustand des Körpers zu verstehen, (daher auch wohl Körpergefühl genannt), wodurch die Thiere in den Stand gesetzt werden, zu unterscheiden, ob dieser Zustand für die Selbsterhaltung zweck- oder unzweckmässig ist. Der Mensch kann uns freilich durch seine Sprache dieses Gefühl deutlich machen, und dadurch die feinsten, rein subjectiven Wahrnehmungen zu erkennen geben. Wenngleich die Thiere Diess nicht können, so sind wir nichts destoweniger berechtigt, ein nicht minder lebhaftes Gemeingefühl bei ihnen anzunehmen, wie beim Menschen, da es im reproductiven Leben und in dem demselben vorstehenden Ganglien-Nervensystem begründet ist, und da die bei den Thieren vorkommenden und aus dem Gemeingefühl fliessenden Erscheinungen des Wohl- und Unwohlseins denen des Menschen analog sind. Das Gemeingefühl ist beim ganz gesunden Menschen so harmonisch, dass es ihm nur den allgemeinen Ausdruck des Wohlbehagens verleiht, und darin eigentlich keine Kenntniss von den Zuständen derjenigen Organe erlangt, welche keine Empfindungsnerven vom Gehirn und Rückenmarke erhalten, da die Leitungsfähigkeit des dem Gemeingefühl vorstehenden Ganglien-Nervensystems so unterbrochen ist, dass geringe Abweichungen der Empfindungen in demselben nicht zum deutlichen Bewusstsein gelangen. Da die Thiere nun ihre Gesundheit durch Munterkeit u. dergl. ebenso zu erkennen geben, wie der Mensch, so sind wir berechtigt anzunehmen, dass sie in jenem Zustande gleiche Gefühle mit dem Menschen theilen.

§. 88.

Das Gemeingefühl kann überhaupt vermehrt, vermindert oder alienirt erscheinen. Ob bei den Thieren diejenige Erhöhung des Gemeingefühls vorkommt, welche nicht bis zum Schmerze gesteigert ist, und in welchem der Zustand einzelner Organe, welche der reproductiven Lebensseite angehören und unter der Herrschaft der Gangliennerven stehen, zu ihrem Bewusstsein gelangt, wissen wir nicht; nur dann sind wir berechtigt, eine solche einseitige Erhöhung des Gemeingefühls anzunehmen, wenn sie sich durch Schmerzen in den betreffenden Organen offenbart. Eine allgemeine Erhöhung des Gemeingefühls wären wir nun dann berechtigt bei den Thieren anzunehmen, wenn sie eine ungewöhnliche, aus dem Gefühl eines erhöheten Wohlbehagens fliessende Munterkeit zu erkennen geben, wie sie als Vorläufer von Krankheiten und namentlich beim Milzbrande zuweilen beobachtet wird. Die allgemeine Verminderung des Gemeingefühls giebt sich bei den Thieren oftmals und deutlich genug durch die Erscheinungen der Abgeschlagenheit und Gleichgültigkeit zu erkennen; nicht minder auch zuweilen die mehr örtliche, namentlich beim Eintritt des Brandes. So weiss ein jeder Thierarzt, dass mit der Darmentzündung die heftigsten Schmerzen in diesem Organe verbunden sind, mithin ist Erhöhung des Gemeingefühls zugegen; wenn aber diese Entzündung in Brand übergeht, so verschwinden die Schmerzen, das Thier wird ruhiger und der lebensgefährliche Zustand kommt offenbar nicht zu seinem Bewusstsein: das Gemeingefühl ist also hier vermindert.

Oftmals begehen die Thierärzte den Irrthum, dass sie die Erhöhung und Verminderung des Gefühls in den Empfindungsnerven mit Erhöhung und Verminderung des Gemeingefühls für gleichbedeutend halten; diese entsprechenden Zustände können wohl zugleich vorkommen, aber identisch sind sie nicht.

Die nächsten Ursachen der Vermehrung oder Verminderung des Gemeingefühls sind in einer Erhöhung oder Verminderung des reproductiven Lebens, oder in einer Steigerung oder Verminderung der Sensibilität und des Leitungs-Vermögens in den Gangliennerven zu suchen. Die Folgen jener Zustände sind noch nicht recht klar, indess darf das Gemeingefühl als ein Wächter für das vegetative Leben angesehen werden, welcher den Instinkt der Thiere zu ihrem Besten leitet; auch geben die Abweichungen des Gemeingefühls bei den Thieren, insofern sie Erscheinungen darbieten, dem Thierarzte Kenntniss von der Gegenwart einer Krankheit überhaupt, ohne dass sie über deren Natur Aufschluss gewährten.

§. 89.

Als Alienationen des Gemeingefühls betrachtet man die unter einer gewissen Form vorkommenden Abweichungen desselben, wie Uebelsein, Uebelbefinden, Angst, Gefühl von Frost und Hizte und ein solches von Ermüdung oder Kraft. Vom Uebelbefinden (dysphoria) kann eigentlich bei den Thieren nicht die Rede sein, da es auf einer rein subjectiven Wahrnehmung beruht; wir erkundigen uns auch deshalb bei den Menschen nach ihrem Befinden, da wir ihnen das Gefühl des Wohl- oder Uebelbefindens nicht absehen können, indem Jemand sich übel befinden kann, aber dabei äusserlich ganz wohl erscheint, und so umgekehrt Jemand krank sein kann, ohne sich auffallend übel zu befinden. Anders verhält es sich mit dem Uebelsein (nausea), welches die Thiere überhaupt durch die Erscheinungen der Unlust in Befriedigung der Triebe zu erkennen geben. Als einen höchsten Grad des Uebelseins ist die Angst (anxietas) zu betrachten, welche sich durch eine eigenthümliche Physiognomie und durch Unruhe zu erkennen giebt, und ihren Grund, ausser in Verstimmung des Nervensystems überhaupt, auch in Regelwidrigkeit des Blutlaufs und namentlich im kleinen Kreislaufe haben kann.

Die Erscheinungen der Kälte und Wärme gehören hierher insofern, als sie bloss der Gefühlseite anheimfallen. Namentlich kleinere Thiere (Hunde und Katzen) geben oftmals solche Abweichungen im Temperatur-Gefühl durch das Aufsuchen warmer oder kalter Orte zu erkennen, ohne dass die Hand des Beobachters eine auffallende Abweichung in ihrer Körperwärme nachweisen könnte; auch haben Beobachtungen und Untersuchungen beim Menschen gelehrt, dass man selbst nicht im Stande ist, alle Abweichungen des Temperatur-Gefühls durch das Thermometer bei ihnen nachzuweisen.

Das dem Bewegungsleben anheimfallende Gefühl von Müdigkeit oder Kraft giebt sich durch die bekannten Erscheinungen zu erkennen. Die erstere kommt unstreitig häufiger vor als die letztere, namentlich in fieberhaften Krankheiten, doch wird auch diese als Vorläufer zuweilen beobachtet.

Drittes Capitel.

Von den Abweichungen in den thierischen Trieben.

§. 90.

Die thierischen Triebe entspringen aus der Selbsterhaltung und der Erhaltung der Gattung. Man kann in ihnen zwei Momente unterscheiden, das Eine fällt dem Gemeingefühl anheim, und giebt dem Thiere ein mehr oder weniger klares Gefühl von den Bedürfnissen des individuellen und Gattungslebens; das Andere aber dem Willen, indem das Thier, jenem Gefühl entsprechend, etwas begehrt oder verabscheut. Es lassen sich so viele thierische Triebe unterscheiden, als sich überhaupt Bedürfnisse für das individuelle und Gattungsleben herausstellen, indessen betrachten wir hier nur die wichtigeren.

§. 91.

Hunger (fames), welcher als eine gesteigerte Fresslust zu betrachten ist, nennt man den, von dem Gefühl des Nüchternseins (jejunium, esuries) hervorgerufenen Trieb zur Aufnahme von Futterstoffen, und giebt sich derselbe durch die bekannten Erscheinungen kund. Er besteht dem Wesen nach wahrscheinlich auf einer gesteigerten Empfindlichkeit der Magennerven, welche durch den Mangel reproductionsfähigen Stoffs im Organismus hervorgerufen zu werden scheint. Für die Annahme, dass das Gefühl des Hungers zunächst durch die Empfindlichkeit der Magennerven und vorzugsweise der herumschweifenden vermittelt werde, hat man (wie Stark bemerkt), die Thatsache als Beweis angeführt, dass jenes Gefühl beim Menschen durch narkotische Mittel, welche die Sensibilität abstumpfen, herabgestimmt werden könne; auch will Dumas einen ähnlichen Erfolg von der Anwendung derselben Mittel bei den Thieren gesehen haben, und Brachet hat beobachtet, dass nach Durchschneidung des nerv. vagus die Empfindung des Hungers fehlte. Dafür aber, dass das Gefühl des Hungers nicht allein vom Magen und Schlunde, sondern auch vom Zustande des übrigen Organismus abhängt, spricht der Umstand, dass dasselbe beim Menschen wenigstens, zuweilen noch bei gefülltem Magen stattfindet, und dass das Sättigungsgefühl bei diesem in der Regel erst einige Zeit nach dem Essen eintritt. Uebrigens wollen Orfilla und Dupuytren auch bemerkt haben, dass der Hunger nach Einspritzung nährender Flüssigkeit in den Mastdarm und in die Venen gestillt werde (?).

Man unterscheidet mehrere Arten des Hungers nach der Weise, wie er sich äussert und nach einigen, denselben begleitenden Erscheinungen. So die

Gefrässigkeit oder Fresssucht (voracitas, polyphagia), welche einen kaum zu stillenden Hunger bezeichnet. Unter Heisshunger (bulimus, bulimia) versteht man dagegen die mehr plötzlich eintretende Begierde zur Aufnahme von Futterstoffen, welche, wenn sie nicht alsbald befriedigt wird, Erscheinungen der Ohnmacht nach sich zieht, wie man es namentlich bei Fuhr-Pferden nicht selten zu bemerken Gelegenheit hat. Ferner unterscheidet man noch den sogenannten Hundshunger (fames canina, cynorexia) und den Wolfshunger (fames lupina, lycorexia), welche beide nur bei den Hunden vorzukommen scheinen. Diese Zustände werden daran erkannt, dass bei dem ersteren die mit Begierde aufgenommenen Futterstoffe bald wieder durch Erbrechen, bei dem anderen aber nicht lange nachher durch den After unverdaut ausgeworfen werden.

Ein dem Hunger oder der Begierde zur Aufnahme von Futterstoffen entgegengesetzter Zustand ist die verminderte oder aufgehobene Fresslust (inappetentia, anorexia), welche sich durch Unlust zur Aufnahme von Futterstoffen zu erkennen giebt. Ist diese Unlust aber mit einem wirklichen Verabscheuen des Futters verbunden, was die Thiere dadurch zu erkennen geben, dass sie sich vom Futter entfernen, so nennt man sie Ekel (nausea) welche, wie beim Menschen, so auch bei den Thieren mit dem Gefühl der Ueblichkeit verbunden zu sein scheint. Das Wesen dieser Zustände scheint in verminderter, aufgehobener oder alienirter Sensibilität der Magennerven zu bestehen, und haben sie unzweifelbar ihren Grund in der Abwesenheit des Bedürfnisses zur Aufnahme von Futterstoffen, welche durch mehrere entfernt-ursächliche Verhältnisse bedingt werden kann.

Als qualitative Abweichungen des Hungers sind

die sogenannten Gelüste, die Malacia und Pica, zu bezeichnen, wovon die erstere in der Begierde zur Aufnahme ungewöhnlicher Futterstoffe, und die andere in einer solchen zur Aufnahme von Stoffen besteht, welche ihrer differenten Natur nach nicht zu den Nahrungsmitteln gezählt werden können. Beide Zustände kommen in den Krankheiten der Thiere häufig genug vor. Ihr Wesen ist in eine Verstimmung der Magennerven zu setzen, und sind sie in den Krankheiten als Aeusserungen des Natur-Heilbestrebens wohl zu beachten. Sydenham sagte bereits sehr wahr: In morborum curationibus plus concedendum est aegrorum desideriis impensioribus, quam magis fallacibus et dubiis artis regulis.

Ueber die Wirkungen und Folgen aller hier genannten Zustände vergl. I. Th. §. 99 ff.

§. 92.

Durst (sitis) bezeichnet das Gefühl des Verlangens zur Aufnahme flüssiger Stoffe. Ist dieses Verlangen heftig, so ist der Durst gesteigert (polydipsia), ist es aber in einem geringern Grade, als gewöhnlich vorhanden, oder ganz aufgehoben, so bezeichnet man diese Zustände als verminderten oder mangelnden Durst (adipsia). Das Gefühl des Durstes wird ebensowohl, wie das des Hungers, nicht allein durch die eigenthümliche Stimmung der Magen- und Schlundnerven, sondern entfernter auch durch den ganzen Körperzustand und zwar in letzter Beziehung durch das Flüssigkeits-Bedürfniss vermittelt; denn durch Versuche hat man ermittelt, dass der Durst gestillt wurde durch Einspritzung von Wasser, Milch, Molken in die Venen, so wie durch Klystiere und Bäder (Dupuytren im Dict. d. sc. med. LI. p. 469. Orfilla). Das Flüssigkeits-Bedürfniss im Körper kann durch viele Umstände veranlasst werden, einmal durch die Nothwendigkeit der Verdauung der Contenta im Magen und Darmkanal, dann durch die Nothwendigkeit der Verdünnung des Blutes, insofern demselben viele wässrige Bestandtheile in den Secretionswegen entzogen werden, woran äussere Zustände, wie Wärme, Trockenheit der Luft und Bewegung nicht geringen Antheil haben Dass der Mangel an Durst in den entgegengesetzten Zuständen seinen Grund haben müsse, ist leicht einzusehen, und dürfte daher eine weitere Erklärung in dieser Beziehung hinzuzufügen unnöthig erscheinen.

Qualitative Abweichungen des Durstes sind insofern anzunehmen, als die Thiere wirklich in krankhaften Zuständen Neigung zu Getränk von besonderer Beschaffenheit zeigen. Man kann allerdings mit Rychner annehmen, dass der Ekel vor dem Wasser die Wasserscheu (hydrophobia) bezeichnet, jedoch nur die Wasserscheu als Symptom überhaupt, aber nicht als ein wesentliches der Tollwuth, da in dieser, sowohl beim Menschen als auch bei Thieren, in der Regel ein Verlangen nach Getränk, dabei aber das Unvermögen es zu schlucken besteht.

Ueber die Folgen der zu grossen oder zu geringen Aufnahme des Getränkes siehe I. Th. §. 107 ff.

§. 93.

Der Geschlechtstrieb kann bei beiden Geschlechtern sowohl vermehrt als vermindert vorkommen; Dieser Zustand wird beim männlichen Thiere als satyriasis, beim weiblichen als nymphomania bezeichnet. Die Ursachen der satyriasis sind in der Regel zu starke Fütterung mit kräftig ernährenden Substanzen, daher zu starke Samenabsonderung, oder auch, wie man wohl annimmt, aber es zu beweisen nicht im Stande ist, eine reizende Beschaffenheit des Samens oder endlich Steigerung der Sensibilität in den Geschlechtsnerven. In der Nymphomanie liegen insgemein ähnliche Ursachen zum Grunde oder allgemeine Krankheitszustände, wie die Franzosenkrankheit oder örtliche der Eierstöcke u. s. w.

Die Ursachen des verminderten Geschlechtstriebes sind in gewisser Beziehung den vorgenannten entgegengesetzt oder auch ähnlich, insofern allgemeine oder örtliche Krankheiten die Schuld tragen. Der verminderte Geschlechtstrieb hat eigentlich nur nachtheilige Folgen für die Oekonomie; der vermehrte aber kann auch, insbesondere für das männliche Thier, durch zu starke Samenabsonderung schwächend wirken, oder allerhand nervöse Zufälle zur Folge haben. (Vergl. I. Th. §. 112.)

Sechster Abschnitt.

Von den Abweichungen der gesammten animalen Sphäre des Organismus.

Erstes Capitel.

Vom Schlafe.

§. 94.

Zur Beurtheilung des gesunden und krankhaften Schlafes müssen wir wissen, dass die verschiedenen Gattungen der Hausthiere ein verschieden grosses Bedürfniss zu demselben haben. Je niedriger die Thiergattung ist, um so weniger fest und anhaltend ist der Schlaf, so bei den Pflanzenfressern, wogegen die Fleischfresser tiefer und dauernder schlafen. Die Erklärung hiervon liegt in dem Umstande, dass der Schlaf in einem Ausruhen der animalen Verrichtungen besteht. Bei denjenigen Thieren also, wo diese Lebensseite am meisten entwickelt ist und in einem höheren Grade in Anspruch genommen wird, muss auch nothwendig jenes Bedürfniss am deutlichsten hervortreten. Ueber die physiologische Bedeutung des Schlafes wird auf den I. Th. §. 90 verwiesen, und hier nur noch erwähnt, dass die Zeit des Schlafes im Allgemeinen die nächtliche ist, jedoch richtet sie sich nach dem Bedürfniss und fällt daher auch häufig in die Tageszeit, ohne dass deshalb der Schlaf ein krankhafter genannt werden dürfte; bei der Katze ist der Tagesschlaf sogar normal, da sie ein Nachtraubthier ist.

§. 95.

Steht der Schlaf in einem überwiegenden und daher abnormen Verhältnisse zum Wachen, so wird dieser Zustand nach Verschiedenheit des Grades als Schläfrigkeit (somnolentia) oder als Schlafsucht (sopor) bezeichnet. Beim Sopor unterscheidet man wieder mehrere Grade, je nachdem die Einwirkung niederer oder stärkerer Reize zur Hervorbringung des Wachens erforderlich ist, wie coma, lethargus und carus. Die Schläfrigkeit zeigt sich häufig bei trägen Thieren, namentlich bei Hunden, und hat ihren Grund meist in vermindertem Einflusse von Reizen auf die Organe der thierischen Lebensseite. Die verschiededenen Grade der Schlafsucht kommen in solchen krankhaften Zuständen vor, wo die freie Thätigkeit des Gehirns und Rückenmarks durch Druck krankhafter Producte gehemmt ist, namentlich beim Koller der Pferde durch Wassererguss in die Gehirnkammern.

Die Schlaflosigkeit (pervigilium) ist die Folge zu heftiger und anhaltender äusserer Sinneseindrücke, oder der Anhäufung der Sensibilität im Nervensystem, namentlich dann, wenn sie bis zum Schmerze gesteigert ist. Auch ist die Schlaflosigkeit eine gewöhnliche Begleiterin von Fiebern und Entzündungen höherer Grade.

Der Traum (somnium) welcher namentlich bei Hunden im normalen Zustande im unvollkommenen Schlafe oft bemerkt wird, kommt gewiss auch in Krankheiten in gesteigertem Grade vor, aber wir können ihn zur Zeit weder als Symptom gehörig würdigen, noch wissen wir über die Art des Träumens der Thiere etwas Bestimmtes.

Das Deliriren (delirium) und die Steigerung desselben bis zur Raserei kommt in heftigen Fiebern bei Mitleidenschaft des Gehirns, namentlich wenn in demselben Congestion oder Entzündung besteht, bei allen Hausthieren vor, und ist immer ein Zeichen von gefahrdrohenden Zuständen.

Zweites Capitel.

Vom Schwindel.

§. 96.

Der Schwindel (vertigo) kann als eine, mit Störung des Bewusstseins verbundene Unordentlichkeit der Sinneswahrnehmungen und des Gemeingefühls solcher Art angenommen werden, wobei die Thiere nicht allein die äussern Gegenstände, sondern auch ihren eigenen Körper, obgleich er ruht, als in einer Bewegung begriffen wahrnehmen. Der Schwindel ist daher eine Täuschung. Wir dürfen einen solchen Zustand bei den Thieren annehmen, weil die Erscheinungen, welche sie in dem unterstellten Schwindel äussern, mit denen des Menschen in solchem Zustande übereinstimmen. Diese Erscheinungen sind bei den Thieren, namentlich beim Pferde und Hunde, wobei sie am häufigsten beobachtet werden, Scheu, Unruhe, ängstlicher und starrer Blick, Aufrichten des Kopfes, Hin- und Herbewegung desselben, Taumeln und wirkliches Umfallen. Es ist anzunehmen, dass der Schwindel im Wesentlichen in aufgehobenem Gleichgewicht der Thätigkeiten der beiden Hirnhälften und namentlich derjenigen des kleinen Gehirns besteht; denn bei den, von Flourens, Magendie und Andern angestellten, so wie von Hertwig wiederholten Versuchen, haben sich bei einseitigen Verlezzungen der Theile des verlängerten Marks und des kleinen Gehirns dem Schwindel ähnliche Erscheinungen ergeben, welche nach beiderseitigen Verletzungen der genannten Theile wieder aufgehoben wurden. Auch aus dem Grunde sind wir berechtigt, das Wesen des Schwindels in eine aufgehobene Synergie der Hemisphären des Gehirns zu setzen, weil wir ihn nach Ursachen entstehen sehen, durch welche ein einseitiger, mechanischer Druck oder eine ungleichmässige, mehr dynamische Einwirkung auf das Gehirn stattfindet, z. B. nach Stössen, Schlägen auf den Schädel, durch Druck von pathologischen Erzeugnissen auf das Gehirn, durch Uebermaass und plötzlichen Mangel an Blut in diesem Eingeweide u. s. w. Den höhern Grad des Schwindels, wobei die Sinnesempfindungen und das Bewusstsein unterdrückt sind, bezeichnet man als vertigo caliginosa oder scatodinia und denjenigen, wobei ein Umfallen des Thiers stattfindet vertigo caduca; hierbei ist zu bemerken, dass der erstere den letztern nothwendig in sich schliesst, aber nicht umgekehrt.

Drittes Capitel.

Vom Schlagfluss.

§. 97.

Unter Schlagfluss (apoplexia) hat man eine vorübergehende oder andauernde gänzliche Aufhebung der Thätigkeit entweder in einem Theile oder im ganzen animalen Nervensystem (d. h. im Gehirn- und Rückenmark und in den davon abgehenden Nerven) bei Fortdauer der vegetativen Verrichtungen zu verstehen. Die normale Thätigkeit des animalen Nervensystems hängt, wie bekannt, von seiner gehörigen

Mischung und Form, so wie von dem gehörigen Wechselverhältnisse zwischen ihm und dem Blutgefässsystem, und daher auch von der gehörigen Beschaffenheit des Blutes ab. Die Hemmung oder gänzliche Aufhebung der Verrichtungen des Nervensystems wird demnach auf einer Abweichung des einen oder des andern jener Verhältnisse beruhen müssen.

Bei dieser Vorausschickung wird es leicht erklärlich, dass alles Das, was die Form und Mischung des Nervensystems, so wie das, was die Sensibilität auf eine mehr dynamische Weise erschöpft, so wie endlich das, was die freie Wechselwirkung zwischen Blut und Nervenmasse stört, unter Umständen Schlagfluss bewirken könne. Einige spezielle Beispiele werden als Belege hierfür genügen: so erfolgt nicht selten nach Bluterguss in die Schädelhöhle und in den Wirbelkanal vermöge des hierdurch bewirkten Drucks auf die Nervenmasse, Schlagfluss, den man in Bezug auf die Ursache Blutschlagfluss (a. sanguinea) nennt; nicht minder auch von Wasserguss in den gedachten Partien (a. serosa); zu den dynamischen Ursachen, welche auf eine mehr oder weniger directe Weise die Sensibilität tödten, gehören der Blitz und die Narcotica, namentlich die Blausäure. Der Umstand, dass bald das ganze, bald nur ein Theil des animalen Nervensystems vom Schlagflusse betroffen wird, hat zu den Unterscheidungen in Hirnschlag (a. cerebralis), Rückenmarksschlag (a. medullae spinalis) und in Nervenschlag (a. nervorum) gegeben. Nervösen Schlagfluss (a. nervosa), nennt man auch noch insbesondere denjenigen, welcher dem Anschein nach durch unmittelbare Tödtung der Sensibilität entstanden ist, oder einen solchen, wobei ein Bluterguss nicht als veranlassende Ursache nachgewiesen werden kann. Was die Erscheinungen und Folgen des Schlagflusses betrifft so ist auf §. 76 u. 83 d. Th. zu verweisen, insbesondere aber noch hier anzumerken, dass überhaupt die animalen Functionen in denjenigen Theilen schwinden, welche ihre Nerven von derjenigen Partie des Nervensystems erhalten, welche hinter der, vom Schlagfluss berührten liegt; und kommt es auf die Dauer und Wichtigkeit der gestörten Functionen für das Leben an, ob der Schlagfluss den Tod zur Folge hat, oder nicht. —

Gedruckt bei Julius Sittenfeld in Berlin.

FSC
www.fsc.org
MIX
Papier | Fördert
gute Waldnutzung
FSC® C083411

Kolibri 360 GmbH
Ferdinand-Jühlke-Straße 7
99095 Erfurt, Deutschland
produktsicherheit@kolibri360.de